能源企业
环境信息披露的
规范化进路

陈宇 著

厦门大学出版社 国家一级出版社
XIAMEN UNIVERSITY PRESS 全国百佳图书出版单位

图书在版编目（CIP）数据

能源企业环境信息披露的规范化进路 / 陈宇著.
厦门 ：厦门大学出版社，2024. 10. -- ISBN 978-7-5615-
9546-6

Ⅰ. X322.2-65

中国国家版本馆 CIP 数据核字第 2024SZ0983 号

责任编辑　李　宁
美术编辑　李夏凌
技术编辑　许克华

出版发行　厦门大学出版社
社　　址　厦门市软件园二期望海路 39 号
邮政编码　361008
总　　机　0592-2181111　0592-2181406(传真)
营销中心　0592-2184458　0592-2181365
网　　址　http://www.xmupress.com
邮　　箱　xmup@xmupress.com
印　　刷　厦门集大印刷有限公司

开本　720 mm×1 020 mm　1/16
印张　23.25
字数　408 千字
版次　2024 年 10 月第 1 版
印次　2024 年 10 月第 1 次印刷
定价　94.00 元

厦门大学出版社
微信二维码

厦门大学出版社
微博二维码

国家社科基金后期资助项目
出版说明

后期资助项目是国家社科基金设立的一类重要项目，旨在鼓励广大社科研究者潜心治学，支持基础研究多出优秀成果。它是经过严格评审，从接近完成的科研成果中遴选立项的。为扩大后期资助项目的影响，更好地推动学术发展，促进成果转化，全国哲学社会科学工作办公室按照"统一设计、统一标识、统一版式、形成系列"的总体要求，组织出版国家社科基金后期资助项目成果。

全国哲学社会科学工作办公室

前　言

　　能源企业环境信息披露从产生披露动机到最终发挥"经济与环境协调发展"的作用，是一个逐步规范化的过程。"规范化"有双重含义：一是指使某一行为"守"规矩、"合"标准；二是指使得零散的行为评价要素形成系统的"标准"。"规范化"也动、静态兼具：动态的规范化是指怎样"找到"标准，有方可循；静态的规范化，一是指由哪些"要素"来组合成标准，有源可溯，另一是指具体形成"怎样"的标准，有标可达。因此，沿着"内驱—需求—基础—内容—模式—制度"的思路对能源企业环境信息披露的规范化展开研究："内驱""需求"两个环节重点探究了规范化的紧迫性与必要性；"基础"环节重点分析了规范化的现有基础与可能性；"内容""模式"两个环节重点解决了有方可寻、有源可溯的问题；"制度"环节重点实现了有标可达。

　　本书内容包括导论及六章，具体如下：

　　导论阐述了当前仍然以化石能源为主的能源形势及使用化石能源所带来的气候变化等全球环境挑战。对我国应对气候变化的大国担当、我国能源市场化改革、环境治理模式转变三大背景及其彼此关联进行分析，可得知气候变化对自然生态系统带来的不利影响已以"风险级联"方式向经济社会系统蔓延渗透，构建现代能源体系实现"碳达峰""碳中和"，转变经济发展方式，实现绿色可持续发展是应对气候变化的重要方式。传统的以经济居间的能源、经济、环境（energy、economy、environment，"3E"）系统观应当调整为强调能源的"2+1E"模式。企业是实现"绿色发展"的主体，能源企业环境担责状况决定了其居间调节作用的效果，环境信息披露以其特有的作用"倒逼"企业必须注重环境绩效的实现，逐步成为重要的企业环境管理手段。因此，将能源企业与环境信息披露进行结合，是经济与环境协调发展研究中的一个新途径和新视角。

　　第一章为规范化内驱，即能源企业环境信息披露动因。能源企业的自身需求唤醒了能源企业的环保良知，这些需求及产生需求的各类因素成为推动能源企业环境信息披露的内部动力。具体驱动力集中于六个方面：能源的环保价值取向、能源企业环境责任、环境与经营双向利益相关者保护、能源企业环境风险多元防控、注册制对环境信息披露的要求、能源环境安全及国际合作。六大驱动力的背后有着较为成熟的理论支持系统，包括：环保普遍义务理论、"3E"模型理论、企业社会责任理论、利益相关者理论、信息公开与公众参与理论、企业风险防控系列理论（成本—收益理论、绩效—印象理论、压力—合规理论、企业可持续发展与环境表现、外部性理论、机会主义行为理论）。"压力—合规理论"与"绩效—印象理论"互补发挥作用等。

第二章为规范化需求，即292家能源企业环境信息披露状况调查。经调查可知，能源上市公司披露现状是：进行环境信息披露的企业数量不及平均水平，有效信息较少；内容不平衡，非污染信息明显不足；缺乏实质性，行业特征不突出；缺乏比较性，横向同行业比较与纵向内部历史比较都没有凸显。非上市能源企业披露现状为：环境信息披露率低；环境信息披露整体质量差；有较大环境影响的企业未进行信息披露；无环境信息披露有效路径。能源发债企业环境信息披露主要特点在于：披露质量两极分化明显；披露率与违法信息量直接相关；碳排放信息粗略、临时信息基本没有；有绿色融资披露但多为非专享分散披露。总体上，当前能源企业环境信息披露无论数量还是质量都无法满足利益相关者的需求，因而需要在信息披露规范化规程中对上述现状进行改善。

第三章为规范化基础，即"环境信息强制性披露制度"与相关既有规范。国内层面，证券领域相关规定对上市公司信息披露的规制相对成熟、全面，但数量较少且尚未建立专门环境信息披露制度，多数在一般性的公开发行证券的公司信息披露规范中，且相关规范的法律效力层级不高。环境法领域企业环境信息披露规范性文件大致可分为三类：企业环境信息披露专门规定、环境信息相关规定、生态环境保护一般规定。早期对企业环境信息披露的规定较为零散，至2021年才填补了企业环境信息披露专项规定的空白，随着《环境信息依法披露制度改革方案》《企业环境信息依法披露管理办法》《企业环境信息依法披露格式准则》的颁行，企业环境信息披露制度有了顶层设计及纲领性文件。国际层面，企业环境表现受到整个国际社会的充分重视，企业环境信息披露要求逐渐由"环境会计信息"向"环境财务及非财务信息综合体"转变，综合性环境表现认证标准、指数标准、社会责任指引等国际层面主要规范性文件、国际制度，可以为国内制度及规则的规范化提供重要借鉴。

第四章为内容规范化，即能源企业环境信息披露原则、要素与关键指标。以统一的原则和披露项要求公司披露信息，可以大大节约投资者的信息搜寻成本以及交易成本，能源企业环境信息披露的直接目标在于其披露内容能够实现"环保有用、决策有效"原则方面，依据现有规范，企业环境信息依法披露的一般原则与传统的企业信息披露原则无异，各原则相辅相成层层服务于核心目标。要素方面，企业环境信息披露既有规范提供了统一的内容方向，但具体至能源行业进行有针对性、行业性的信息披露，则需要更全面的要素梳理及说明，能源企业环境信息披露过程是将"要素"放入相应内容"框"中的过程，"要素"是能源企业环境信息披露的细胞。在明晰要素范畴的基础上，能源企业环境信息披露的关键指标可概括为六大类别：能源企业背景，环保方针、政策及组织，环境保护合规，环境保护规划与计划，环境保护实施和关键绩效指标。

第五章为模式规范化，即能源企业环境信息披露模式与披露规则形式的选择。在披露模式的确定上，应当注意到不同能源种类的个性与共性问题。行业特点的行业化信息对环境因素的考虑仍有欠缺。针对此不足，能源企业行业环境信息披露可以采取融入式、转引式以及专门式三种模式，从诺斯的正式约束与非正式约束关系理论出发，确定了辅助规则是将刚性与灵活性相结合的有效形式。对企业环境信息披露进行规范，应当将立法的重心从严格意义的"法"上，适度移至服务于"法"的辅助规则上。

第六章为制度规范化，即能源企业环境信息披露制度的完善路径。能源企业环境信息披露法律制度的完善可以分为辅助规则的制定与严格意义之"法"的完善，因此，可从两个层面实现。微观上，设计能源企业环境信息披露辅助规则的范本《能源企业环境信息披露指南（建议稿）》，其定位是：非"法"但不偏离法制范畴；主要功能在于保障相关法律制度的执行及完善；兼备"下行"被指引"上行"被发展的灵活性。宏观上，进行环境、能源和经济三个领域内法律法规的调整与提升。环境领域适当采用准用性规范或直接规定的方式提升强制性；同时，注意公众环境信息的有效交流，保证社会理性在科学理性中的清醒。能源领域应当明确企业环境责任，完善企业环境信息公开相关规定，使能源企业环境信息披露这一具体行为能够直接在能源本领域内有法可依，能源领域基础性法律的暂时缺位为能源企业环境信息披露上位法依据的"一步到位"提供了更多的可能性。经济领域，信息披露原本就是证券、信贷、保险领域相关法律法规的关注点，将"环境"关注引入信息披露规定是经济领域法律法规调整与提升的重点，同时，需要关注碳金融这一新兴金融市场，直接进行碳信息披露法律体系和统一的碳信息披露标准的构建。

括而言之，以下三个观点贯穿本书始终。观点一是能源行业兼具的"环境高危""经济命脉"双重特性，使其处于环境与经济之中心发挥居间调节作用，环境、能源、经济三者是"2+1E"关系。观点二是环境风险分为"外部环境风险"和"内部环境风险"，内外两种风险之间相互关联、循环作用。观点三是法分为严格意义上的"法"和服务于"法"的辅助规则，辅助规则应该发挥其灵活性优势，成为重要的行为规范依据。

目录

导 论

一、背景：能源·气候·变革

能源贯穿于生产生活的各个环节，能源形势决定了国家的经济实力、发展模式和发展前途，人类社会的各个阶段都与同一时期不同阶段的能源生产与消费形势息息相关。能源是发展生产和提高人民生活水平质量的重要物质基础，也是制约国民经济发展的重要因素。[①] 能源发展水平一定程度上代表了一个国家的经济发展水平。早在 1975 年，美国布鲁克海文国家实验室曾对 85 个发展中国家人均年产值与人均年能耗进行了关联，分析表明二者关联密切且呈单调曲线。同时，该实验室对发达国家国民生产总值和一次能源消耗情况进行分析后发现线性度高于发展中国家。由此表明，较高国民经济总产值或较强经济实力与足够人均能耗水平密切相关。[②]

（一）能源形势

随着能源环境问题的日渐凸显及能源技术发展，简单地将能耗水平与经济实力相关联的做法存在缺陷，但能耗水平[③] 仍然是国民经济与社会发展统计及分析中的重要指标。例如，《2021 年国民经济和社会发展统计公报》显示：国民经济稳定增长，全年国内生产总值 1143670 亿元，比上年增长 8.1%；全年能源消费总量 52.4 亿吨标准煤，比上年增长 5.2%。总体上看，国民经济发展与能耗水平正相关性依然存在。

目前，上述正变量系数在逐步减小，相关性受到更多元因素的影响，从全球范围上看能源关注逐步从纯量化向能效、能源结构转移。《BP世界能源统计年鉴（2021 年版）》数据显示，2020 年一次能源消费减少4.5%，为 1945 年以来的最大降幅，其中石油消费减少约占能源消费净减少量的 75%，同时，天然气和煤炭消费也明显减少。（如图 0-1 所示）尽管总体能源需求呈下降趋势，风电、太阳能和水力发电量却在增加。其中，中国的可再生能源消费增长占全球可再生能源消费增长的 1/3。可见，

---

① 陈心中：《能源基础知识》，能源出版社 1984 年版，前言。
② 叶大均：《能源概论》，清华大学出版社 1999 年版，第 7～9 页。
③ 能耗水平主要包含年能源消耗量及能源消费构成，前者是国家经济实力和人民生活水平的重要参数，后者是国家能源发展及经济发展计划及结构调整的重要依据。

中国经济结构转型，经济增长重心逐步从能源密集型行业转移的趋势是持续的。从能源结构上看，煤炭占比逐步降低，天然气、可再生能源占比逐步提升，但石油仍然是全球最重要的燃料，占全球能源消费的31.2%。

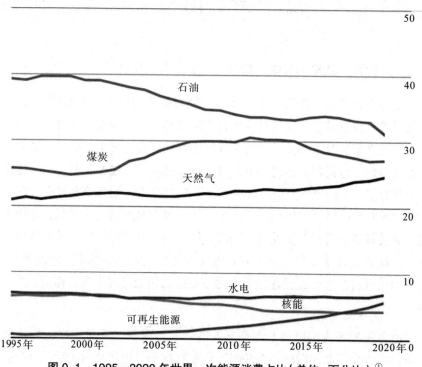

图 0-1　1995—2020 年世界一次能源消费占比（单位：百分比）①

注：尽管 2020 年石油消费显著下降，但其仍然是世界的主导燃料，在所有能源消费中占比超过三成。煤炭的市场份额为 27.2%，较上年上升 0.1 个百分点。天然气在一次能源消费中达到了 24.7%，可再生能源份额达到 5.7%，两者皆创历史新高。且可再生能源占比首次超过核能 4.3% 的份额。水电迎来自 2014 年后的首次增长，增长 0.4 个百分点，在能源结构中的占比达 6.9%。

中国目前能源消费和生产仍然主导世界能源市场，是世界上能源消费、生产和净进口超级大国。截至 2020 年，中国能源消费量约占全球能源消费量的 26.1%，一次能源供应量约占全球供应量的 23.5%。中国已超过美国成为世界最大石油进口国，至 2023 年，中国原油净进口量可能增至 1000 万桶 / 日。② 据 BP 统计，2020 年中国石油消费量为 1422.5 万桶 / 日，

① BP 中国：《BP 世界能源统计年鉴（2021 年版）》，https://www.bp.com.cn/content/dam/bp/country-sites/zh_cn/chchina/home/reports/statistical-review-of-world-energy/2021/BP_Stats_2021，最后访问日期：2023 年 7 月 30 日。

② IEA：World Energy Outlook 2018，https://www.iea.org/reports/world-energy-outlook-2018，最后访问日期：2023 年 7 月 30 日。

较上年度增长 1.6%，占 2020 年全球总消费量的 16.1%，进口石油 1286.5 万桶／日，占全球进口量的 19.8%。2020 年中国天然气消费量为 3306 亿立方米，较上年度增长 6.9%，占 2020 年全球总消费量的 8.6%。2020 年中国煤炭的消费量也有略微增长，煤炭消费量占比达到全球的 54.3%。可再生能源方面，中国的消费量占比增长达到了 15.1%，占全球消费量的 24.6%。[①] BP 统计曾预测，至 2035 年，中国能源消费量将增加 60%，中国将在 2030 年前后超过美国成为世界上最大石油消费国，同时，能源产量将增加 47%，在消费中的比重从当前的 85% 下降至 2035 年的 77%，逐渐成为最大的净进口国（石油净进口将增长至 1800 万桶／日）。[②]

环境挑战促进全球能源结构转变。2015 年 11 月 30 日至 12 月 11 日，《联合国气候变化框架公约》（UNFCCC）第 21 次缔约方大会（COP21）暨《京都议定书》第 11 次缔约方大会在巴黎举行，促成了气候变化谈判模式从"自上而下"的强制型向"自下而上"[③]的自愿型转变，[④]12 月 12 日巴黎气候变化大会近 200 个缔约方一致同意通过《巴黎协定》。《巴黎协定》于 2016 年 11 月 4 日起正式生效实施，为 2020 年后全球应对气候变化行动作了安排，这是国际气候合作的一项里程碑式的协议。《联合国气候变化框架公约》第 24 次缔约方大会（COP24）于 2018 年 12 月 2 日至 12 月 15 日在波兰卡托维兹举行，各国对《巴黎协定》实施细则进行了进一步谈判，以推动《巴黎协定》的全面实施，在这一次大会中，中国表明已提前完成所承诺的部分目标。因新型冠状病毒肺炎（COVID-19）延期一年的《联合国气候变化框架公约》第 26 次缔约方大会（COP26）于 2021 年 11 月 1 日至 11 月 13 日在苏格兰格拉斯哥举行，此次大会是继波兰 COP24 之后，进一步对《巴黎协定》实施细则达成最终共识。该缔约方大会形成了《格拉斯哥气候公约》，提出为确保净零加快对煤炭、毁林、电动汽车、甲烷的行动。各国达成了"逐步减少煤电"，终止化石燃料补

① BP 中国：《BP 世界能源统计年鉴（2021 年版）》，https://www.bp.com.cn/content/dam/bp/country-sites/zh_cn/chchina/home/reports/statistical-review-of-world-energy/2021/BP_Stats_2021，最后访问日期：2023 年 7 月 30 日。

② BP 中国：《BP 世界能源统计年鉴（2018 年版）》，https://www.bp.com.cn/zh_cn/china/home/news/reports/statistical-review-2018.html，最后访问日期：2023 年 7 月 30 日。

③ 《京都议定书》只对发达国家的减排制定了有法律约束力的绝对量化减排指标，发展中国家的国内减排行动是自主承诺，不具法律约束力。根据《巴黎协定》，所有成员承诺的减排行动，无论是相对量化减排还是绝对量化减排，都将纳入一个统一的有法律约束力的框架。这在全球气候治理中尚属首次。

④ 张海滨：《〈巴黎协定〉开启 2020 年后全球治理气候新阶段》，http://news.xinhuanet.com/world/2015-12/14/c128528644.htm，最后访问日期：2023 年 12 月 26 日。

贴的约定，并实现发达经济体不晚于 2030 年，全球范围内不晚于 2040 年实现停止新建煤电厂、扩大清洁能源规模、淘汰现有煤电厂的目标。以上措施都是为了使全球升温控制在 1.5℃以内的目标不落空。历届全球气候谈判逐步推动着全球经济形态由化石燃料依赖型向低碳绿色经济发展。根据国际能源署（IEA）评估：在所有情境下，煤炭需求都面临结构性下降；[①] 同样，石油的需求在所有情境中最终都会下降，只是下降的时间和程度存在巨大差异；[②] 天然气的需求未来 5 年将增长，但 5 年基于不同的情境，对于天然气的需求可能会出现明显分化。[③] 但我们不能过于乐观，原因在于全球能源结构转变尚且需要 20 年乃至更漫长的过程。

　　中国的能源结构也在持续改进，从 2012 年至 2020 年，我国能源结构中，煤炭占比从 68.5% 降至 56%，年均降 1 个多百分点，非化石能源占比从 0.7% 上升至 16%，年均增长 0.7 个百分点。[④] 预计 2025 年非化石能源消费比重可增至 20%。2020 年 9 月 22 日，我国明确提出在 2030 年碳排放达到峰值、2060 年实现碳中和，预计至 2035 年煤炭在中国一次能源消费中的份额会大幅下降，但在此之前化石燃料仍然是中国能源消费的主导燃料；与此同时，在能源转型过程中，除了政府调整可发挥作用的政策、利益关系，从技术上看电力系统要适应替代能源的分布式、小功率还需要漫长时间，在长期性上替代能源的能量密度并无优势，要使其

---

① 在既定政策情境（stated policies scenario，STEPS）下，全球煤炭需求在 2025 年之后开始缓慢下降（中国的煤炭需求会在 2025 到 2030 年间开始下降），到 2050 年将比 2025 年下降 25%；在承诺目标情境（announced pledges scenario，APS）下，2030 年全球煤炭需求仅比既定政策情境低 6%（因为目前 80% 以上的煤炭需求来自没有净零承诺或只在 2030 年后以减排为目标的国家），2030 年后煤炭的需求量将迅速下降（尤其是中国），2050 年将降至 2020 年的一半。在净零排放情境（net zero emissions by 2050 scenario）下，与 2020 年相比，2030 年煤炭需求下降 55%，2050 年下降 90%。资料来源：IEA：World Energy Outlook 2021，https://www.iea.org/reports/world-energy-outlook-2021，最后访问日期：2023 年 7 月 30 日。

② 在既定政策情境下，石油需求在 30 年代中期会稳定在 1.04 亿桶 / 天；在承诺目标情境下，全球石油需求将在 2025 年后不久达到峰值，为 9700 万桶 / 天，到 2050 年下降至 7700 万桶 / 天；在净零排放情境下，全球石油需求在 2030 年下降到 7200 万桶 / 天，2050 年下降到 2400 万桶 / 天。资料来源：IEA：World Energy Outlook 2021，https://www.iea.org/reports/world-energy-outlook-2021，最后访问日期：2023 年 7 月 30 日。

③ 在既定政策情境下，2030 年天然气的需求相比于 2020 年将增长 15%，达到 4.5 万亿立方米左右，到 2050 年将增长至 5.1 万亿立方米；在承诺目标情境下，天然气的需求将在 2025 年后不久达到峰值，到 2050 年下降至 3.85 万亿立方米；在净零排放情境下，天然气的需求将在 2025 年后开始急剧下降，到 2050 年下降至 1.75 万亿立方米。资料来源：IEA：World Energy Outlook 2021，https://www.iea.org/reports/world-energy-outlook-2021，最后访问日期：2023 年 7 月 30 日。

④ 生态环境部：《2022 年"全国低碳日"主场活动在济南举办》，http://www.gov.cn/xinwen/2022-06/16/content_5695976.htm，最后访问日期：2023 年 6 月 29 日。

具备竞争优势成为主导能源还需要更长的时间。根据 IEA 分析，原本预计在 2040 年中国煤炭需求达到峰值然后缓慢下降，但目前仍有较多不确定因素，到 2040 年亚洲煤炭消费预计占全球煤炭消费的 4/5，在中心情境中，煤炭依然是许多国家电力系统的主要能源。[①]2021 年亚洲部分地区煤炭需求的上升尤其是中国的发电和工业用途需求的增长使得国际煤炭价格达到了十多年来从未达到的水平。全球电力需求在 2020 年短暂下降后，在 2021 年又增加了约 1000 太瓦时，这也使得电力消费大幅增加。我国电力需求增速尤为惊人，2021 年电力需求量较 2019 年增加 10%，全球需求量的增加将超过低碳发电量的增长，大部分剩余增长仍然要靠亚洲燃煤电厂的产量来抵消。目前，以传统石化燃料为主的情形仍然是主流模式，[②] 化石能源仍是保障我国能源安全和经济高速发展的"压舱石"和"稳定器"。[③]

（二）全球环境挑战

能源行业的潜在环境风险较高。人类社会发展伴随着能源资源的开发利用，由此所带来的资源枯竭和环境污染不可避免。能源行业辐射面极广，涉及煤炭、石油、天然气、电力、可再生能源等各类能源从产业链上游至下游的整个阶段，包括能源勘探开发、加工转换、仓储运输、供应服务以及交易等各个领域。国际层面上，损害后果严重、涉案金额巨大的环境案件中能源相关案件比例极高，例如，"托列峡谷号"事件、切尔诺贝利核电站事故、墨西哥湾漏油事件等。在早年中国官方发布的重污染行业范围认定中，能源行业所占比重超过 20%。[④] 在 2021 年我国

---

① IEA: World Energy Outlook 2018, https://www.iea.org/reports/world-energy-outlook-2018, 最后访问日期：2022 年 7 月 30 日。

② IEA: World Energy Outlook 2021, https://www.iea.org/reports/world-energy-outlook-2021, 最后访问日期：2022 年 7 月 30 日。

③ 张超、宋鹏飞、侯建国等：《碳中和进程中天然气与氢能产业深度融合的新发展模式》，载《现代化工》2022 年第 9 期。

④ 2016 年《上市公司环保核查行业分类管理名录》废止，各类文件中也一般不再强调"重污染行业"而以"重点排污企业"等为主。2016 年之前我国一般将"重污染行业"企业作为企业环境管理重点关注对象，而对有关重污染行业的认定始终存在分歧。2016 年以前重污染行业认定官方文件主要包括：2003 年国家环保总局《关于对申请上市的企业和申请再融资的上市公司进行环境保护核查的通知》，2007 年全国环保系统污染源普查工作会议文件，2008 年环境保护部《关于加强上市公司环保监管工作的指导意见》《上市公司环保核查行业分类管理名录》，2010 年原环境保护部《上市公司环境信息披露指南（征求意见稿）》等。以 2008 年《上市公司环保核查行业分类管理名录》及 2010 年《上市公司环境信息披露指南（征求意见稿）》为准，这两份文件中明确将重污染行业规定为 16 类，即：火电、钢铁、水泥、电解铝、煤炭、冶金、化工、石化、建材、造纸、酿造、制药、发酵、纺织、制革、采矿。其中能源行业为火电、石化、煤炭、采矿（不包括采矿行业中非煤、石油、天然气类开采），占行业分类比例约 20%。

各省（自治区、直辖市）公布的"重点排污单位名录"中，能源企业总计约 3265 家，约占名录所示企业总数的 7.14%。[①] 任何一个能源类型及任何一个能源环节中都具有潜在环境风险，一旦不可控，所造成的影响不容忽视；相反，合理调整能源结构、及时评估控制风险，一方面，能够有效提高能源利用的安全稳定性和可靠耐久性；另一方面，能够提高能源行业气候韧性，适应气候变化。

伴随着人口增长和生活水平的提高，能源消耗量不断增大，20 世纪中叶以来，全球平均温度增速达 0.15℃/10 年。以温室效应为主的地球环境问题及其质的变化已严重影响人类生存和延续。《巴黎协定》的达成是否真的会如本次"胜利的大会"一般"胜利"实现"温室气体排放达峰，本世纪下半叶实现温室气体净零排放"和"把升温控制在 1.5 摄氏度之内，平均气温较工业化前水平升高控制在 2 摄氏度之内"的目标还有待在进一步行动中验证。2019 年年底，新型冠状病毒肺炎席卷全球，在给全人类健康带来挑战的同时也深刻影响着全球气候变化适应进程，2020 年，作为全球应对气候变化行动的元年开局并不顺利，联合国环境规划署（United Nations Environment Programme，UNEP）在《2020 年适应差距报告》（Adaptation Gap Report 2020）中发出预警：由于各国政府未能采取必要措施适应气候崩溃的影响，全球数百万人正面临洪水、干旱、热浪和其他极端天气带来的灾难。2020 年由于新冠肺炎疫情导致能源消费减少，因而使用能源产生的碳排放量减少 6.3%，二氧化碳排放量减少 20 亿吨以上，同时，能源结构的碳强度下降了 1.8%，尽管降幅如此之大，也只相当于未来 30 年全球实现《巴黎协定》目标所需的年均下降水平。[②] 2021 年 11 月，联合国环境规划署发布的《2021 年适应差距报告：风暴前夕》（Adaptation Gap Report 2021）指出气候变化对脆弱的发展中经济体影响往往更加严重，2020 至 2021 年间许多经济体受新型冠状病毒肺炎的影响严重，为重启经济而设计的纾困和复苏举措将"适应"工作纳入价值数万亿美元的公共资金的主流，使原本用于"适应"的资金相

---

① 数据来源：2021 年全国各省（自治区、直辖市）公布的"重点排污单位名录"（其中河北、湖北、山东、山西、安徽、四川、云南、内蒙古自治区未统一公布名录，不纳入统计范围），重点排污单位共计 45757 家。

② 具体而言，若未来 30 年的碳排放量平均降幅能达到 2020 年的水平，到 2050 年全球碳排放量将减少 85%，即大致能够满足"把升温控制在 1.5 摄氏度之内，平均气温较工业化前水平升高控制在 2 摄氏度之内"的要求。参见 BP 中国：《BP 世界能源统计年鉴（2021 年版）》https://www.bp.com.cn/content/dam/bp/country-sites/zh_cn/chchina/home/reports/statistical-review-of-world-energy/2021/BP_Stats_2021，最后访问日期：2023 年 7 月 30 日。

形见绌。气候变化专门委员会（IPCC）在 2021 年发布的第六次评估报告（AR6）中预测：即使在最乐观的排放减缓情景下，即在 2050 年左右达到净零排放，全球变暖在中短期内仍将继续，可能会在比工业化前水平高 1.5 摄氏度时趋于平稳，所有这些因素使得"适应"成为日益紧迫的全球当务之急。[①] 随着全球经济复苏、各国的封锁解除，因疫情而实现的大幅碳排放量减少只能是短暂的。现在面临的问题是如何在保持生产生活水平的前提下，实现持续的、大幅度的减排。

（三）气候变化"中国担当"

我国位于全球气候敏感区，生态环境整体脆弱，易受气候变化不利影响。据统计，我国平均每年由极端天气气候事件造成的直接经济损失达 3000 亿元左右。随着全球气候进一步变暖，所带来的长期不利影响和突发极端事件，对我国经济社会发展和人民生产生活安全所造成的威胁将日益严重。1951 至 2020 年我国平均气温升温速率达 0.26℃/10 年，高于同期全球平均水平，中国高度重视气候变化应对，积极实施应对气候变化战略、措施和行动，助力《巴黎协定》行稳致远。2018 年《联合国气候变化框架公约》第 24 次缔约方大会（COP24）召开前夕，我国已提前三年实现了《巴黎协定》的部分承诺。生态环境部 2018—2020 发布的《中国应对气候变化的政策与行动年度报告》显示，我国单位国内生产总值二氧化碳排放持续下降，非化石能源占能源消费总量比重持续上升，扭转了二氧化碳排放快速增长的局面。2020 年 9 月 22 日，中国在第 75 届联合国大会上正式提出 2030 年实现碳达峰、2060 年实现碳中和的"双碳"目标，同年 12 月气候雄心峰会上我国进一步宣布了国家自主贡献的四项新举措。[②]

2021 年 9 月，中国宣布将大力支持发展中国家能源绿色低碳发展不再新建境外煤电项目。10 月国务院先后印发了《中共中央　国务院关于完整准确全面贯彻新发展理念做好碳达峰碳中和工作的意见》《国务院关于印发 2030 年前碳达峰行动方案的通知》（国发〔2021〕23 号），碳中

---

① 联合国环境规划署：《2021 年适应差距报告：风暴前夕》，https://wedocs.unep.org/xmlui/bitstream/handle/20.500.11822/37312/AGR21_ESCH.pdf，最后访问日期：2023 年 7 月 30 日。

② "四项新举措"：到 2030 年，中国单位国内生产总值二氧化碳排放将比 2005 年下降 65% 以上；非化石能源占一次能源消费比重将达到 25% 左右；森林蓄积量将比 2005 年增加 60 亿立方米；风电、太阳能发电总装机容量将达到 12 亿千瓦以上。

和、碳达峰"1+N"政策体系正式开始建立。[①] 碳达峰、碳中和是我国应对气候变化工作的重中之重，也是转变经济发展方式，实现绿色可持续发展的重要一环。两部文件对碳达峰、碳中和目标提出了多项指标约束，其中，方案更多聚焦"十四五"和"十五五"两个碳达峰关键期，主要确定了提高非化石能源消费比重、提升能源利用效率、降低二氧化碳排放水平等方面的量化目标，清晰地指出了碳达峰的关键指标标准，使各领域在未来制定具体碳达峰方案和考核指标上有据可依。[②] 随后国务院发布了《中国应对气候变化的政策与行动》白皮书，这是继2011年以来第二次也是2015年《巴黎协定》通过后第一次从国家层面对外发布关于中国气候变化的白皮书，白皮书显示中国经济发展与减污降碳协同效应已凸显、能源生产和消费革命取得显著成效、产业低碳化为绿色发展提供新动能、生态系统碳汇能力明显提高、绿色低碳生活成为新风尚，同时明示了中国应对气候变化的新理念、国家战略及全球气候治理合作方案与倡议。同年10月28日，中国《联合国气候变化框架公约》国家联络人向公约秘书处正式提交《中国落实国家自主贡献成效和新目标新举措》和《中国本世纪中叶长期温室气体低排放发展战略》，阐述了中国推动全球气候治理的基本立场、理念与主张，提出中国本世纪中叶长期温室气体低排放发展的基本方针和战略愿景、战略重点及政策导向，并提出新的国家自主贡献目标以及落实新目标的重要政策和举措及进一步推动应对气候变化国际合作的考虑。

2022年5月，生态环境部等17部门联合印发《国家适应气候变化战略2035》，指出气候变化对我国自然生态系统带来的不利影响已以"风险级联"方式向经济社会系统蔓延渗透，"减缓和适应是应对气候变化的两大策略"。战略涉及能源领域的措施包括："能源+气象"信息深度融合，提升能源供应安全保障水平；能源工程与电网安全设施重点提升多电网联合并网、消纳和调度技术；提高能源行业气候韧性。在"提高能源行业气候韧性"方面，提出要重点针对高温、冰冻、暴雨等极端天气气候事件，开展气候变化对能源生产、运输、存储和分配的影响及风险评估。

---

① "1+N"中的"1"即《中共中央 国务院关于完整准确全面贯彻新发展理念做好碳达峰碳中和工作的意见》主要发挥统领作用，覆盖碳达峰、碳中和两个阶段，是管总管长远的顶层设计，阐述了党中央对碳达峰碳中和工作的系统谋划和总体部署。"N"即以《国务院关于印发2030年前碳达峰行动方案的通知》为始的系列政策文件，与意见有机衔接，是路径部署、相关指标和任务的具体化。

② 王钒圳：《中央碳达峰碳中和"1+N"政策体系关键要点分析》，http//ideacarbon.org/news_free/56275/，最后访问日期：2022年6月30日。

（四）能源市场化改革

为应对一系列能源安全问题（包括传统能源供给安全、生态环境安全等）并适应以国际能源制度和国际能源市场结构为代表的国际力量的角色变化，自1978年起中国就开始了能源产业市场化改革尝试。2014年6月13日，习近平在中共中央财经领导小组会议上提出"四个革命，一个合作"的新能源安全战略，我国进入加快能源产业市场化改革阶段，至2022年，我国已步入构建现代能源体系的新阶段。在新阶段的规划中一项重要目标是增强能源治理效能，具体举措是深化电力、油气体制机制改革，持续深化能源领域"放管服"改革，加强事中事后监管，加快现代能源市场建设，完善能源法律法规和政策，更多依靠市场机制促进节能减排降碳，提升能源服务水平。"垄断行业改革、引入竞争机制"是我国经济体制改革过程中的重要举措，随着我国能源对外依存度的不断提高，以"国家后盾"保障"走出去"的方式已不能适应国际能源市场需求。能源是事关国家安全的重要的战略性资源，但也要客观承认能源的商品属性，可以由市场发挥资源配置的决定性作用。随着经济体制改革由竞争行业向具垄断地位产业的延伸，以电力、石油、天然气为代表的能源行业将逐步打破长期以来的垄断地位，这也就要求能源市场开放化、透明化、国际化，同时对市场化能源市场加强监管规范要适应现代企业管理和竞争状态。

能源市场化改革后，融资成为关键。实现大规模融资的最主要方式是在证券市场公开发行股票。2020年3月1日，历经四年四轮审议，新修订的《中华人民共和国证券法》（以下简称"新《证券法》"）正式实施，标志着注册制在我国A股市场正式实施。[①] 对证券发行制度的调整，其本质是以信息披露为中心、由市场参与各方对发行人的资产质量、投资价值作出判断。信息公开原则为注册制的精髓与基础，IPO告别核准制实行注册制的核心是信息披露，相比此前实行的核准制度，监管部门重点对发行人信息披露的齐备性、一致性和可理解性进行监督，不再为企业上市"背书"。与此密切相关的是：早在《中华人民共和国证券法》（以下简称《证券法》）明确注册制修订方向前，国家环境保护部（简称"环保部"）在2014年就对有关环保核查的问题作了调整。2014年10月20日，

---

① 此前，2015年4月20日，中国第十二届全国人大常委会第十四次会议审议了《证券法》最近一稿的修订草案并向社会公开，明确规定了注册制程序。2015年12月27日，全国人大常委会表决通过《关于授权国务院在实施股票发行注册制改革中调整适用〈中华人民共和国证券法〉有关规定的决定》，根据决定，试行注册制。

环保部发布了"149号文件",要求发行人如实披露与环保相关的信息,要求中介机构对发行人环保合规情况进行尽职调查等,环保部停止环保核查职能后,中国证券监督管理委员会(简称"证监会")将进一步强化关于环境信息披露的要求及中介机构核查责任。随后证监会分别于2016年、2017年、2021年修订了《公开发行证券的公司信息披露内容与格式准则第2号——年度报告的内容与格式》①、《公开发行证券的公司信息披露内容与格式准则第3号——半年度报告的内容与格式》。尤其是2017年证监会根据《关于构建绿色金融体系的指导意见》②要求对第2号、3号准则进行了修改明确规定上市公司应在公司年度报告和半年度报告中披露环境信息③,这是国家环境保护部门会同证监会推动上市公司环境信息披露的一个重要里程碑,对上市公司的环境信息披露进行了统一的规范,有利于利益相关方更为准确地判断上市公司的环境风险;上市公司在履行环境和社会责任方面的表现,是投资人评估上市公司是否具备可持续发展能力的重要因素,也是上市公司向投资者、客户、员工、社区等利益相关方展现其软实力,重塑公司负责任品牌形象的重要媒介。上海证券交易所、深圳证券交易所也适时调整了信息披露相关指引。2017年12月,中国金融学会绿色金融专业委员会④专门成立了上市公司信息披露研究小组以开展政策研究并推动上市公司环境信息披露工作的开展。证监会的上市公司环境信息披露工作实施方案分为三步走,第一步为2017年年底修订上市公司定期报告内容和格式准则,自愿披露;第二步为2018年3月强制要求重点排污单位披露环境信息,不披露就解释;第三步为2020年12月前要求所有上市公司强制环境信息披露。但在实践中,企业

---

① 2015年对《公开发行证券的公司信息披露内容与格式准则第2号——年度报告的内容与格式》即已进行了一次修改。

② 该文件于2016年8月31日由中国人民银行牵头,联合财政部、国家发展和改革委员会等七部门发布。

③ 根据2017年证监会相关公告要求,属于环境保护部门公布的重点排污单位或其重要子公司,应当根据法律、法规及部门规章的规定,在公司年度报告和半年度报告中,披露以下主要环境信息:(1)排污信息。包括但不限于主要污染物及特征污染物的名称、排放方式、排放口数量和分布情况、排放浓度和总量、超标排放情况、执行的污染物排放标准、核定的排放总量。(2)防治污染设施的建设和运行情况。(3)建设项目环境影响评价及其他环境保护行政许可情况。突发环境事件应急预案。(4)环境自行监测方案。(5)其他应当公开的环境信息。属于重点排污单位之外的公司,可参照上述要求,在公司年度报告和半年度报告中,披露其环保信息,如不披露,需充分说明原因。在上市公司环境信息披露方面,此次准则的修订要求"不披露即解释"。除上述明确要求披露的环境信息外,证监会鼓励公司自愿披露有利于保护生态、防治污染、履行环境责任以及第三方机构对公司环境信息核查等方面的信息。

④ 2014年,人民银行牵头与联合国环境署可持续金融项目联合发起了绿色金融工作小组,由国内40多位专家组成,在此基础上2015年4月成立了中国金融学会绿色金融专业委员会。

环境信息披露效果并不理想。2022 年 2 月 8 日《企业环境信息依法披露管理办法》正式实施，这一状况有望得到改善。

随着能源市场化改革的深入和新股发行注册制的实施，转型期的能源行业将有大批企业进入证券市场。一方面，其应遵循证券市场监管的基本原则；[①] 另一方面，也要适应我国证券市场监管模式的转型要求。随着近年来证券市场的急剧变化，我国证券监管思路也在发生转变，具有以下三个显著趋势：第一，发行市场由审批制转向核准制。调整以往重条件轻披露的审批方式，注重公司经营的持续性，降低市场道德风险与系统风险，强化中介机构风控机制，有效实现风险最大化揭示，将公司真正推向市场。第二，二级市场从关注指数涨跌转向市场维护，风险揭示、风险自担，推动市场运行趋于平稳。第三，上市公司监管从业绩关注转向了信息披露。在新型风险控制监管思路下，注重上市公司信息披露，对绩优绩差公司一视同仁，要求信息披露充分、及时、客观，避免投资者对公司运营状况一无所知。[②] 由此可知，能源行业正处于市场化转型期，进入市场化竞争后再加之其本身的经济基础性及环境高危性，使之将承担更多的企业责任，尤其是社会责任中的环境保护义务。近年来，企业社会责任已成为公众和企业自身愈加关注的问题。

（五）环境治理模式转变

经济的发展越来越受到环境因素的制约。如上所述，我国乃至全球能源利用以传统石化燃料为主的情况还将持续相当长的一段时间，能源利用所导致的生态环境严重恶化问题将是进入开放 / 半开放市场后的能源企业头上悬着的一把利剑。2014 年 4 月 24 日《中华人民共和国环境保护法》（以下简称《环境保护法》）出台并于 2015 年 1 月 1 日起施行，相应《环境保护主管部门实施按日连续处罚办法》《环境保护主管部门实施查封、扣押办法》《环境保护主管部门实施限制生产、停产整治办法》《环境保护公众参与办法》等一系列配套规则陆续出台。政府职能由事前审批逐步转向事后监管，开始逐步进入多元共治的现代环境治理体系理论初始发展阶段，将更大程度地发挥市场自我调节机制、行业自律及社会监督作用。环保部"十三五"工作思路及规划以环境质量改善为核心，从改革环境治理制度入手，实行最严格的环境保护制度，构建政府、企业、

---

① 证券市场监管基本原则，即以信息公开披露为核心的保护投资者合理利益原则，以遵循市场规则、价格平衡为核心的效率与秩序协调发展原则，以及以成本—收益为核心的风险最小化和收益最大化原则。

② 杨华：《上市公司监管和价值创造》，中国人民大学出版社 2004 年版，第 16 ～ 17 页。

社会共治的环境治理体系，不断提高环境管理系统化、科学化、法治化、市场化和信息化水平。同时，其提出了五项工作要点：第一，加强环境法制建设、坚持依法保护环境；第二，完善环境预防体系、推动空间布局和产业结构优化；第三，改革环境治理基础制度、推进环境质量改善；第四，改革环境监管方式，提升检测监管执法能力；第五，全面推进信息公开、倡导全民参与。其中特别强调"推广绿色信贷，支持设立绿色发展基金，建立上市公司环保信息强制披露机制，在环境高风险领域建立环境污染强制责任保险制度"。2020年，"十三五"规划纲要确定的生态环境领域9项约束性指标和污染防治攻坚战阶段性目标超额完成。党中央和国务院在打好污染防治攻坚战的同时，也着力构建现代化的环境质量体系。2020年3月，中共中央办公厅、国务院办公厅印发《关于构建现代环境治理体系的指导意见》，提出"健全环境治理企业责任体系"，其中一项重要措施是要求企业公开环境治理信息。不仅如此，在"健全环境治理信用体系"中，要求健全企业信用建设，建立完善上市公司和发债企业强制性环境治理信息披露制度。环境影响将成为企业评价的重要指标，环境信用也已成为影响企业可持续发展的重要影响因子。《中华人民共和国国民经济和社会发展第十四个五年规划和2035年远景目标纲要》中提出两个目标：一是2035年远景目标，广泛形成绿色生产生活方式，碳排放达峰后稳中有降，生态环境根本好转，美丽中国建设目标基本实现。二是"十四五"时期经济社会发展的目标。2021年11月《中共中央 国务院关于深入打好污染防治攻坚战的意见》（以下简称《意见》）印发实施。2022年生态环境部在2月召开的例行新闻发布会上通报了"十四五"生态环境保护规划12个方面的重点任务。"十四五"生态环境保护规划和《意见》共同构成了我国"十四五"生态环境保护顶层设计，涵盖了各个要素、各个环节。"十四五"生态环境保护规划面向美丽中国远景建设目标提出了环境治理、应对气候变化、环境风险防控、生态保护四个方面的目标指标，明确推动绿色低碳发展控制温室气体排放等一系列重点任务，部署了若干与目标指标、重点任务相匹配的重大工程。规划在开局之年生态环境保护确定了六个工作重点：一是有序推动绿色低碳发展；二是深入打好污染防治攻坚战；三是持续强化生态保护监管；四是确保核与辐射安全；五是严密防控环境风险；六是加快构建现代环境治理体系，且对每个方面都有具体的任务安排。①

---

① 周怿：《生态环境部："十四五"生态环境保护规划将于近期公布》，https://baijiahao.baidu.com/s?id=1725534405683266867&wfr=spider&for=pc，最后访问日期：2022年7月11日。

二、核心："绿色发展"

2015 年三大纲领性文件——《国民经济和社会发展第十三个五年规划的建议》《生态文明体制改革总体方案》《关于加快推进生态文明建设的意见》——的颁布为我国经济增长和社会发展确立了"绿色发展"新模式。以效率、和谐、持续为核心的"绿色发展"模式提出了绿色现代化目标，是可持续发展中国化的理论创新。"绿色发展"既要"绿色"又要"发展"，二者如何实现？核心仍然是经济发展与环境保护的协调问题。政府、企业及社会各方所需的不仅是理念的变化，还需要各方配合、各方联动，如果环保部门只着眼于环境保护，经济发展部门只注重经济发展，就可能出现政策、法律规范、职能无序交叉的混乱局面。因此，立法、规章政策制定、职能划定等方面都需要融入各方智慧，要交叉也要有序。国家在制定经济政策过程中就必须进行成本收益分析，其中环境成本、环境效益都位列其中，实施战略环评，从而在上层设计上就保证了经济与环境的一致性、一体化。

（一）"绿色发展"谁是主角

经济发展与环境保护相协调，归根到底需要企业去落实。2007 年原国家环境保护总局（简称"环保总局"）就与金融监管部门推出了"绿色信贷""绿色保险""绿色证券"三项绿色金融政策，"绿色金融"概念逐步形成。"绿色金融"这一新兴概念，是指支持环境改善、应对气候变化和资源节约高效利用的经济活动，即对环保、节能、清洁能源、绿色交通、绿色建筑等领域的项目投融资、项目运营、风险管理等提供的金融服务。[1] 绿色金融的直接作用对象就是企业这一经济微观主体，通过金融手段，一方面，迫使企业将污染成本内部化，解决"市场失灵"状态下的污染外部性问题，促使企业事前防范；另一方面，通过加强对企业环境违法行为的经济制约，使环保理念和政策与金融生态目标更加融合，同时也为金融发展提供科学、全面、持久的保障。[2] 这就打通了经济与环境协调的重要通道。2015 年，中国金融学会绿色金融专业委员会在首份《构建中国绿色金融体系》报告的构建中国绿色金融体系的框架性设想和 14 条具体建议中指出，应当在更多领域实现强制性的绿色保险、明确银行的环境法律责任，证监会和证券交易所应建立强制性上市公司环

---

①　张沛：《"壮丽 70 年"绿色金融助力建设美丽中国》，http://www.greenfinance.org.cn/displaynews.php?cid=21&id=2662，最后访问日期：2023 年 7 月 13 日。

②　沈洪涛：《企业环境信息披露：理论与证据》，科学出版社 2011 年版，第 91 页。

境信息披露机制。根据我国绿色金融发展，在修改证券法的过程中，强制要求上市公司披露环境信息将纳入调整范围，并在部分行业先行启动。同年9月21日，中共中央、国务院发布的《生态文明体制改革总体方案》提出"建立绿色金融体系"。2016年，我国"绿色金融"发展全面提速，2016年8月31日，由中国人民银行牵头，联合财政部、国家发展和改革委员会（简称"国家发展改革委"）等七部门发布《关于构建绿色金融体系的指导意见》，提出构建绿色金融体系的五大举措：大力发展绿色信贷；推动证券市场支持绿色投资；设立发展绿色基金；发展绿色保险；完善环境权益交易市场、丰富融资工具。对内支持地方发展绿色金融，对外推动开展绿色金融国际合作，同时注意防范金融风险。2017年，党的十九大报告明确提出"发展绿色金融"。目前，我国绿色金融在理论、政策、市场和实践等层面处于全球第一方阵。《中国绿色金融发展研究报告2021》[①]提出中国绿色金融已经进入碳中和的绿色金融矩阵发展阶段。我国绿色金融工具已拓展至绿色信贷、绿色证券、绿色保险、绿色债券、碳金融等方面。

（二）信用工具如何发挥作用

绿色金融需要环境领域信用建设与企业信用建设的共同保障。环境领域信用与企业信用是社会信用体系建设的重要组成部分，环境信用建设目前主要以企业环境信用建设为主。2015年11月，环保部会同国家发展改革委共同发布了《关于加强企业环境信用体系建设的指导意见》（环发〔2015〕161号）提出了"到2020年，企业环境信用制度基本形成，企业环境信用记录全面建立，覆盖国家、省、市、县的企业环境信用信息系统基本建成，环保守信激励和失信惩戒机制有效运转，企业环境诚信意识和信用水平普遍提高"的目标，环保领域信用建设的主要任务和措施为：第一，要求建立和完善企业环境信用记录；第二，加强企业环境信用信息公开；第三，完善信息化基础建设实现信息共享；第四，建立环保守信激励失信惩戒机制；第五，开展环境服务机构及从业人员信用建设。《社会信用体系建设规划纲要（2014—2020年）》对环保领域信用建设提出了明确要求；《关于加强环境监管执法的通知》明确指出要将环境违法企业列入"黑名单"并向社会公开，建立环境信用评价制度并纳入社会信用体系，让失信企业"一次违法处处受限"；同时，《环境保护法》

---

① 自2016年以来，绿色金融专业委员会每年都会发布《中国绿色金融发展报告》对绿色金融的发展现状、取得的成果以及面临的困境进行描述。

规定，企业事业单位和其他生产经营者的环境违法信息将记入社会诚信档案并向社会公布。其中信息公开是关键，通过将企业的环境信用信息与其他部门之间实现"互联互通"，并向社会公开，可以有效动员各部门和全社会力量共同参与环境保护，形成"一处失信，处处受限"的守法氛围，督促企业自觉履行环保法定义务和社会责任。① 为此，环保部门积极推进企业环境信用信息公开，促进部门间信用信息共享和奖惩联动。《环境保护法》设专章规定了信息公开和公众参与，特别提出了对重点排污单位要实行强制公开环境信息。环保相关的新法新政密集出台，有力地推进了环境信息公开，尤其侧重企业环境信息公开。近年来，我国环境信息公开已经超越满足公众知情权的需要，成为动员社会各界广泛参与、合力推动污染减排的重要手段，② 由此可见，无论经济发展还是环境保护，无论证券市场制度调整还是多元共治的现代环境治理体系发展，信息都是关键。

（三）数据时代提出什么要求

对信息公开的重视还缘于大数据战略的实施。"大数据"概念出现后短短几年间迅速向全球扩展，受到政府部门、经济领域及科学领域的广泛关注，大数据建设得到了空前重视。大数据是具有四 V 特征——数据规模大（volume）、数据种类多（variety）、数据处理速度快（velocity）、数据价值密度低（value）——的数据集合，同时要求对数据进行科学的采集、存储及关联分析，从而获得新的认知、创造新的价值、预测发展方向。2015 年 9 月，国务院印发《促进大数据发展行动纲要》，系统部署大数据发展工作。大数据以数据为核心，数据收集、存储和关联需要以数据获取途径的畅通为前提，数据的公开与共享至关重要。环保部根据《促进大数据发展行动纲要》编制了《生态环境大数据建设总体方案》，并于 2016 年 3 月 8 日发布该方案。该方案强调大数据在推进生态文明建设中的地位和作用，以及目前我国环境信息化面临体制机制不顺、基础设施和系统建设分散、数据孤岛林立、业务协同不足等诸多问题。该方案据此设计了"一个机制，两套体系，三个平台"的生态环境大数据总体框架，着力实现生态环境领域大数据的有效运用，从而实现生态环境综

---

① 环保部、发改委：《关于加强企业环境信用体系建设的指导意见》，http://www.gov.cn/xinwen/2015-12/15/content_5024343.htm，最后访问日期：2023 年 1 月 9 日。

② 《中国上市公司环境责任信息披露评价报告（2014 年）》指出：至 2015 年我国环境信息已连续 4 年被列入国务院政府信息公开的重点领域，国家对环境信息公开高度重视并对社会各界有关环境信息高度关注和迫切需求进行了主动响应。

合决策科学化、生态环境监管精准化、生态环境公共服务便民化三大目标。以"推进数据资源全面整合共享、加强生态环境科学决策、创新生态环境监管模式、完善生态环境公共服务、统筹建设大数据平台、推动大数据试点"六项主要任务以及"完善组织实施机制、健全数据管理制度、建立标准规范体系、实施统一运维管理、强化信息安全保障"五大保障措施确保三大目标的实现。在《生态环境大数据建设总体方案》发布后不久，数据整合就有突破。不仅如此，环保部信息中心又于 2018 年 3 月 1 日发布了《环境专题空间数据加工处理技术规范》《环保物联网总体框架》等标准。业务系统在广西、江苏等地扎实推进，大数据应用雏形初现。2021 年 9 月 6 日，可持续发展大数据国际研究中心在北京成立，该中心的成立是我国以科技创新及大数据应用推动在全球范围内落实联合国 2030 年可持续发展议程。

（四）具体规则如何实现保障

经济与环境协调发展通道的畅通需要具体规范进行保障。环保部取消"环保核查"、证券监管部门实行注册制改革，宏观上是基于国家治理现代化改革需求所作出的职能转变，实际上也是环境管理与证券管理间的良好配合，但这样的过渡期难免出现阶段性的规范空白：试行注册制后，发行审核将会更加注重信息披露要求，发行企业和保荐机构需要为保护投资者合法权益承担更多的义务和责任，那么在失去了环保部门权威的"环保核查"及一系列规范后，企业如何规范行为？中介机构如何进行尽职调查？审核部门如何审查准入？虽然各部门都在积极出台各项"通知""意见""办法"，但对企业、中介服务机构甚至一般公众而言，更需要的还是相对系统并具参考意义的标准与规范。

综上所述，"绿色发展"的核心在经济发展与环境保护的协调，"绿色金融"政策以其宏观协调、微观防治的功效，实现了以企业为落脚点、以信用体系为保障的经济发展与环境保护的联通，其中环境信息共享为关键。环境信息共享的前提是有完善的环境信息公开制度体系。本世纪以来，关于企业环境信息公开的法规层出不穷，但是各部门之间协同不足，尚未形成完善的环境信息公开制度。从 2015 年《生态文明体制改革总体方案》开始，健全环境信息公开制度被提上日程。随后"十三五"规划纲要和党的十九大报告中皆明确提出建立环境信息公开制度。2020 年中共中央办公厅、国务院办公厅发布的《关于构建现代环境治理体系的指导意见》以及 2021 年国务院发布的《国务院关于加快建立健全绿色低碳循环发展经济体系的指导意见》（国发〔2021〕4号）皆再次明确建立健全环境信息公开的法律法规制度。2021年5月24日，中央全面深化改革委员会会议审议通过《环境信息依法披露制度改革方案》（以下简称《改革方案》），强调建立环境信息共享机制。同年12月21日，生态环境部通过了《企业环境信息依法披露管理办法》，规定了设区的市级以上环保部门设立企业环境信息依法披露系统，且环境主管部门要加强企业环境信息依法披露系统与信用信息共享平台、金融信用信息基础数据库对接，推动环境信息跨部门、跨领域、跨地区互联互通、共享共用。

我们还应当注意到环境与经济之间的另一个重要连接——能源。能源是经济发展的动力，经济发展和环境保护之间的矛盾关系必然在能源领域有所反映和体现。能源行业兼具"环境高危""经济命脉"双重特性，处于环境经济双方利益平衡之中心，由此，以能源为枢纽的经济与环境协调发展是最大程度地实现经济与环境平衡的重要途径。能源市场化改革，必然将更多的能源企业推向市场。上市能源企业不可避免地将在平衡经济与环境中发挥代表性的作用。对上市公司而言，信息公开即信息披露。鉴于此，将环境管理中具有关键作用的环境信息公开制度与经济发展中具有经济命脉基石特点的能源企业进行结合，选取信息披露角度，最终着眼于"能源企业环境信息披露"，无疑是经济与环境协调发展研究中的一个新途径和新视角：其一，两个在经济发展与环境保护中发挥枢纽作用的关键点进行了聚合，将在经济发展与环境保护的协调中发挥极为重要的作用；其二，一定程度上弥补过渡阶段有关规范的缺失，为相关实务工作提供参考，并倒逼有关制度的完善。鉴于相关理论的研究现状，这一主题具有较高的前沿性；同时，基于市场化改革、政府职能转变的现实，这一主题具有较强的现实意义。

三、基础：从"3E"到环境信息披露

能源是国民经济健康发展、国家安全得以实现的重要基石，在政治、经济、环境各个方面都发挥着至关重要的作用。[①] 在经济侧，能源是经济发展的血液与动力关乎国计民生。在环境侧，大量事实及研究表明，能源发展也必须与环境保护相协调。传统上认为环境、经济、能源是互为矛盾的三角关系。但在"绿色发展"理念下，三者是协调发展、相互统

---

① 高利红、程芳：《我国能源安全环境保障法律体系：理念与制度》，载《公民与法（法学）》2011年第2期。

一、相辅相成的关系，并以能源居间作为经济与环境协调发展的枢纽与推动力量。尤其是规模较大的能源企业，以其"命脉之细胞"及"环境之祸首"双重身份与特殊地位发挥着最基础、最有效的作用。能源企业的经济促进作用并不需要太多的干预与外力推动，然而能源企业的环境表现则需要依靠多种手段得以激励及监督，但无论何种方式，信息的畅通是关键，它也是企业得以实现利益增进和可持续发展的关键。

（一）能源、经济、环境（3E）关系研究

目前，我国面临着经济高速发展的需求，能源、经济、环境三者矛盾日益凸显。早期的能源、经济、环境三者研究都是独立展开的，之后出现了以经济学理论为中心的二元研究，即"能源—经济"研究以及"经济—环境"研究，工业革命之后"环境—能源"矛盾的日益突出，开始以经济手段居间作为核心来调节二者矛盾。[①] 几乎同时，学者逐渐发现在最初的两项基本研究中如果不引入第三方问题则没有办法解决其中的关键问题，因而对三方关系开展了更深入的研究。[②] 至 20 世纪 80 年代，能源—经济—环境（3E）体系研究框架基本形成，核心就是构建"能源—经济—环境"三元系统的框架使三者实现综合平衡、协调发展，随后开启了至今达 30 余年的 3E 课题研究。3E 课题是指能源伴随着经济的发展而被不断地使用，以矿物燃料为主的能源所带来的环境破坏等问题。[③] 对于三者关系已基本达成共识，即能源、经济、环境三大系统之间存在着相互影响、相互制约的关系，三者的协调发展是实现社会可持续发展的基础。

国内有关 3E 课题的研究与模型应用已拓展到了地理空间、产品设计、管理学发展等领域，但目前最主要的研究集中于以可持续发展为目标的 3E 协调度研究和 3E 协调实现方法研究。

对 3E 协调度的研究，最基础的是 3E 基础模型构建研究。模型的运用主要在于对经济发展过程中能源生产消费所造成的环境问题进行有效测算从而提出实现方法。应用和研究较为广泛的 3E 模型有：内生增长模型，以 Sam H. Schurr 等经济学家为代表，该模型主要以经济增长为核心，

---

① 邓玉勇、杜铭华、雷仲敏：《基于能源—经济—环境（3E）系统的模型方法研究》，载《甘肃社会科学》2006 年第 3 期。

② 王俊峰：《中国能源—经济—环境 3E 协调发展的研究与政策选择》，中国社会科学院 2000 年博士论文。

③ ［日］滨川圭弘、西川祢一、辻毅一郎：《能源环境学》，郭成言译，科学出版社 2003 年版，第 4～5 页。

纳入能源与环境作为内生因素来分析对经济增长的影响。[1]MARKAL 模型，近年来以 Gielen Dolf[2]，Eric Larson[3]，Ad J. Seebregts、Gary A. Goldstein、Koen Smekens[4] 等学者为代表，这一模型是单目标线性规划方法，它由能源数据库和线性规划应用两个部分组成，其中数据库提供能源情况资料，该模型目前也已经成为国内进行相关研究和政策制定依据来源的主要模型。CGE 模型，又称为可计算一般均衡模型，以 Hans W. Gottinger[5]，Nick D. Hanley、Peter G. McGregor、J. Kim Swales、Karen Turner[6] 等学者为研究代表，该模型涵盖了包括生产、需求、贸易、收入在内的各种要素主要用以描述产业部门与需求部门关联性，在环境和能源领域应用有一定的模型变化，[7]国内常用于环境税收政策研究。[8] 其他模型还包括投入产出模型、Visual Economics 模型、系统动力学模型、RAINS-ASIA 模型、向量自回归模型（VAR 模型）等。在这些模型基础上，不同的学者选取不同的角度进行协调度分析评价常见的为两类：一是 3E 协调度评价目的下对基础模型进行演变研究，赵涛、李晅煜从发展速度角度重构了数量表达式以实现量化表达 3E 协调状况；[9]二是 3E 协调度评价应用模型研究，李秋峰、党耀国基于向量夹角理论构建了区域协调发展的预警系统模型，以监控 3E 协调水平，[10] 又如国家发展改革委能

① Sam H. Schurr, *Energy Economic Growth and the Environment,* Baltimore and London：Johns Hopkins University Press, 1972.

② Gielen Dolf & Changhong Chen, The CO_2 Emission Reduction Benefits of Chinese Energy Policies and Environmental Policies: A Case Study for Shanghai, Period 1995-2020, *Ecological Economics*, 2001, Vol.39, No.2, pp.257-270.

③ Eric Larson, Zongxin Wu & Pat DeLaquil et al., Future Implications of China's Energy-Technology Choices, *Energy Policy*, 2003, Vol.31, No.12，pp.1189-1204.

④ Ad J. Seebregts, Gary A. Goldstein & Koen Smekens, Energy/Environmental Modeling with the MARKAL Family of Models, *Operations Research Proceedings*, 2001, Vol.31, pp.75-82.

⑤ Hans W. Gottinger, Greenhouse Gas Economics and Computable General Equilibrium, *Journal of Policy Modeling*, 1998,Vol.20, No.5, pp.537-580.

⑥ 参见 Nick D. Hanley, Peter G. McGregor, J. Kim Swales & Karen Turner, The Impact of a Stimulus to Energy Efficiency on the Economy and the Environment:A Regional Computable General Equilibrium Analysis, *Renewable Energy*, 2006, Vol.31, No.2, pp.161-171.

⑦ J.M. Burniaux, G. Nicoletti, J. O. Martins, "GREEN"：A Global Model for Quantifying the Costs of Policies to Curb CO_2 Emissions, *OECD Economics Studies*, 1992,Vol.19,No.19,pp.49-92.

⑧ 黄英娜、郭振仁、张天柱：《应用 CGE 模型量化分析中国实施能源环境税政策的可行性》，载《城市环境与城市生态》2005 年第 2 期。

⑨ 赵涛、李晅煜：《能源—经济—环境（3E）系统协调度评价模型研究》，载《南京理工大学学报》2008 年第 2 期。

⑩ 李秋峰、党耀国：《区域 3E 系统协调发展预警体系及其应用》，载《现代经济探讨》2012 年第 9 期。

源研究所开发的 4E-CGE 模型，以生产活动、商品市场、收入支出、宏观闭合四大模块为基础，实现了协调发展的动态预测。[①] 因此，协调度研究的主要特点为模型依赖导向。此外，还存在两个重要特点：一是以区域研究为主。李秋峰[②]、雷仲敏等[③]、陈秀端[④]、陈丹临[⑤]、刘志雄等[⑥]、杨志清[⑦] 等学者单独或综合运用各种模型分别对宜兴、山东省 17 个城市、高强度能源开发区、长三角地区等进行了协调度分析，结果表明，3E 协调度受到不同区域地理位置、能源禀赋、自然环境、基础产业、地方政策、人口水平等影响而具有较大差异，总体上 3E 系统协调度呈上升趋势，但都呈现环境弱势。本书参考了协调度研究中的一些要素选取方法。二是结合大数据分析 3E 系统。邱立新等[⑧] 学者结合大数据应用技术提出构建 3E 系统数据平台构想和运营模式，但是关于 3E 系统数据平台的研究还处于起步阶段。

对 3E 协调实现方法的研究，随着模型研究的发展逐渐成熟，从研究类型来看多数以能源为落脚点，其中又以能源技术研究和能源政策制度研究为主。能源技术研究，就是以洁净煤、新能源发展等为代表的清洁生产技术研究、绿色能源技术研究，这些技术研究的本质是基于 3E 协调实现可持续发展的根本目的。日本在 20 世纪 90 年代就开始密切关注绿色能源技术，日本学者滨川圭弘、西川祎一和辻毅一郎指出，绿色能源技术是解决 3E 课题的最有效方法之一。[⑨] 能源政策及制度研究则比较有限，目前国内以宏观政策研究和相关制度设计为主，以实现能源节约、能源合

---

① 肖峰、苗韧：《经济转型背景下中国能源可持续发展情形研究》，载崔选民，王军生主编：《中国能源发展报告（2014）》，社会科学文献出版社 2014 年版，第 288～327 页。

② 李秋峰：《宜兴市 3E 系统协调发展与产业结构优化研究》，南京航空航天大学 2013 年博士论文。

③ 雷仲敏、李宁：《城市能源—经济—环境（3E）协调度评价比较研究——以山东省 17 个城市为例》，载《青岛科技大学学报（社会科学版）》2016 年第 4 期。

④ 陈秀端：《高强度能源开发区经济增长与环境污染、资源消耗的耦合关系研究》，载《生态经济》2017 年第 7 期。

⑤ 陈丹临：《开放经济环境下长三角地区能源—环境—经济系统协调度评价》，载《现代经济探讨》2020 年第 12 期。

⑥ 刘志雄、陈红惠：《黄河流域能源—经济—环境协同发展的实证研究》，载《煤炭经济研究》2020 年第 8 期。

⑦ 杨志清：《河南省能源、经济与环境（3E）系统绿色发展评价与分析》，载《河南农业大学学报》2021 年第 1 期。

⑧ 邱立新、李筱翔：《大数据思维对构建能源—经济—环境（3E）大数据平台的启示》，载《科技管理研究》2018 年第 16 期。

⑨ [日] 滨川圭弘、西川祎一、辻毅一郎：《能源环境学》，郭成言译，科学出版社 2003 年版，第 4~5 页。

理开发、替代性能源发展、可再生能源发展、能源结构优化、强化环境保护、提高能源科技、发展集约型经济和绿色经济、完善政府能源管理体制的目标为主（赵芳[①]、王俊峰[②]、杨志梁[③]、金乐琴等[④]、朱鹏飞等[⑤]、关华等[⑥]）。从国外政策制度研究方面来看，一个值得关注的角度是从微观的具体制度措施方面进行分析，例如能源环境影响评价与外部成本研究，[⑦]石油股票与债券的投资组合[⑧]。这也是本书意欲抓住的突破口之一。

（二）能源市场化改革

目前正处于转型期的中国经济，能源市场化改革是关键（肖兴志[⑨]、张华新等[⑩]、王文举等[⑪]）。2016年，国家发展改革委发布的《能源生产和消费革命战略（2016—2030）》将"四个革命，一个合作"进行具体化，新能源安全战略中的能源体制革命即能源市场化改革。学者普遍认为：当前煤、油、气、电的市场化改革进度不一致，同时对煤、电、天然气、成品油所进行的市场化改革并不能满足当前的市场需求。因此，进一步推进我国能源市场化改革是应有之义。经过四十年的发展，能源市场化呈现出四大趋势：第一，由煤炭转向更多能源类型（韩文科、杨玉峰等[⑫]）；第二，逐渐由半开放的高市场壁垒状态转向多元化市场主体（刘

①　赵芳：《基于3E协调的能源发展政策研究》，中国海洋大学2008年博士论文。

②　王俊峰：《中国能源—经济—环境3E协调发展的研究与政策选择》，中国社会科学院2000年博士论文。

③　杨志梁：《我国能源、经济和环境（3E）系统协调发展机制研究》，北京交通大学2011年博士论文。

④　金乐琴、刘玲伶：《中国可再生能源发展与经济、环境协调性评价——基于新3E系统评价模型的研究》，载《经济视角（上旬刊）》2015年第9期。

⑤　朱鹏飞、包青：《能源使用、环境保护与经济发展的关系——基于排污权的区域协调研究》，载《华东经济管理》2018年第7期。

⑥　关华、赵黎明：《低碳经济下能源—经济—环境系统分析与调控》，载《河北经贸大学学报》2013年第5期。

⑦　Stefan Hirschberg, Thomas Heck & Urs Gantner et al., Environmental Impact and External Cost Assessment, in Eliasson B., Lee Y. (eds), Integrated Assessment of Sustainable Energy Systems in China The China Energy Technology Program, *Alliance for Global Sustainability Bookseries*, Vol.4,2003, pp.445~586.

⑧　André Dorsman, John L.Simpson, Wim Westerman, *Energy Economics and Financial Markets*, Heidelberg: Springer, 2013, pp.197-213.

⑨　肖兴志：《我国能源价格规制实践变迁与市场化改革建议》，载《价格理论与实践》2014年第1期。

⑩　张华新、刘海莺：《基于安全的能源市场化改革研究》，载《当代经济管理》2007年第6期。

⑪　王文举、陈真玲：《改革开放40年能源产业发展的阶段性特征及其战略选择》，载《改革》2018年第9期。

⑫　韩文科、杨玉峰等：《中国能源展望》，中国经济出版社2012年版，第3～32页。

飞等①、史丹等②）；第三，由主要利用国内资金逐步转向了争取域外资本的真正国际化发展（刘元玲③、林伯强④、段婧婧⑤）；第四，由以政府调控为主向市场引导为主转变（王文举等⑥、郑新业⑦、李赞⑧）。此外，国际力量不可忽视，能源企业的国际化发展也是能源实现真正市场化的重要环节。⑨

能源上市公司作为市场化特征最显著的能源企业主体，是能源市场化改革发展研究的主要对象。"能源上市公司"虽然是一个外延较大的主题词，但是相关研究方向较为单一，以万方数据库知识脉络进行分析，主题词精确命中文章 382 篇，发文高峰期分别分布于 2010 年、2014 年、2017 年和 2020 年。以 CNKI 数据库进行主题词精确检索，结果为 881 条，发文高峰期分别分布于 2010 年、2013 年、2019 年和 2021 年。从时间分布来看，总体上 2010 年开始相关研究显著增加。研究内容上呈现两大特点：第一，以新能源企业研究为主；第二，以资本结构、融资结构以及企业经营绩、能源管理效研究为主。新能源企业的大部分研究实际上也主要基于资本结构、融资结构和企业经营绩效分析。能源企业市场化专门研究方面，国内较早的研究是航空证券的两位作者李峰立、王凤华分别于 2001 年发表于《中国能源》的两篇论文，对煤炭、石油两大类中国能源企业的国内资本市场情况进行了分析，⑩对"上海能源"二级市场表现进行了分析评论，对传统煤炭市场的复苏给予了期待。⑪在当时能源市场半开放，且证券市场发展不足 20 年的背景下，除了煤炭这一早期开放的能源行业外其他能源基本未进入二级市场。处于基本封闭状态的

---

① 刘飞、常莎：《能源改革与能源文明》，载崔选民、王军生主编：《中国能源发展报告（2014）》，社会科学文献出版社 2014 年版，第 366～379 页。

② 史丹、冯永晟：《深化能源领域关键环节与市场化改革研究》，载《中国能源》2021 年第 4 期。

③ 刘元玲：《中国能源发展"走出去"战略探析》，载《国际关系学院学报》2010 年第 1 期。

④ 林伯强：《能源企业"走出去"新瓶颈》，载《董事会》2013 年第 2 期。

⑤ 段婧婧：《完善中国能源价格市场化改革问题研究》，载《价格月刊》2022 年第 1 期。

⑥ 王文举、陈真玲：《改革开放 40 年能源产业发展的阶段性特征及其战略选择》，载《改革》2018 年第 9 期。

⑦ 郑新业：《全面推进能源价格市场化》，载《价格理论与实践》2017 年第 12 期。

⑧ 李赞：《能源价格市场化的新改革：透明价格机制》，载《价格月刊》2016 年第 2 期。

⑨ 吴雁飞：《中国能源产业市场化改革（1978—2012）：基于国际视角的分析》，载《中国与世界》2015 年第 4 期。

⑩ 李峰立：《中国能源企业上市公司分析——煤炭、石油石化行业》，载《中国能源》2001 年第 9 期。

⑪ 王凤华：《能源新星：资本市场展风姿——上海能源上市公司分析》，载《中国能源》2001 年第 11 期。

能源市场缺乏活力。之后，随着能源市场的适度放宽，市场活跃度增加，但总体上还处于国家控股或股权高度集中状态，除了煤炭和原油，其他能源定价基本由政府决定，缺乏竞争机制，因此，流通股对于能源企业整体业绩的提高并无太大影响。股权高度集中和政府的严格管控也造成了一系列的经济扭曲和矛盾（王超[①]，施丹[②]）。有学者提出，如果能源市场化程度进一步提高，在高度动态的市场环境下企业的积极解决方案之一就是降低国有股东控股比例。[③] 新能源的热潮给能源市场化发展注入了新的活力，能源产品在 2005 年之后成为新的交易热点，[④] 围绕资本结构、融资结构和企业经营绩效的相关研究在 2013—2014 年开始出现爆发式的增长，而 2012 年，正是《中国的能源政策（2012）》白皮书出台之际，白皮书明确表示，要鼓励民间资本参与到部分能源环节中去，明确提出了完善能源市场体系的发展目标。进入市场的能源企业，最主要的问题之一就在于资本的扩大。研究表明一般能源企业最主要的融资来自股权融资和银行信用融资，[⑤] 新能源企业融资主要来源于债券融资和股权融资（刘东姝[⑥]、常树春等[⑦]），二级市场也将随着市场化程度的深入而发挥更大的作用。与此同时，在能源市场化改革过程中，能源管理逐步向市场经济条件下的治理方式转型，能源企业确定了企业的市场主体地位，能源社会治理力量不断兴起，但是依然存在着政府与市场的边界不够清晰、管理效率低、能源监管缺位等问题（熊华文等[⑧]、冯升波[⑨]）。

随着经济加速发展，能源环境问题逐步升级，能源企业研究中也开始关注环境问题。相关研究表明：环境制约对能源企业具有短期负面、

---

① 王超：《我国能源上市公司股权结构与效率关系的实证分析》，厦门大学 2007 年硕士毕业论文。

② 施丹：《能源上市公司股权结构与经营业绩关系的实证研究》，载《内蒙古煤炭经济》2007 年第 2 期。

③ 李强、黄国良：《动态环境下创新战略与资本结构关系分析——来自能源企业的证据》，载《科技管理研究》2005 年第 9 期。

④ ［美］科特·耶格：《能源市场交易与投资》，魏立佳译，中国电力出版社 2014 年版，前言。

⑤ 朱淑芳：《能源企业融资结构的特征分析》，载《北方经济》2009 年第 12 期。

⑥ 刘东姝：《新能源上市公司融资结构特征和融资行为比较》，载《企业经济》2017 年第 6 期。

⑦ 常树春、邵丹丹：《我国新能源上市公司融资结构与企业绩效相关性研究》，载《财务与金融》2017 年第 1 期。

⑧ 熊华文、苏铭：《推动能源治理体系和方式现代化》，载《宏观经济管理》2018 年第 8 期。

⑨ 冯升波：《中国能源体制改革：回顾与展望》，载《中国经济报告》2021 年第 3 期。

长期激励的效果，环境的倒逼机制在能源企业中表现显著（张瑞①，郭庆然②），此外，环境机制中的市场性工具和自愿性工具从长期来看更能推动能源企业绿色发展（杨艳芳等③、步晓宁等④）。从国外能源企业研究来看，其近年来也逐步转向环境保护方向，以绿色能源产业发展、环境会计、企业可持续发展研究为主。⑤⑥

（三）企业环境信息披露

"信息披露"原多用于上市公司、发债企业等为保障投资者利益、接受社会公众的监督而依照法律规定将其重要信息进行公示公告的行为。对于一般企业或其他主体的环境信息公示公告行为多用"信息公开"表示。2017年，党的十九大报告指出要着力解决突出环境问题健全"信息强制性披露"制度，"信息披露"一词才逐步用于指代所有主体的环境信息公开行为。因此，长期以来环境信息披露研究对象主要为上市公司。

环境信息披露是上市公司信息披露的重要组成部分，上市公司环境信息披露也是环境信息披露以及环境信息公开的重要组成部分。我国证券市场经历了三十余年的发展，目前已进入高速发展阶段，上市公司信息披露制度也经历了从初创到发展再到完善的阶段，对上市公司信息披露制度的研究已较为深入全面。目前，我国已经建立起了一整套粗具国际水准的信息披露制度。⑦2013年，党的十八届三中全会提出要"推进股票发行注册制改革"。2014年注册制首次写入政府工作报告——"加快发展多层次资本市场，推进股票发行注册制改革，规范发展债券市场"，拉开了证券市场注册制改革的序幕。2016年3月1日，国务院正式对注册制改革进行授权。2019年1月，证监会公布《关于在上海证券交易所设立科创板并试点注册制的实施意见》，标志着我国从科创板入手正式开

① 张瑞：《能源—环境—经济的"倒逼"理论与实证——环境规制、能源生产力与中国经济增长》，西南交通大学出版社2015年版，第102～109页。

② 郭庆然：《政府环境规制与企业环境责任的契合性研究》，载《企业经济》2010年第4期。

③ 杨艳芳、程翔：《环境规制工具对企业绿色创新的影响研究》，载《中国软科学》2021年第1期。

④ 步晓宁、赵丽华：《自愿性环境规制与企业污染排放——基于政府节能采购政策的实证检验》，载《财经研究》2022年第48（4）期。

⑤ Stefan Schaltegger, Martin Bennett, Roger Burritt, *Sustainability Accounting and Reporting*, Dordrecht: Springer, 2006, pp.355-372.

⑥ Stefan Schaltegger, Martin Bennett, Roger Burritt, *Sustainability Accounting and Reporting*, Dordrecht: Springer, 2006, pp.581-602.

⑦ 胡静波：《我国上市公司信息披露制度及其有效性研究》，科学出版社2012年版，第29页。

始探索符合我国国情的证券发行注册制。注册制是以信息披露为核心的股票发行制度，不同于核准制的是，注册制下的信息披露是以投资者判断为导向，信息披露的重心从政府监管部门转向投资者。[①] 重心的转移意味着监管机构不再进行"家父主义"式的保护，之前代替进行的价值判断回归投资者，使投资者建立对信息的独立判断能力，最终成为股票发行信息的知情者、享有者和检验者。[②] 但在此前长期实行新股发行核准制的背景下，信息披露程度及真实性、准确性、及时性等问题仍然存在，这些问题同样反映在了环境信息披露上。

国际研究层面，企业环境信息披露制度最早萌芽于 20 世纪 40 年代，当时部分公司年报中开始出现公司社会责任披露（CSR）。[③] 在早期的研究中，学者们将环境会计信息分为了合规成本、企业环境行为成本以及事故成本，[④] 但已经逐渐被综合信息披露所取代，发展为以合规情况、环境风险以及污染防治三大研究方向为主，并随着网络信息的发展，披露方式从纸质转向了全面的网络信息传递。[⑤] 与此同时，委托—代理理论、压力—合规理论、声誉影响理论逐步发展形成。Marlene Plumlee 等通过研究企业价值组成（预期未来的现金流量和股权资本成本）与自愿性环境信息披露质量的关系，发现企业自愿性环境信息披露质量的某些方面和未来预期的现金流量存在正相关关系；企业自愿性环境信息披露质量的某些方面和股权资本成本正相关，另外一些方面和股权资本成本负相关。[⑥] 从环境信息披露的实证研究来看，近年来国外研究主要集中在两个方面：第一，环境信息披露与环境绩效的关系，二者关系大致形成三种研究结

---

① 周友苏、杨照鑫：《注册制改革背景下我国股票发行信息披露制度的反思与重构》，载《经济体制改革》2015 年第 1 期。

② 李曙光：《新股发行注册制改革的若干重大问题探讨》，载《政法论坛》2015 年第 33 卷第 3 期。

③ Cristi K. Lindblom, *The Implication of Organization Legitimacy for Corporate Social Performance and Disclosure*, *Critical Perspective on Accounting*, 1994, Vol.8, No.1.

④ R. Gray, J. Bebbington, D. Walters & M. Houldin, Accounting for the Environment: the Greening of Accountancy, *Chemical & Engineering News*, 1993, Vol.82, No. 4-5, pp.461-481.

⑤ Dennis M. Patten & William Crampton, Legitimacy and the Internet：An Examination of Corporate Web Page Environmental Disclosures, *Advances in Environmental Accounting and Management*, 2003, Vol.2, pp.31-57.

⑥ Marlene Plumlee, Darrell Brown, Rachel M. Hayes et al., Voluntary Environmental Disclosure Quality and Firm Value：Further Evidence, *Journal of Accounting and Public Policy*, 2015, Vol.34, No.4, pp.336-361.

论：显著正相关（Sulaiman A. Al-Tuwaijri 等 [①]、Christian Danisch[②]）、显著负相关（Joanne Rockness[③]、Kathryn Bewley 等[④]）和无显著关系（Joanne Wiseman[⑤]、M. Ali Fekrat 等[⑥]）；第二，环境信息披露与企业价值的关系，二者相关性研究同样存在三种结论：显著正相关（Ahmed Belkaoui[⑦]、Peter M. Clarkson 等[⑧]）、显著负相关（James T. Hamilton[⑨]、Gunther Capelle-Blancard 等[⑩]、Lois A. Mohr 等[⑪]）、无明显相关性（Alan Murray 等[⑫]）。

　　国内研究层面，目前仍然主要基于两大角度进行企业环境信息披露研究：一个角度是，环境会计信息披露研究。目前，我国环境会计信息主要存在以下四个方面的问题：第一，并未形成独立报告或模块进行披露；第二，未能体现环境重要性；第三，缺乏针对性行业可比性差；第四，披露无规范。对于环境会计信息披露的完善研究，学者们提出了增

① Sulaiman A. Al-Tuwaijri, Theodore E. Christensen, K.E. Hughes Ⅱ, The Relationship Among Environmental Disclosure, Environmental Performance, and Economic Performance: A Simultaneous Equations Approach, *Accounting, Organizations and Society*, 2004, Vol.29, No.5/6, pp.447-471.

② Christian Danisch, The Relationship of CSR Performance and Voluntary CSR Disclosure Extent in the German DAX Indices, *Sustainability*, 2021, Vol.13, No.9, pp.1-20.

③ Joanne Rockness, An Assessment of the Relationship Between US Corporate Environmental Performance and Disclosure, *Journal of Business Finance and Accounting*, Vol.12, No.3, pp.339-351.

④ Kathryn Bewley & Yue Li, Disclosure of Environmental Information by Canadian Manufacturing Companies: A Voluntary Disclosure Perspective, *Advances in Environmental Accounting and Management*, 2000, Vol.1, pp.201-226.

⑤ Joanne Wiseman, An Evaluation of Environmental Disclosures Made in Corporate Annual Reports, *Accounting, Organizations and Society*, 1982, Vol.7, No.1, pp.553-566.

⑥ M. Ali Fekrat, Carla Inclan & David Petroni, Corporate Environmental Disclosures: Competitive Disclosure Hypothesis Using 1991 Annual Report Data, *The International Journal of Accounting*, 1996, Vol.31, No.2, pp.175-195.

⑦ Ahmed Belkaoui, The Impact of the Disclosure of the Environmental Effects of Organizational Behavior on the Market, *Financial Management*, 1976, Vol.5, No.4, pp.26-31.

⑧ Peter M. Clarkson, Xiaohua Fang & Yue Li et al., The Relevance of Environmental Disclosures: Are such Disclosures Incrementally Informative?, *Journal of Accounting & Public Policy*, 2013, Vol.32, No.5, pp.410-431.

⑨ James T. Hamilton, Pollution as News: Media and Stock Market Reactions to the Toxics Release Inventory Data, *Journal of Environmental Economics and Management*, 1995, Vol.28, No1, pp.98-113.

⑩ Gunther Capelle-Blancard & Marie-Aude Laguna, How Does the Stock Market Respond to Chemical Disasters, *Journal of Environmental, Economics and Management*, 2010, Vol.59, No.2, pp.192-205.

⑪ Lois A. Mohr & Deborah J. Webb, The Effects of Corporate Social Responsibility and Price on Consumer Responses, *Journal of Consumer Affairs*, 2005, Vol.39, No.1, pp.121-147.

⑫ Alan Murray, Donald Sinclair & David Power, Do Financial Markets Care about Social and Environmental Disclosure? Further Evidence and Exploration from the UK, *Accounting Auditing & Accountability*, 2006, Vol.19, No.2, pp.228-255.

强企业环境责任意识、强化相关法制建设、促进公众参与、完善绿色金融政策等建议。有部分学者认为国外的部分国家和地区环境会计信息披露仍然存在一些不可忽略的问题，如环境报告难以突出环境会计信息的特点，因此我国不能盲目照搬国外的做法，但西方国家的某些环境信息披露的形式如通过网络披露以及企业自愿披露环境信息的做法是应当借鉴的。[①] 针对环境会计的真实性、准确性问题，学者提出有必要引进西方的环境会计制度与审计制度，在相关制度的研究基础上提出，应当从健全法制、提高会计人员素质、充分发挥注册会计师优势等方面来充分保障我国环境会计和审计工作的有效开展。[②] 另一个角度是，环境综合信息披露研究。从决策有效性的目的出发，单纯的环境会计信息披露已经无法满足信息需求者的决策需求，环境信息应当是包括了环境财务信息和环境非财务信息的综合信息披露体。寻租理论、经济后果理论、印象管理理论等不断深入发展。在博弈论研究基础上，环境信息双向交流战略研究得到普遍重视，企业只有充分重视了信息的双向交流才能真正实现有效的信息沟通，最终实现双赢，公司治理与环境信息披露的关系才会越来越密切。我国环境信息综合披露研究，几乎存在着和会计信息披露同样的问题，并且由于披露内容范围的扩大，在信息充分性、可比性方面更加不足；由于非会计信息不受《证券法》等制约，上市公司对环境信息的披露充满随机性。[③] 有学者提出在充分吸取国际经验的基础上充实绿色信息披露的内容框架；借鉴精细化管理的具体经验；引入第三方审核制度；引导企业重视自身绿色声誉。[④] 无论上述哪一研究角度，学者们的关注点都离不开是什么影响了环境信息披露。综合学者观点，环境信息披露的影响因素研究是目前实证性研究的重点，其主要分为内部因素研究、外部因素研究和综合因素研究。[⑤] 外部影响因素包括法律法规、政策、监管制度、媒体、政府补助激励、违规风险、公共压力、非正式制度的传统文化、正

---

① 刘长翠、耿建新、尚会君：《企业环境信息披露的国际比较——国际环境信息披露机制与各国环境信息披露机制简介》，载《环境保护》2007 年第 8 期。

② 耿建新、房巧玲：《环境信息披露和环境审计的国际比较》，载《环境保护》2003 年第 3 期。

③ 王建明：《环境信息披露、行业差异和外部制度压力相关性研究——来自我国沪市上市公司环境信息披露的经验证据》，载《会计研究》2008 年第 6 期。

④ 李维安、秦岚：《日本公司绿色信息披露治理——环境报告制度的经验与借鉴》，载《经济社会体制比较》2021 年第 3 期。

⑤ 仓萍萍、刘蓉青、许丽君等：《企业环境信息披露研究文献综述》，载《现代商业》2022 年第 11 期。

式制度的环境制度、强制性和模仿性同态制度压力等（王建明等 [1]、肖华等 [2]、毕茜等 [3]、姚圣等 [4]、任月君等 [5]、吴勋等 [6]）。内部影响因素包括公司规模、业绩、外部融资、行业特征、债务结构、股权集中度等。综合影响因素包括碳信息披露对资产收益率（ROA）和净资产收益率（ROE）社会责任指数成分股等影响因素（温素彬等 [7]、吴德军 [8]）。

（四）能源企业环境信息披露

对于能源企业环境信息披露，国际层面，早在联合国国际会计和报告标准政府间专家工作组（ISAR）的第一次调查中就将石油设为了专门调查行业，并提出了全球第一份国际环境会计和报告指南。澳大利亚学者 K. Gibson 和 G. O'Donovan 在 2008 年对 41 家上市公司的环境信息披露进行了质量研究，采集了来自化工、造纸、石油、交通等领域的上市公司样本，采取历史数据对比的方法进行了纵向质量研究，其中石油行业是重点研究对象。研究表明披露环境信息的上市公司数量逐年上升，至 20 世纪最后十年，澳大利亚年均披露比例达到 100%。[9] 国内层面，相关问题的研究方向主要集中于两个方面：一是能源行业环境会计信息披露研究。赵辰婷 [10] 对我国 76 家能源行业上市公司 2011 年的年报及其他相关报告中的环境会计信息披露现状进行了研究，发现当前会计信息披露中存在缺乏全面性、可比性以及形式不规范等问题，提出了加强会计

---

[1] 王建明：《环境信息披露、行业差异和外部制度压力相关性研究——来自我国沪市上市公司环境信息披露的经验证据》，载《会计研究》2008 年第 6 期。

[2] 肖华、张国清、李建发：《制度压力、高管特征与公司环境信息披露》，载《经济管理》2016 年第 3 期。

[3] 毕茜、顾立盟、张济建：《传统文化、环境制度与企业环境信息披露》，载《会计研究》2015 年第 3 期。

[4] 姚圣、周敏：《政策变动背景下企业环境信息披露的权衡：政府补助与违规风险规避》，载《财贸研究》2017 年第 7 期。

[5] 任月君、郝泽露：《社会压力与环境信息披露研究》，载《财经问题研究》2015 年第 5 期。

[6] 吴勋、徐新歌：《企业碳信息披露质量评价研究——来自资源型上市公司的经验证据》，载《科技管理研究》2015 年第 13 期。

[7] 温素彬、周鎏鎏：《企业碳信息披露对财务绩效的影响机理——媒体治理的"倒 U 型"调节作用》，载《管理评论》2017 年第 29 卷第 11 期。

[8] 吴德军：《责任指数、公司性质与环境信息披露》，载《中南财经政法大学学报》2011 年第 5 期。

[9] K. Gibson & G.O'Donovan, Corporate Governance and Environmental Reporting: An Australian Study, *Corporate Governance*, 2007,Vol.15,No.5,pp.944-956.

[10] 赵辰婷：《我国能源行业上市公司环境会计信息披露探讨》，江西财经大学 2013 年硕士论文。

方面的法律法规制定，加强政府监督，强化企业意识等建议；孙家萍[①]选取了沪深两市处于中国 500 强企业中的 39 家能源企业，对其 2011—2013 年的数据进行了研究，发现能源企业环境信息披露水平与股权性质、公司规模等呈现正比例相关，提出了强制信息披露、"绿化"会计准则、加强信息披露政府监管等建议。任琳霞[②]选取了沪深两市 A 股中 119 家能源行业上市公司作为研究对象，以其 2013—2015 年的数据为样本，发现环境会计信息披露质量整体偏低，影响披露质量的因素主要为公司规模、独立董事比例、公司控股性质、公司所处地区经济发展水平，并提出建立健全环境会计信息披露制度、提高企业环保意识、完善公司内部治理结构等建议。张擎[③]选取了在沪深证券交易所上市的 111 家能源上市企业（包含煤炭、石油、电力能源企业）作为研究样本，发现环境会计信息可靠性差、环境会计信息审计不严格、上市公司内部控制不足等问题，提出规范环境会计信息披露内容、方式以及规范环境报告书相关报表格式、加强环境会计信息第三方审计等建议。二是将能源行业中的重污染行业——例如，石油、煤炭等行业——归于重污染行业中进行统一研究。沈洪涛等[④]对 2006—2008 年我国重污染行业的所有上市公司的环境信息披露数据进行了研究，发现重污染行业披露环境信息的上市公司数量逐年提高，但各个行业之间存在显著差异，披露内容普遍缺乏负面信息。黄茜[⑤]以大类分类方式对 16 类重污染行业的 160 家上市公司进行了信息披露研究，选取了 2012 年的信息样本，从方式、质量和数量三个方面对资料进行了系统分析，发现其中重金属行业的披露质量较高于其他行业，数量与质量在行业分布上具有一致性，同样证实了定量信息披露不足的问题，对此提出了完善制度、强化意识的建议，此外还建议应当建立内部及第三方验证体系。熊家财[⑥]将 2013 年 A 股市场重污

---

① 孙家萍：《我国能源行业上市公司环境会计信息披露实证研究》，中国地质大学（北京）2014 年硕士论文。

② 任琳霞：《我国能源行业环境会计信息披露质量影响因素研究》，西安科技大学 2017 年硕士学位论文。

③ 张擎：《我国能源行业上市公司环境会计信息披露研究》，中国石油大学（华东）2019 年硕士学位论文。

④ 沈洪涛、李余晓璐：《我国重污染行业上市公司环境信息披露现状分析》，载《证券市场导报》2010 年第 6 期。

⑤ 黄茜：《上市公司环境信息披露研究——基于 16 类重污染行业的经验分析》，载《西部财会》2014 年第 5 期。

⑥ 熊家财：《我国上市公司环境会计信息披露现状与影响因素——来自重污染行业上市公司的经验证据》，载《南方金融》2015 年第 12 期。

染行业上市公司数据作为样本，发现我国上市公司环境信息披露大多为定性披露，环境信息披露存在定量披露不足；环境信息披露具有较强随意性、不够全面，且可比性较差等问题，随后提出了完善上市公司信息披露体系、大力培育和发展市场中介机构、引导上市公司优化治理结构等建议。

总体上看，首先，目前学者们已全面证实了能源与环境和经济的密切联系，并普遍认可应当实现 3E 系统的协调发展，但较少学者关注 3E 的顺序问题。基本在所有学者的研究中都是以"能源—经济—环境"的顺序排序，讨论中也多为"能源—经济""经济—环境"。这一方面如有些学者在研究中所指出的，以经济作用来调解能源与环境的矛盾；[①]另一方面学者们确实并未关注顺序的问题，实际上，从人类文明发展历程来看，经济之所以与环境矛盾日益突出是取决于能源利用的变化，因此顺序问题有待在本书中进一步论证厘清。其次，有关能源市场化改革和能源企业的研究已小有规模，但是，较少有学者将二者联系起来，而且对于能源企业的研究方向局限于新能源以及能源企业公司治理问题。最后，对于上市公司环境信息披露和能源企业环境信息披露的研究多集中在环境会计信息披露，对综合研究的关注较少；多集中在重污染行业对其他行业研究较少；同时，对于行业化信息披露的研究较为薄弱。

四、脉络："规范化"展开

（一）"规范化"特别说明

能源企业环境信息披露规范化的研究即使能源企业的环境信息披露行为符合一定标准的过程，也是使能源企业的环境信息披露要素形成标准的过程。通常这两个过程密不可分：一方面，符合标准要以标准的确立为前提；另一方面，标准的确立又是在长期实践中"向"标准而行的过程中通过对行为的各种评价而总结归纳形成的，与此同时，标准也包括了如何"向"标准而"行"的行动规范。

能源企业环境信息披露的规范化是动、静态兼具的规范化，动态的规范化是指怎样"找到"标准——有方可循；静态的规范化，一是指由哪些"要素"来组合标准——有源可溯，另一是指形成"怎样"的标准——

---

① 邓玉勇、杜铭华、雷仲敏：《基于能源—经济—环境（3E）系统的模型方法研究》，载《甘肃社会科学》2006 年第 3 期。

有标可达。

（二）研究思路

能源企业环境信息披露从产生披露动机到最终发挥"经济与环境协调发展"的作用，是一个逐步规范化的过程。因此，本书沿着"内驱—需求—基础—内容—模式—制度"的思路对能源企业环境信息披露的规范化展开研究。

规范化内驱即动因研究，从企业自身责任与义务的角度厘清能源企业环境信息披露的动因与相关理论。其核心是：为什么能源企业需要进行环境信息披露。

规范化需求即披露现状调研，从外部披露表现的角度对能源企业环境信息披露的现状进行考察。要充分了解能源企业环境信息披露的现状与对规范化的需求，以问题为导向进行规范化路径设计。

规范化基础即既有立法研究，对目前已有的国内外相关规范性文件进行梳理，了解目前企业环境信息披露可依据的规范性文件及可参考的披露标准。

内容规范化即原则、要素与关键指标。能源企业环境信息披露应当遵循哪些原则、披露哪些要素、可归纳为哪些关键指标是能源企业环境信息披露的核心。

模式规范化即披露方式与规则形式。这里的披露方式主要是基于能源差异性的方式选择，由于能源行业众多、种类各异，因此，需要考虑选取何种方式进行披露能最大程度实现披露的有效性；同时，披露行为及标准需要载体，这需要进一步明确是专设法律法规还是制定其他类型的规范性文件来进行行为及标准的规范。

制度规范化即规则及制度完善。只有规范化的规则引导、良好的法制环境，才能保障能源企业环境信息披露发挥最优作用。微观上需要明确的规则，宏观上需要相关制度的合作。

第一章 规范化内驱：能源企业环境信息披露动因

小题记：值得被规范化的行动必有其需求及独特之价值。

能源，又称人类文明活动之"粮食"。这比喻一则说明从石器时代到工业时代，能源为人类一切文明活动提供了动力，支撑着人类文明的发展；二则寓意能源授之于自然，孕育于环境。现代能源具有自然属性（资源属性）、可转换性、商品属性、公共属性和政治属性（安全属性）。[①] 其中自然属性（资源属性）是能源的第一属性，也是最原始属性之一。

从能源定义来看，《大英百科全书》定义"能源是一个包括着所有燃料、流水、阳光和风的术语，人类用适当的转换手段便可以让它为自己提供所需的能量"；《日本大百科全书》定义"在各种生产活动中，我们利用热能、机械能、光能、电能等来做工，可利用来作为这些能量源泉的自然界中的各种载体，称为能源"；美国的《能源百科全书》定义"能源是可以直接或经转换提供人类所需的光、热、动力等任一形式能量的载能体资源"。美国对能源的标准定义为"做功的能力"，大部分能源来自自然。[②] 目前，法学界"能源"定义尚无定论。各国能源法对能源的定义众说纷纭，定义方式也各不相同。《日本合理利用能源法》（1979）采用双重属加种差的方式将能源定义为"能够以燃烧产生热量和电能的燃料"，"燃料是指可用于燃烧的产品，如原油、汽油、重石油或国际贸易和工业部（MITI）法令指定的其他石油产品，或可燃烧的天然气、煤、焦炭或 MITI 法令指定的其他煤产品"，认为能源是产品；《印度能源保护法》（2001）以概括定义方式将能源定义为"以并网的任何形式的能源，包括源自矿物燃料、核物质或核原料的能源，水电以及源自可再生能源和生物能的电力"；《立陶宛共和国能源法》（2002）采用类列举方式将能源定义为"电能和热能。能源被看作是一种商品。本法律将天然气也视为能源"，"能源资源指用于能源生产的天然能源及其加工的产品"。

---

① 杨悦：《能源市场准入法律制度研究》，北方工业大学 2017 年硕士学位论文。

② ［美］约瑟夫·P.托梅因、理查德·D.卡达希：《美国能源法》，万少廷译，法律出版社 2008 年版，第 27 页。

我国能源法学理论界目前普遍接受的定义为"能源是指能够提供某种形式能量的物质或物质运动。提供能量的物质包括能源资源和能源产品。能源资源是指未经劳动过滤的赋存于自然状态下的能源；能源产品是经过劳动过滤并符合人类需求的能源。提供能量的物质运动，即物质本身的做功，包括太阳能、水能、风能等非燃料能源"①。这一概念利用了分层定义、概括加列举、属加种差的混合定义方式，明确了能源来源、划分了能源种类，也对能源问题对策（抑制或鼓励）进行了初步规划。《中华人民共和国能源法》暂未正式颁行，但从 2020 年 4 月 3 日所公开的《中华人民共和国能源法（征求意见稿）》（以下简称《能源法（征求意见稿）》）第 115 条第 1 款对能源的定义——"能源，是指产生热能、机械能、电能、核能和化学能等能量的资源，主要包括煤炭、石油、天然气（含页岩气、煤层气、生物天然气等）、核能、氢能、风能、太阳能、水能、生物质能、地热能、海洋能、电力和热力以及其他直接或者通过加工、转换而取得有用能的各种资源"可以看出，基本遵循了前述定义并明确了以生成方式所划分的直接取得的"一次能源"、转换而得的"二次能源"类型，并以列举的方式明确了常用能源要素，厘清了能源法的适用范围即具体外延。

从各种定义来看，人类对能源的利用是随着经济技术发展而发展的，但无论经历怎样的变革，②能源都无法脱离于环境资源的概念范畴，能源资源均囊括于环境资源之中。最初对人类文明作出贡献的能源资源是森林资源。人类文明开始于火、阳光、风水动力、动物体能的使用，而数万年后能源形式与文明之初相比并没有本质上的不同。火，来自煤炭、石油、天然气、核燃料及生物质（植物原料）；阳光，用来获取太阳能和供热；风和水，用来发电和提供机械动力。一切能源都直接或者间接地来自自然资源，自然属性（资源属性）伴随着能源发展的始终。

可见，从某种意义上看能源与环境是种属关系。一方面，能源资源属于环境中的重要资源，例如煤、石油、天然气等矿产资源，又如，电力、液化天然气等能源产品是环境中经人工改造自然因素而得到的。另一方面，能源资源的大量开采与能源资源及产品的大量使用又带来了资源破坏及环境污染问题。能源勘探开发、制造、利用等能源活动中所引起的环境问题就是能源环境问题。随着能源结构的变化，能源环境问题

---

① 肖乾刚、肖国兴：《能源法》，法律出版社 1996 年版，第 21 页。
② 第一次能源变革是 18 世纪初煤炭取代柴薪成为主要能源的过程，第二次能源变革是 20 世纪 60 年代后石油、天然气取代煤炭成为主要能源的过程，第三次能源变革即目前的多元化能源发展阶段。

逐渐加剧。18 世纪以前的柴薪利用时期就造成了一定的植被和生境破坏问题。在我国古代朴素环境保护观中就有"春三月，山林不登斧斤，以成草木之长"①、"木不中伐，不鬻于市"，"禁禁其欲伐者，止止其方伐者"②的律令，柴薪燃烧也带来了局部的烟尘问题，如果在前工业时期这些问题都还不足以引起关注，那么进入工业社会后环境问题无可回避。18 世纪初随着煤炭的大规模使用，带来了煤尘污染并不断加剧。1930 年冬马斯河谷烟雾事件、1952 年冬伦敦烟雾事件就是这个时期大气污染的典型代表。第二次世界大战后，石油逐步进入大众视野，1943 年美国洛杉矶光化学烟雾事件、1948 年美国多诺拉烟雾事件就是能源环境问题进一步扩张的先兆。进入 20 世纪 60 年代，主要燃料从煤炭转向石油，大气污染问题继而向粉尘、硫氧化物扩展，出现了悬浮颗粒、氮氧化物及光化学烟雾污染。20 世纪 80 年代后由化石燃料排放的二氧化碳引起的全球变暖问题，由化石燃料排放的硫氧化物、氮氧化物所引起的酸雨问题，由传统生物质能使用引起的森林植被破坏，氟利昂使用导致的臭氧层破坏等全球性的环境问题已经引起了各国的高度关注。与此同时，核能的出现也带来了潜在的环境危机。1986 年切尔诺贝利核泄漏事故、2011 年日本福岛核泄漏事故都引起了全球对"清洁能源"安全性的高度重视。20 世纪世界十大环境污染事件中半数以上都与能源相关，进入 21 世纪后能源环境问题并未随着技术的革新与环境意识的增强而减少，尼罗河水资源纷争、澜沧江—湄公河开发利用问题、中日东海油气资源开发争议、"威望"号油轮污染事件、松花江水污染事件、墨西哥湾漏油事件、康菲石油公司海上钻井平台溢油事故等能源环境问题层出不穷。

一、能源的环保价值取向

保护环境是我国的基本国策，在现行《环境保护法》第 5 条所规定的五项基本原则当中，"保护优先"原则位列第一，是保障贯彻基本国策实现"经济社会发展与环境保护相协调"目标价值的必然要求。保护优先原则，是指对环境的保护行为优先于对环境的开发利用行为，是实现经济与环境保护协调发展的方法。保护优先是我国生态文明建设规律的内在要求，是从源头上加强环境保护和合理利用资源以避免资源破坏。能源发展伴随着对环境的严峻挑战，能源环境问题防控离不开法制保障。因此，能源法制建设中的环境保护价值取向不可或缺。

① ［西汉］刘向《逸周书》卷四《大聚解》。
② ［汉］戴圣《礼记》篇五《王制》。

（一）能源法制的环保关注

在能源法制发展之初没有给予环境保护太多的关注，这是由能源法之经济特征决定的。以美国为例，19世纪50年代末美国就开始了从木材和其他可再生能源到以化石和电力为主要能源的过渡，经历了自由市场政策主导时期、散碎政策时期、统一能源政策形成时期[①]，总体上经历了100多年的发展才开始注意到环境保护。1987年世界环境与发展委员会（WCED）发表了报告《我们共同的未来》、1992年联合国环境发展大会召开，对于这两次重要的事件，美国在其能源法律与政策中有所体现但并无太大建树，相关文件中对"可持续发展"的强调也只是停留于宣示性语言，直到奥巴马政府颁布了一系列能源政策，美国能源政策主流模式才真正开始变化。我国能源法起步于以技术产业法为主的散碎立法阶段，最初的《中华人民共和国电力法》和《中华人民共和国煤炭法》对环境保护关注也仅是浅尝辄止。但环境保护始终没有停止向能源法制渗入。随着20世纪60年代兴起的环境运动的发展，可持续发展理念及全球环保主义不断深入，能源政策制定者开始愈发关注人类活动对环境所造成的包括气候变化及环境污染在内的环境影响。纵观全球能源法制发展历程，能源法制与环境法制的趋近大致经历了：完全分离—环境关注能源—能源关注环境—逐步契合的发展阶段。1997年《中华人民共和国节约能源法》及2005年《中华人民共和国可再生能源法》的颁布推进了能源法制建设进入"生态化"阶段，为综合性《中华人民共和国能源法》奠定了"注重能源环境保护"的核心立法理念及价值定位。2014年"四个革命、一个合作"能源安全新战略提出后，绿色低碳发展成为能源安全关注点。2015年修订的《大气污染防治法》规定"转变经济发展方式，优化产业结构和布局，调整能源结构"，将"大气污染物和温室气体实施协同控制"纳入法律框架。2017年《核安全法》公布，明确"安全利用核能""保护生态环境""促进经济社会可持续发展"的立法目的。2020年《能源法（征求意见稿）》明确了安全高效、绿色智能的高质量能源发展目标。通过一系列相关法律与政策的引导，我国能源低碳转型与多元价值

---

① 胡德胜：《美国能源法律与政策》，郑州大学出版社2010年版，第58～72页。

协同发展取得一定的成效。①

（二）经济属性与传统问题的双回归

进入 21 世纪后，能源开始关注环境，两种法律制度之间的契合是显而易见的。能源结构变革成为整个能源领域的讨论热点，在这种转变下社会利益首次优先于能源优势，环境利益逐渐成为能源及经济术语，能源法讨论也掀起了"生态化热潮"。新能源的选择在于其具备了显著的环境优势，这种优势目前在某种程度上被认为是具有决定性的，因此各国都在积极寻找、开发、利用各种替代能源。然而，当前存在着对替代能源（可再生能源、新能源）过度追崇的激进状态，导致在立法过程中忽略了对传统经济属性及传统能源环境问题的规制，而进入了"宣示性"立法的误区，使能源法无法"落环保之地"。能源发展趋势在国际层面强调的是"可持续性"而非单一的"清洁性"或"去传统化"。我们常常将"能源可持续性"等同于"绿色"或"可再生"能源，这显然太过局限，这使得在能源立法的过程中简单地导向"生态化"。②"生态化"理念的出现的确让能源界振奋了数年，各类研究都偏好冠以"生态化"之名，试图努力填补"生态"空缺，不可否认能源法制"生态化"是当前能源发展大趋势下能源法制与环境法制相互趋近的出路，但是，两个系统的关系存在吊诡之处也是不可回避的问题：传统能源法的主要目标是确保在一个合理的价格上能源的不间断供应；而环境法的目标则是确保在任何（包括"能源"）生产过程中不产生"太多"污染、不破坏"过多"资源。这种天然的立法目标及价值定位差异使得无论对能源立法还是环境立法而言，都只是在各自发展道路上半路"杀"进的一支"修正"力量而已，虽然现代能源法所强调的能源安全观包括了可靠燃料供应与能源使用安全，但并没有改变能源法服务于经济社会发展和国防需求的目的及能源的商品化属性。2020 年修订的《能源法（征求意见稿）》承认了能源的商品属性，鼓励各类投资主体依法平等参与能源开发利用活动和基础设施建设。能

---

① 2020 年，国务院新闻办公室发布的《新时代的中国能源发展》显示，2019 年煤炭消费占能源消费总量比重为 57.7%，比 2012 年降低 10.8 个百分点；天然气等清洁能源消费量占能源消费总量比重为 23.4%，比 2012 年提高 8.9 个百分点；非化石能源占能源消费总量比重达 15.3%，比 2012 年提高 5.6 个百分点，已提前完成到 2020 年非化石能源消费比重达到 15% 左右的目标；2019 年碳排放强度比 2005 年下降 48.1%；2015 年年底完成全部人口都用上电的历史性任务，https://www.gov.cn/xinwen/2020-12/21/content_5571916.htm，最后访问日期：2023 年 12 月 26 日。

② ［美］斯科特·L.蒙哥马利：《全球能源大趋势》，宋阳、姜文波译，机械工业出版社 2012 年版，第 302 页。

源法制发展始终不能忽略经济的因素，当"生态化"热情退去进入"后生态化"①阶段后，依然要面对经济与环境平衡发展的问题，②那个时候可能传统能源并没有退出世界舞台，而一个新能源链的形成与完善将要在"后生态化"阶段中实现。因此，我们应当突破对"可持续性"的理解局限，冷静看待能源法在环境保护方面需要关注的问题，"生态化"不等于"环境保护"："生态化"以生态优先为基本原则，过于理想；而环保则较为中立，不强调"去经济性"，毕竟谁也不能保证可再生能源系统的永恒（新能源也会产生废弃物）。但反之，只要控制消费和不良影响，传统燃料也应当被纳入"可持续"之中，诚如在"推动能源供给革命"中，煤炭清洁高效利用也是建立多元供应体系的重要环节。

传统化石燃料主导性地、全球性地、无可置疑地驱动着世界的发展，在接下来仍然处在能源变革阶段的几十年甚至百年期间，它们仍将发挥这样的作用。全球对工业化、现代化的需求伴随着贫穷国家的觉醒及发展中国家的飞速发展而与日俱增，能源需求仍将进一步扩大。在2030年之前，无论北半球对绿色能源的渴望有多么强烈，仅靠风能和太阳能是无法为南半球上千发展中城市提供足够动力的。③替代能源也存在明显缺陷，例如：风能和太阳能存在可靠性问题（无法全天运转）；生物质燃料的能量密度不如传统能源；氢能及聚变能还处于实验阶段。④同时由于价格昂贵，我们彻底转变能源结构的过程还十分漫长。而在这个过程中仍然面临传统能源所带来的环境挑战：传统的煤炭、石油、天然气消耗总和目前仍然占全球能源利用总量的80%左右。因此传统燃料不容忽视，能源法制建设的环境保护价值取向应当落脚于对传统环境问题的关注上，简而言之，即回归对资源保护与污染防控的讨论。实际上，传统环境问题是一个永恒的话题，每一种能源都会对环境产生影响，替代能源除了缺陷，也存在着"新"能源带来的"老"问题。例如：利用太阳能的电池板的生产依然会产生二氧化碳和毒废物质，风力涡轮机会产生噪声污染并受制于地理条件，生物质燃料会使森林、植被及部分作物受到影响。

---

① "后生态化"概念的出现不得不提及"后环境保护论"。"后环境保护论"是指：在支持环境保护与清洁能源技术研发的同时，更将人置于自然之前，想方设法促进经济增长。

② 中国法学会能源法研究会：《中国能源法研究报告（2012）》，立信会计出版社2013年版，第50～56页。

③ ［美］斯科特·L.蒙哥马利：《全球能源大趋势》，宋阳、姜文波译，机械工业出版社2012年版，第293页。

④ ［美］斯科特·L.蒙哥马利：《全球能源大趋势》，宋阳、姜文波译，机械工业出版社2012年版，第21页。

因此，不可能寄希望于替代能源彻底解决传统环境问题。

（三）能源环境保护着力点

能源企业发展无法离开自然环境而存在。作为环境资源最大的消费者、环境污染的主要制造者，能源企业从上游到下游的整个产业链都潜藏着比一般企业更大的环境风险。能源企业本身无法脱离经济性本质，"经济理性"造成企业对环境责任的忽视。能源企业利用投资者资金扩大污染或在成功融资后不兑现环保承诺的情况屡见不鲜，尤其传统能源企业依然麻烦不断。[①]因此，在能源环境问题防控中能源企业较其他法律关系主体承担着更广泛而重大的义务。

能源法制发展应当加强对能源企业行为的引导。能源产业的高破坏性需要法制实现对相关企业的行为指引及后果预测，以最大程度地规范能源企业的行为，降低内外环境风险，实现企业利益最大化，有助于保护投资者利益。能源法是调整人们在能源开发利用、加工转换、供应保障、运输贸易、调控管理过程中各种法律关系的法律规范的总和，[②]换言之是调整能源资源配置机制运行过程中社会关系的法律规范，而能源资源配置机制依托于企业（以营利为目的的社会经济组织），其显著的商品属性就使能源法为"经济特征"所主导。能源资源配置机制依托于企业，因而能源法律关系主体主要在能源企业。[③]

我国综合性能源法的制定历经 10 年饱受争议。在立法技术上，学者们认为，由于能源品类、性质、各类主体利益诉求、监督管理要求各不相同，用一个法律来规范所有能源类型相当困难，[④]但实际上，不同能源间的共性行为可以通过立法进行协调衔接、统一规范，企业环境责任就属于共性行为，是各类能源企业都需要承担的义务。以能源企业为着力点，将有利于实现能源可持续发展目标，并具有可操作性和普适性，是直接影响能源法环保价值及可实施性的重要部分。能源是经济命脉，能源企业是命脉之基石，应以能源企业环境保护为进路，实现能源可持续发展。

综上，要实现环境保护立法理念及价值，一方面，我们应当从"生态

---

① 就我国能源环境事件来看，仅 2021 年，湖北十堰燃气爆炸事故、中石化上海石化公司石化燃爆事故、北京集美大红门储能电站爆炸、太原市兴安化工厂爆炸事故等接连发生。

② 胡德胜：《论能源法的概念和调整范围》，载《河北法学》2018 年第 6 期。

③ 李静、柯坚：《价值与功能之间：碳达峰碳中和目标下我国能源法的转型重构》，载《江苏大学学报（社会科学版）》2022 年第 3 期。

④ 吕江：《能源治理现代化："新"法律形式主义视角》，载《中国地质大学学报（社会科学版）》2020 年第 4 期。

化"热潮中适度回头，注重能源法的经济功能，①关注作为市场基石的能源企业之需求，正如美国商业生态学者保罗·霍肯（Paul Hawken）提出的"拯救环境就是拯救商业"；②另一方面，"能源可持续性"的诠释不仅应当在替代性能源发展等新问题上发力，也应回到老问题上来。③此外，法律是行为规范，不是宣言书；法律规范是具体的，不是原则的，能源法不能仅仅在原则上"画饼"，也应当针对实际问题"充饥"。纵观整体能源发展，应当聚焦能源企业，企业环境保护既密切联系企业又关联环保，是能源法制环境价值实现的有效着眼点。

（四）环境保护普遍义务的承担

环境资源不是稀缺资源，不属于私有产权，具有天然非排他性、适度消费竞争性，无产权和价格，因此环境具有典型的公共产权属性，也称公共财产属性。公共财产理论将环境界定为"全体公民的财产"，所有公民都享有享受美好环境的权利，同时应当对环境负责。

虽然能源等资源以稀缺性和特殊战略地位使资源开采利用受到一定限制，但其属于环境资源的本质及开采使用的破坏性使得环境公共性特征在能源领域也表现突出。一方面，随着全球能源市场化的纵横发展以及我国能源领域深化改革的进行，能源资源产权属性的不明伴随着经营主体所有制形式的多元化使逐步脱离能源资源配置国有主体主导的能源资源的公共性特征越来越明显；④另一方面，如上文所述能源资源的勘探开发、制造、利用等活动所带来的环境问题，都与作为典型公共物品的环境相关，包括相关资源及废物消纳能力，即便是可再生能源及二次能源也不例外，需要占用大量土地资源。环境的公共产权性是哈丁（Garrett Hardin）所提出的"公地悲剧"（或称为"共有资源的灾难"）的根源之一。⑤"公地悲剧"是对个人在利用公共资源时存有私心的确证。但需要注意，有学者指出了"公地悲剧"论的疏漏之处，即过分简化了公地利用的背景条件，指出公地所处社会背景和公地属性的不同可能影响"公地悲

① 肖国兴：《能源体制革命抉择能源法律革命》，载《法学》2019 年第 12 期。
② 张万洪、王晓彤：《工商业与人权视角下的企业环境责任——以碳达峰、碳中和为背景》，载《人权研究》2021 年第 3 期。
③ 李昕蕾、姚仕帆、苏建军：《推进"一带一路"可持续能源安全建构的战略选择——基于中国-中亚能源互联网建设中的公共产品供给侧分析》，载《青海社会科学》2018 年第 4 期。
④ 吴磊、许剑：《论能源安全的公共产品属性与能源安全共同体构建》，载《国际安全研究》2020 年第 5 期。
⑤ Garrett Hardin, The Tragedy of the Commons, *Science*, 1986, Vol.37, No.6603, pp.1243-1248.

剧"出现的可能性，关键在于良好的制度安排和恰当措施的运用。埃莉诺·奥斯特罗姆（Elinor Ostrom）在《公共事物的治理之道》一书中，通过公共池塘资源、斯里兰卡渔场、新斯科舍渔场等许多与"公地悲剧"完全相反的案例指出，公共事务可以通过"清晰界定边界""占用和供应规则与当地条件保持一致""集体选择的安排""监督""分级制裁""冲突解决机制""对组织的最低限度认可""分权制企业"这八项原则实现长期有效的自主组织、自主治理，能够影响并激励资源使用者自主自愿地遵守操作规则。① 因此，除了以资源确权形式抵消环境公共性的不利影响，更重要的是赋予每个社会角色以普遍义务并进行良好的制度安排、采取恰当措施以防止"公地悲剧"现象的发生。

每一个个体都无法脱离环境而生存，环境保护不仅仅是为了满足自身利益需求，更是全人类的共同利益，是每一个社会成员都应担负的普遍义务。环境保护普遍义务简而言之就是"保护环境人人有责"。每一个自然人个体不例外，每个企业也不例外。上市公司社会责任中环境保护义务的承担是企业承担环境责任的重要方面，不履行环境保护社会责任和义务也就意味着企业自动放弃话语权。

二、能源企业环境责任

能源企业是指以营利为目的依法自主经营、自负盈亏、独立核算，从事能源生产、流通或服务的经济组织，包括各类能源的开采（勘探、开发）、制造（加工转换）、利用（存储、输配、贸易、使用）和服务（技术研发、设备供应、管理）等主营业务。从能源定义及能源市场主体来看，能源企业涉及各类能源，并涉及整个能源产业链从上游至下游（延展至能源服务）的庞杂主体，包括产业主线（如能源勘探、开采、输配等）及旁线系统（如相关设施设备供应、化工等）中的众多行业。

（一）能源企业的环境影响

企业是市场经济的细胞，同时也是环境资源的受益者和最主要的污染制造者。② 能源企业是能源行业的基石，是国家能源战略的重要实施主体，因而在协调经济与环境方面扮演着重要角色。能源企业因其资本雄厚和涉众面广，市场及环境影响力远大于一般能源企业，以大、中型国

---

① ［美］埃莉诺·奥斯特罗姆：《公共事物的治理之道》，余逊达、陈旭东译，上海三联书店 2000 年版，第 219～315 页。

② 胡珺、阮小双、马栋：《环境规制、成本转嫁与企业环境治理》，载《海南大学学报（人文社会科学版）》2021 年第 4 期。

有能源企业为代表的能源企业是国家经济的重要支撑。

能源是影响社会文明发展、国家战略安全的重要因素，同时也是资源破坏、环境污染的重要影响因素，整个能源行业都与国家经济社会发展及环境可持续发展密切相关。公开发行证券的能源企业，是能源行业领域的典型代表，主要包括能源上市公司与能源发债企业，是符合法律、行政法规规定的条件，依法报经证券监督管理机构或者国务院授权部门审核，① 进入证券交易市场公开发行证券的从事能源领域相关行业的公司与企业。以上市公司为例，进入证券市场主要目的在于：第一，筹集资金、增加资本。进入证券市场后不仅可以在 IPO 阶段获得大量资金，且在上市后可通过增发新股实现资金筹集，打通公司持续发展资金渠道；② 第二，分散原始股东风险、实现财富流通。上市交易为股票交易提供了便捷，原始股东可将股份灵活出售给更大范围的投资者，在资本盘活过程中实现财富快速增值，分散经营风险。此外，通过首次向不特定的投资者公开发行股票并在证券交易市场挂牌上市，整个过程花费巨大需要雄厚实力支撑，同时在此阶段必须履行信息披露义务，这场华丽盛宴背后是企业实力的彰显，因而公司上市也是提高企业知名度，逐步进入社会公众视野、为公众所熟悉接受的过程，这又进一步为企业顺利实现筹资及增发新股提供了帮助。③ IPO 制度无论是核准制还是注册制均有严苛要求——前者准入条件严格、法律规范严苛，而后者强调披露所有信息直面市场——促使公司在治理结构与经营管理模式上优于一般股份公司，容易被公众认可，从而吸引更多的客户及投资者。

2014 年修订的《环境保护法》首次以立法方式规定了企业的环境信息披露内容，根据 2021 年出台的《企业环境信息依法披露管理办法》（以下简称《管理办法》），重点排污企业、实施强制清洁生产审核的企业、特

---

① 我国现行《证券法》第 9 条规定"公开发行证券，必须符合法律、行政法规规定的条件，并依法报经国务院证券监督管理机构或者国务院授权的部门核准；未经依法核准，任何单位和个人不得公开发行证券……"其中明确公开发行证券需经"核准"。目前，我国处于股票发行注册制改革转型时期，正在进行的《证券法》修订中对"核准制"的改革备受关注必然有所调整，因而"审核"的概念较"核准"更为准确。

② 伍光明：《科创板上市对企业创新能力的提升探究》，载《会计之友》2020 年第 19 期。

③ 汪沂：《IPO 法律制度研究》，中国政法大学出版社 2012 年版，第 32 页。

殊情形的上市公司与发债企业"应当"公布主要环境信息，[①]其他行业"鼓励"公布，由此可见，能源企业中的部分企业环境信息披露要求具有强制性。[②]因此，能源企业可分为"广义能源企业"和"狭义能源企业"。前者包括所有能源企业（例如，能源服务）；后者是传统意义上进行能源勘探、开发、制造、供应等对环境具有较大影响的活动的能源企业。本书中的"能源企业"主要指"狭义能源企业"。

（二）能源企业"矛盾"地位与能源企业责任

能源企业是国家实现能源战略、推进能源科技创新、实施"走出去"战略和参与国际合作的主体，具有以下责任：依法开采能源资源、合理利用资源；经批准并在规范范围内从事能源制造；依法处理能源废料；依法进出口能源产品、技术、设施设备；依法经营能源产品从事能源服务；合理定价，遵守市场竞争秩序；服从市场监管，配合行政管理；履行能源储备与应急管理职责，保障能源安全；履行社会责任等。[③]

能源在经济的大盘子中被赋予了多重角色，集各方矛盾于一身。[④]在经济与环境的关系中，其也居于矛盾的中心。能源是经济发展的动力，经济发展和环境保护之间的矛盾关系必然在能源领域有所反映和体现。[⑤]作为环境效益与经济效益之间的重要媒介，经济效益的获得离不开能源作为驱动力，但能源的生产和消费极易带来环境效益的减损，因此，以能源为枢纽的经济、环境协调发展是最大限度地实现经济与环境平衡的

---

① 在国家精简行政审批及推动市场化改革的背景下，2014 年环保部正式发文取消了上市环保核查，减少了 IPO 不必要的前置审核程序，将相关职能推向市场，《环境保护法》的主旨在于规范环境信息披露行为，促进环境保护工作改进，引导履行环保社会责任。《管理办法》明确了依法披露环境信息义务主体与内容，是环保相关职能市场化的必然要求，与此同时，以重污染行业上市公司为主要规范对象的主体定位也并未改变。

② 《管理办法》第 12 条、第 17 条规定上市公司环境信息披露包括定期披露和临时披露，以企业年度环境信息依法披露报告和企业临时环境信息依法披露报告形式进行披露。第 7 条中企业包括重点排污单位、实施强制性清洁生产审核的企业；因违法行为被追究过行政责任、刑事责任的上市公司及合并报表范围内的各级子公司，发行企业债券、公司债券、非金融企业债务融资工具的企业；法律法规规定的其他应当披露环境信息的企业。

③ 吕振勇：《能源法导论》，中国电力出版社 2014 年版，第 203～210 页。

④ 荆春宁、高力、马佳鹏等：《"碳达峰、碳中和"背景下能源发展趋势与核能定位研判》，载《核科学与工程》2022 年第 1 期。

⑤ 胡德胜：《美国能源法律与政策》，郑州大学出版社 2010 年版，第 199 页。

重要途径之一。能源、经济、环境协调发展原则[①]，通常称为"3E协调发展原则"，但本书认为"2+1E协调发展原则"更符合本研究背景下三者间的关系。能源行业兼具"环境高危""经济命脉"双重特性，使其处于环境经济双方利益平衡之中心位置，三者位序以"环境""能源""经济"为宜。有学者认为，环境保护与经济发展的矛盾不可调和，表现为环境政策的实施造成了经济下行。但基于历史发展的角度，事实上造成这种现象的原因在于：第一，我国当前正处于前一阶段粗放式发展所造成的不利环境及经济后果的历史还债期，这是我国经济发展方式转型——经济产业结构调整、经济转型升级——过程的必经阶段；第二，2008年世界经济危机及2013年以来世界经济新一波萧条对我国经济及产业政策产生的影响，[②]而并非密集环境政策所带来的直接后果。[③]由此可见，经济发展和环境保护之间的矛盾关系并非不可调和。纵观全局，能源集"矛盾"于一身的处境恰恰赋予了能源在调节经济与环境关系中的关键作用。

经济发展与环境保护相协调，归根到底还是需要企业发挥作用：

首先，从能源企业环境影响来看，美国经济伦理学家乔治·恩德勒指出，企业作为环境资源最大的消费者、环境污染的主要来源，对治理环境问题有着不可推卸的责任。企业环境责任的概念最早萌芽于1972年《联合国人类环境会议宣言》中将环境问题与社会因素的首次联系，在此后的两次人类环境宣言[④]中不断强化了可持续发展观念，强调了人类在开发利用自然的同时，应当承担起保护自然的责任和义务。其间，1999年瑞士达沃斯世界经济论坛上，时任联合国秘书长的安南提出了"全球协

---

① 我国首次大规模组织科技人员研究"能源—经济—环境"协调发展问题，提出3E协调发展的思路，是在20世纪80年代的"广义能源效率战略"项目中。项目研究指出中国既不可能走过去发展的老路，也不可能走发达国家所要求的新路。如果走老路，能源供应不足会严重制约经济增长，而且环境污染会愈加严重；如果走发达国家所要求的新路，对环境投入资金太大，国家财政短时期内无法承受，经济同样无法搞上去，因此，必须寻找一种新的战略——既不制约经济发展，又有利于环境保护，能源供应还能够保证，这几点是中国国情所要求的。

② 常纪文：《专家视角：环境保护是经济下行的原因吗？》，载《中国环境报》2015年7月7日第2版。

③ 据预计，环境政策的实施与经济发展的这种表面负相关现象在2025年将逐步淡化，届时人口总量出现下降，主要污染物排放总量越过拐点，此轮经济危机也将缓解（或结束）。在这一阶段性背景下，把握契机顺利实现技术转化及产业结构的优化调整，我国环境与经济将进入平稳发展阶段。

④ 后两次人类环境宣言分别为：1992年《里约环境与发展宣言》和2002年《约翰内斯堡可持续发展宣言》。

议"构想，明确了企业应当承担环境社会责任。① 企业环境责任是与企业社会责任理论相结合的产物，要求企业在追求自身利益最大化的同时，在生产经营过程中贯彻以人为本的科学发展观，切实履行实施清洁生产、合理利用资源、减少污染物排放、充分回收利用等义务，并对外承担环境保护与污染治理的责任，最终实现人与自然、经济与社会的和谐发展。②

其次，就能源企业自身发展而言：第一，几乎所有行业都有赖于能源企业提供动力基础，③ 而能源企业本身依赖于自然环境的资源基础和废物消纳功能，并且能源企业对环境消纳功能的依赖程度显著大于其他企业。第二，能源企业环境事故频发，在国家宏观调控及环境保护政策不断强化的大趋势下潜伏着极大的资本风险。根据 MSCI（Morgan Stanley Capital International）报告，目前中国开始着手处理以往所忽视的环境、社会和治理方面所积累的大量问题，这些问题将加剧中国大企业的风险状况。根据 MSCI 研究，相关环境政策的实施将导致部分上市国有企业成本激增，其中电力等能源企业迫于中国近期密集颁布的碳减排、水资源管理、污染防控等规定，将在减排、污控技术中承担很大一部分成本；④ 现行《环境保护法》处罚力度大幅度提高了违法成本，也使能源企业资本风险显著增加，这种资本风险也在一定程度上转嫁给了投资者。

最后，企业业绩考核正在逐步转向。2015 年 6 月在国资委所公布的年度业绩 A 级能源企业考核结果中神华、华润、中电投资、中石化等能源大户"落榜"，企业自身产业创新与转型不充分是重要原因之一。"尽管经营业绩考核能在一定程度上促进企业进行产业转型，但从央企企业责任来看，以价值考核为主导到以企业社会责任等考核为主的转变，更能有效激励企业服务社会发展。"⑤ 央企绩考核也将绿色发展更优作为考核所要引导实现的目标之一。企业环境责任已逐步提升到企业战略高度。随着社会环境意识的提高，企业对环境责任的承担将更好地展示企业社

---

① 一般认为，企业社会责任是指企业面对在实现自身利润最大化的过程中产生的一系列相关社会问题，应该在承担（股东等）直接利益相关者的责任的同时，也要承担对（员工、消费者、社区、环境等）其他利益相关者的责任，包括遵守商业道德、保障生产安全、保障职业健康、保护劳动者的合法权益、保护环境、支持慈善事业、捐助社会公益、保护弱势群体等。

② 毕茜、彭珏：《中国企业环境责任信息披露制度研究》，科学出版社 2014 年版，第 5 页。

③ 罗丽、代海军：《我国〈煤炭法〉修改研究》，载《清华法学》2017 年第 3 期。

④ MSCI：《气候变化和中国的低碳风险与机遇》，https://www.msci.com/www/blog-posts/-/02574263203.html，最后访问日期：2023 年 7 月 9 日。

⑤ 姚liter 棠：《神华、华润、中电投这些能源巨头为什么拿不到"A"》，https://news.bjx.com.cn/html/20150629/635831-2.shtml，最后访问日期：2022 年 8 月 22 日。

会形象，提高企业声誉优势，声誉优势的不可仿效性将有助于企业提升品牌效应，从而形成核心竞争力，吸引投资（尤其是外资）和消费，降低筹资成本从而赢得竞争优势。

由此可见，在能源企业各项责任中，企业环境责任既密切联系企业又关联环保，是能源企业发挥经济与环境调节作用的连接点。

（三）能源企业社会责任与环境责任

企业环境责任与企业社会责任二者密切相关但略有差异，企业环境责任与企业社会责任并非真子集关系。企业环境责任是企业社会责任的延伸，二者区别在于：企业环境责任带有一定程度的强制性，企业社会责任强调自愿性。企业环境责任包括了企业环境道德责任和企业环境法律责任。前者即上述社会责任中的环境保护义务，后者则是规定于法律之中的强制性的环境保护义务。企业环境责任主要包括：前期环境责任、企业管理环境责任、企业生产环境责任、后期环境责任四个部分。[①] 企业环境责任制度的作用在于：规制能源企业环境保护行为、明确环境权利与义务以及违反法律规定所应当承担的法律后果。[②]

长期以来，我国企业环境责任制度尤其是法律制度主要问题在于：第一，立法过于原则，可操作性不强；第二，企业生产经营管理制度中有关环境保护的权利不具体、义务不明确；第三，缺少具有可操作性的有效激励措施；第四，企业不履行环境义务或环境违法行为处罚力度轻。这个情况也在逐步改善，现行《环境保护法》颁布实施后在企业环境责任方面加强了力度，规定了"按日连续处罚"（第59条）、"查封扣押"（第25条）、"限制生产停产整治"（第60条）等针对环境违法违规企业的处罚措施，企业环境责任相关规定在现行《环境保护法》中占有较大比重。[③]

能源企业环境责任的承担应当严格遵照《环境保护法》执行，并应

---

① 从具体环境责任内容来看，企业前期环境责任主要包括：企业设立条件合法合规、建设项目环评达标等；企业管理环境责任包括：设立环保责任制度、设立环境事故应急制度、树立企业环保文化及理念、环境管理体系发展及认证、积极的环境合作等；企业生产环境责任内容较多主要包括：合理开发资源、遵守排污许可及税费规定、信息公开、采取环境污染防治措施、淘汰落后生产工艺、采用先进生产技术设备、产品符合环境标准、污染物排放双达标、环境恢复方案设计及实施；后期环境责任主要是指对已经产生的环境损害进行补偿、对违法行为承担相应的法律后果（此部分责任与上述企业环境责任承担行为的实施密切相关）。

② 韩利琳：《低碳时代的企业环境责任立法问题研究》，载《西北大学学报（哲学社会科学版）》2010年第7期。

③ 经粗略统计，现行《环境保护法》对企业的直接规定15条，占条文总数的21%，与企业环境责任有关的规定22条，比重超过30%。

当在能源法领域内进行有行业针对性的补充。目前，作为直接调整能源领域法律关系的高位阶基础性法律尚未颁布，从立法进程来看，对环境责任是逐步重视的。2007年12月1日向社会公布的《能源法（征求意见稿）》，对企业环境责任的规定显然不足，140条规定中仅约12条涉及企业环境义务，2015年的《中华人民共和国能源法》送审稿将能源企业环境责任分散在了开发生产制度、安全保障制度、监督管理制度以及法律责任制度中，①2020年在送审稿的基础上修改形成了新的《能源法（征求意见稿）》，这一稿则全面强调了能源的绿色发展，将低碳清洁高效渗透在拟设立的多项法律制度中。② 在与《环境保护法》的衔接方面有较大提升，关联性是两部法律有效衔接的基础，能源企业承担环境责任义不容辞，《能源法》与《环境保护法》的关联性不可或缺且关联性应达到一定程度，两部法律在有关联的基础上做到协调不冲突是法律衔接的基本要求。关联性方面，所谓"关联"并非制度的重现或一一对应，而应当在有连接点的基础上有所补充。2020年《能源法（征求意见稿）》对《环境保护法》第4条、第6条、第30条、第40条等涉及普遍环保义务、低碳、清洁用能、资源保护的内容进行了衔接，对低碳、清洁、效率等相关内容进行了细化，还以第19条专门规定了"环境保护与应对气候变化"，第34条专门规定了"安全生产、环境保护和应对气候变化"。协调性方面，2007年、2015年的两稿均存在法责冲突的情况，而2020年征求意见稿则专门制定了第141条法责衔接条款规定"其他法律对行政处罚的种类、幅度和决定机关另有规定的，依照其规定"。总体上，污染的问题交由《环境保护法》及环境法领域相关单行法处理，而能源资源保护、绿色低碳发展的问题由能源法领域来处理。

但是，新的《能源法（征求意见稿）》在具体化程度上有待深入。具体化是两法衔接的核心，能源法中将企业环境责任规定进行有行业针对性的具体化，是解决能源企业环境责任操作性问题的关键。例如，一次能源资源的保护、能源环境信息披露、伴生环境风险的防范、消纳保障

---

① 2015年《中华人民共和国能源法》送审稿确立的十项基本制度包括：能源国家所有权制度、战略规划制度、开发生产制度、供应消费制度、能源安全保障制度、能源预测预警制度、农村能源制度、国际合作制度、监督管理制度、法律责任制度。

② 2020年《能源法（征求意见稿）》拟设立七项法律制度：一是通过战略、规划统筹指导能源开发利用活动，推动能源清洁低碳发展；二是科学推进能源开发和能源基础设施建设，提高能源供应能力；三是以保障人民生活用能需要为导向，健全能源普遍服务机制；四是全面推进科技创新驱动，提升能源标准化水平，加快能源技术进步；五是支持能源体制机制改革，全面推进能源市场化；六是建立能源储备体系，加强应急能力建设，保障能源安全；七是依法加强对能源开发利用的监督管理，健全监管体系，推进能源治理体系和治理能力现代化。

等方面都可细化，并强化罚则规定，目前的征求意见稿仍存在义务与责任未完全对应的现象。

三、环境与经营双向利益相关者保护

利益相关者理论最早由美国管理学家 R. 爱德华·弗里曼（R. Edward Freeman）于 1984 年出版的《战略管理：利益相关者方法》[①] 一书中提出。弗里曼指出，任何一个健康的企业必然要与外部环境中的各个利益相关者建立一种良好的关系，从而实现双赢的结果。利益相关者理论，即企业经营决策者应当将各个利益相关者的利益纳入管理活动及决策形成中，综合平衡各个利益相关者的利益要求。[②] 利益相关者，是指能够影响一个组织目标的实现或者受到一个组织实现其目标过程影响的所有个体和群体，任何可能受到企业活动影响或者能够对企业活动产生影响的个体和群体都属于"利益相关者"的范畴。利益相关者理论的提出，使得企业管理脱离了股东至上主义的传统模式，利益相关者理论的发展伴生了现代企业管理中人本管理、企业印象管理的发展，企业更加注重与除股东之外的员工、债权人、供销商等其他利益相关者的关系。

早期企业利益相关者类型主要包括股东、投资者、员工、债权人、供应商、销售商等，随着企业社会责任理论的出现与发展，企业在追求利润最大化的过程中逐步开始正视所产生的一系列相关社会问题，以满足社会发展提高全社会的生产力文明水平。企业尤其是上市公司履行社会责任是提高社会生产力的应有之义，也是企业良好效益的加分牌、助推器，良好的企业形象和广泛的社会认同感都是企业的宝贵财富和无形资产。因此，现代企业利益相关者类型不仅应当包括股东、投资者、员工、债权人、供应商、销售商、消费者等传统相关者，也应当包括政府部门、社区、环保组织、媒体等一般社会相关者，乃至动植物、后代等特殊相关者。利益相关者理论的出现，加深了企业对自身性质的理解，推进了企业社会理论的深入，给企业履行环境责任提出了明确目标，企业成为利益相关者共同体，共同体决策为所有利益相关者承担责任。

能源企业作为环境负外部性特征尤为显著的市场主体，其行为受到环境法与证券法的双重规制，从这个角度看，我们可大致将能源企业利

---

① ［美］R. 爱德华·弗里曼：《战略管理：利益相关者方法》，王彦华、梁豪译，上海译文出版社 2006 年版，第 81~88 页。

② 张雨潇、杨瑞龙：《利益相关者理论视角下国有资本入股民营企业的效果评估》，载《政治经济学评论》2022 年第 3 期。

益相关者分为环境利益相关者与证券利益相关者两部分。环境利益相关者，主要包括政府部门、社区、环保组织、媒体、消费者、一般公众乃至动植物、后代等，一般情况下环境利益相关者是环境利益的积极反应者；证券利益相关者，主要包括股东、投资者、员工、债权人、供应商、销售商等，他们一般是环境利益的消极反应者。这里需要注意：第一，环境利益相关者是基于环境利益的极广概念，包括了非人的动植物利益主体及并不现实存在的各物种后代；第二，从企业普遍环境义务承担以及投资者监督的角度而言，上述所有的利益相关者都与环境利益相关联；第三，上述利益相关者的区分主要在于环境利益反应程度的差别，二者并非完全割裂，对于个体而言可能产生身份的重叠与交错；第四，证券利益相关者中以投资者为主。在了解利益相关者保护基础（知情权、公众参与理论）后，将对环境利益相关者保护与证券利益相关者保护进行分别讨论。

（一）知情权与公众参与理论

知情权（the right to information），又称为人们知悉、了解信息的自由和权利。知情权是利益相关者获得保护的基础，知情权实现的基本前提是一定条件下信息的自由获取。知情权最初产生于新闻领域，最早见于瑞典的 1766 年颁布的《出版自由法》，其基本含义是"公民有权知道他应该知道的事"[①]。美国在 20 世纪 50—60 年代发起了"知情权运动"后，知情权迅速得到各国法律的确认。知情权是公民的政治民主权利，是民主社会发展的必然要求，"如果民主国家中，不论间接或直接民主，有治理权的公民处于一无所知的状态，想要治理好国家是不可能的"[②]。早在 18世纪，卢梭就提出了社会契约论，提出了主权在民的思想，这成为现代民主制度的基石。政府的定位应当是人民利益的受托者，公众当然地享有获知信息的权利，这种信息或来源于政府或来源于其他，但都是公民参与管理的基础。知情权也是一项基本人权。1948 年《世界人权宣言》将知情权确立为一项基本人权，1966 年《公民权利和政治权利国际公约》第 19 条进一步明确"人人享有自由发表意见的权利；此项权利包括寻求、接受和传递各种消息和思想的自由，而不论国界也不论口头的、书写的、

---

① 谢鹏程：《公民的基本权利》，中国社会科学出版社 1999 年版，第 263 页。
② ［美］科恩：《论民主》，聂崇信、朱秀贤译，商务印书馆 2004 年版，第 159 页。

印刷的、采取艺术形式的或通过其所选择的任何其他媒介"①。知情权分为公法层面的知情权和私法层面的知情权，前者是对公共信息的知情权，权利实现的主要途径为立法、行政、司法机关的信息公开，通常表现为政府信息公开；后者是对私益信息的知情权，权利实现的主要途径为信息持有者信息公开，其表现形式丰富，例如，商品经营者如实说明产品信息。这种公开包括了主动公开和依利益相关者申请或要求公开。每个人的生活中都离不开各种信息，人们需要不断地获取各种信息来充实生活，作出选择。随着社会进步，信息在各领域中的作用变得越发重要，其价值日渐提升，知情权的内涵和种类也不断发展，环境知情权和投资者知情权都是原始知情权的衍生与发展。②

环境知情权，是指人们知悉了解环境信息的自由和权利。③ 投资者知情权，又称股东知情权，是指股东知悉了解企业相关真实信息的权利。④⑤ 环境知情权是典型的公法层面的知情权，投资者知情权是典型的私法层面的知情权，但这两种权利都兼具公益性和私益性。环境知情权的主要权利主体为公众，对公众环境知情权进行保护的目的是保障公众在充分知情的基础上参与环境管理、保护各方环境利益；投资者知情权的主要权利主体为投资者，对投资者知情权进行保护的目的是避免信息的不平等所带来的投资者利益风险。从目的来看，二者权利性质的区别显著，环境知情权以公益性为主，投资者知情权以私益性为主，但在实践中，环境知情权往往也应用于环境侵权中个人损害致害因素的认定并

---

① 此条规定是在 1948 年联合国《世界人权宣言》第 19 条上的补充，《世界人权宣言》第19 条规定：人人享有主张和发表意见的自由：本权利包括持有主张而不受干涉的自由，以及不论国界通过任何媒介寻求、接受和传递消息和思想的自由。

② 严格而言，各国立法中都没有出现环境知情权和股东知情权的定义，是一系列权利集合、抽象后的理论化概念。

③ 依据《奥尔胡斯公约》（The Aarhus Convention，也称《在环境问题上获得信息、公众参与决策和诉诸法律的公约》）第 2 条 3（a）（b）（c），环境信息是指以书面、影像、音响、电子或任何其他物质形式发布的以下信息：各种环境要素的状况，如空气和大气层、水、土壤、土地、地形地貌、自然景观、生物多样性及其组成部分，包括基因改变的有机体和这些要素的相互作用；正在或者可能影响上述环境要素的各种因素，如物质、能源、噪声及辐射，包括行政措施、环境协定、政策立法、计划和方案在内的各种活动或措施，环境决策中所使用的成本效益分析和其他经济分析和假设；正在或有可能受到环境要素状况影响或可能受到前述因素影响的人类健康和安全、人类生活条件、文化遗址和建筑结构状况。

④ 企业信息包括：企业概况、财务会计报告及经营状况、股份配置情况、债务情况、合法合规情况等。

⑤ "中小投资者"与"中小股东"的概念基本一致，是指"除公司董事、监事、高级管理人员以及单独或者合计持有公司 5% 以上股份的股东以外的其他股东"。保护投资者知情权即保护其股东知情权。

出现于邻避效应之中；而投资者知情权也普遍应用于投资者对企业履行社会责任的监督，由此可见环境知情权和投资者知情权都不是绝对的公益性或私益性权利，二者存在着结合的基础。在一定程度上，投资者也是环境利益相关者，投资者知情权中包括了对企业环境信息知悉、了解的权利，对企业环境信息知悉、了解的权利可包含于环境知情权之中。在投资者对企业社会责任的关注中，环境无疑是重要的方面，这就是为什么各国及国际惯例中社会责任报告常常强调环境与可持续发展，[①] 在报告或相关指引的名称中都直接以"社会"、"环境"与"治理"并称。从能源企业的特殊性来看，投资者知情权中的公益性权重更加明显，能源的环境属性使投资者们不得不慎重考虑能源企业在环境方面的表现，包括正面的环境信息和负面的环境信息。因此，能源企业投资者知情权中的环境相关部分可被环境知情权所吸收。

环境知情权实现的基本途径即环境信息公开。环境信息公开（environmental information disclosure）指环境信息所有者依据相关规定或应环境信息需求者的申请或要求，通过一定的程序发布或提供其收集、整理的环境信息。环境信息公开具有以下特点：第一，兼具三重属性。环境信息公开既是信息持有者"依据相关规定"的主动行为又是"应环境信息需求者申请或要求"的被动行为；既包括环境信息需求者获得信息之权利，也包括环境信息持有者公开信息的义务。依主体、角色、需求不同，环境信息公开既是权利同时也是义务，这里体现知情权法律属性中的对等性。第二，信息持有者主体具有多重性。一般为政府和企业，政府被动公开为依"申请"公开，企业被动公开为依"要求"，"申请"的主体一般为企业或公众，"要求"的主体一般为政府或公众，这体现了知情权法律属性的综合性。第三，既是过程也是结果。知情权本身既是一项程序性权利，也是一项实体性权利，知情权的实现是实体权利实现的基础和必经过程，而知情权的实体权利益在于维护权益者的安全感。类似的，环境信息公开既指将对信息的"收集、整理"过程作为获取信息之前提，也指最终的信息结果即公开了的信息。在以往的实践中，根据环境信息所有者的不同，将环境信息公开分为"政府环境信息公开"和"企业环境信息披露"，前者基于政府信息公开理论，后者基于证券信息披露制度。随着现代环境管理和现代企业管理对话的建立，对不同主体环境信息公开行为的规定逐

---

① 王诗雨、汪官镇、陈志斌：《企业社会责任披露与投资者响应——基于多层次资本市场的研究》，载《南开管理评论》2019 年第 1 期。

步趋同，从信息的"环境相关"这个角度，总体上可以以"环境信息公开"一言蔽之。在立法上，企业环境信息披露也受环境信息公开立法的指导，例如，《企业事业单位环境信息公开办法》。但需要注意的是，一般企业的环境信息公开可称为"环境信息公开"或"环境信息披露"，上市公司由于受到证券领域立法规制，其信息公开有专门术语及规范，① 因此，上市公司环境信息公开，称为"上市公司环境信息披露"更为合适。

在知情权得以保障的基础上，公众参与对于企业监管、证券市场健康发展、政府管理、环境进步都有重要作用。公众参与，是指在享有知情权、话语权的基础上，公众参与公共事务的决策、监督和监管活动。② 首先，公众参与企业监督，是现代企业外部人治理模式③ 的创新与扩展。股东是并未与企业建立正式契约关系的利益相关者，因此，需要保护其利益不受损害最有效的方式即知情并参与。随着利益相关者范围从"大股东"到"中小股东"到"社会公众"不断扩大，各大企业尤其是上市公司也意识到外部人参与的积极意义，尤其在环境问题上，能源等环境问题突出的企业更需要以"事先承诺"④ 及环境信息披露的诚意来树立企业良好形象；同时，依靠对其环境绩效的充分披露，充分表现其同业质

---

① 上市公司信息披露制度，最早出现在英国证券立法中，是指在证券发行、上市和交易的过程中，依照法律、法规、证券管理的有关规定及证券交易场所等监管机构的有关规定，以一定的方式向投资者和社会公众公开与证券有关的信息。

② 褚松燕：《环境治理中的公众参与：特点、机理与引导》，载《行政管理改革》2022 年第 6 期。

③ 外部人治理模式，是指遵循股东至上原则并依赖竞争的市场对公司进行治理的模式。

④ 企业事先承诺，源于政府监管与企业主动行为的"激励相容理论"（incentive compatibility theory），是指在市场经济中，每个理性经济人都会有自利的一面，其个人行为会按自利的规则行动；如果一种制度安排使行为人追求私利的行为，正好与实现集体价值最大化的目标相吻合，这一制度安排就是"激励相容"。该理论认为：最优的监管是被监管者出于自身利益的理性计算所采取的行动，并正好符合社会利益的行动期待。最早应用于银行监管机构与银行之间达成的合约，通过"事先承诺安排"实现最小成本下的监管目标。我国环保监管部门正在进行职能转变，对企业环境监管尝试采取"承诺书"方式，将管理放手于企业，管理调整至事后，监督鼓励公众参与。

性，可避免遭遇"柠檬效应"[①]导致的无辜淘汰。"柠檬效应"体现在证券市场中就是实际经营业绩优于平均水平的上市公司，往往因为股价低于预期而退出证券市场另觅融资途径，而实际经营业绩低的上市公司反而因为平均股价高于预期而大量留在证券市场上。其次，公众参与政府环境管理，是政府实现现代科学民主管理的重要手段。从行政权的起源来看，行政权力源于人民，是人民将部分权利委托于政府行使，"政事裁决于大多数人的意志，大多数人的意志就是正义"[②]，民主中首要的就是参与机制，公众当然地享有获知环境有关信息参与政府管理的权利，政府获取环境信息也最终服务于公众。从证券市场健康发展角度出发，政府对证券市场的监管存在局限性。当前，寻租行为、信息失灵、监管过度、监管滞后、目标偏离等现象普遍存在，公众参与有利于突破政府监管桎梏。最后，公众参与环境行动，也是环境保护和促进可持续发展的重要推动力量。环境知情权是国际社会的普遍共识，《奥尔胡斯公约》中的三大支柱就包括了获取环境信息、公众参与环境决策、环境事项诉诸司法。2010 年，联合国环境规划署第 11 次会议及全球部长级环境论坛对国内立法中有关获取信息、公众参与和诉诸司法方面制定了一套指导原则。此外，1972 年《联合国人类环境会议宣言》[③]、1992 年《联合国里约环境与发

---

① 柠檬效应（lemon effect），是逆向选择理论的经济模型，由逆向选择理论创立者之一的乔治·阿克尔洛夫（George A. Akerlof）提出，情景设定是：拿着一个未成熟青皮酸柠檬的知情者，明明知道柠檬成熟了才甜，但因手上只有青皮的，就宣传柠檬味道一定很好，况且有柠檬总比没有柠檬好。在这种消极防御心理下，最后的选择结果往往就是次优选择，即所谓的"柠檬效应"。阿克尔洛夫还提出了著名的"二手车假设"：假设买主需要购买一辆二手摩托车，卖主对摩托车的车况十分了解，但买主对车况只能通过外观判断，在这种信息不对称之下买卖双方对车的认知是完全不同的，买方无法确定这辆二手摩托车的质量，所以想让买方购买二手高价车的难度要远大于让他们购买二手低价车。在二手车市场上，好车车主只愿意以较高价成交，而次车车主却愿意以较低价出手。买主知道有一定的概率会买到次车，因此不会愿意冒风险以高价购车，如果市场上的次车比例大到一定程度，这种不愿意性就更加明显，心理价位的折扣就越大，使得拥有好车的卖方不再愿意把车投入市场，最终结果就是市场上只剩下次车。这种情况便被称作"柠檬效应"，亦即"劣币驱逐良币"。

② ［古希腊］亚里士多德：《政治学》，吴受彭译，商务印书馆 1988 年版，第 312 页。

③ 1972 年《联合国人类环境会议宣言》指出："应该支持各国人民反对污染的争议斗争"（原则六），"为了广泛地扩大个人、企业和基层社会在保护和改善人类各种环境方面提出开明舆论和采取负责行为的基础，必须对年轻一代和成人进行环境问题的教育，同时应该考虑到对不能享受正当权益的人进行这方面的教育"。（原则十九）

展宣言》①、2002年《约翰内斯堡可持续发展宣言》②中都提出了公众参与的重要性。人民的主权者地位决定了其有权通过各种途径监督政府权力的行使，一个国家或地区的环境公众参与水平，在很大程度上决定了该国或地区环境政策和环境法律的实施效果和程度。全球范围内公众力量为推动环境保护与可持续发展的实现作了杰出贡献，当前环境形势依然严峻，我国环境处于局部好转总体劣化，压力持续增加的阶段，近年来因环境问题引发的群体事件呈上升趋势，邻避效应③日益凸显，而导致这种现状的原因之一就是现有环境利益的冲突解决不能满足公众环境利益需求，公众信息获取和利益表达途径不畅。④

（二）环境利益相关者保护

环境利益相关者为什么需要保护？其根本原因在于环境信息的不对称性。对环境利益相关者进行保护，保护的是什么？顾名思义即环境利益，最基本的在于公众环境利益。

1. 环境信息不对称性

根据环境机会成本主义，机会成本主义行为发生于"信息不对称的情况下"，能源企业的环境负外部性特征尤其显著，也是信息强烈不对称性所致。这种信息的强烈不对称性来自三个方面：首先，是普遍的环境信息非对称性，这种不对称存在于所有的环境致害者与利益相关者之间，环境信息往往掌握在环境致害者（一般为企业）手中，致害者的故意隐瞒和信息获取成本的高昂都导致了这种环境信息非对称性的普遍存在。其次，就能源领域而言，能源资源的特殊性使得能源企业容易打着"机密"的幌子行隐瞒掩饰之实。最后，能源企业往往规模大、影响力强、实力雄厚，是政府乃至国家的重要经济力量，加之具有一定的国有性质及垄

---

① 1992年《联合国里约环境与发展宣言》指出"环境问题最好在所有有关公民在有关一级的参加下加以处理。在国家一级，每个人应有适当的途径获得有关公共机构掌握的环境问题的信息，其中包括关于他们的社区内有害物质和活动的信息，而且每个人应有机会参加决策过程。各国应广泛地提供信息，从而促进和鼓励公众的了解和参与。应提供采用司法和行政程序的有效途径，其中包括赔偿和补救措施"。（原则十）

② 2002年《约翰内斯堡可持续发展宣言》在第三部分"我们对可持续发展的承诺"中承诺"我们认识到人类团结的重要性，敦促世界不同文明和民族，不论种族、是否残疾、宗教、语言、文化和传统，加强对话与合作"。（第17条）

③ 邻避效应（not in my back yard），是指居民或单位因担心建设项目（例如垃圾厂、核电站、殡仪馆等项目设施）对身体健康、环境质量和资产价值等带来负面影响，从而激发了嫌恶情绪，滋生了"不要建在我家后院"的心理，并采取强烈和坚决的有时高度情绪化的集体对抗行为。

④ 信春鹰：《中华人民共和国环境保护法释义》，法律出版社2014年版，第19页。

断地位, 公众通过政府临时调解来克减环境信息非对称性的效果并不显著。因此, 企业需主动进行信息披露使公众了解能源企业环境信息状况。这样公众能够充分行使监督权, 监督企业履行其环境义务、参与政府现代科学民主管理, 更重要的是, 了解自身环境权益是否受到侵害进而有所损失, 在对企业进行监督的同时及时行使权利维护自身环境权益。[1] 公众的集合化特殊代表即社区、环保组织、媒体、消费者等。其中消费者群体, 从群体特征上看与环境利益的关联性较弱, 但随着崇尚自然理念深入人心, 绿色消费理念及环保生活原则已在消费者群体中逐步形成, 消费者也将公众环境利益纳入考虑范畴更多地选择环境友好型产品, 更重要的是应当注意能源产品的消费者具有特殊性。我们参照能源利用方式的一次能源、二次能源分类, 可将能源产品消费者相应分为一级消费者和二级消费者, [2] 前者以一次能源即未经加工转换或未经完全加工转换的能源资源(例如, 石油、煤炭、未并网前的电力等)为消费产品, 多为购能企业或大型社团(组织), 这一类消费者通常为合作企业; 后者以二次能源即经充分加工转换的能源产品(例如, 液化气、汽油、并网输配的电力等)为消费产品, 这一类消费者通常为一般公众。不论对一级消费者还是二级消费者, 能源企业的环境信息披露都影响其消费决定: 一级消费者需要依据环境信息考虑其自身原料供应的可靠性及成本合理化, 以及原料经二次转化或输出后产品的环境影响; 二级消费者除了出于前述生活消费理念的顾虑, 也需要考虑能源产品的稳定可用性。这些判断都需要能源企业尤其是能源企业对产品研发、生产、运输、销售等环节的环境信息进行主动披露。

2. 公众环境利益

依据环境整体性, 环境利益也具有整体性。从根本上讲, 环境保护一切行为维护的都是所有主体的环境利益, 也就是说, 能源企业的积极环境行为, 所要实现的是对包括非人主体在内的一切利益相关者环境利益的保护。环境利益相关者包括政府部门、社区、环保组织、媒体、消费者、一般公众乃至动植物、后代。从现实意义上看, 自然人或法人是环境利益最直接的受益方, 环境质量直接关系自然人生命及自然人或法人财产安全, 一个或多个自然人或者法人以及按照国家立法和实践兼指

---

① 吴真、梁甜甜:《企业环境信息披露的多元治理机制》, 载《吉林大学社会科学学报》2019 年第 1 期。

② 胡鞍钢、魏星:《世界经济贸易投资科技能源五大格局变化(1990—2030)》, 载《新疆师范大学学报(哲学社会科学版)》2018 年第 3 期。

这种自然人或法人的协会组织或团体即为公众，[①] 故而，积极环境行为最直接、基础、现实的目标在于保护公众环境利益。[②]

政府负有环境职责，也最终落脚于公众环境利益保护。在环境保护方面，政府对企业，特别是能源这一高产值但又高环境风险类企业有特别注意义务。一方面，政府需要了解企业环境信息，以便及时把握企业环境污染、生态破坏情况或了解企业环境治理状态。另一方面，企业环境信息是政府决策的重要依据，各级政府通过对企业环境信息的综合把握对经济和环境资源配置进行宏观调控，对有关法律法规政策进行调整。企业环境责任的落实也离不开政府的监管和法制的保障。公众在环境保护中的重要作用毋庸置疑，如上文已述，行政权力起源于人民对部分权利的委托，行政权力行使必须以公众利益为准绳。[③] 政府服务于公众环境利益的维护，并最终服务于整体环境利益的实现，以环境保护部门为主的民生部门负有环境保护职责毋庸置疑，而监管部门作为政府组成部门，基于"公共利益理论"（the public interest theory）的出发点也在于维护社会公共利益。由于市场负外部性所侵占的他人利益已经由资本范畴延伸向了环境等更广泛的领域，这里的社会公共利益除了证券市场中以广大投资者为主的证券利益相关者的经济利益，也包括了环境利益。能源企业环境表现受到广泛关注，与上市公司密切关联的则是证券市场，因此，对于能源企业环境表现，证券监管部门也有着义不容辞的职责并且是直接有威慑力的监管主体之一。

（三）证券利益相关者保护

证券利益相关者为什么需要保护？原因在于证券信息的不对称。对证券利益相关者进行保护，保护的是什么？同样，顾名思义为证券利益，

---

① 李兴锋：《公众共用物开发利用法律规制的困境与破解》，载《法商研究》2022 年第 1 期。

② 应当明确，环境利益与我们通常所说的环境权有所区别，环境利益包括了更广于环境权的内涵。环境权是法律语境之下的利益表达，有强烈的人本主义色彩，虽然各国环境法学者中不乏"生态化"倾向和专门的生态法研究，部分国家例如俄罗斯、乌克兰、哈萨克斯坦等也已明确使用"生态法（学）"概念，但从世界范围上看包括中国在内，环境立法过程中都始终以人的基本权利为中心，环境权仅包括了人与环境相关之权益而动物权益等被排除在外，即便是将权益范围限定在人的主体上，公众环境利益也并不完全等同于环境权。生存权和发展权是人的权益维护的最高目标，以法律为保障的人的环境权以人为核心，所能维护的只是对人居期间的危害环境活动的行为本身进行强制，以人身权和财产权为代表的生存和发展权利无法通过环境权本身得以维护而需要寻求人身和财产相关的其他法律的救济。因此，进行环境信息披露，保障公众环境知情权的目的在于公众环境利益的保护，而不仅仅为环境权保护。

③ 胡静、付学良：《环境信息公开立法的理论与实践》，中国法制出版社 2011 年版，第42 页。

最根本的为证券投资者[①]利益保护。

1. 证券信息不对称性

上市公司利益相关者中证券利益相关者为重,证券利益相关者以投资者为主。投资者知情权是典型的私法层面的知情权,其权利主体和义务主体在法律地位上是平等的,但对信息资源的占有极不平等。委托代理理论(principal-agent theory)[②]是现代公司治理的逻辑起点,该理论建立在非对称信息博弈论的基础之上。非对称信息(asymmetric information)即市场信息的非对称性,是指在市场交易中产品的市场各方对产品的情况所掌握的信息是不对称的,某方持有的信息具有充分的优势,这种优势体现在数量和质量两个方面,数量上的优势即信息优势者拥有更多的证券信息,质量上的优势即信息优势者比其他市场各方拥有更及时、可靠、准确和完整的信息。信息不对称理论是诸多经济学、管理学理论的出发点,也是证券市场最典型的问题。信息不对称理论最早出现于信息经济学家乔治·阿克尔洛夫、迈克尔·斯宾塞(A. Michael Spence)和约瑟夫·斯蒂格利茨(Joseph Eugene Stiglitz)创立的逆向选择理论之中,一时间"柠檬效应"被运用于各种市场失灵行为分析中。证券市场的信息不对称性主要表现有两类:一类是证券发行人(即上市公司、政府机构、金融机构等)与投资者之间的信息不对称;另一类是投资者之间的信息不对称。前者是指一般情况下上市公司对自身的经营、管理、财务、债务及具体项目状况十分清楚,对前景和风险信息的把握度远高于投资者,投资者对于上市公司的了解不得不依赖于上市公司。上市公司根据证券市场形势所提供的经过甄选而公布的信息成为投资者进行投资判断的依据。后者是指在某些情况下,部分投资者(例如,大股东、高管亲属等)由于经济实力雄厚或与发行或承销人之间存在密切联系从而掌握了更优于中小投资者的信息。证券信息的不对称性并非完全无益,它是保持市场活力的重要因素,同质信息的绝对公平和利润的均分共享,则会使得市场交易陷入平淡最终走向死亡,但证券市场信息的极度不对称可能"殊途同归",导致市场失灵,最终导致证券市场的失灵和走向死亡。因此,需要政府进行干预的目的并不在于强制要求信息优势方进行"知无不言言

---

① 证券投资者,是指通过证券发行人邀约或在二级市场上购买并持有债券、股票、基金等有价证券及衍生产品,以获取未来收益,如利息、资本等为目的的自然人或法人。

② 委托代理理论由美国经济学家伯利(Berle)和米恩斯(Means)于20世纪30年代提出,是指由于一部分行为主体具有某方面的相对优势,从而接受一个或多个行为主体根据一种明确的或暗示的契约,指定、雇佣为后者提供专业化的服务,同时被授予一定的决策权力,并依据服务数量和质量获取相应的报酬。授权者被称为委托人,被授权者被称为代理人。

无不尽"的披露，不在于达到"绝对公平"，而是应当创造公平环境，为信息劣势方搜寻、获取、分析、运用信息提供指引。各方最终用于决策的信息因个体能力不同，当然还是允许差异的存在。

保证证券市场的健康发展实现资源最优配置就需要维护公众信心，实现弱者保护。证券市场中数量庞大的中小投资者公众群体是弱势群体，由于专业投资知识的不足、信息的严重不对称性以及相关规制的不足，中小投资者很难应对复杂多变的证券投资环境。信息不对称所造成的投资者与上市公司之间的不完全契约形态[①]，使得市场自由竞争下优先的资源流向了强者，并导致了弱者在市场中面临生存危机。环境资源也在这种不完全契约形态下分配不均衡，这将威胁到真正的生命体生存安全。实现弱者保护必须明确其方向在于实质公平以及社会发展。前者是指自由参与市场竞争的机会虽然实现了平等，但由于能力、知识背景、财力等个体差异可能使得信息不对称性下的实质不公平被形式上参与的公平现象所掩盖，因此需要以规制来实现外力倾斜保护弱者，谋求实质公平；后者是指中小投资者的广泛存在代表了一种极其广泛的利益，无疑成为一种公共利益，对这一类型化了的个体的保护，实现的将是对公共利益的维护，有利于社会经济的长远发展。[②]除了操纵市场以外，没有其他事比选择性的信息披露以及滥用内幕信息更有害于投资大众对公司和证券市场的信心，投资者如果感觉到处于不利境况就不再愿意相信并投资于证券市场。[③]大量实证研究表明，公众信心很大程度建立在对相关信息充分知晓的基础之上，信息披露能够增加或恢复投资者信心。

2. 投资者利益

在现代企业管理理论中，公司是一个利益相关者组成的契约组织，[④]其基本治理结构是所有权与管理权相分离，上市公司的显著特征在于利用证券市场筹资，广泛地吸收社会资金从而迅速扩大企业规模和市场占有率，增强竞争力。高质量的上市公司和高素质的投资者是促进证券市

---

① 完全契约理论认为，契约当事人对契约及行为具有充分的理解，能够将契约的各个行为进行充分考虑，对各项事宜均能够在契约中进行相近的规定，二者的契约具有同样且完全的信息。现实中，这种完全的状态是很难存在的，不可能准确预见而事先在契约中完全地规定出所有可能的情形，契约始终处于不断的调整之中，即"不完全契约"状态。

② 赵万一：《证券市场投资者利益保护法律制度研究》，法律出版社 2013 年版，第 17 页。

③ Securities exchange act release No. 17120（Jun. 27, 2022），https://www.sec.gov/news/speech/1987/111187ruder.pdf；李晓露：《转轨背景下"证券"概念的扩大与监管模式的立法修正》，载《安徽广播电视大学学报》2018 年第 2 期。

④ 许正良、李哲非、郭雯君：《企业社会责任担当动态平衡问题研究》，载《吉林大学社会科学学报》2017 年第 4 期。

场健康发展的两个重要力量。高质量的上市公司能够吸引投资者参与，而高素质的投资者能够正确判断、理智投资实现资金的健康流动。因此，上市公司管理者将利益相关者作为其经营决策的重要考量，而上市公司最重要的利益相关者即投资者。按不同的分类方法可将证券投资者分为机构投资者与个人投资者，专业投资者与普通投资者。其中，机构投资者一般均为专业投资者，个人投资者则有专业投资者和普通投资者的区分。个人投资者（其中普通投资者占极大比例），是指参与证券投资的社会公众，是证券市场中最广泛存在的证券市场参与人和证券利益相关者。个人投资者虽有很大的分散性和流动性，投资能力有限，但社会公众是范围广泛的群体，集合总数尤为可观，因此，证券领域最关心的就是投资者保护，证券立法的深层和原始目的在于"保护投资大众"①，即"中小投资者保护"。这与伦理学功利理论上，边沁所主张的，"既是保障社会与个人的人身财产安全又是在安全前提下扩大平等"②的法律改革目标是一致的。证券法依靠"限制内幕交易行为"③、"严管市场操纵行为"④等手段，防止优势方利用不正当手段影响证券市场，从而为投资者创造公平、公正、健康、有序的证券投资环境，为中小投资者提供较为完备的保护，而信息披露制度是证券投资者利益保护制度中最重要的制度。为了维护现有投资者利益并吸引潜在投资者，美国和英国证券法明确要求上市公司必须为投资者提供及时、详尽而准确的信息，减少因信息不对称造成的投资者决策失误。⑤上市公司的信息公开，能够最大程度地保护数量众多的中小投资者的利益。如上文，基于公共利益理论，证券监管部门的出发点就是维护公共利益，公共利益理论运用在证券监管中蕴含着一种逻辑假设：一个自由不受约束的证券市场在出现失灵现象后，政府监管机构及监管者代表了全体市场参与者的利益，政府监管机构及监管者是身份中立的，不仅能够保护中小投资者的利益，也能够从公允的角度保护上市公司、证券中介机构和其他市场参与者的利益，政府监管是实现

---

① Report of the Committee of the Ontario Securities Commission on the Problems of Disclosure Raised for Investors by Private Placement, Toronto: Ontario Securities Commission, 1970.

② 龚群：《当代西方道义论与功利主义研究》，中国人民大学出版社 2002 年版，第 308 页。

③ 内幕交易行为，是指组织或个人利用内幕信息（尚未对外公布，仅发行人、证券经营机构、收购意向法人、证券监管机构、证券自律机构、大股东、内部人员或亲属等知悉，可能影响证券价格的重大信息）进行证券发行、交易活动，以获取利益或降低风险的行为。

④ 市场操纵行为，是指组织或个人利用资金、信息、职权等优势制造市场假象、诱导不明真相的投资者错误决策，影响市场价格、扰乱市场秩序以获取利益或转嫁风险的行为。

⑤ 余劲松：《公司治理模式的演进与我国证券市场法律体系的总体特征》，经济科学出版社 2013 年版，第 39~40 页。

社会潜在公共利益的有效途径和方式。①

以往上市公司环境信息披露主要受众是政府部门，随着对环境权益、知情权认知的提高，信息公开及公众参与理论的深入发展，环境信息披露不仅对于环境利益相关者参与环境监督意义重大，对于证券利益相关者参与企业管理监督，实现企业可持续发展也具有重要作用。当前，姑且论行业性专门化的环境信息披露规范尚无先例，企业环境信息披露制度不健全，企业为满足合法合规性要求，尚且需要花费大量时间和费用来搜集、整理环境信息，那么对于一般投资者而言，更难把握专业及复杂的环境信息。在基于会计信息的环境风险控制中，投资者对环境信息及环境管理业绩的关注是环境风险管理的逻辑起点，但由于对会计信息的理解需要一定的专业知识，一般中小投资者群体，实际上更多地捕捉的是非财务信息。因此，内容上综合信息披露成为显著趋势。

上市公司环境信息披露对于利益相关者保护和公司经营成本控制是一个双赢的过程，尤其对于居环境高位、经营成本畸高位置的能源企业进行积极的环境信息披露：一方面，对于潜在投资者，能够减少信息非对称性给委托代理关系造成的负面影响，降低投资前的逆向选择② 风险，预防潜在委托人与代理人之间交易的"不公平"风险，避免潜在投资者因风险顾虑而不愿意购买或交易股票；另一方面，对于实在证券利益相关者即投资者，能够减少"内部人"和"外部人"之间的信息不对称性，避免投资者对项目估值的过分低化，即降低估值风险；增加投资者对公司管理的监督，降低管理者"道德风险"，避免投资者因担心公司存在的道德风险③ 或担心可能面临的环境债务风险而提出风险要求。④ 总体上，信息披露对投资者信心的维护，能够实现企业外部融资成本的降低。

利益相关者理论在不同规模、不同环境敏感性的企业中表现有所差异。总体上，规模大、环境敏感性强的企业会主动披露更多的环境活动相关信息。一组针对欧洲六国企业环境信息披露状况研究的分析表明，

---

① 陈斌彬：《我国证券市场法律监管的多维透析——后金融危机时代的思考与重构》，合肥工业大学出版社 2012 年版，第 25 页。

② 逆向选择（adverse selection），即"劣币驱逐良币"现象，是由于信息不对称及机会主义行为所造成的选择失误及资源配置的扭曲现象，是指信息优势方利用自己所持有的优势信息使信息劣势方难以作出正确判断，从而使产品选择或价格不平衡。例如，酸柠檬效应就是信息不对称所导致的逆向选择问题的模型。

③ 道德风险（moral hazard），是指人们在经济活动中，在最大限度地实现自身利益的同时作出不利于他人的行为。这是委托代理理论下信息不对称性所造成的顽疾。

④ Robert M. Bushman, Abbie J. Smith, Transparency: Financial Accounting Information and Governance, *Economic Policy Review*, 2003,No.4,pp.65-80.

规模最大组企业环境信息披露的企业数量、企业项下项目数量以及定性信息披露质量都最大，反之，规模最小组的企业数值较低。① 这主要是由于：第一，公司规模越大，利益相关者规模越大，不论是出于环境成本控制稳定委托代理关系，还是出于环境利益维护实现"声誉寻租"利益，所需要争取的信任者规模也越大，而环境信息披露就是最好的途径；第二，公司规模越大，管理者素质和能力也越强，为环境信息披露提供了更多的目标、政策和人力支持；第三，公司规模越大，业务范围的多元化进一步扩充了利益相关者，另外，股权结构也更加复杂，对信息披露的要求进一步提高。在环境敏感性研究中，污染可能性较大的企业披露概括性环境信息的比例较高，这在国际性可持续发展/社会责任指数标准出现之前就已经得到了证实。1989年美国埃克森公司阿拉斯加漏油事件发生后，1992年一份研究报告表明，21家500强石油企业都在此后年报中增加了环境信息披露内容，埃克森公司在年报中更是用了大量篇幅来说明漏油事件及其事后处理情况。②

综上所述，企业履行环境责任不再是简单纠正负外部性影响，而是与所有环境利益主体相互依存的利益关系表现。关于环境利益相关者保护与证券投资者保护的关系，从广义上看，环境规制不可避免地带来企业负担的增加，导致企业经营风险，证券利益相关者也需要进行环境关注，因此环境利益相关者包含了证券利益相关者。从狭义上看，二者的直接目的略有差异，前者的直接目的在于保护环境、保护公众环境利益；后者的直接目的在于保护投资者利益维护证券市场秩序。无论如何，对环境利益相关者保护与对证券利益相关者保护在融合。道琼斯可持续发展指数（The Dow Jones Sustainability Indexes, DJSI）是最早的引导投资者从社会责任与环境角度考量企业绩效进行投资评估的指标，经济、环境与社会是三个主要维度。在中国，在经济新常态的时代背景和监管机构的指引要求下，ESG信息披露也已经从实践成为企业运营及证券监管常规。总之，环境信息披露是保障公众知情权、公众参与的基本要求，是实现利益相关者保护的重要途径。

---

① Carol A. Adams, Wan-Ying Hill & Clare B. Roberts,Corporate Social Reporting Practices in Western Europe: Legitimating Corporate Behavior, *The British Accounting Review*, 1998, Vol. 30, No.1, pp.1-21.

② Dennis M. Patten, Intra-industry Environmental Disclosures in Response to the Alaskan Oil Spill: A Note on Legitimacy Theory, *Accounting, Organizations and Social*, 1992, Vol. 17, No.5, pp. 471-475.

四、能源企业环境风险多元防控

全球环境恶化的背景下，随着对环境问题的重视，能源行业上市公司面临着极大的环境风险。随着环境法律规制的完善，企业环境机会成本主义行为空间紧缩。逐利本性之下，公共产权的固有缺陷导致公共利益的保障机制不力，从而出现机会主义行为。[①] 尤其是污染型企业面临着极大的环境风险。这种环境风险可分为"外部环境风险"和"内部环境风险"，与公司治理意义上的企业外部风险和内部风险有所不同，是以环境安全为中心的风险划分。外部环境风险是指企业对环境造成的不利影响；内部环境风险是指企业因其对环境的不利行为而带来的企业利益风险，也就是企业负担的增加及经营风险，包括市场、声誉及法律风险。

（一）能源企业环境风险

能源企业环境负外部性特征尤为显著，随着中国环境法治全面强化，企业将面临进一步环境风险，由外部环境风险所引致的内部环境风险也正在加剧。企业环境风险的加剧来自外部风险与法律／政策规制（"外因"）的作用。环境规制不可避免地带来企业负担增加，导致企业经营风险，而企业经营风险的增加又将循环带来缩减环保成本的企业管理及行为（"内因"）。环境规制与企业绩效之间为负相关关系。[②] 假设企业外部环境风险相对恒定，法律／政策规制越严格、企业所需要承担环境责任越重，内部环境风险就越大，这是一个相互制衡的过程，也是压力—合规理论的现实原因（如图1-1所示）。制衡状态类似马歇尔（Alfred Marshall）"外部经济"理论与庇谷（Arthur Cecil Pigou）"外部不经济"理论的结合，同时也有"科斯定理"中归零效应和制度安排的考量。简而言之，在污染型企业环境风险中联通了外部因素对企业的影响与企业对外的环境影响，其中联通关键即规制因素。[③]

波特（Porter）及文德尔·林德（Vender Linde）等学者提出了"波特假说"，认为合理的环境规制能够刺激技术创新、产生创新补偿作用，从而弥补甚至超过环境规制所带来的成本也是不可否认的。有学者研究证实环境规制强度与企业生产技术进步之间呈现"U"形关系，环境规制对经济产

---

① 李厚廷：《机会主义的制度诠释》，载《社会科学研究》2004年第1期。

② 周京、李方一：《环境规制对企业绩效与价值的影响——基于重污染上市企业经验数据》，载《中国环境管理干部学院学报》2018年第28卷第1期。

③ 王建明、李书华：《论企业环境成本管理的实施》，载《科学学与科学技术管理》2004年第3期。

业绩效的影响取决于其产生的创新补偿能否弥补环境规制成本。[①] 事实上，这种补偿效益的产生需要越过"U"形最低拐点，从而验证"波特假说"需要一个过程，在越过拐点之前，环境规制与能源效率之间依然是以传统的负相关为主。因此，企业必须作出反应采取积极行为，力求将自身所造成的外部环境风险降低，提高创新补偿能力，尽量降低法律/政策规制对企业的影响，这种制衡关系就是我们需要关注的问题。对于一般企业，若外部环境风险很小或几乎为零，可不必对此问题进行深入研究（如图 1-1 所示），但对于重污染行业而言，尤其是对于涉众广的能源企业而言，如何实现外部环境成本内部化[②] 过程中内外环境风险控制就十分重要。

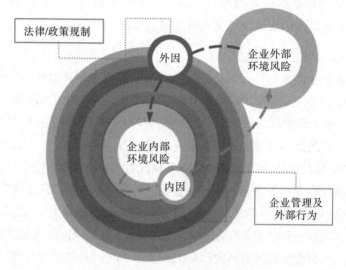

图 1-1　企业内外环境风险制衡模式

综上及图 1-1，对能源企业而言，一方面，由于其资源属性及开发利用模式的特殊性，其外部环境风险"基数"（企业特质内因）天然较高；另一方面，在整个制衡关系中，外因是企业不可控的但十分关键的"乘数"（"乘数"关系即：外部环境风险 × 法律政策规制≈企业内部环境风险。会影响企业内部环境风险的因素还包括舆论及公众等因素，因此应使用"≈"。）。2014 年修订的《环境保护法》的颁行及一系列配套规则的出台，加强了环境规制，企业违法成本增加，企业环境风险进一步累积，违法所带来的外部及内部影响将可能是毁灭性的，不再允许企业在"上限

---

① 张瑞：《能源—环境—经济中的"倒逼"理论与实证——环境规制、能源生产力与中国经济增长》，西南交通大学出版社 2015 年版，第 52 页。

② 王建明、李书华：《论企业环境成本管理的实施》，载《科学学与科学技术管理》2004 年第 3 期。

庇护"①下完全不考虑环境因素。因此，根据外因来调整企业内因行为是污染型企业环境风险控制的有效路径。

（二）环境信息披露与"次"源头环境风险防控

环境风险防控，是指根据环境风险评估结果采取相应的应对措施控制导致风险事件发生的各种因素，以尽可能地降低实际环境危害。环境风险防控是环境风险管理的前端部分，例如，"环境影响评价"就是进行源头环境风险防控的重要手段。②目前，企业进行环境风险防控主要采取风险转移（例如，购买环境污染责任险）、风险补偿（例如，建立绿色基金、进行绿色金融融资等）、风险预防（例如，污染物动态监测）及风险规避（例如，退出致险活动、停业停产）四种方式。

1. 环境与经济（金融）"双风险源"

能源企业要根据环境风险评估来调整企业内因行为，首先应当明确风险源，即明确环境规制外因渊源。如前文所述，政府进行权益调解所制定的政策、规制主要来自环境与经济两大方面。

在环境方面，《环境保护法》必然是诸多规制因素的核心；经济方面，"上市公司"特性使得《证券法》成为诸多规制因素的核心。因此，企业应当采取何种积极行为来对冲环境规制的强化所带来的成本，从而控制环境风险，应当着眼于环境保护法领域（以《环境保护法》为该领域讨论核心）及证券法领域（以《证券法》为该领域讨论核心）有关规制的致险程度。简而言之，就是哪些规定可能导致法律风险。2014年4月24日，修订后的《环境保护法》出台，并于2015年1月1日起施行，长期以来企业责任始终是中国《环境保护法》的主要责任主体，虽然现行《环境保护法》强调了政府责任和社会责任，但并未弱化企业的环境责任。同时，旧法中以行政代替法律的做法得到了调整：法律责任更为严格，在法律责任类型上现行《环境保护法》把环境刑事责任、民事责任、行政责任进行了有效整合，在法律责任落实上现行《环境保护法》中按日计罚、查

---

① 在现行《环境保护法》出台之前，依据《行政处罚法》及有关环境保护单行法的规定，环境处罚罚款数额由四种方式确定：一是规定定额或一定额度的金额；二是按照直接损失规定；三是按照违法所得的确定；四是按照缴纳排污费数额确定。采用这四种方式确定罚款数额的弊端在于忽略了污染防治运行成本的因素，无法解决违法成本低的问题。2010年美国墨西哥湾BP溢油事件与2011年我国渤海湾康菲溢油事件罚金的巨大差异使对此问题的关注达到峰值。墨西哥湾漏油事件中，美国对英国BP公司处以10亿美元罚金；而康菲溢油事故，海洋污染面积超过840平方公里，依据有关单行法，康菲公司仅被处以20万元罚款。

② 黄艳：《基于低碳经济的中国环境会计信息披露探究——评〈企业环境会计信息披露研究〉》，载《中国科技论文》2022年第6期。

封扣押、拘留等措施为责任落实提供了法律保障。现行《环境保护法》修改加强了企业对环境污染的主体责任，同时，在扩大环保主管部门权利范围的前提下，实质上加大了对企业环保违法的整治力度，能源等高环境风险行业的法律风险急剧提高。企业法律风险的增加不仅影响企业收益、增加财务风险，查封扣押、停产整顿、工艺淘汰更将进一步导致经营风险，与此同时，必然带来企业信誉风险。因此，法律风险在一定程度上可以视为现行《环境保护法》所带来的一系列环境风险中的源风险。

在经济（金融）方面，《证券法》的修订进一步强化信息披露要求。2019年12月28日，十三届全国人大常委会第十五次会议审议通过了修订后的《证券法》，全面推行证券发行注册制度，以信息披露为中心，由市场参与各方对发行人的资产质量、投资价值作出判断。此前，在证券监管制度调整中与环境保护密切相关的是环保部在2014年对有关环保核查的问题作了调整。2014年10月19日，环保部发布了"149号文件"主要内容为以下四个方面：第一，"根据减少行政干预、市场主体负责原则，各级环保部门不应再对各类企业开展任何形式的环保核查，不得再为各类企业出具环保守法证明等任何形式的类似文件"；第二，"自本通知发布之日起，我部停止受理及开展上市环保核查，我部已印发的关于上市环保核查的相关文件予以废止，其他文件中关于上市环保核查的要求不再执行"；第三，"各级环保部门应加强对上市公司的日常环保监管，加大监察力度"并"督促上市公司切实承担环境保护社会责任"；第四，加大对企业环境监管信息公开力度，"保荐机构和投资人可以依据政府、企业公开的环境信息以及第三方评估等信息，对上市公司环境表现进行评估"。对此，证监会表示，"环保合法合规性一直是证监会发行审核的要点之一，要求发行人如实披露与环保相关的信息，要求中介机构对发行人环保合规情况进行尽职调查等"。证监会强化关于环保的信息披露要求及中介机构核查责任，《证券法》中虽未明确涉及环境信息披露，但在配套规定中已完善有关规则。

2. "次"源头环境风险防控

环境与证券监管制度变化结合，给能源企业环境风险防控带来了挑战，但同时也为能源企业提供了行为契机。能源企业具有环境损害涉众面广、上市公司利益相关主体多的"双风险涉众性"，因此，环境信息披露作为沟通企业与公众的有效方式，无论对于环境保护还是企业环境风险预防都至关重要，是能源企业环境风险控制的有效手段。[①] 环境信息

---

① 吴杨：《完善公司环境信息披露机制的合规路径》，载《中南民族大学学报（人文社会科学版）》2022年第6期。

披露是现代企业生存的迫切需要，是决定企业实现可持续发展的关键因素。[①] 在基于环境会计信息的环境风险控制中，投资者对环境信息及其管理业绩的关注是环境风险管理的逻辑起点，环境信息披露能激发公司改善环境行为，使环境保护技术、措施与方法成为提高环境资源利用率、减少污染物排放、提升企业形象和核心价值的重要手段，进而提高应对未来环境风险的能力。[②] 从实践上看，世界领先能源企业绝大多数都积极披露环境信息，如英国石油公司（BP）不仅在年报[③]中进行了较为全面的环境信息披露，在其全球及各国网站上也设有能源安全及环境专栏，在全球网站上的环境专栏中设有"环境影响""温室气体排放""能源利用""空气质量""水""溢油""生物和敏感区域""环境案例研究"等栏目，在这些栏目中介绍了有关方面的能源环境影响及BP公司所作出的努力。这实际上为企业赢得了更好的口碑、树立了良好企业形象。积极的环境信息披露对于扩大企业影响力、获得更多的消费者支持、吸引更多的投资者具有良好的效果。能源企业进行积极环境信息披露，是企业有效宣传的重要手段，能够增加社会认同感和企业道德归属感。与此同时，环境信息披露的充分性在公司上市评估及投资者决断上也具有积极的意义。[④] 自2015年1月起"中国公众环境研究中心"与《证券时报》每周联合发布的"上市公司污染源在线监测风险排行榜"就旨在通过相关信息披露为投资者识别上市公司正在积累的环境风险提供平台。[⑤] 尤其是IPO阶段的环境信息披露具有重要的作用，在企业上市即进一步扩大涉众面之前，通过信息披露手段进行企业自律检查及公众监督，无疑是一定程度上的事前预防手段，由于其前端性不如环境影响评价等靠前，故我们称之为"次"源头风险控制。

3. 环境信息披露的风控作用

上市公司作为世界范围内一种较为规范、管理科学的公司，它的所有

① 沈洪涛：《"双碳"目标下我国碳信息披露问题研究》，载《会计之友》2022年第9期。

② 毕茜、彭珏：《中国企业环境责任信息披露制度研究》，科学出版社2014年版，第50~51页。

③ 年报来源于BP全球网站（http://www.bp.com），BP全球网站中设有投资者专栏，其中包括投资者演示、结算及报告、一般年度会议、监管、股东信息、监管消息及备案、社会责任投资、投资者工具、投资者联系等。

④ Daeil Nam, Jonathan Arthurs, Marsha Nielsen, et al. *Information Disclosure and IPO Valuation: What Kinds of Information Matter and Is more Information Always Better?* Social Science Electronic Publishing, 2009.

⑤ 《上市公司污染源在线监测风险排行榜面世》，http://cppcc.people.com.cn/n/2015/0113/c34948-26378142.html，最后访问日期：2023年7月30日。

者——股东对公司的监管主要是通过不断建立加强信息披露和惩治违法违规行为的监控制度来实现的。信息披露是证券市场发展到一定阶段后，证券市场特征与上市公司特征在有关法律制度上的反映。[①] 上市公司披露环境信息是国际通行做法，目前全球多个地区的政府及交易所已经发布了可持续信息披露的相关规定，强制性披露要求日趋增多，对企业形成更大的合规压力。当前，全球至少有 20 家证券交易所强制要求披露环境信息（不仅是定性披露，还有定量的披露指标，强制性要求日趋增多）。[②] 随着 20 世纪 70 年代人们对环境问题的认识逐渐加强，企业不得不向公众披露其在经营活动中的环境信息。目前，中国正处于环境法制转型时期，上市公司环境信息披露制度逐渐由"环境会计信息"向"环境财务及非财务信息综合体"研究转变。企业环境信息已被定义为"环境财务及非财务信息综合体"。随着可持续观念的加强，环境保护相关法律法规对企业环境信息披露行为的影响和制约越来越深刻。[③] 麦克斯韦等认为，规制因素是促进企业披露环境信息的重要驱动因素，所谓规制因素正是指现存的和预期的强制性环境信息披露的规章制度。[④] 因此，一方面，能源企业环境信息披露需要总体法制的完善和专业化的加强；另一方面，应当注重环境规制因素的作用，对现有上市公司环境信息披露制度选择性继承，对其他环境法律法规中有关因素进行梳理和吸收。

我国正在加紧建立多维度、多层次的全过程国家环境风险管理体系（如图 1-2）。企业作为基本层次和最基本主体在风险的识别、评估、控制、应急过程中发挥着先锋作用，作为环境风险源，是最原始最重要的环境风险数据中心。政府、企业、公众三大风险管理体系的贯通，以及风险信息公开制度的实施，尤其是公众风险知情与自我防范体系的构建，都有赖于企业环境信息的公开。因此，我们应当注意到大数据时代，信息、数据在环境风险防控中的重要意义。2015 年 9 月，国务院印发《促进大数据发展行动纲要》，系统部署大数据发展工作。生态环境大数据发展是国家大数据发展战略的重要组成部分，而环境信息化建设又是生

---

① 郭媛媛：《公开与透明：国有大企业信息披露制度研究》，经济管理出版社 2012 年版，第 2 页。

② 我国目前已有香港联合交易所（港交所）、上海证券交易所（上交所）要求上市公司定期披露非财务信息。港交所 2011 年 12 月就出台了《环境、社会及管治报告指引》（主板上市规则附录二十七，"ESG"）。

③ 谢丹：《环境风险视域下企业自我规制研究》，载《企业经济》2021 年第 12 期。

④ 陈华：《基于社会责任报告的上市公司环境信息披露质量研究》，经济科学出版社 2013 年版，第 128~129 页。

态环境大数据发展的重要一步。美国社会思想家阿尔文·托夫勒提出大数据发展 [①] 概念后（又说此概念最早由麦肯锡提出 [②]），以 Viktor Mayer-Schönberger 及 Kenneth Cukier 为首的数据科学家们敏感地洞见了大数据时代的发展趋势。自 2008 年 Viktor Mayer-Schönberger 在《大数据时代》[③] 一书中明确提出了"大数据"概念后发展至今，短短几年间大数据迅速向全球扩展受到政府部门、经济领域及科学领域的广泛关注。随着环境保护全面深入，环境信息更加复杂，传统管理方式开始显得力不从心，大数据则为环境信息提供新的聚合力，从而准确、高效、科学地发现并解决问题，为决策管理层提供科学依据，也为环境行为者本身提供行动依据及参考，带动整个环境管理的转型和效率提升。大数据以数据为核心，数据收集、存储和关联需要以数据获取途径的畅通为前提，信息公开与共享的数据开放至关重要，也成为大数据战略实施的基础环节。

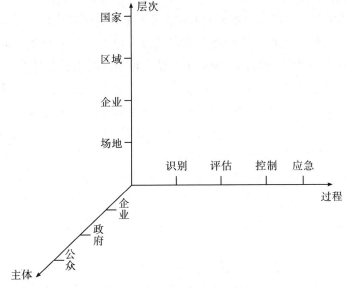

图 1-2　全方位环境风险管理模式

资料来源：2015 年 4 月国家环境保护部环境规划院"建立国家环境风险管理体系"报告（王金南）。

---

① 李雯轩、李晓华：《全球数字化转型的历程、趋势及中国的推进路径》，载《经济学家》2022 年第 5 期。

② 《大数据概念及应用》，https://max.book118.com/html/2021/0810/5232231004003330.shtm，最后访问日期：2023 年 6 月 27 日。

③ Viktor Mayer-Schönberger,Kenneth Cukier, *Big Data：A Revolution That Will Transform How We Live, Work, and Think*, New York：Houghton Mifflin Harcourt Publishing Company, 2013.

（三）能源企业环境风险防控一般理论基础

一般而言，能源企业环境风险中法律风险（规制风险）是市场风险、声誉风险、经营风险之源风险，在对法律致险程度的识别与评估中抓住各类风险的风控信息，是实现次源头风险控制的关键。

1. 成本—收益理论与行业差异

环境成本，广义上是指由于经济活动造成环境污染而使环境服务功能质量下降的代价，联合国国际会计和报告标准政府间专家工作组对环境成本的定义为：本着对环境负责的原则，为了管理企业活动对环境造成的影响而采取或被要求采取的措施的成本，以及企业为执行环境目标或要求所付出的其他成本。从上市公司环境信息角度，环境成本是企业在生产经营管理活动中所产生的，与未来经济损益有关的，包括从资源开采、生产、运输、使用、回收到处理，以及维持环境管理、进行环境治理所需的全部可资本化费用。收益，顾名思义即收入，是生产交易活动中所得的经济利益。[①] 随着成本和收益概念和应用领域的扩大，成本和收益有些时候在直观上不与经济支出及收入相关，而是表现为抽象化的付出与回报关系，例如，时间成本、精力成本、社会评价回报、幸福感回报。但基于企业环境成本与收益的讨论，最终还得回到经济分析的基本范式之中。古典经济学认为，理性经济人无论何时何地都以追求利益最大化为目的，并时刻在进行着成本收益比较。因此，在收益不变的情况下，企业往往追求成本的降低；在成本不变的情况下，追求收益的提高；当存在变量关系时，以边际分析方法（marginal analysis）[②] 来进行决策，也就是将单位成本的增加（边际成本）与获得的收益（边际收益）进行比较，边际收益大于边际成本，企业才会愿意实现这一边际成本。

以往企业并没有将环境信息披露作为环境风险防控的方式，尤其是上市公司，不仅因为高昂的环境管理成本高于违法成本且环境管理所带来的收益"入不敷出"，而且，对于重污染上市公司而言，环境信息披露更不被视为"自保"方式。一方面，封锁消息目前并不需要成本；[③] 另一

---

① "收益"不等于"利润"，利润是收入与费用的差值，即收入与支出之差，可能为正值，也可能为负值。

② 边际分析方法，即新增成本与新增收益比较决策法，根本目的在于确定利益最大化的最优数量，即需要增加多少个成本单数。根据经济学原理，一般而言，数量使得其总体边际成本等于边际收益时利润最大。

③ 波斯纳（Richard A. Posner）在《法律的经济分析》中就有关证券市场的管制进行了说明，如果强制公司向由于延迟发布消息而遭受损失的股东进行赔偿，它就会在此后更认真控制其经理。

方面，上市公司更担心的是其环境信息披露可能给投资者带来的负面影响会导致投资者流失和股价的下降，这一类环境信息披露成本是上市公司不愿意披露甚至回避环境信息披露的重要原因。在实践中，一旦涉及企业核心利益，通过表面化的成本收益分析，企业就本能地趋向逃避，但这种逃避所带来的可能是进一步的环境风险和成本的增加。从 2010 年紫金矿业污染事件的市场反应来看，紫金矿业为此所付出的代价远远超过了其规避行为所维护的短期利益。[①]

这就涉及企业环境经营问题，即纳入了环境考虑的经营是否能实现企业环境表现与企业经济效益的和谐关系。日本学者金原达夫和金子慎治对日本六大行业的 12 家知名上市公司进行了调查，[②] 结果表明，致力于环境经营的企业都产生了经济效益，并且有些企业已达到了一定规模。企业的积极环境行为以及为此所付出的成本实际上能够有效提高经济效益，这其中的经济效益包括了印象效益、顾客效益等。企业对环境的投资行为，一方面促进了新技术的发展增加了竞争优势，带来了企业新的经营机会，另一方面也为企业赢得了很高的市场评价。[③]

那么，进一步涉及的是行业属性问题，即企业是否置身于一个需要赢得市场的行业环境。成本、收益在不同行业中的表现是有差异的，一个关键因素即是不是垄断行业，即行业内是否存在竞争决定了行业中的企业是否需要利用环境成本赢得收益，从而"争取"市场。企业环境经营的成本与收益的关系由行业的市场竞争条件决定，[④] 在弱竞争条件即垄断或具有垄断性的行业中，少数的企业获利机会基本是均等的（且一般较高），同时由于其产品的不可替代性，导致企业并没有必要采取环境行为增加"多余"的成本，因为即便是在环境经营中提高了环境管理水平，也

---

① 首先，环境污染事件发生后股价受到重大影响，事故公告后的 10 日内持续下跌幅度超过 17%，在收益方面，受污染事件影响，销售毛利率、销售净利润都大幅度下降，并与同期同行业相比较，销售收益排名明显呈下降趋势。其次，紫金矿业长达 9 天的隐瞒使对汀江的污染未得到及时控制，给周边居民和环境带来的影响和损失迅速扩大，总赔偿达 2270 万元人民币，这其中还未计入处罚金额和事后环境治理费用。最后，因企业环境表现恶劣行为，政府取消了相关补贴和税收优惠，企业所得税率由 15% 提高至 25%，并补缴 2010 年下半年的所得税。这表明，从传统的成本收益出发已经不再适应现代环境规制对企业经营策略的要求。

② 被调查对象为：松下电器、日本电气、日本电装、久保田、三井化学、住友化学、普利司通、龟甲万、味之素、花王、资生堂、东洋纺织。

③ ［日］金原达夫、金子慎治：《环境经营分析》，葛建华译，中国政法大学出版社 2011 年版，第 86~94 页。

④ Quairel-Lanoizelee Françoise, Are Competition and Corporate Social Responsibility Compatible? The Myth of Sustainable Competitive Advantage, *Society and Business Review*, 2011, Vol.11, No.2, pp.130-154.

不会获得更高的利润。同样，这也适用于强势企业，如果在同一行业（即便具有较强竞争条件）某个企业具有绝对的市场优势，那么从成本—收益理论上看，也难采取积极的环境策略。我国能源行业的垄断性较为明显，国有资本垄断、产品政府定价特征显著，这就造成了长期以来能源企业对环境问题的漠视，但随着能源改革的深入，能源各环节行业逐步走向市场化（例如，油气田勘探等强垄断行业允许民营企业资本进入、非常规油气勘探向民营企业放开等），能源行业竞争性将逐渐增强，越来越多的企业需要进入市场争取更多的资本，环境必然是能源企业不可回避的问题。

2. 绩效—印象理论与企业转型

环境绩效是指有关企业环境受托责任[1]的履行情况方面的信息，包括环境财务绩效和环境质量绩效。环境财务绩效，即环境会计信息，包括环境资产、环境成本、环境负债、绿色金融（贷款）等方面的绩效；广义的环境质量绩效，包括环境目标、环境成果、环境管理、资源保护和污染防控方面的绩效。简单而言，环境绩效就是企业环境表现。企业环境绩效与实施印象管理（impression management）的必要性源自两方面：第一，环境绩效与企业状态密切相关，如果企业状态良好，那么将有更多的精力投入企业环境管理中，而一个财务状况不佳的企业，则无暇顾及，因此，从企业环境绩效的状况可以间接反映企业状态，从而影响投资者判断；第二，声誉机制是长远有效的企业管理机制，良好的声誉能够为企业赢得竞争优势。上市公司的良好声誉不仅在产品市场上而且在证券市场上也能助其占有先机，在产品上合理利用这种良好的声誉可以适度提高价格，在证券市场上，声誉良好的上市公司以声誉担保信息披露质量，利用"声誉准租"取得利益，也是声誉激励机制实现的有效途径。环境信息披露，是进行绩效成果传递的有效方式，因此，企业通过环境信息披露从而赢得声誉就是一项重要的印象管理行为。印象管理的概念缘起于心理学领域，是指人们控制他人对自己形成印象的过程，从而使实际结果与预设印象不至相差太多，而达到理想结果，[2]表现为主动通过各种方式表达形象以获得认同。对于上市公司而言，是利益相关者了解公司，也是公司根据成本—收益理论力求收益最大化的有效方式。

---

[1] 环境受托责任，是指企业作为环境受托人，应当对其所运用和管理的环境承担起受托责任并具有良好表现，同时，有义务向委托人说明和报告其受托责任的履行情况。

[2] Mark Leary, Robin Kowalski, Impression Management: A Literature Review and Two-Component Model, *Psychological Bulletin*, 1990, Vol.107, No.1, pp.34-47.

绩效—印象理论通常也是在竞争市场中发挥突出作用。我国较成熟的能源大型企业是我国能源企业中的代表，其中绝大部分为国有企业。国有企业无疑是我国经济中的精华部分，拥有良好的资本基础、技术及人力资源等先天禀赋，但也正是因为这些先天的优势，背靠国家的强力支持，国有性质的能源企业并不太注重股市融资影响和投资者印象管理，疏于对企业信息的整理公开。出于对国家实力的信任，投资者也并不担心这一类能源企业的经营状况和各方面表现。但能源企业市场化改革深入发展，将逐渐出现多元化市场主体，原国有性质能源企业面临"去国有化"的多重挑战，[①] 同时，能源企业将逐步走向国际市场，必须适应国际能源市场及上市公司的国际要求，加之部分国有性质能源企业的一些不良表现，已经带来了一定的信任危机。因而可以说，这一类能源企业与生俱来的优势在新的国内国际市场化改革形势中成了最大劣势。近年来，随着反腐力度的加大，大批高官落马，其中不少来自或原供职于石油行业及能源系统，与此同时，管道泄漏、爆燃事故、群体事件频发，雾霾问题的加剧也与能源企业难脱干系。这些国有企业重大事件多具有事发前"一无所知"、事发时"朦朦胧胧"、事发后"妄加猜测"的"神秘性"特征。[②] 国有企业信息的透明与公开问题已引起了全社会的广泛关注。如此背景之下，如何提升企业形象，是国有企业现代公司治理制度建立中的重要问题，更是处于转型期的能源企业提升市场竞争力的应有之义。事实上，大型能源企业并非"环境无所顾忌"，相反，多数是环境保护的积极践行者。事故发生原因是复杂的，给公众造成态度不端的印象主要源于国有企业没有注意到环境信息的披露，公众无法从正规渠道获知信息，而这些经过加工的信息都不具客观性与全面性，公众很难作出正确的判断。这必然影响到企业的国内与国际形象。

能源企业应当进行积极的环境信息披露，这必然有利于引导公众和有关机构作出理智评判，有利于企业信用体系的构建，使企业取信于民，树立良好的声誉和形象。从国际化角度而言，能源企业走向国际市场，必须顺应国际信息透明化的规则与惯例，改变中国大型能源企业"神秘化"的负面形象，这样才能更好地参与国际合作与竞争，提升大国形象。良好的信息披露表现是优秀上市公司现代公司制度的优秀成果，已经不

---

① 武勇杰、赵公民：《能源革命突破口的系统构成、内在机理与优先序评价研究》，载《经济问题》2022 年第 1 期。

② 郭媛媛：《公开与透明：国有大企业信息披露制度研究》，经济管理出版社 2012 年版，第 1 页。

仅仅是作用于投资者保护和决策有用性，也成为优秀企业优化印象，获得印象收益的重要途径。尤其是能源企业，作为国民经济、国家创新发展和环境利益维护的重要角色，其良好的环境信息披露必将有利于企业的健康可持续发展。

3. 压力—合规理论与法的强化

印象管理更多的是一种企业的自发行为，它的最大缺陷就在于基于自利性归因，企业往往将良好绩效予以披露，而避免或尽量少地披露不良环境信息。[①] 因此，就需要法律对信息披露行为进行规制，即运用压力—合规理论。传统理论，将绩效—印象理论与压力—合规理论分置于不同的信息披露法制环境下，即弱法环境下企业环境信息披露依靠的是绩效—印象理论，强法环境下企业运用的则是压力—合规理论，[②] 笔者认为，这两个理论是互相补充的关系，哪一种披露动机更强或两种披露动机均衡，与法制环境没有十分必然的联系，因为强法环境下信息披露也可能来自绩效—印象，例如，激励性规定就能促进企业进行自愿披露。反之亦然，企业在完全没有规制压力的情况下，会更加缺乏信息披露的动力且信息披露内容不平衡。因此，压力—合规理论应当是被更广泛运用的社会责任披露动因。企业的目标是追求利益，但追求企业利益的前提是满足合法性要求。一般而言，企业在面临环境污染、法律诉讼压力时，社会责任信息将增加，而能源行业为应对泄漏、爆燃等突发环境事件时，信息披露数量也会急剧上升（如上文所述）。压力—合规理论下的环境信息披露主要作用在于两个方面：第一，用于修复已经触及雷区的不合法行为所产生的负面影响；第二，用于合法性维护，合法性维护即源于压力。由于广泛的利益相关者存在和现代企业治理理论的发展，一方面，与公众进行良好沟通，是维持合法性的重要途径；另一方面，企业社会责任行为发生变化也需要与公众进行及时沟通，以避免"合规性误解"对企业形象的影响，这也就是压力—合规理论中，印象—绩效理论的融入。[③]

现有关环境信息披露的大部分研究表明，上市公司环境信息披露水平呈上升趋势，尤其是重污染行业上市公司环境信息披露水平逐步提

---

① 根据《中国上市公司环境责任信息披露评价报告》，截至 2020 年度，我国进行环境信息披露的上市公司为 70.74% 左右，并且多数上市公司 "报喜不报忧"。

② 孟晓华：《企业环境信息披露的驱动机制》，上海交通大学 2014 年博士学位论文。

③ 一个具有代表性的例子：2014 年，中广核在《中广核 2014 年社会责任报告》对核电站辐射环境监测系统（KRS）做了系统介绍，并将国家级第三方机构对核电站周边的环境监测数据予以披露，以消除周边居民对核辐射环境及其对人体影响的顾虑。

高。① 而事实上，我国在环境信息披露方面并非强法国家，仍然处于弱法向强法的过渡时期。在无严格环境信息披露规制的情况下，为何企业表现出如此高的自觉性？这一方面可用上述绩效—印象管理理论解释，另一方面就是"其他"强法的压力作用。因此，压力—合规理论具有两层含义，即企业环境信息披露的合规压力不仅来自信息披露规制的压力，也来源于其他规制的压力。这就造成在压力—合规理论与绩效—印象理论共同作用下的博弈关系：规制强—压力—企业环境绩效好—合规—披露更多的硬数据—赢得良好印象（压力—绩效—合规—印象）；规制强—企业环境绩效差—实质不合规—压力—披露更多的软数据—良好印象—表面合规（压力—绩效—印象—合规）。可见，绩效—印象与压力—合规在不同的具体情形下，发挥作用的机制不同，它们之间的一个重要差异在于披露内容的不同，一个各方面表现良好的企业所披露的是能够彰显实力的"硬"数据；而表现不佳的企业则披露的是能够掩饰其不良表现的"软"数据。因此，只有明确数据类型，阻断表现不佳企业的投机机会，才能最有效地保障信息披露的真实可靠。可见，强法要强的并不仅仅是有关信息披露的规定或有关企业环境责任的规定，而是二者需要同时强化。

4. 企业可持续发展理论与环境表现

1992 年"环境与发展"大会在巴西里约热内卢召开，183 个国家和 70 多个国际组织出席会议，通过了"21 世纪议程"等文件。这次大会的召开，标志着全球全面进入了谋求可持续发展的新纪元。各国政府、科学家和公众开始认识到要实现可持续发展目标，就必须改变工业污染控制的战略，从加强环境管理入手，建立污染预防（清洁生产）的新观念。通过企业的"自我决策、自我控制、自我管理"方式，把环境管理融于企业全面管理之中。

上市公司已经进入以企业社会责任承担为主的软实力竞争时代。企业应当全面认识到环境信息披露和企业信用之间存在紧密联系；各类投资机构也应当在投资风险管理体系中加大企业环境信息披露水平的权重。② 道琼斯可持续发展指数（DJSI）是最早也是全球最重要的企业可持

---

① 姚圣、张志鹏：《重污染行业环境信息强制性披露规范研究》，载《中国矿业大学学报（社会科学版）》2021 年第 3 期。

② 余璐：《〈中国上市公司环境责任信息披露评价报告（2020 年度）〉显示：我国上市公司环境责任信息披露水平提升》，https://baijiahao.baidu.com/s?id=1719651462176149215&wfr=spider&for=pc，最后访问日期：2023 年 1 月 22 日。

续发展能力评估指标，它对评价对象和评价内容都要求严格。首先，只有在可持续发展方面有卓越表现的大型公司才被 DJSI 列入追踪评估范围①；其次，该指数将环境列为了三大审查部分之一。2015 年，DJSI 能源行业表现最优的企业为泰国石油有限公司（Thai Oil Public Company Limited），这是泰国石油有限公司第二次蝉联榜首，从其评价报告上看，为应对能源和气候变化的激烈矛盾，企业将低碳经济转型列为企业战略的重要部分。2015 年，Thai Oil PCL 将重点放在了其制定的 2014—2018 年可持续发展总体规划上，这一规划涵盖了环境保护、经济增长和社会福利提高三大方面。2014 年，企业的可持续发展举措在于三大方面：第一，扩大生物柴油生产降低了温室气体排放；第二，将 76% 的熔炉燃烧器换为了超低氮氧化物燃烧器，并完成了 20 项能效改进项目；第三，增强了员工发展能力建设。此外，通过不断的生产工艺改进、提高产品质量、提高运输安全，增加了 8% 的客户基数（与 2013 年比较）。Thai Oil PCL 的可持续发展三大部分评分中环境分数最为突出，高出行业平均分约 60 分（经济维度超出行业平均表现约 40 分，社会维度超出行业平均表现约 45 分），可见，环境影响是决定企业可持续发展的重要部分。

目前能源行业，尤其是石油天然气行业已经被纳入了气候变化与能源矛盾的激烈辩论之中，从操作上，石油天然气公司实现现金流从经常性业务转化为未来竞争力和未来价值，有赖于他们摆脱储量的困扰以及打开新的机遇。能源行业处理环境、健康与安全、企业道德、利益相关者风险等一系列问题的能力对于企业当前和将来新项目开发，即实现企业的可持续发展而言是至关重要的。②

5. 外部性理论与机会主义行为

机会主义行为是经济学家奥利弗·伊顿·威廉姆森（Oliver Eaton Williamson）交易成本理论的重要行为假设之一，是指在信息不对称的情况下，人们不完全如实地披露所有的信息，在经济活动中尽可能地保护和增加自己的利益，不惜损害他人利益。这滋长了经济主体"冷漠的理智态度"、"搭便车心理"和"敲竹杠"行为。公共产权的固有缺陷，例如，缺乏产权主体，产权主体虚无，激励、监控不力等问题都会导致公共利益的保

---

① 该指数主要跟踪在可持续发展方面有卓越表现的大型公司，其成分股是从道琼斯全球指数（Dow Jones Global Index）2500 家全球最大的公司中表现最优秀的 10% 中选出。DJSI 被认为是全球社会责任投资的参考标杆之一，全球超过 50 亿美元的资产配置以 DJSI 为基础。

② DJSI 2015 Review Result Presentation.

障机制不力，对侵蚀公共利益的行为反应迟钝，从而出现机会主义行为。[①]

在环境中的机会成本主义行为，可以称作环境机会成本主义行为，这是导致环境负外部性的主要行为。环境负外部性即环境的外部不经济性，是指生产者和消费者弃于环境中的超过环境收纳能力的废弃物，在对环境资源造成危害的同时，又通过受污染环境对其他的生产者和消费者利益产生危害，且这种危害未从市场交易中反映出来。[②] 环境负外部性是发展于庇谷的"外部不经济"理论，往上可追溯至 1890 年，经济学家阿尔弗雷德·马歇尔在《经济学原理》一书中所提出的"外部经济"概念（这也是最原始的外部性理论）。马歇尔认为可将经济中生产规模的扩大分为两种类型：第一类依赖于产业的普遍发展，即"外部经济"；第二类源于单个企业自身资源组织和管理效率，即"内部经济"。虽然他并未直接指出内部不经济和外部不经济的概念，但他对内部经济和外部经济的论述为庇谷提出"外部不经济"理论及之后内部不经济和外部不经济概念及含义的发展奠定了基础。庇谷 1912 年出版了《财富与福利》一书，首次从福利经济学的角度系统研究了外部性问题，在马歇尔"外部经济"概念上扩展出了"外部不经济"的概念，将外部性问题的研究进行了完善，从外部因素对企业的影响转向企业（或居民）对其他企业（或居民）的影响，对外部性理论赋予了与马歇尔相对的概念。第二次世界大战后，外部性理论沿着庇谷的"外部不经济"理论思想逐步延伸至其他领域问题的讨论，其中包括石油和捕鱼区相互依赖的生产者共同联营的问题以及环境污染问题，环境负外部性研究应运而生。经济学者提出了需要将外部不经济性内部化，基本形成了两种理论：一种是通过对污染者征税将外部性纳入生产成本中的"庇古税"理论，即征收环境税。另一种是以罗纳德·哈里·科斯（Ronald H. Coase）为代表的环境产权理论。科斯基于环境负外部性讨论，以化工厂与居民区之间的环境纠纷为例，对庇谷在外部不经济内部化中的庇古税提出了批判，指出解决外部性问题可能可以用市场交易形式即自愿协商替代庇古税手段。虽然理论界对两种环境负外部性解决方法争执不休，但各国在积极探索实现环境外部性内部化的过程中两种方式都得到了普遍运用，如环境税及排污权交易制度。

---

① 向俊杰、陈岩：《思想、制度与实践：环境保护绩效考核走向科学化》，载《哈尔滨市委党校学报》2021 年第 4 期。

② Richard Cabe, Joseph A. Herriges, The Regulation of Non-point Sources of Pollution Under Imperfect and Asymmetric Information, *Journal of Environmental Economics and Management*, 1992, Vol.22, No.2, p.134.

由于目前我国环境资源产权不明晰，环境资源（包括资源和废物消纳能力[①]）没有被当作生产要素并界定其产权，市场对其配置缺乏效率。[②] 一些企业在追求利润最大化的过程中，通常是通过过度使用环境资源把成本转给他人而增加盈利。这是机会成本主义行为在企业环境行为中的表现。能源领域原料的输入以及废物排放都密切依赖作为公共物品的环境资源，且由于行业专业性和特殊性使得信息不对称性特征格外明显，因此环境机会成本主义行为导致能源企业环境负外部性特征显著。

五、注册制对环境信息披露的要求

能源企业必然需要关注的就是证券市场监管制度的变化。我国"注册制"改革是一个平滑过渡的过程，2000 年后进程明显加速，至 2013 年"注册制"的明确提出，[③] 我国开始正式进入逐步发挥市场机制进行资源配置的基础性作用发挥阶段。但新股发行的注册制改革不等于过度而放任的市场化，从其他国家实行注册制的经验来看，"入市"的条件表面放宽，意味着对欲上市公司信息披露质量要求的全面提高，也意味着已上市公司持续信息披露责任的加重。

（一）注册制一般理论基础

注册制的前提是"有效市场"，有效市场理论的主线思路是证券价格完全表达市场信息状况，在自由竞争状态下证券价格独立、随机、平衡波动。有效市场建立在两大基础之上：第一，市场自由竞争；第二，信息的无障碍传递。[④] 其中信息无障碍传递包括了信息的完全取得、取得成本为零以及（发送者与接收者）理解一致三大要求。经济学家罗伯茨等人依据价格表现与信息情况的联系程度将有效市场分为强势、半强势和弱

---

① 能源企业与环境密切相关的两个环节为能源来源环节与能源污染物排放（能源产品生产及末端使用过程中的废物排放）环节，即"输入"与"输出"环节。其中，"输入"源于一般意义上的环境资源（例如，水、阳光、风、矿产等），但"输出"所涉及的并不仅为资源性环境（例如，大气污染、土壤污染、噪声污染等）及各种资源的自净能力，后者无法被"环境资源产权"概念所涵盖，若使用"环境产权"概念在文义表达上又存在不妥，因此，本书将环境的"资源"与"废物消纳能力"均视为环境资源部分。

② 宋马林、崔连标、周远翔：《中国自然资源管理体制与制度：现状、问题及展望》，载《自然资源学报》2022 年第 1 期。

③ 2013 年 11 月 15 日《中共中央关于全面深化改革若干重大问题的决定》指出，"健全多层次资本市场体系，推进股票发行注册制改革"。

④ 郭雳：《注册制下我国上市公司信息披露制度的重构与完善》，载《商业经济与管理》2020 年第 9 期。

势三种形态，其中以强势有效市场的有效性最为典型，但实际上这种证券价格充分反映所有信息情况的强势有效市场一般只存在于人们所追求的理想状态，或在市场中极短暂出现。

注册制的精髓与制度基础就是信息公开原则，注册制审核方式的原始思想就来源于英国的信息公开（披露）原则，该原则强调，在市场经济条件下，只要信息完全、真实、及时地公开，机制与法律制度健全，证券市场本身就能够作出最优选择。[①] 该原则的目的在于确保每个投资者有均等的机会自行判断投资的价值，避免内幕交易等不良市场行为，也避免过度干扰影响市场作用的有效发挥。该原则的直接表现即上市公司信息披露，注册制几乎所有特点都围绕"信息披露"而派生。首先，在送审材料核查方面，注册制要求发行人按所需材料项目提交全部材料，并保证信息的全面、准确、真实、及时，即监管部门只需要形式审查信息是否遗漏，信息的质量是否符合要求；其次，在价值判断方面，注册制以市场为主导，只要符合信息披露发行要求的企业即可上市发行，对于发行人的价值判断则交给市场，监管部门对于企业资本结构、高管情况、经济效益、利益相关者以及政策等信息不再进行判断和筛选而交由投资者自行判断；最后，在约束机制上，企业上市只受到信息披露制度的规制，在新股发行及整个阶段上市公司及相关中介部门仅对其违反信息披露规定和违反注册制度的行为负责。

很显然，注册制的上述特点，对市场提出了多方面要求：首先，要求企业与中介机构都必须具备较强的行业自律水平以及有效信息聚合能力；其次，投资者必须具备较高素质尤其是信息获取与判断力；最后，也要求证券交易所发挥有效作用。由此看来，虽然政府不再对企业进行实质审查但依然需要以一定手段维护公共利益、保证证券市场安全，因此，重点放在了强化信息披露规制方面，加重发行人及中介违法违规信息披露行为的责任。以美国为例，1933 年和 1934 年《证券交易法》、《1935 年公共事业控股公司法》和《1956 年统一证券法》（又称"蓝天法"）等一系列的法律法规，对虚假陈述、证券欺诈等行为作了严格规范，一旦违法违规将会受到严厉制裁，也正是完善的法律保障机制为注册制提供了强力保障。

事实上，这种责任的加重一定程度上依然隐藏着实质审核的要求。作为学者们传统称道的"注册制"范本，美国实际上所采取的是各州与

---

① 汪沂：《IPO 法律制度研究》，中国政法大学出版社 2012 年版，第 50 页。

联邦双重注册的模式，在州一级多数以实质审核为主，同时，在2008年次贷危机后美国对于高风险行业的注册制审核明显具有实质审核的趋势。①

（二）注册制下的信息披露要求

为应对我国当前核准制下过度包装、超额募资、定价畸高、权力寻租等显著缺陷，注册制全面落地。

新时期证券监管转型的理念和要求是：既强调行政监管机关应专注于监管强制信息披露制度的实施，又要强化证券交易场所自律监管的市场主导地位。评估报告建议：未来制度设计方面要确立"以投资者需要为导向"的信息披露原则；在信息披露制度建设与规则方面，从信息披露规则梳理整合、允许交易所进行差异化的信息披露要求、推行行业化的信息披露规则等方面进行改进；此外，应通过增进交易所及板块之间的竞争、推动评级机构的发展、推动机构投资者的发展和成熟化方面完善信息披露制度的外部环境。②《证券法》最近一稿的修订草案所传递出的最重要的信息即明确注册制程序，取消新股发行审核制。草案明确取消股票发行审核委员会制度，规定公开发行股票并拟在证券交易所上市交易的，由证券交易所负责对注册文件的齐备性、一致性、可理解性进行审核；交易所出具同意意见的，应当向证券监管机构报送注册文件和审核意见，证券监管机构十日内没有提出异议的，注册生效。中国对证券监管制度的这一调整，其本质是以信息披露为中心、由市场参与各方对发行人的资产质量、投资价值作出判断。这一系列调整，将有利于有效节约政府审核成本、提高审核效率，同时有助于培养投资者的分析、判断能力。注册制将经注册发行的证券推向市场，交由市场自身来选择，有助于培养市场的理性和投资者接受信息、分析判断信息并且从事理性投资的能力，对于一国证券市场的理性建设来说是具有巨大推动作用的。同时也对证监会信息披露监管能力、交易所审核能力、中介机构保荐责任等提出了严峻考验。③

注册制在发行审核方面放松监管，在其信息披露及其违反该义务法律责任的追究方面就必然要大力强化。美国在实行注册制，强调信息披露的同时，也逐渐加强对一些高风险发行人实行带有核准制特点的协调

① 汪沂：《IPO法律制度研究》，中国政法大学出版社2012年版，第108~110页。

② 李苑：《专家学者建言证券市场信披建设：以投资者需求为导向》，http://caijing. chinadaily.com.cn/2015-08/31/content_21757484.htm，最后访问日期：2023年10月22日。

③ 田轩：《注册制法律法规和监管体系构建》，载《中国金融》2022年第10期。

注册制，能源企业无疑多数是属于此类高风险发行人的范畴，因此，若我国在证券相关制度中未采取类似的融合性监管手段，则需要更大程度地发挥信息披露制度的规制作用，尤其是能源这类高风险上市公司的环境信息披露应当更加审慎。对此，在 2014 年《中国证券市场信息披露 2014 年度评估报告》中即已提出了推进"差异化信息披露"、制定"行业化信息披露规则"的要求。

随着上市公司信息披露要求的提高，其中环境信息披露要求也随之增加，我国缺乏上市公司环境信息披露完整机制，上市公司环境信息披露率总体较低，这方面已经引起了全面重视。根据我国绿色金融发展，在证券法的修改中也将强制性上市公司环境信息披露要求纳入调整范围，并增加信息的实质性要求规定，对项目的减排、污染物排放具体数据等详细信息予以披露，以部分行业为代表先行实施。[1]

六、能源环境安全及国际合作

世界能源资源储量分布极不平衡，少数国家占有世界大部分的能源资源储量。各类能源资源储量前十的国家占有各类能源资源 79% 以上的资源储量（见表 1-1）。当今世界没有任何一个国家可以脱离国际能源而实现可持续发展，随着经济全球化发展，能源全球化进一步向纵深发展，为全面保障能源供应安全、能源经济安全以及以气候变化问题为代表的能源环境安全，能源领域国际合作更加活跃。

表 1-1　2020 年全球主要能源储量及分布

排名	石油			天然气			煤		
	国家	储量 /十亿桶	占总量比例 / %	国家	储量 /万亿立方米	占总量比例 / %	国家	储量 /百万吨	占总量比例 / %
1	委内瑞拉	303.8	17.5	俄罗斯	37.4	19.9	美国	248941	23.2
2	沙特阿拉伯	266.2	17.2	伊朗	32.1	17.1	俄罗斯	162166	15.1

---

[1]　马骏：《强制环境信披或入〈中华人民共和国证券法〉修订版》，http://finance.ce.cn/rolling/201507/22/t20150722_6000347.shtml，最后访问日期：2023 年 10 月 22 日。

续表

排名	石油			天然气			煤		
	国家	储量/十亿桶	占总量比例/%	国家	储量/万亿立方米	占总量比例/%	国家	储量/百万吨	占总量比例/%
3	加拿大	168.1	9.7	卡塔尔	24.7	13.1	澳大利亚	150227	14.0
4	伊朗	157.8	9.1	土库曼斯坦	13.6	7.2	中国	143197	13.3
5	伊拉克	145.0	8.4	美国	12.6	6.7	印度	111052	10.3
6	俄罗斯	107.8	6.2	中国	8.4	4.5	德国	35900	3.3
7	科威特	101.5	5.9	委内瑞拉	6.3	3.3	印度尼西亚	34869	3.2
8	阿联酋	97.8	5.6	阿联酋	5.9	3.2	乌克兰	34375	3.2
9	美国	68.8	4.0	沙特阿拉伯	6.0	3.2	波兰	28395	2.6
10	利比亚	48.4	2.8	尼日利亚	5.5	2.9	哈萨克斯坦	25605	2.4
总计	前10大国家合计占总量比例/%		86.4	前10大国家合计占总量比例/%		81.1	前10大国家合计占总量比例/%		90.6

数据来源：BP Statistical Review of World Energy 2021。

（一）能源环境安全

在近现代能源发展中，人们认为地球上的资源和能量将"取之不尽，用之不竭"，工业社会的经济发展模式以扩大能源消耗为中心，各国普遍以激励能源资源的充分开发和利用为中心，忽视能源资源的稀缺性，形成以确保供应为中心，鼓励消费的"经济依附性"能源观。能源安全的概念出现于20世纪70年代，由国际能源署首先提出，[①] 两次石油危机迫使西方国家首先开始关注能源供应对国家政治、经济、社会的影响，此后，在相

---

① 国际能源署的促成文件《国际能源纲领协议》（Agreement on an International Energy Program, IEP）对"能源安全"的定义为"在任何情况下，以一定的方式，在可承受价格下获得充足的能源"。随后，国际能源署在此纲领下提出了十二项能源政策原则。能源安全问题在第二次世界大战期间就已凸显，不仅关系到国家经济发展与社会稳定，对世界政治格局、经济格局乃至军事格局都会产生深远的影响。

当长的时期中能源安全都是从能源供应和能源价格的角度诠释。梅森·威尔里奇（Mason Willrich）在 1975 年出版的《能源与世界政治》（*Energy and World Politics*）中首先提出能源安全的概念，指出能源安全是包括了进口国以合理价格不间断获得能源，出口国能通过稳定能源输出获得稳定收入的能源进口国安全与能源出口国安全。[①] 因此，在这一阶段主要以保证能源战略需求为主，环境保护被放在最次要的位置。实际上，两个领域面临可怕的交集：不可再生能源——煤炭、石油和天然气（的生产和消费）——已经造成了一系列严重的环境影响。[②]

20 世纪 80 年代后，随着全球环境问题的加剧（如全球变暖、臭氧层破坏、酸雨、森林锐减、生物多样性减少、土地荒漠化、淡水资源危机、海洋污染、持久性有机物污染、危险废物越境转移等）以及受到"能源危机"的冲击，在全球性环境问题中，能源与全球环境问题之间因果关系逐渐受到广泛认同。其中与全球变暖问题联系最为紧密和直接。IPCC 第六次评估报告显示自 19 世纪后期至今全球变暖毋庸置疑（见图 1-3）。据有记载年份数据统计，过去 30 年的十年平均温度均高于之前各十年，进入 21 世纪后的第二个十年间温度达历史最高值。统计数据显示，2011—2020 年的全球平均气温较 1850—1900 年期间升高了 1.09℃，自 1950 年以来全球范围内陆地最高温度和最低温度都已升高。1970 年以来，人为温室气体排放量持续增长，全球排放的温室气体占 1750 年以来排放总量的一半左右，且 78% 的排放增长来自化石燃料及工业过程燃烧排放。1990—2018 年，化石燃料所产生的二氧化碳急剧上升（见图 1-4）。

---

① 转引自 Belvadi R. Venkataram, Review Work：*Energy and World Politics* by Mason Willrich, *Social Sciences*, 1976, Vol.51, No.3, pp.190-191.

② Amy J. Wildermuth, The Next Step: The Integration of Energy Law and Environmental Law, *Utah Environmental Law Review*, 2011, No.2, p.369.

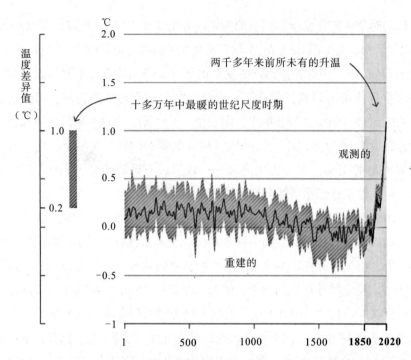

图 1-3　重建的（1—2000 年）和观测的（1850—2020 年）全球表面温度变化图①

注：基于古气候档案信息重建（灰色实线，1—2000 年）和直接观测（黑色实线，1850—2020 年）的全球表面温度变化。均为相对于 1850—1900 年的距平值，并且为十年平均值。左侧的竖条显示了在过去至少 10 万年中最暖的世纪尺度时期的估计温度（很可能的范围），这发生在大约 6500 年前，位于当前的间冰期（全新世）。大约 12.5 万年前的末次间冰期，可能是最近一个比当前更暖的时期。这些过去的暖期是由缓慢的（数千年）轨道变化引起的。带有白色斜线的灰色阴影显示了温度重建的很可能范围。

---

① IPCC 2021:《决策者摘要：政府间气候变化专门委员会第六次评估报告第一工作组报告——气候变化 2021：自然科学基础》，https://report.ipcc.ch/ar6/wg1/IPCC_AR6_WGI_FullReport.pdf，最后访问日期：2024 年 4 月 13 日。

二氧化碳排放量（Gt/年）

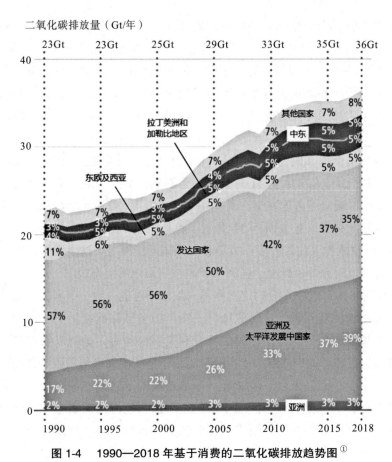

图 1-4　1990—2018 年基于消费的二氧化碳排放趋势图①

注：图中全球碳预算只包括化石燃料和水泥生产的二氧化碳排放量。

　　1987 年，世界环境与发展委员会在《我们共同的未来》中首次明确提出了可持续发展的理念，之后该理念在能源领域各个方面逐步渗透，能源可持续发展的思想逐渐形成。从世界范围来看，能源环境安全观的

　　① IPCC 第六次评估报告：《2022：排放趋势及驱动因素》，https://www.ipcc.ch/report/ar6/wg3/downloads/report/IPCC_AR6_WGIII_Chapter02.pdf，最后访问日期：2024 年 4 月 13 日。

形成也经历了完全分离—环境关注能源—能源关注环境的过程。①20 世纪中后期能源发展处于较为被动状态，属于"能源被环境关注"阶段。1992 年，联合国环境与发展会议间接涉及能源和气候的关系问题，因能源环境问题而起的规制竞争对于国际能源法的产生与发展起到了积极的推动作用。从国际能源立法上看，大量国际环境公约成为国际能源法主要载体，例如 1990 年《国际油污防备、反应和合作公约》（OPRC 1990）、1992 年《联合国气候变化框架公约》（1994 年 3 月生效）、1982 年《联合国海洋法公约》（1994 年 11 月生效）等影响甚为广泛的环境条约都从不同的角度，确立了各国在生产、利用、消费能源（资源）等能源活动中对环境应尽的保护义务。而到 21 世纪，能源领域开始重视环境问题，进入到"环境被能源关注"阶段：世界各国及国际能源署关注重心转向以生态化为价值取向和评价标准，强调人类与自然和谐的生态观。

尽管各国对能源安全的定义并不一致也不可能一致，②但在全球减排及能源结构调整背景下，能源环境安全已被各国普遍接受。国际社会开始逐渐达成一个共识，即能源的开发利用不应当对人类赖以生存和发展的自然生态环境构成威胁。③各国对能源安全的定义不再局限于传统的能源供应安全，而是更加关注能源对环境造成的威胁，能源安全也被赋予新的内涵，环境保护和可持续发展的观念渗入能源安全概念中，能源环境安全已逐步成为各国环境安全战略的重要组成部分。能源安全仍然是梅森·威尔里奇所提出的"输入"与"输出"双向安全，但在以气候变化问题为首的全球能源环境问题背景下，可解读为：能源"输入"安全是指

---

① 我国能源观大致经历了自给自足、供应安全、综合安全三种能源安全观阶段。20 世纪 70 年代两次石油危机之后，能源安全和可持续发展逐渐成为世界上大多数国家都面临的问题，国内虽已经意识到世界范围内能源形势的变化，但是仍然处于"自给自足"能源安全观阶段，能源发展仍然较为保守，中苏关系破裂后我国就开始采取自力更生的方针，逐步实施"自给自足"的能源安全战略。1978 年后以 70 年代的《国际能源方案协定》以及欧洲 90 年代实施的《能源宪章条约和议定书》为代表，各国签署了众多的双边能源合作条约，涉及能源数据与统计、能源研究与开发、信息与人员交流、科学与技术合作等多个方面，同时随着 1978 年 12 月召开的党的十一届三中全会作了改革开放的决策，我国能源发展开始与国际能源发展接轨，能源安全观开始由"自给自足"向"供应安全"观转变。进入 20 世纪后，虽然国际社会环境领域开始关注能源问题，但我国能源市场化改革与立法领域起步较晚，这一时期重心仍然以供应安全为主，环境安全未在政策及立法中明显体现。进入 21 世纪后，国内环境问题由传统机械自然观下的以确保供给为首要原则的能源发展开始向生态伦理观下的能源生态安全观转变，此阶段我国能源法制建设全面进入了以可持续发展为重要议题的综合发展阶段。

② 目前对"能源安全"的概念尚未统一，一般有三层次说及四层次说。前者包括能源供应安全、能源经济安全、能源环境安全三层次；后者包括能源整治安全、能源经济安全、能源主权安全、能源环境安全四层次。

③ 林伯强、黄光晓：《能源金融》，清华大学出版社 2014 年第 2 版，第 18 页。

从一次能源的角度，可采能源资源的稳定、可持续供给；"输出"安全是指从二次能源及能源消费角度，环境的废物消纳的稳定可靠，简而言之，就是环境"可以承受的代价"[①]。

（二）国际能源环境合作

能源是人类生存和社会经济发展的基础，然而，今天的文明建立在枯竭性资源的随意消耗上，面对资源与大气环境的有限性问题，为了有效使用能源保证人类生存环境的不断改善，人们需要作出合理的解答，[②]这也是目前世界各国决策者和研究者共同关心的热门话题。"四个革命、一个合作"中的"一个合作"就强调要在立足国内的条件下，在能源生产和消费革命所涉及的各个方面加强国际合作有效利用国际资源。在能源环境问题上，任何国家都不可能独立承担全部责任或采取"孤立态度"[③]。在国际能源合作的历史演进过程中，环境问题成为国际能源合作的一个关键内容，能源供应和经济安全涉及贸易往来，往往因为地区差异和政治敏锐性而很难实现统一，但环境问题是能源合作中必然遇到的全球性问题，在环境问题上各国有着共同利益基础，合作的现实可能性最大。[④]尽管 2014 年二氧化碳排放与经济活动之间的关系出现了脱钩现象，COP21 也助推了政策转变，但是仍然应当努力地避免气候变化带来的最差影响，目前正在进行的全球能源转型依然无法持久逆转二氧化碳排放持续增加，虽然当前电力供应低碳化稳步发展，但在能源输出环节上，用其他能源来取代作为工业燃料的煤炭、天然气或取代作为交通运输燃料的石油，十分困难并代价昂贵。[⑤]2015 年 12 月 12 日《巴黎协定》的通过为世界各国广泛参与全球减排奠定了基本格局，184个国家提交了应对气候变化的"国家自主贡献文件"，约覆盖了全球碳排放量的 97.9%，在应对气候变化问题上，由自上而下的摊派式强制减排转为自下而上的自愿式国际合作，全人类第一次共同合作完成一件大事。

[①] 从国际政治角度，气候变化背景下的"能源安全"是指一个国家可以承受获得经济与社会发展所需的足够的以及低碳的能源供应的代价。这里"可以承受的代价"是指为了保障能源供应，国家需要付出的包括经济方面的支出、政治妥协和军事援助等。杨振发：《国际能源法发展趋势研究——兼论对中国能源安全的影响》，知识产权出版社 2014 年版，第 98 页。

[②] ［日］滨川圭弘、西川祢一、辻毅一郎：《能源环境学》，郭成言译，科学出版社 2003年版，第 7 页。

[③] 王双：《中国与绿色"一带一路"清洁能源国际合作：角色定位与路径优化》，载《国际关系研究》2021 年第 2 期。

[④] 吕振勇：《能源法导论》，中国电力出版社 2014 年版，第 306 页。

[⑤] IEA World Energy Outlook 2015.

1. 能源环境安全

能源安全是能源发展的帝王原则，从能源安全角度出发，各国所采取的能源战略都以尽可能减少能源对外依存度[①]、充分发挥本国资源和技术优势扩大自给比例为主，能源环境合作也成为各国能源战略的重要部分。[②] 美国奥巴马政府上台后，改变了以往历届政府在环境保护和全球气候问题上的消极态度，能源部与环境保护署制定了以维护能源生产、安全、市场竞争秩序以及保持清洁和安全的环境政策、管制和竞争规则，[③] 采取更加积极的态度高调参与气候谈判，旨在掌握能源和环境问题的主动权，意图谋取未来能源、环境领域中的战略优势。虽然美国能源环境策略的实施有明显的霸权主义色彩，但这表明各国在能源环境保护中寻找新路线已愈发重要，能源环境策略已经成为能源战略的重要部分，也将成为提升国家影响力及话语权的重要手段。日本在2011年福岛核事故后调整了能源战略更加注重能源环境创新，日本原本就非常重视能源环境安全，是最早提出能源安全、经济安全、环境安全"3E"新能源安全战略观的国家。2011年3月福岛核事故后日本能源环境会议于7月发布了重建能源环境创新战略中期报告，提出在节能、可再生能源、化石燃料资源、电力系统、核能、能源与环境产业六大领域推进能源环境创新战略，并与美国、欧洲开展清洁能源社会模型建设、核能材料及核辐射安全、太阳能电池等研究项目。印度作为未来最具潜力的能源消费大国，虽然在全球气候变化问题上以"共同但有区别原则"为庇护拒绝约束性减排义务，但迫于国际压力及本国巨大的资源及环境压力，同时出于保卫自身能源发展权益的角度，于2009年宣布了2020年减排20%~25%（基于2005年温室气体排放量）的目标，并在发展新能源与可再生能源、能源技术、环境保护等领域与中、美、俄、英、法等国开展积极合作，印度已充分意识到维护本国能源安全与环境可持续发展，只有开展国际合作才能加大新能源的开发和发展速度。不仅能源消费国注重能源环境安全，能源供应国也重视能源环境安全，俄罗斯的对内能源战略就以保障国内能源供应安全、提高能源效率和经济型以及保障环境安全为主，对外能源政策重点在于保障能源过境运输安全，其中重要的一环就是能源运输管道建设及运输中的生态环境安全保障。作为能源大国的俄罗斯也

---

① 能源对外依存度是指能源净进口量与能源消费总量比。
② 何雪垒：《我国能源环境安全制约因素及相关建议》，载《环境保护》2018年第9期。
③ 何兴强：《美国的石油政策：石油出口与环境保护》，载黄晓勇主编：《世界能源发展报告（2015）》，社会科学文献出版社2015年版，第58页。

开始摒弃以往"有恃无恐"的能源浪费行为，能源政策逐渐向环境倾斜，早在2009年，为了节能降耗、保卫环境，俄罗斯就通过了《俄罗斯联邦关于节约能源和提高能源利用效率法》，旨在通过法律、经济和组织措施促进节约能源和提高能源利用效率。中东地区、中亚地区以及拉美地区能源供应国也逐步开始意识到能源开采所带来的恶劣环境影响，在国际合作中开始加强对上游能源资源的控制，在出口多元化的同时开始注重能源环境、技术多方位合作，并发展可再生能源建立综合能源体系以保障能源安全。例如，2015年4月沙特石油化工公司与我国天辰公司开展了环境改造项目合作，以应对环境保护及相关指令合规性要求。

2. 能源环境合作

能源环境合作是各区域能源发展的重要议题。1993年随着《马斯特里赫特条约》①的正式生效，欧盟正式取代欧共体，围绕能源市场一体化、能源外交、能源税收、能源环境等领域逐渐形成了较为完善的欧盟能源战略体系。能源税属于环境税，初始目的在于减少石油消耗鼓励节约能源控制污染，最初属于环境税种的污染税，由此可以看出在欧盟能源战略体系中能源环境占据了相当大的比重。《马斯特里赫特条约》明确了"可持续发展"目标，专设第十六章"环境"并在130条R款中规定"环境保护的要求必须纳入共同体其他政策的制定和实施中"。1993年，欧盟根据《里约环境与发展宣言》制定了欧盟《可持续发展规划》，承担了在环境保护中的应尽义务。1995年1月欧盟发表了《能源政策绿皮书》，随后于12月发表了《能源政策白皮书》（COM/1995/628），将能源问题提到了环境保护与可持续发展的战略高度。②1997年6月，欧盟进一步深化一体化进程的《阿姆斯特丹条约》正式将可持续发展作为欧盟的优先发展目标，并把环境与发展综合决策纳入了欧盟的基本立法当中。此外，欧盟发布一系列能源环境政策并出台了系列立法。③在2008年开始实施首

---

① 《马斯特里赫特条约》（Maastricht Treaty）即《欧洲联盟条约》（Treaty on the European Union）。1991年欧共体成员国在荷兰马斯特里赫特第46届欧洲共同体首脑会议上签署了《马斯特里赫特条约》，包括了《欧洲经济与货币联盟条约》与《政治联盟条约》，该条约是欧盟成立的基础。

② 金启明：《欧盟能源政策综述》，载《全球科技经济瞭望》2004年第8期。

③ 例如，1997年《未来的能源：可再生能源白皮书》（COM/1997/599）及签订《京都议定书》，2000年《迈向欧洲能源供应安全战略绿皮书》（COM/2000/769）及《欧洲范围内温室气体排放绿皮书》（COM/2000/87），2001年《促进可再生能源电力生产的指令》（2001/77/EC），2003年《排放权交易指令》（2003/87/EC）及2003年《促进生物燃料生产指令》（2003/30/EC），2006年《欧盟能源效率行动计划》（COM/2006/545），2011年《发展可再生能源指令》（2011/65/EU）等。

个"能源气候一揽子计划"，提出了到 2020 年实现"三个 20%"的目标（可再生能源电力占比提高到 20%、能效提高 20%、碳排放量相比 1990 年水平减少 20%），并于 2014 年 1 月在《2030 年气候和能源框架》绿皮书中提出了 2030 年气候和能源政策目标，以碳减排为核心，要求欧盟成员国在 2030 年之前将温室气体排放量削减至比 1990 年水平减少 40%。[①]与此同时，欧盟能源环境政策中的一大举措在于增强欧盟主管能源、环境标准及法规机构的权威性，制定统一的能源—环境标准，不断完善各种法规。[②]可见，在欧盟逐步确立的统一能源战略基本框架中，减少能源对环境的影响以及加快新能源和可再生能源的发展是其中的重要部分。

能源环境合作也是国际能源组织的重要内容。目前能源国际合作专门组织主要有：石油输出国组织（OPEC）、国际能源署（IEA）、能源宪章组织（ECT）、世界能源理事会（世界能源会议 WEC）、世界能源论坛（WEF）、世界石油大会（WPC）；包含国际能源合作内容的国际合作组织主要有：八国集团（G8）、亚太经合组织（APEC）、经济合作与发展组织（OECD）、东盟（ASEAN）、上海合作组织（SCO）。成立于 1974 年的 IEA 是目前范围最广、多边合作最成功的国际能源组织，能源安全、环保和经济增长是 IEA 的指导原则，其六大基本宗旨之一就是帮助实现环保和能源政策的整合。[③]环境污染、气候变化等全球能源环境问题给 IEA 以西方发达国家为主导的国际合作机制带来了新的挑战，亟待新的国际合作机制出现，促使其进一步加强国际合作，尤其是与非成员国的发展中国家进行合作。IEA 目前的工作重点是研究应对气候变化的政策、能源市场改革、能源技术合作以及与世界其他地区（尤其是中国、印度、俄罗斯和 OPEC 国家）的合作。2015 年 6 月，能源宪章（Energy Charter，EC）部长级会议上我国签署了新的《国际能源宪章宣言》，身份由受邀观察员国成为签约观察员国，[④]虽然国际能源宪章将对原有《能源宪章条约》进行修改，但从其目前试图规范的议题上看，能源环境保护是始终受到关注的领域。[⑤]WEC 作为综合性的国际能源民间学术组织，始终致力于

---

① 中国清洁发展机制基金管理中心：《欧盟提出 2030 年气候和能源政策》，https://www.cdmfund.org/827.html，最后访问日期：2023 年 4 月 5 日。

② 金启明：《欧盟能源政策综述》，载《全球科技经济瞭望》2004 年第 8 期。

③ 参见 IEA 网站，http://www.iea.org/aboutus/，最后访问日期：2023 年 2 月 5 日。

④ 参见国家能源局网站，http://www.nea.gov.cn，最后访问日期：2023 年 6 月 27 日。

⑤ 《能源宪章条约》共 8 部分 50 条，为国际能源投资、贸易、运输、能源效率、环保等问题的解决提供了法律框架和机制，条约之下包括了一系列的相关法律文件，其中与能源环境保护相关的为《能源效率与环境保护问题议定书》（Protocol on Energy Efficiency and Environmental Aspects）。

帮助世界领导者和学者们了解世界能源状况，其重要宗旨和任务之一就是积极研究和帮助各国解决能源问题，促进世界能源在对各国有利的情况下得到可持续开发利用。① 为指导政策制定者和产业领导者们作出最好的选择，WEC 创造了"能源三难选择"② 这一概念来应对当今的三大能源挑战——确保安全、可负担和环保的能源供应。WEC 第十九届、第二十届、第二十一届会议主题都与环境保护密切相关。③ 八国集团首脑会议议题经过从能源贸易领域扩大到政治领域，再到多元化领域的发展过程。目前会议议题包括了政治、军事、经济、环保、反恐、援非等，环境保护与可持续发展也一直是重要议题。1988 年 G8 部长会议前各国最大能源公司代表召开了圆桌会议，其中能源与生态之间的关系成为三大议题之一。2002 年正式会议前由能源行业领导、有关国际组织人士及学界代表举行了圆桌会议，共同讨论能源安全、能源市场及可持续发展问题。亚太经合组织能源合作在发展地区能源合作中也十分重视减小对中东石油天然气供应的依赖和缓解生态问题。

3. 能源企业国际环境风险注意

国际能源环境合作，主要在于共同应对气候变化及发展新能源，但是也应当注意与能源勘探开发、利用、贸易、运输等国际能源合作相关的一般环境合作以及考虑合作国的国内环境规制因素。环境保护越来越受到国际社会的关注，中国在海外的能源投资经常因为环境保护问题被质疑，甚至被指责侵犯原住民的生存权和人权，给我国国际能源合作造成了负面影响，并给一些国家制造了机会指责中国为"能源重商主义"，进而挑拨中国与非洲、南美洲等发展中国家的关系。中国在南苏丹的石油投资就曾因环境条款问题受到南苏丹政府告诫。④ 从国际石油合作合同模式的演变趋势上看，随着国际社会对国际能源投资与环境保护的重视，

---

① 参见 WEC 网站，https://www.worldenergy.org/about-wec/mission-and-vision/，最后访问日期：2023 年 2 月 6 日。

② 能源三难选择，是指"能源安全"、"能源平等"以及"环境的可持续性"三者之间的选择与平衡。能源三难选择中：能源安全是指对国内和国外初级能源供应的有效管理、能源基础设施的可靠性，以及能源提供者满足当前和未来需求的能力；能源平等是指对于所有人能源的获取难易度和价格可承受度；环境的可持续性是指包括能源供需高效率的实现和可再生及低碳能源的开发。

③ 第十九届会议主题是"实现可持续性：能源工业的机会与挑战"；第二十届会议主题是"在相互依存世界中的未来能源"，这次会议就能源利用效率与环境保护等问题进行专题研讨；第二十一届主题是"立即行动以应对挑战——能源转型创造宜居星球"，会议就气候保护设立了专题讨论。

④ 杨振发：《国际能源法发展趋势研究——兼论对中国能源安全的影响》，知识产权出版社 2014 年版，第 240~241 页。

合作开发合同中的环境保护与可持续发展条款开始成为主流趋势，虽然从表面上看对油气勘探开发活动存在一定的影响但对于保障东道国的环境利益与可持续发展具有重大的意义。[①] 我国作为最大能源生产消费国以及最大二氧化碳排放国家，能源安全面临更严峻的挑战。面对日益突出的能源供需矛盾和国际能源格局变化，中国能源改革正在向着积极构建多元化动态安全保障的国际合作方向发展，以上问题也正在改变。以中美能源合作为例，2008 年《中美能源和环境十年合作框架》签署，这是中美两国之间由 SED[②] 产生的重要双边合作机制，中美之间开展了为期十年的能源环境领域广泛合作[③]，共同应对来自环境可持续发展、气候变化和能源安全方面的挑战。随着合作的不断深入我国也陆续颁布了一系列低碳发展、绿色交通、绿色金融等政策，能源环境保护工作不断深入，能源环境安全体系逐步构建。

为了应对近年来不断变化的国际能源形势，我国统筹国内、国际两大能源发展大局，立足当前、着眼长远，按照互利合作、多元发展、协同保障的新能源安全观，充分利用全球能源资源作为中国能源安全必须坚持的长期战略，通过能源资源勘探开发、贸易、运输、科技与环境合作增强对国际大宗能源资源市场的影响力和定价权。一方面，能源合作是我国深化与大周边地区区域合作战略构想的重要抓手。2013 年 9 月至10 月，习近平在出访中亚东南亚国家，参加上合峰会及亚太经合峰会时先后提出了建设"丝绸之路经济带"和建设"21 世纪海上丝绸之路"的构想（"丝绸之路经济带"与"21 世纪海上丝绸之路"简称为"一带一路"），其核心在于构建以能源合作为主轴，以基础设施建设和贸易投资便利化为两翼，以核能、航天卫星、新能源等高新领域合作为引领的发展战略，得到了国际社会的高度关注及相关国家的积极响应。2015 年 3 月，国家发展改革委、外交部、商务部联合发布《推动共建丝绸之路经济带和 21世纪海上丝绸之路的愿景与行动》确立以能源、交通、电信基础设施互联互通作为"一带一路"建设的优先领域，将着眼于推动沿线各国[④] 在能

---

① 2011 年 7 月苏丹南部宣布独立，正式成立南苏丹共和国。8 月南苏丹对原中国与苏丹签订的石油投资合同进行重新审视，其原因就是在石油开发合同中没有规定相应的环境保护与可持续发展条款。

② Strategic and Economic Dialogue, 即中美战略经济对话。

③ 两国在清洁高效和有保障的电力生产、清洁的水、清洁的大气、清洁高效的交通、森林和湿地生态系统保护、能效这六大方面开展有效合作。

④ "丝绸之路经济带"连接中国、中亚、南亚和中东地区并可延伸至欧洲；"21 世纪海上丝绸之路经济带"贯通东盟、南亚、中东、北非、欧洲等。

源、经贸、文化以及环境保护等方面的合作，促进周边国家和地区经济的振兴和繁荣。^① 另一方面，在全球绿色经济发展大局下，我国需要与其他国家开展经济合作才能实现"绿色经济"的根本发展。^② 我国与"一带一路"沿线国家已具有一定的能源环境合作基础，以哈萨克斯坦为例，2011 年，我国与哈萨克斯坦联合成立了"中国—哈萨克斯坦环境保护合作委员会"，不断加强两国在环保法律法规、政策和技术等领域的学术交流与合作，不断深化两国环保合作并推进两国边境地区在环保领域的合作。2013 年，习近平在哈萨克斯坦访问期间回答青年学生提问时指出"我们既要绿水青山，也要金山银山。宁要绿水青山，不要金山银山，而且绿水青山就是金山银山"。^③ 如上文所述，我们也应当注意合作国的国内环境规制因素，^④ 如哈萨克斯坦《地下资源和地下资源利用法》有关规定就明确提出了环境保护要求，不论国内国外企业一律适用。^⑤ 中石油在哈萨克斯坦所进行的投资业务就严格遵守哈萨克斯坦法律法规，注重保护生态环境和提高自然资源的利用效率，同时，积极推广应用有利于环境保护的新技术，切实采取提高能效、循环利用资源、修复生态和减少排放等多种措施保护环境。^⑥ 我国参与国际能源合作主要有两种方式：一是国家实施能源外交，建立多边合作机制促进能源合作项目；二是通过

---

① 黄永鹏、庞云丽：《人类命运共同体思想的外部反应分析》，载《社会科学》2018 年第 11 期。

② 刘飞、常莎：《能源改革与能源文明》，载崔民选、王军生主编：《中国能源发展报告（2014）》，社会科学文献出版社 2014 年版，第 378 页。

③ 习近平：《论坚持人与自然和谐共生》，中央文献出版社 2022 年版，第 40 页。

④ 陈倩：《论我国能源法的立法目的——兼评 2020 年〈能源法（征求意见稿）〉第一条》，载《中国环境管理》2022 年第 1 期。

⑤ 从 2005 年 1 月 1 日起，在石油开发业务中禁止放空燃烧伴生气；在未对伴生气和天然气进行有效利用的情况下，禁止对油气田进行工业开采。不符合大气环保的企业投入生产的，对公职人员、个体企业主、中小企业法人以及非商业组织处以 50~60 倍月核算基数的罚款；对大企业法人处以 70~100 倍月核算技术的罚款（哈萨克斯坦《行政违法法典》第 248 条）。周发：《"一带一路"之哈萨克斯坦投资法律规则与实践》，http://world.xinhua08.com/a/20150525/1503275_2.shtml，最后访问日期：2023 年 7 月 30 日。

⑥ 中国石油在哈萨克斯坦的每一个项目，无论是勘探开发、炼油化工，还是管道运输或工程技术服务，都要对环境影响进行评估（environmental impact assessment，简称 EIA），制订两个以上的实施方案，并从生态经济角度优选方案，将生产活动可能给环境带来的不利影响降到最低。PK 石油公司模范遵守哈国环保法令，积极响应政府关于天然气综合利用的号召，继续加大天然气综合利用工程建设力度，PKKR 天然气综合利用工程二期和 TP 的油气处理厂建成投产，天然气综合利用率达到 90% 以上，在哈国各企业中处于领先水平。http://www.cnpc.com.cn/cnpc/Kazakhstan/country_index.shtml，最后访问日期：2024 年 1 月 3 日。

企业进行能源项目合作。① 由此可见，随着国际能源勘探开发互利合作的深入及国内能源企业垄断的打破，能源企业走向国际市场，更应当注意保护生态环境和提高自然资源的利用效率。2021 年 9 月，中国宣布大力支持发展中国家能源绿色低碳发展不再新建境外煤电项目，显示了大国担当与低碳绿色能源合作的决心，在能源合作领域，应当本着对人类、对未来负责的态度，加强与各能源生产国和消费国间的多元合作，加强在提高能效、节能环保、能源管理、能源政策等方面的对话交流，完善国际能源市场监测和应急机制，深化环境信息交流。

（三）国际规范要求

国际能源投资与环境保护越来越受到国际社会的关注，目前参与国际能源合作的能源企业多数为上市公司。随着国际能源合作的广泛开展，大量的能源合作项目需要大批企业加入，另外，随着国内能源市场化改革的深入，将逐渐出现多元化市场主体，借助股票发行注册制改革的实施，中小型能源企业将上市筹资并主动走向国际市场。这使能源企业将面临更激烈的国内、国际市场竞争，需要进一步适应国际规范要求。2012 年 11 月 29 日，中国石化正式发布《中国石油化工集团公司环境保护白皮书》，向全社会公开承诺严格履行环境责任，并接受公众和国际国内社会各界的监督。中国石化展示了建设"世界一流能源化工公司"的目标，把环境保护理念和认识切实转化为行动，并使之成为公司文化的一部分，以全球契约领跑者的积极态度倡议了可持续发展，赢得了广泛的国际尊重，是继 BP 公司之后主动承担环境保护责任的优秀案例。承诺需要实践来践行，否则仅为一纸空谈，对于进入或欲进入国际能源市场的能源企业而言，注意上述国际能源合同中的环境保护与可持续发展义务是一个方面。除此之外，环境信息披露也是国际规范新要求。从环境注意义务角度，披露环境信息是国际通行做法，当前全球至少 20 家证券交易所强制要求披露环境信息（不仅是定性披露，还有定量的披露指标，强制性要求日趋增多），非财务信息披露已成为重要的国际规范，上市公司非财务绩效软实力竞争时代已经来临。

如上文所述，环境污染、气候变化等全球能源环境问题给 IEA 带来了新的挑战，IEA 需要加强与发展中国家能源消费大国的互动与了解，以完善对全球能源市场的预判、维护其权威性并巩固其维护能源进口国利

---

① 邹丽霞、张莞、刘千慧等：《"一带一路"沿线国家能源贸易指数体系构建及合作建议》，载《中国煤炭地质》2018 年第 1 期。

益的核心目标。而中国、印度等能源消费大国也需要与 IEA 的对话与联系，以参与到国际能源行动的研究、制定与实施中，保护本国能源利益。中国长期处于 IEA 等重要国际能源组织非成员国位置，已与我国目前国际能源市场地位极不相称。[①]2015 年 11 月 18 日，IEA 部长级会议在巴黎召开，中国正式成为 IEA 联盟国，但并非准成员国地位，虽然目前我国加入 IEA 的必要性还并不明确，但 IEA 的市场信息平台作用对于提高决策有用性的影响是显而易见的。信息机制是 IEA 国际合作机制的重要组成部分，例如，IEA 构建了"国际石油市场信息系统"要求各成员国必须提供石油产业有关公司治理及各项信息，并将信息汇总后在各成员国间交流，这增强了国际能源市场的透明度，减少由于信息不对称导致的市场波动。也正是这种对信息透明度的高度要求，成为我国长期无法进入 IEA 的原因之一。[②] 早在 1996 年，IEA 就与我国签署了《关于在能源领域里进行合作的政策性谅解备忘录》，双方在能源节约与效率、能源开发与利用以及环境保护等方面开展合作。我国随着与 IEA 联系的紧密以及国际能源互动的进一步加强，必然要适应国际能源市场的透明度要求，提高企业尤其是充当国际能源合作重要角色的能源企业的信息透明化水平。

目前，国际社会对企业环境信息披露的要求更加严格和规范。碳关税已形成国际潮流，碳高密集型行业将面临新的挑战。目前，国际上尚无明确的碳关税定义，但在《京都议定书》的国际合作框架下，碳税已经成为各国推广实施或正欲推广实施的一项重要的环境税收，并有向全球范围推广形成碳关税的明显迹象。[③]碳关税的实施对于能源一类的碳密集型行业，无疑将产生直接的影响。虽然碳关税的征收目的在于惩罚未履行减排承诺的国家和企业，但随着《巴黎协定》的签订全球减排义务进一步增加，其温度目标的设定意味着全球温室气体排放量将达到峰值，碳关税的实施将很可能导致"绿色贸易壁垒"问题的出现。绿色壁垒是一些国家企图利用本国或国际环境、健康、生物安全等规定，以可持续发展为由，以苛刻的要求来限制本国对其他国家的进口条件从而达到影响

---

① 赵行姝：《功能、战略与制度：一种分析美国在全球能源治理中作用的三维框架》，载《中国社会科学院研究生院学报》2020 年第 2 期。

② IEA 对成员国有着严格要求：第一，必须是经济合作与发展组织成员国；第二，成员国必须履行"紧急储备义务"，即保证不低于 90 天的石油净进口量；第三，成员国有义务依序提供石油产业相关企业的各项信息。

③ 碳税，是指对排放二氧化碳的化石燃料进行征税，其税基就是化石燃料中的碳含量；碳关税，则是通过对高耗能进口产品征收二氧化碳排放关税，来保护本国在遵守碳排放要求及实施低碳化要求之下的高成本产品免于遭受不公平竞争。

他国贸易和经济利益的目的。不仅是碳关税，能源企业作为环境高危企业，也将面临各种以环境问题为由的绿色壁垒。正常情况下，在国际贸易当中渗透环保机制，有利于全球环境发展并促进新环境保护产业、技术、工艺等的进步，但各国环境要求的逐步提高甚至严苛，对于清洁生产的要求进一步提高，市场准入条件逐步升级，将影响正常的国际贸易秩序。"绿色贸易壁垒"尤其多发于环保技术较为发达的发达国家与相对落后的发展中国家贸易往来之中，发达国家针对产品的环境标准及要求名目繁多，且一般高于发展中国家类似标准。因此，许多国家或地区纷纷制定了相关质量认证标准，要求企业加强环境管理并对环境信息予以披露。环境、社会及治理（environmental, social and governance, ESG）已成为企业运营管理过程中不可忽视的议题，目前多个国家和地区的政府或者证券交易所都要求当地企业开展 ESG 信息披露。"ESG 信息披露是一个闭环过程，企业可以通过目标设定，实现 ESG 管理的常态化"①，能源企业主动进行 ESG 信息披露、提高环境信息披露水平，这在一定程度上保证了企业良好经营效益的同时也反向激励了企业采取更好的环境管理模式，最重要的是，有效避免遭遇绿色贸易壁垒的冲击。企业大多选择第三方机构来证明企业的环境绩效，而目前国际上普遍适用的认证标准有 ISO26000 社会责任指引、ISO14000 环境管理系列标准、生态管理与审核体系（the eco-management and audit scheme, EMAS）等，这些标准中，对环境信息披露有着很高的要求。

小　结

　　能源企业环境信息披露的特殊作用来自哪，即能源企业环境信息披露的动因及其背后的理论依据是什么。总体上可归纳为六大方面：能源企业特殊性、能源及环境保护关系、双向利益相关者保护、能源企业环境风险防控、注册制改革需求以及能源安全与国际合作。第一，能源企业以其"命脉之大细胞""环境之主祸源"的双重身份与特殊地位在经济与环境协调中必然需要发挥"2+1E"之"1"的最基础、最有效的作用。第二，在进行价值取向的过程中要注意：不能过分追求环保而扭曲能源

---

　　① 2015 年安永（Ernst & Young）会计师事务所气候变化与可持续发展服务部门（CCaSS）在上海、香港、北京三地举办了"聚焦法规新态势，助力信息透明化"之 2015 安永深度解读香港联交所"环境、社会及管治报告指引"系列研讨会。研讨会主要对上市公司如何编制 ESG 综合报告、提升信息披露表现并吸引投资能力等问题进行了讨论。

本身的经济属性，不能过分追求替代能源而轻慢现实中仍存在的传统能源问题。能源环保价值最终应落脚于企业环境责任的承担。第三，在某种程度上环境利益相关者包含了证券利益相关者。第四，将成本—收益、绩效—印象、压力—合规、企业可持续发展等进行总结，笔者发现最根本的问题依然回到了环境经济学中"外部性"的内化问题，直接表现为环境风险控制行为。环境风险分为企业对环境造成不利影响的外部环境风险和因其对环境不利行为而带来的企业经济风险即内部环境风险。由于能源企业具有环境损害涉众面广、上市公司利益相关主体多的"双风险涉众性"，信息披露运用于 IPO 阶段可实现"次"源头风险控制。第五，注册制改革的背景下，作为注册制精髓与核心的"信息公开理论"对环境信息披露提出了最直接的要求。第六，能源深化改革带来的另一个热潮就是走向国际市场，要求能源企业拥有"环保名片"，以良好并受认可的环境表现排除"绿色贸易壁垒"赢得更广阔的国际市场。此外，IEA 等重要国际能源组织对信息透明度的要求、《巴黎协定》目标下碳关税的流行、国际环保认证的高要求等都是能源企业环境信息披露的重要动因。

第二章 规范化需求：292 家能源企业环境信息披露状况调查

小题记：生而有缺需规范，有规无序需提升。

早在 1976 年学者 Belkaoui 的研究报告即指出环境信息披露与企业价值存在显著正相关性。[①] 随着环境问题的日益严峻，国内外学者对企业环境信息披露的研究也逐步深入。澳大利亚学者 Gibson 和 O'Donovan 早在 2008 年就对 41 家能源企业的环境信息披露进行了信息披露质量研究，采集了来自化工、造纸、石油、交通等领域的上市公司样本，采取历史数据对比的方法进行了纵向质量研究，研究表明披露环境信息的上市公司数量逐年上升，至 20 世纪最后十年，澳大利亚上市公司年均披露比例已经达到 100%。[②] 同时，在一般信息披露研究和公司治理研究中也逐步渗入对环境信息披露的研究。例如，1996 年，美国学者 McKinstry 在公司年报内容设计研究中就考虑了环境所带来的负面信息披露情况，[③] 2006 年，Kaplan 在对美国企业环境信息披露研究中强调了企业出于印象考虑的环境负债情况。[④] 总体研究表明，企业环境信息披露与环境绩效的关系发生了变化：早在 1982 年和 1985 年美国学者 Wiseman 和 Rockness 在相关研究中分别表明企业环境信息披露与环境绩效无显著关系或呈负相关；[⑤][⑥] 而 2004 年和 2021 年 Al-Tuwaijri[⑦]、Christian[⑧] 等学者研究显示企业

---

① Ahmed Belkaoui, The Impact of the Disclosure of the Environmental Effects of Organizational Behavior on the Market, *Financial Management*,1976,Vol.5, No.4, pp.26-31.

② K. Gibson, G. O'Donovan, Corporate Governance and Environmental Reporting：An Australian Study, *Corporate Governance*,2007,Vol.15, No.5, pp.944-956.

③ Sam McKinstry, Designing the Annual Reports of Bruton PLC from 1930-1994, *Accounting, Organizations and Society*, 1996, Vol.21, No.1, pp.89-111.

④ Robert S.Kaplan, David P. Norton, *The Balanced Scorecard:Translating Strategy into Action*, Boston Mass.：Harvard Business School Press, 2006, pp.123-126.

⑤ Joanne Wiseman, An Evaluation of Environmental Disclosures Made in Corporate Annual Reports, *Accounting, Organizations and Society*, 1982, Vol.7, No.1, pp.53-63.

⑥ Joanne Rockness, An Assessment of the Relationship Between US Corporate Environmental Performance and Disclosure, *Journal of Business Finance and Accounting*,1985, Vol.12, No.3, pp.339-351.

⑦ Sulaiman A. Al-Tuwaijri, Theodore E. Christensen, K.E. Hughes II, The Relationship Among Environmental Disclosure, Environmental Performance, and Economic Performance: A Simultaneous Equations Approach, *Accounting, Organizations and Society*, 2004, Vol.29, No.5/6, pp.447-471.

⑧ Christian Danisch, The Relationship of CSR Performance and Voluntary CSR Disclosure Extent in the German DAX Indices, *Sustainability*, 2021, Vol.13, No.9, pp.1-20.

环境信息披露与环境绩效呈显著正相关。

国内对企业环境信息披露的研究起步总体稍晚但呈上升趋势。这些研究尚存有待改进之处：首先，行业性专门研究较少，多为整体信息披露现状研究，或对重污染企业进行横向比较研究；其次，大部分从会计信息披露[1]、企业社会责任、环境信息披露质量角度展开[2]；最后，能源企业环境信息披露专门研究较少，且也集中在环境会计信息披露研究。

总体上，国内外企业环境信息披露研究多从企业利益角度出发，较少从生态环境保护的角度来展开研究；没有作出行业化的区别研究，所得结论不具有行业针对性。即便是 UNEP 指南（1994）[3]，CERES 原则（2000）[4]、GRI 指南（2013-G4）[5]、PERI 指南[6]等全球领先的环境信息披露指引行业化也稍显不足，但是，针对行业环境影响特点所进行的行业化有针对性的环境信息披露已成为发展趋势。DJSI 就是行业化的信息披露规则的先驱，DJSI 将所有企业分为 10 大产业、19 个行业、57 个细分行业，其中能源行业除了煤炭划入了基础原材料产业（产业代码 10000），基本包含于石油天然气产业（产业代码 00001）中。

能源企业主要是指以营利为目的依法自主经营、自负盈亏、独立核算，从事能源生产、流通或服务的经济组织，包括各类能源的开采（勘探、开发）、制造（加工转换）、利用（存储、输配、贸易、使用）和服务（技术研发、设备供应、管理）等主营业务。从能源定义及能源市场主体来看，能源企业涉及各类能源，并涉及整个能源产业链从上游至下游（延展至能源服务）的庞杂主体，包括产业主线（如能源勘探、开采、输配等）及旁线系统（如相关设施设备供应、化工等）中的众多行业。依据 GB/T 4754—2017《国民经济行业分类》《固定污染源排污许可分类管理名录（2019 年版）》《管理办法》《建设项目环境影响评价分类管理名录（2021 年版）》等有涉及行业的配套规定，确定调查样本行业范围为采矿业（B）、制造业（C）、电力热力燃气及水生产和供应业（D），具体行业涉及：煤炭开采和洗选业（B06），石油天然气开采（B07），石油加工、炼焦及核燃料加工

---

[1] 赛那：《上市公司环境会计信息披露问题研究——以沪深两市上市能源公司为例》，载《财会通讯》2011 年第 4 期。

[2] 陈华：《基于社会责任报告的上市公司环境信息披露质量研究》，经济科学出版社 2013 年版，第 1~197 页。

[3] 联合国环境规划署可持续发展指南（UNEP 可持续发展指南 1994）。

[4] 环境责任经济联盟《企业环境报告原则》（CERS 原则 2000）。

[5] 全球报告倡议组织《可持续发展报告指南》（GRI 可持续发展报告指南）。

[6] 公共环境报告行动组织《环境信息披露内容指南》（PERI 环境信息披露内容指南）。

（C25），电力热力生产和供应（D44），燃气生产和供应业（D45）。

因此，笔者在上述能源行业范围内选取了292家能源企业作为样本（136家上市公司、133家非上市公司、23家发债企业），对其环境信息披露状况进行分析，以明确能源行业中企业环境信息披露问题与环境信息披露规范化需求。企业信息披露研究通常采用"内容分析法"，一般用于趋势分析、现状分析、比较分析和决策分析，通过提取有效信息，并进行系统化、多维度的设计，采取赋分的方式进行定量化的矩阵研究。基本步骤包括：确定评价目标、确定评分项目、赋予项目分值、按照样本依次评分、分析评价。目前，学界对企业环境信息披露"内容分析法"的赋分方式有所不同，主要有横向赋分和纵向赋分两种方式。横向赋分，即每个评分项目赋值1分，只要有评分项目中的某项即赋值1分，最终以分数相加；纵向赋分，即对每个评分项目设置评价维度分级赋分，达到某一维度要求则赋予相应分数，最终纵向相加后相除取平均值。

一、136家能源上市公司环境信息披露状况调查

2015年，上海证券交易所为提高信息披露有效性率先推出了七类行业信息披露指引，第一批1号至7号指引中单列了煤炭、电力两大能源行业，这是我国信息披露规则的重大进步，随后又增加了8号至13号指引，能源方面增加了石油天然气、光伏两大行业。同年，深圳证券交易所也推出了第一批1号至3号行业信息披露指引但未涉及能源行业。之后2016年至2021年间，两大交易所都对行业信息披露指引进行了补充和调整。2022年1月，上海证券交易所、深圳证券交易所均对行业信息披露指引进行了重新整合与修订，分别形成了《上海证券交易所上市公司自律监管指引第3号——行业信息披露》《深圳证券交易所上市公司自律监管指引第3号——行业信息披露》《深圳证券交易所上市公司自律监管指引第4号——创业板行业信息披露》。调整后的行业信息披露自律监管指引中涉及的能源行业包括煤炭[①]、电力[②]、光伏[③]、石油贸易加工[④]、节能行

[①] 《上海证券交易所上市公司自律监管指引第3号——行业信息披露》附件《第二号——煤炭》。

[②] 《上海证券交易所上市公司自律监管指引第3号——行业信息披露》附件《第三号——电力》；《深圳证券交易所上市公司自律监管指引第3号——行业信息披露》第五章"电力供应"。

[③] 《上海证券交易所上市公司自律监管指引第3号——行业信息披露》附件《第九号——光伏》；《深圳证券交易所上市公司自律监管指引第4号——创业板行业信息披露》第五章第一节"光伏产业链相关业务"。

[④] 《上海证券交易所上市公司自律监管指引第3号——行业信息披露》附件《第十三号——化工》；《深圳证券交易所上市公司自律监管指引第3号——行业信息披露》第四章第三节"化工行业相关业务"。

业[①]。这一系列指引中关于环保信息披露的规定并不多，《上海证券交易所上市公司自律监管指引第3号》正文中并未涉及环保信息披露规定，四份相关附件也主要是对环保政策法规影响及应对措施、环保事故及处罚整改的规定。具体环保指标信息的披露要求甚少，即便是《第三号——电力》中涉及了"披露脱硫设备投运率，二氧化硫、氮氧化物、烟尘和废水排放情况等与节能减排相关的指标"也只是规定"可以"披露。值得注意的是，原本2015年上海证券交易所制定的石油、天然气开采行业指引于2021年被《关于发布〈上海证券交易所上市公司自律监管规则适用指引第5号——行业信息披露〉的通知》（上证发〔2021〕4号）所废止，相关环境信息披露规范勉强可在"化工"行业中找到依据，但也仅涉及石油贸易加工不涉及开采及储运等环境高风险行业。对比2022年整合后的行业信息披露规定，在环境信息披露要求方面并没有太大的变化，基本延续了2015年版的相关规定。

（一）企业样本选取

依据证监会公布的2020全年度及2021年前三季度《上市公司行业分类结果》并参考《重点排污单位名录管理规定（试行）》（环办监测〔2017〕86号）[②]及2018年至2021年四年各地重点排污单位名录所涉行业[③]，本书的调查样本初期选取了2020年度中国上海证券交易所和深圳证券交易所A股市场的188家上市公司。除去开采辅助活动上市公司（行业代码B11）、主营业务非能源/不稳定上市公司（2016—2020年行业分类有较大变化的公司）、2020年未上市公司、2020年基本数据未更新上市公司、ST公司，经五次析出后最终共选取样本136家能源企业。样本公司主要行业门类为采矿业（B）、制造业（C）、电力、热力、燃气及水生产和供应业（D）；具体行业涉及：煤炭开采和洗选业（B06），石油天然气开采（B07），石油加工、炼焦及核燃料加工（C25），电力、热力生产和供应业（D44），燃气生产和供应业（D45）（见表2-1）。上市公司信息主要来源于巨潮资讯[④]；环境信息数据来源于136家能源企业信息披露网站、上海证券交易所网站、深圳证券交易所网站，披露文件主要为上市公司年度报

---

① 《深圳证券交易所上市公司自律监管指引第4号——创业板行业信息披露》第六章第二节"节能环保服务业务"。

② 包括2021年10月生态环境部办公厅所发布的《重点排污和环境风险管控单位名录管理规定（征求意见稿）》。

③ 考虑到样本稳定性及后续可参考性，样本选择参考文件日期延展至2021年。

④ 网址：http://www.cninfo.com.cn/new/index。

告、社会责任报告及其他报告（主要为可持续发展报告、ESG 报告）等。

表 2-1　样本能源上市公司行业及交易所分布

行业及代码		上市公司数量	上海证券交易所	深证证券交易所
采矿业（B）	煤炭开采和洗选业 B06	29	22	18	4
	石油天然气开采 B07		7	5	2
制造业（C）	石油加工、炼焦及核燃料加工 C25	15	8	7
电力、热力、燃气及水生产和供应业（D）	电力、热力生产和供应业 D44	92	69	40	29
	燃气生产和供应业 D45		23	17	6
合计		136	88	48

（二）样本评价目标设定及评价规则

共设定三项评价目标：第一项，能源企业环境信息披露报告数量评价；第二项，能源上市公司环境信息披露内容广度评价（基于国内现有要求）；第三项，能源企业环境信息披露精准度。

能源企业环境信息披露报告数量评价包括三个维度：第一维度，每一个样本公司可查有效（有环境信息披露内容的）环境信息披露报告数量；第二维度，年度内有进行环境信息披露的公司数量；第三维度，使用每一类环境信息披露报告的公司数量。项目及赋值如下：年度报告、社会责任报告、临时环境信息披露报告三个项目，每个项目赋值 1 分，对每个样本公司进行评价，有有效报告则项目赋 1 分，没有有效报告则项目赋 0 分。第一维度，每一个样本公司可查有效环境信息披露报告数量评价：每个样本公司横向分数相加，值域为 0~3，分数越高完备度越高，单个样本公司环境信息披露报告数量越多。第二维度，年度内有进行环境信息披露的公司数量评价：样本公司总数量减去 0 分样本公司数量，再减去仅有年度报告的 1 分样本公司数量。第三维度，使用每一类报告的公司数量评价：每个项目纵向分数相加，值域为 0~136，分数越高则此类报告被使用率越高。

能源上市公司环境信息披露内容广度评价（基于国内现有要求）包括两个维度：第一维度，每个样本公司披露内容广度及所有样本公司总体情况；第二维度，每项内容被披露的次数及项目间比较。项目及赋值如下：将内容广度评价项目设为七项：（1）排污信息；（2）防止污染设施的建设和运行；（3）项目环境影响与行政许可情况；（4）突发环境应急预案；（5）环境自行监测情况；（6）环境处罚情况；（7）与环保相关的其他信息。[①] 对每个样本公司进行评价，有相应内容的则项目赋1分，没有相应内容的则项目赋0分。第一维度，每个样本公司披露内容广度评价：将每个样本公司横向分数相加，值域为0~7，分数越高内容越完整。第二维度，每项内容被披露的次数评价：每个项目纵向分数相加，值域为0~136。之后进行整体纵横比较。

能源企业环境信息精准度（基于G4国际标准[②]）包括两个维度：第一维度，样本公司环境信息定性/定量信息披露情况；第二维度，样本公司环境信息行业横向比较及内部纵向比较披露情况。项目及赋值如下：将进行精确度和可比性评价的可量化项目设为8项：（1）原料指标；（2）能源指标；（3）水资源与水耗指标（非污水）；（4）生物多样性指标；（5）二氧化碳及大气污染物排放指标；（6）污水和废弃物指标；（7）环境合规指标；（8）供应商环境评估指标。第一维度，环境信息定性/定量披露评价：对每个样本公司进行精确度评价，每一项如果未披露赋0分，仅进行定性披露赋1分，进行定量披露赋2分，进行定性加定量披露赋3分。第二维度，横向及纵向比较信息披露评价：采取"+/—""a/b"赋分，每一项如果有进行同行业横向比较的则标注为"+"，如果没有横向比较则不赋分，有进行本企业历年情况纵向比较的则标注为"a"，没有纵向比较则不赋分，最后统计所得"+"和"a"数量。整体精准度纵横比较，即各样本公司精准度情况总体评价：将每个样本公司第一维度分数相加，值域为0~24。每个样本公司信息可比性评价：分别统计每个样本公司所得"+"和"a"个数，值域为0~8+及0~8a。

---

① 赋分项参考《公开发行证券的公司信息披露内容与格式准则第2号——年度报告的内容与格式》（2021年修订）第41条有关应当披露的主要环境信息的规定。2021年修订版与2015年、2017年修订版本在环境信息披露规定上并无太大变化。由于《上市公司信息披露管理办法》中没有环境信息披露的相关规定，故该准则是2020年度上市公司环境信息披露可参考的最具权威性的规范。

② 由于国内现行规范性文件中没有细化的环境信息披露标准，因此以目前最新的全球报告倡议组织（GRI）编制的《可持续发展报告指南》（简称G4指南）2016版中的GRI300环境议题部分所列项目（GRI301~GRI308）为评分项（该版本对2018年7月1日或之后发布的报告或其他材料有效）。2015年6月2日，国家质检总局和国家标准委联合发布了社会责任系列国家标准，系列标准包括《社会责任指南》（GB/T36000—2015）、《社会责任报告编写指南》（GB/T36001—2015）、《社会责任绩效分类指引》（GB/T36002—2015），其中也设置有环境主题，并将环境主题细分为了"污染预防""资源可持续利用""减缓并适应气候变化""环境保护、生物多样性和自然栖息地恢复"四个议题，但由于国家标准中存在议题内容交叉或具体内容不明确的问题，且G4指南编制及发布时间较晚，故采用国际标准。

（三）样本分析

1.分析：能源企业环境信息披露报告数量评价

从一般公众可查途径所收集的各类报告情况来看，各个样本公司年度报告均可查，社会责任报告缺失较多，临时环境信息披露报告极少。其中年度报告 136 份，有效 136 份；社会责任报告 43 份，有效 43 份；临时报告 7 份，有效 7 份。（见表 2-2）

每一个样本公司可查有效（有环境信息披露内容的）环境信息披露报告数量主要考查每个样本公司的环境信息披露完备度。从统计数据可以看出，3 分的样本公司有 4 家（中国核电、中国石油、中国石化、协鑫能科）占 2.9%，2 分和 1 分的公司居多分别占 31.6% 和 65.4%，0 分的公司为 0。2 分的公司主要披露载体为年度报告和社会责任报告；1 分的公司均为仅在年度报告中进行披露的公司。可见，上市公司环境信息披露完备度中等偏低。

关于年度内有进行环境信息披露的公司数量，由于不存在 0 分公司，且年度报告均属有效，因此，年度内有进行环境信息披露的公司数量占比为 100%，从总体数量上看所有能源企业均有进行环境信息披露。

从每一类报告的被使用率上看，年度报告比例最高为 100%，其次为社会责任报告 31.6%，其他报告仅有 5.1%。据此可以看出，上市公司环境信息披露仍然以年度报告为主，其次是社会责任报告，临时报告则最少，而在 2020 年度有受到环境行政处罚的上市公司数量不止 7 家。

表 2-2　能源企业环境信息披露报告数量评分结果

类型	年度报告	社会责任报告	临时报告	报告种类完备度评价			
				3 分	2 分	1 分	0 分
披露公司数	136	43	7	4	43	89	0
披露公司比例	100%	31.6%	5.1%	2.9%	31.6%	65.4%	0

能源企业环境信息披露有效披露数量少。虽然从模糊总数上看，能源企业环境信息披露数量达到了 100%，但作为环境信息披露重要载体的社会责任报告的使用比例为 31.6%，而专门针对企业环境进行披露的临时报告比例仅为 5.1%，临时报告中，协鑫能科、中国核电、中国广核的临时报告实质上均属 ESG 报告，上海电力、广州发展、中国石化则为可持续发展报告，中国石油所发布的为环境保护公报，因此，若依照 2021 年《管理办法》所规定的临时报告主要披露企业环境许可变动、环境行政处

罚等信息，2020 年度能源企业临时环境信息披露报告有效数量为 0。因此，能源企业环境信息披露数量尚未过半。

2. 分析：能源上市公司环境信息披露内容广度评价

被评价内容主要从各样本公司 2020 年度报告及社会责任报告中提取。从样本公司分数最高值和最低值来看，完整披露了 7 项内容的公司数量为 1，占 0.7%；披露 0 项内容的公司数量为 39，占 28.7%。从分布公司数量的多少来看，分数在 0 分的公司最多，共 39 家，占 28.7%；分数在 7 分的公司最少，共 1 家，占 0.7%。从分段上来看，分数在 0~2 分的占 55.9%；在 3~5 分的占 31.6%；在 6~7 分的占 12.5%；同时，2 分以上各分数段的公司数量整体呈下降趋势。从细分行业来看，采矿业高分公司数量较多，总体表现优于其他两个行业。可见，首先，样本公司表现差异较大，披露内容广度好的企业完整度可达最高值，而表现差的公司则完全不涉及任何一项评分内容；其次，总体上内容广度不足，低分段（低于等于 1 分）的公司数量为高分段（高于等于 6 分）公司数量的 3 倍左右；最后，采矿业信息披露程度明显优于其他两个行业（见表 2-3）。

表 2-3 能源上市公司环境信息披露内容广度评分结果（1）

	分数	采矿业	制造业	电热燃气等	得分公司总数量	总比例
样本公司内容广度	7 分	1	0	0	1	0.7%
	6 分	10	4	2	16	11.8%
	5 分	3	1	4	8	5.9%
	4 分	2	2	14	18	13.2%
	3 分	2	4	11	17	12.5%
	2 分	4	2	14	20	14.7%
	1 分	2	2	13	17	12.5%
	0 分	5	0	34	39	28.7%

每项内容被披露的次数及项目间比较：总体上看被披露次数最多的三项由高到低依次为"排污信息""与环保相关的其他信息""污染防治设施的建设和运行"；被披露次数最少的为"环境处罚情况"。需要注意的是"与环保相关的其他信息"主要包括了企业环保政策目标及组织、清洁生产实施、产品环境效能、环境财务状况等。从不同行业上看：采矿业、制造业更加注重"排污信息""污染防治设施的建设和运行"信息披露；电热燃气等行业（以电力和燃气为主）对"与环保相关的其他信息""排污信息"的披露重视程度较高（见表 2-4）。

表 2-4　能源上市公司环境信息披露内容广度评分结果（2）

	披露项	采矿业	制造业	电热燃气等	公司分布数量	总比例
		样本 29 家	样本 15 家	样本 92 家		
每项内容被披露次数	排污信息	22	12	43	77	56.6%
	污染防治设施的建设和运行	16	9	30	55	40.4%
	项目环境影响与行政许可情况	13	8	12	33	24.3%
	突发环境应急预案	15	7	8	30	22.1%
	环境自行监测情况	15	5	12	32	23.5%
	环境处罚情况	5	2	18	25	18.4%
	与环保相关的其他信息	20	12	39	71	52.2%

　　能源企业环境信息披露全面性较弱，内容不平衡、不规范，水平参差不齐。总体上，依据国内一般要求，第一，实现较全面披露（6~7 分）的能源企业数量仅在 12.5%，环境信息披露的全面性差，且 0 分企业居多。第二，依据调研时的国内一般要求，采矿业、制造业等环境信息披露内容全面性强于电热燃气等行业，从行业主营项目上看这与采矿业、制造业强制要求披露的企业数量有关。第三，结合每一项内容被披露的情况来看，上述得 2 分的企业，其得分内容集中在项 1"排污信息"和项 7"与环保相关的其他信息"两个评价项上，在数据分析的过程中，笔者发现项 7 涵盖内容众多，例如包括了企业环保政策目标及组织、清洁生产实施、产品环境效能、环境财务状况。第四，从各个行业披露的内容上看，各个行业注重的披露内容不同，采矿业、制造业注重排污信息的披露，热电燃气等行业注重"与环保相关的其他信息"尤其是其中清洁生产信息披露，这也与行业特性有密切联系。采矿业、制造业污染较重，因此环境绩效主要靠污染防控来体现也是强制需要，而热电燃气等则注重突出其电力产品的清洁性。第五，不论哪个行业对环境处罚情况都披露较少，这与 2020 年我国暂无强制性环境信息披露规定有关。从大的合规信息角度来看，积极信息绝对多于负面信息，例如在环境处罚案件信息上，仅有迪森股份、百川能源等极个别公司表明了案件概况及处理。第六，一个突出的问题，就是不论哪个行业在"项目环境影响与行政许可情况"中对资源影响状况都没有披露。第七，需要注意的是，在电力行业中大量存在环境专项资金（包括环境治理费用）信息、设施设备购置结算，但是没有具体环境损害信息或治理基金使用情况的现象。

　　3. 分析：能源企业环境信息精准度评价

　　从精准度评分结果来看，80.88% 的公司总分分布在 0~8 分的低精准度范围内，且其中分布在 0~2 分和 3~5 分的极低精准度的公司最多，总共约占样本公司总数的70.6%，可见能源上市公司环境信息披露中定量信息数量极少（表2-5）。结合表2-6每个披露项披露企业比例来看，被精确披露最多的披露项为"排放（大气）""污水和废弃物"信息即排污信息，这与前文的能源上市公司环境信息披露内容广度评分结果一致；其次为"环境合规"信息，这与此前能源上市公司环境信息披露内容广度评分结果有较大出入，原因在于依据G4指南这里的合规信息包括了合规管理方法，而企业对合规管理方法类（例如，对环保法规政策的应对计划等）积极信息披露较多，管理方法披露项在广度评价中列入了"与环保相关的其他信息"披露项中，因此，这与之前环境处罚情况披露较少的结论并不矛盾。可见，我国能源企业环境信息披露准确性低。

从可比性来看，行业横向比较和内部纵向比较情况差异较大。从披露报告分析无论同行间横向还是本企业内纵向比较其评分均分布在低分值域中；再比较两个低分值域，对企业内部纵向情况的披露又明显高于同行间横向情况的披露。有进行同行间横向比较的9个样本公司中均只有1+，分别为"能源"或"物料"的相关信息对比，且都只作基本表述为"处于行业领先水平"；有进行企业内不同年度情况纵向比较的41个样本公司也多数为1a，其中最多的为国电电力为4a，纵向比较一般为"能源""物料""排放（大气）""污水和废弃物"方面的信息对比。可见，环境信息披露基本没有横向比较，内部历史数据纵向比较情况略好，但也仅有30.1%。值得关注的是"物料"信息的纵横比较相对集中于资源储量、产品回收及包装，"能源"信息的纵横比较相对集中于节能降耗，"排放（大气）"的纵向比较相对集中于温室气体减排（见表2-6）。

能源企业环境信息披露精准度差、对比分析极弱、指标全面性差、全过程性差。第一，虽然在上文参照国内标准进行分析时只是全面性较弱并且有满分公司，但在本分析项目中一旦带入详细指标进行评价，则大多数公司无法找到可得分项目，说明目前能源企业环境信息披露绝大多数处于定性信息披露阶段，部分公司只在一段不足千字的文字中就表述了所有环境绩效情况。第二，绩效指标的不全面导致能源企业（即便是同一行业中的）之间的可比性差，每个公司所描述的指标虽然逐渐统一标准，但对每一项信息的数据提取方式也不统一。第三，"合法性信息"在精准度评价中反而披露程度较高的原因在于合规信息包括了合规管理方法，信息被描述即可获得1分的基础分。第四，基本没有横向比较，且多为概括性描述。第五，有进行对比分析的几项披露项几乎没有长期的比较，多为与上一年度的对比。第六，供应商、水资源、生物多样性信息披露在所有指标中最低，反映过程性信息披露程度不高。

表2-5 能源企业环境信息精准度评分结果（1）

类型	精准度（分）					可比性（个）			
						行业横向比较（+）		行业纵向比较（a）	
值域	0~8			9~16	17~24	0~4	5~8	0~4	5~9
	0~2	3~5	6~8						
分布公司数量	57	28	14	26	0	9	0	41	0
	110								
比例	80.88%			19.12%	0	6.6%	0	30.1%	0

表2-6 能源企业环境信息精准度及可比性评分结果（2）[1][2]

	披露项	得分值	采矿业	制造业	电热燃气等	企业数量	披露此项企业比例
	0. 以下各项管理方法[1]						
每项内容被披露次数	1. 物料[2]	1-1 产品资源种类、储量及用量或所用物料的重量或体积 1-2 所使用的回收进料或无法用于生产的部分资源利用 1-3 回收产品或副产品及包装材料	0分	18	11	74	103	20.6%
			1分	7	4	7	18	
			2分	1	0	10	11	
			3分	3	0	1	4	
	2. 能源	2-1 企业内部的能耗量 2-2 企业外部的能耗量 2-3 能源强度 2-4 减少能耗量 2-5 降低产品和服务的能源需求	0分	16	12	66	94	30.9%
			1分	12	3	21	36	
			2分	1	0	4	5	
			3分	0	0	1	1	
	3. 水资源	3-1 企业与水的相互影响 3-2 管理与排水相关的影响 3-3 取水 3-4 排水 3-5 耗水	0分	22	15	75	112	17.6%
			1分	6	0	15	21	
			2分	1	0	1	2	
			3分	0	0	1	1	

① 不单独评价有涉及各披露项管理方法的则可在相应披露项中赋分。

② 依据2016版GRI《可持续发展报告指南》（简称G4指南），"GRI301物料"部分的具体披露项为：301-1 所用物料的重量或体积；301-2 所使用的回收进料；301-3 回收产品及其包装材料。考虑到能源特殊性，对披露项进行了调整或补充。

续表

披露项		得分值	采矿业	制造业	电热燃气等	企业数量	披露此项企业比例
4. 生物多样性	4-1 企业所拥有、租赁在位于或邻近于保护区和保护区外生物多样性丰富区域管理的运营点 4-2 活动、产品和服务对生物多样性的重大影响 4-3 受保护或经修复的栖息地 4-4 受运营影响区域的栖息地中已被列入世界自然保护联盟（IUCN）红色名录及国家保护名录的物种	0分	19	15	79	113	16.9%
		1分	10	0	13	23	
		2分	0	0	0	0	
		3分	0	0	0	0	
5. 排放（大气）	5-1 直接温室气体排放[①] 5-2 能源间接温室气体排放[②] 5-3 其他间接温室气体排放[③] 5-4 温室气体排放强度 5-5 温室气体减排量 5-6 臭氧消耗物质（ODS）的排放 5-7 氮氧化物（NOx）、硫氧化物（SOx）和其他重大气体排放	0分	20	12	41	73	46.3%
		1分	3	0	7	10	
		2分	6	3	43	52	
		3分	0	0	1	1	
6. 污水和废弃物	6-1 按水质及排放目的地分类的排水总量 6-2 按类别及处理方法分类的废弃物总量 6-3 重大泄漏 6-4 危险废物运输 6-5 受排水和/或径流影响的水体	0分	16	6	41	63	53.7%
		1分	13	0	3	16	
		2分	0	9	48	57	
		3分	0	0	0	0	
7. 环境合规	7-1 违反环境法律法规	0分	17	11	63	91	33.1%
		1分	9	4	29	42	
		2分	3	0	0	3	
		3分	0	0	0	0	
8. 供应商环境评估	8-1 使用环境标准筛选的新供应商 8-2 供应链对环境的负面影响以及采取的行动	0分	27	14	88	129	5.1%
		1分	2	1	4	7	
		2分	0	0	0	0	
		3分	0	0	0	0	

说明：①来自企业拥有或控制来源的温室气体排放。②因产生企业购买或获取的电力、供暖、制冷和蒸气而导致的温室气体排放。③企业外部发生的能源间接温室气体排放中所未涵盖的间接温室气体排放，它包括上游和下游排放。

（四）整体结论

通过对 2020 年度 136 家能源上市公司环境信息披露相关报告的数量和质量的概括性分析可知：

第一，有进行环境信息披露的企业数量不及平均水平，有效信息较少。通过对能源上市公司环境信息披露报告数量的考察，目前以年报形式进行环境信息披露的能源上市公司比例已达 100%，但作为环境信息披露重要载体的社会责任报告（包括 ESG 报告）、专项报告（包括临时报告、可持续发展报告、专项报告）的使用比例仅为 36.7%，低于 2020 年度上市公司环境信息披露整体水平。[①] 从对具体报告的考察来看，以年报形式披露的环境信息多流于形式，一段话披露、概括披露非常普遍。广度和精准度的调查结论也对此问题有所印证。

第二，内容不平衡，非污染信息明显不足。在披露项广度上，仅有不足 0.7% 的样本能源上市公司覆盖了全部七类项目，大部分的能源企业还处于中低覆盖程度，披露项的广度不足；结合更加准确的精准度评价再次来看内容广度，这种不平衡性更加突出，能够体现环保全过程管理"生命周期"的相关信息基本为零。除了强制和通常作为惯例的披露项，企业对于负面环境信息都选择了回避。多数企业所披露的资金信息并未体现资金来源及动向。披露项中，企业披露得最多的为排污信息，事实上在 2016 年排污许可制度正式确立后，凡持有排污许可证的企业，其污染物排放、监测及防治措施等信息均可由全国排污许可证管理信息平台进行查询，排污信息已不再是企业自行披露的重点。

第三，缺乏实质性，行业特征不突出。对于具体数据的披露明显不足，极大部分企业对于披露项只作定性描述没有披露数值且没有数据来源说明与验证渠道，披露项点到即止。缺乏实质性最大的问题在于行业特征无法凸显，通过各能源企业的年报可以发现，在相当一部分上市公司招股说明书的风险提示和解决策略中都有对于所属能源行业特殊风险（如能源输配过程中常见的泄漏等风险）的提示，但是在持续披露（年报、半年报、临报、专报等）中则通常被选择性忽略，只有中石油、中石化等较大公司有行业风险特别说明。

第四，缺乏比较性，横向同行业比较与纵向内部历史比较都没有凸显。横向与纵向比较内容的缺位，使得利益相关者无法了解相关环境表

---

① 《中国上市公司环境责任信息披露评价报告（2020 年度）》指出，上市公司环境责任信息披露水平稳步提升，披露指数创新高，2020 年指数为 37.35，相比 2019 年上升 11.7%，增幅为历年最高。

现的发展情况。个别有进行比较的能源上市公司，比较数据全部为积极信息，对于当年表现较其他年份差的数据则隐瞒不予披露。

二、133家非上市能源企业环境信息披露状况调查

2017年，党的十九大报告指出要着力解决突出环境问题健全"信息强制性披露"制度，"信息披露"一词逐步用于指代所有主体的环境信息公开行为。2021年《改革方案》《管理办法》明确"企业是环境信息依法披露的责任主体"，自此，长期以来"信息披露"专用于上市公司，"环境信息披露"研究对象主要为上市公司的局限得以突破。我国环境信息披露制度研究发端于证券领域，对上市公司环境信息披露的研究业已成熟，而对非上市企业的相关研究尚付阙如。一方面，长期以来对非上市企业的环境信息披露要求远没有上市公司严格；另一方面，非上市企业数量庞大，对其环境信息披露的实证研究工作繁复冗杂。能源企业具有一定特殊性，即便非上市公司其环境影响也不可小觑。因此，在当前环境信息强制性披露制度构建要求下，随着强制性披露义务主体的扩大，对非上市能源企业的环境信息披露状况进行研究，强化有环境影响的非上市能源企业的环境信息披露义务，也是制度建设的应有之义。

（一）企业样本选取

通过"企查查"数据库高级检索进行非上市能源企业样本选取。第一次样本选择共设置七个筛选项：第一，国民行业筛选，为保持行业统一性，依照上市能源企业行业范围进行筛选，行业门类仍然为采矿业（B）、制造业（C）、电力、热力、燃气及水生产和供应业（D）；具体行业涉及：煤炭开采和洗选业（B06），石油天然气开采（B07），石油加工、炼焦及核燃料加工（C25），电力、热力生产和供应业（D44），燃气生产和供应业（D45）。第二，登记状态筛选，选择"在业"及"存续"状态企业。第三，组织机构筛选，选择"大陆企业"。第四，资本类型筛选，选择"人民币"。第五，上市状态筛选，选择"未上市"。第六，资质证书筛选，为尽可能排除没有环境影响的能源服务等行业，因此此项选择具有"排污许可证"或"采矿许可证"的企业。第七，风险信息筛选，同样考虑到样本企业需具有环境风险性，故选择"有环境处罚"风险信息的企业。第一次样本选择共筛选出885家非上市能源企业。第二次样本选择，则设置四个筛选项：第一，除去上一级控股企业为上市公司的企业，上市公司对其子公司进行披露，所以没有披露必要。第二，除去经营范围是咨询服

务类的以及经营范围和实际经营项目不符的企业。第三，除去互为关联企业的企业，最终保留层级较高的控股公司。第四，选择环境处罚数量较多的企业，选择受 4 次以上环保处罚的企业，该类企业环境信息披露必要性较高。第二次样本筛选后最终共选取样本企业 133 家（见表 2-7）。环境信息数据来源于"企查查"、企业官方网站、各级相关生态环境主管部门网站、全国排污许可证管理信息平台以及各类信息检索平台等。

表 2-7　样本非上市能源企业行业分布

行业及代码		非上市公司数量	
采矿业（B）	煤炭开采和洗选业 B06	12	12
	石油天然气开采 B07		0
制造业（C）	石油加工、炼焦及核燃料加工 C25	41	
电力、热力、燃气及水生产和供应业（D）	电力、热力生产和供应业 D44	80	76
	燃气生产和供应业 D45		4
合计		133	

（二）样本评价目标设定及评价规则

在 2021 年《改革方案》《管理办法》发布前，非上市能源企业环境信息披露依据主要为 2014 年发布的《企业事业单位环境信息公开办法》。该办法规定，需要公开的信息包括：基础信息、排污信息、污染防治设施的建设和运行情况、项目环评及其他环保行政许可情况、突发环境应急预案及其他应当公开的环境信息，公开内容与能源上市公司公开要求基本一致。除了重点排污企业外，一般企业事业单位"自愿公开有利于保护生态、防治污染、履行社会环境责任的相关信息"。2016 年排污许可制度正式确立，至 2020 年年底已完成所有行业排污许可证核发及信息登记，而排污许可证应当记载事项基本涵盖了办法所规定的披露项。排污许可制度的实施对象为排放污染物的企业事业单位和其他生产经营者并不局限于重点排污单位，领证企业一般为污染物产生量、排放量和对环境的影响较大的企业，故需申领排污许可证的非上市能源企业也应当履行严格的环境信息披露义务，同时非上市能源企业环境信息披露项中的排污及污染防治类信息可直接通过排污许可证获知。因此，对于非上市能源企业，主要考察其排污许可证申领及其他非排污类环境信息披露情况，并关注其环保合规信息披露状况。因最新版本《固定污染源排污许可分类管理名录（2019年版）》于2019年12月发布，且2020年年底完成所有行业排污许可证核发工作，故以2020年样本企业的相关信息状态为主。

共设定两项评价目标：第一项，非上市能源企业排污许可证及其他环境信息披露情况评价；第二项，非上市能源企业环保处罚数量、处罚种类及其公示途径评价。

非上市能源企业排污许可证及其他环境信息披露情况评价包括两个维度：第一个维度，取得排污许可证的非上市能源企业数量；第二个维度，非上市能源企业其他环境信息披露情况。

非上市能源企业环保处罚数量披露、处罚种类披露及其公示途径评价包括三个维度：第一个维度，非上市能源企业环保处罚数量；第二个维度，非上市能源企业环保处罚种类；第三个维度，非上市能源企业环境信息公示路径。

（三）样本分析

1. 分析：非上市能源企业排污许可证及其他环境信息披露情况评价

取得排污许可证的非上市能源企业数量方面，通过全国排污许可证管理信息平台的公开端及"企查查"数据库对133家样本企业排污许可证情况进行检索。截至2022年1月1日，共103家样本企业持有有效排污许可证，占全部样本企业的77.44%（见表2-8）。根据样本筛选条件，选取样本企业时资质证书选项选择为具有"排污许可证"或"采矿许可证"的企业，风险信息筛选项选择"有环境处罚"风险信息的企业，且二次样本选择时选择受环保处罚次数大于4次的企业，但通过查询发现仍有30家企业无排污许可信息，且其中受到7次以上环保处罚的企业比例高于有证企业，可见存在有较大环境影响的能源企业未取得排污许可证的情况（见表2-9）。对103家企业进行排污许可证信息核查，排污许可证对污染物信息记载十分详尽，包括"主要污染物类别""主要污染物种类""污染物排放规律""污染物排放执行标准""排污使用和交易信息"，通过二维码获取较为便利，环境污染物主要为氮氧化物、二氧化硫、烟尘以及废水。此外，发现存在个别企业逾期未及时申领排污许可证的情况，例如山西闽光新材料科技有限责任公司的排污许可证已于2020年6月23日过期，却未提供重新申领到的排污许可证，该公司直到2021年8月31日才重新申请排污许可证，本次评估中暂将该企业列为无排污许可证企业。

表 2-8　样本非上市能源企业排污许可证数量分析

	有排污许可证	无排污许可证
数量	103	30
占比	77.44%	22.56%
共计（家）	133	

表 2-9　样本非上市能源企业受环保处罚数量

受环保处罚数（次）	无证样本企业数量（个）	占无证样本企业数比	有证样本企业数量（个）	占有证样本企业数比
4	10	33.3%	33	32.0%
5	6	20.0%	21	20.4%
6	4	13.3%	18	17.5%
7	5	16.7%	13	12.6%
8	1	3.3%	8	7.8%
9	4	13.3%	9	8.7%

非上市能源企业其他环境信息披露情况方面，通过企业官方网站、各级相关生态环境主管部门网站、各类信息检索平台分别对 103 家有排污许可证的企业和 30 家无排污许可证企业的其他环境信息披露情况进行逐一检索。有排污许可证的 103 家企业中有公布官方网站网址的为 24 家，但提供有效网址的仅有 5 家，其中涉及环保理念、节能减排等其他环保信息公开的仅有山东省岚桥石化有限公司、陕西延长石油延安能源化工有限责任公司、中国石化集团北京燕山石油化工有限公司[①]、河南省顺成集团能源科技有限公司 4 家企业。无排污许可证的 30 家企业中有公布官方网站网址的仅 3 家且均为无效网址，因而对于无排污许可证的企业，笔者既无法通过许可证得知排污信息，也无法从其他途径获取其相关信息。

2. 分析：非上市能源企业受环保处罚数量、处罚种类及其公示途径评价

非上市能源企业受环保处罚数量方面，在 133 家非上市能源企业中，受环保处罚的次数主要集中在 4~5 次，无论是有排污许可证的企业还是无排污许可证的企业，占比均为 50%。受到环保处罚数量为 4 次的企业最多，8 次的企业最少，而受处罚数量为 9 次的企业数量反而有增长的趋势（如图 2-1 所示），且在受处罚 9 次的企业中，无排污许可证的企业相对比例高于有排污许可证的企业，查询 4 个企业共 36 份环保处罚记录发现，其处罚事由都并非无证排污，大部分为对超标排放污染物或停用污染防治实施设备等具有实质环境影响行为的处罚。

---

① 该企业的控股公司中国石油化工集团有限公司为非上市公司。

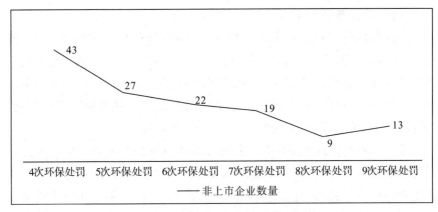

图 2-1　非上市能源企业受环保处罚数量分布图

非上市能源企业环境信息公示情况方面，从公示的平台渠道——官网、公众号、地方政府生态环境部门公示等进行考察。通过"企查查"数据库查询有官网的企业仅27家有公布相关网址或查询路径（见表2-10），但是大部分网址失效、变更或者无法正常访问，部分能访问的企业官网一般也只是理念、绿色目标、大致的节能降耗情况，有公示环评信息以及监测情况的仅两家企业且主要为国资背景，对环境处罚等负面信息并没有进行公示，对受处罚案件的后续情况未公开。对133家企业进行微信公众号检索，其中有公众号的企业为12家，但均未查询到有效环境信息。地方政府生态环境主管部门网站可查询到处罚情况，但较为零散且不全面。通过"企查查"数据库对环保处罚的信息进行查询，较前述企业官网、公众号、主管部门网站等途径更为完整、快捷，但仍然存在处罚依据、处罚结果、违法类型等信息空白的问题，而且数据库上载的处罚文件附件不全，其处罚数量的统计周期也存在现有处罚和历史处罚的统计年限划分不统一的问题。

表 2-10　非上市能源企业环境信息披露路径情况

路径			数量
企业网站	无网站		106
	有网站	可正常访问　有环境信息	4
		可正常访问　无环境信息	1
		仅限内部登录	2
		无法访问	20
"企查查"平台		有环境信息	0
		无环境信息	133
公众号		有环境信息	0
		无环境信息	12
相关政府信息网环境信息（处罚信息）			133

（四）整体结论

2021 年以前，对于非上市一般企业没有环境信息披露要求，甚至没有信息披露规定（除重点排污单位和非上市公众公司）。因此，基于信息可查的考虑从排污许可证的申领情况和环保处罚信息的可查情况两个评价角度对 2020 年度 133 家非上市能源企业环境信息披露情况进行考察，并同时对企业信息公开路径进行了统计，分析可知：

第一，环境信息披露率低。披露率低表现在三个方面：第一个方面是对环境信息进行主动披露的企业数量极少，仅有 4 家约 3% 的非上市能源企业对环境信息进行披露，其中 2 家为国有企业；第二个方面是公开途径所能查询到的环境信息仅排污信息、受环保处罚信息，均属被动公开；第三个方面是被动公开表现差，即通过排污许可证进行排污信息公开的企业比例也仅七成。

第二，环境信息披露整体质量差。质量差体现在：4 家主动进行环境信息披露的非上市能源企业在其企业网站上所公示的信息也多为概括性描述，仅有中国石化集团北京燕山石油化工有限公司网站设"环境监测数据"专栏进行实质性信息披露；另 3 家企业中陕西延长石油延安能源化工有限责任公司在企业网站设"可持续发展"专栏对企业绿色发展动态进行实时更新，其余两家企业则只是在企业文化及社会责任中表明其绿色发展理念。

第三，有较大环境影响的企业未进行信息披露。非上市能源企业中存在有较大环境影响的企业未取得排污许可证的情况。受到 7 次以上环保处罚（历史处罚尚未统计在内）表明企业已具有一定的环境影响力，却至 2020 年年底仍未取得排污许可证，明显存在无证排污行为。2014 年《环保法》中就已规定了对"未取得排污许可证排放污染物"行为的处罚，但是从这些企业所受环保处罚（均为 2015 年之后的环保处罚）事由看却几乎没有对于"未取得排污许可证排放污染物"行为的处罚多数是对于超标排放污染物及闲置污染防治设施的处罚决定，在此情况下，如果不是环境执法存在失误就是企业排污许可证未得到正确公示。虽然在样本选择的时候将"排污许可证""采矿许可证"设定为了条件项但二者为选择关系，可能存在样本企业有"采矿许可证"却没有"排污许可证"的情况，也存在"企查查"与全国排污许可证信息管理平台统计不一致的可能。

第四，无环境信息披露有效路径。除了通过排污许可证信息和环保处罚信息倒推企业环保情况外，几乎没有其他途径可获知企业其他环境信息。对于无排污许可证的非上市能源企业，更是连其排污信息都无法获知。

三、23 家能源发债企业环境信息披露现状

2021 年《改革方案》《管理办法》的发布，对环境信息强制性披露义务主体予以明确。其中与以往所有规定不同的是，明确了"发债企业"（发行企业债券、公司债券、非金融企业债务融资工具的企业）为环境信息强制性披露义务主体。企业因资金不足，经相应主管部门批准，可以自行发售债券，也可以委托银行或其他金融机构代理发售债券，筹集所需资金，该类企业就称为发债企业。

与上市公司相似，将"发债企业"纳入主体范畴的原因在于其面向一定群体进行融资拥有较为庞大的利益相关者群体，具有较大的社会影响力，然而发债企业本身体系庞杂（如图 2-2 所示）、数量众多。中国证券业协会发布的 2021 年第四季度债券市场信用评级机构业务运行及合规情况通报中指出，截至 2021 年 12 月 31 日，存续的公司信用类债券发行主体共计 3565 家。非金融企业债务融资工具、公司债和企业债发行人分别为 2294 家、1194 家和 1480 家。虽然《管理办法》通过第 8 条规定的六种情形对需进行环境信息披露的发债主体进行了限制，但是从办法第 15 条的披露内容来看，发债企业一方面承担着对自身生产经营行为所产生的环境影响进行风险提示的义务，另一方面承担着对融资去向是否符合气候变化、环保要求等信息的公示责任。就"绿色债券"而言，所募集资金是否正确用于资助符合规定条件的绿色项目才是广大利益相关者们需要了解的信息，是发债企业环境信息披露的重要披露项。如此一来，上市公司、发债企业正常情况下必然会"通过发行股票、债券、存托凭证、可交换债、中期票据、短期融资券、超短期融资券、资产证券化、银行贷款等形式融资"披露"年度融资形式、金额、投向等信息，以及融资所投项目的应对气候变化、生态环境保护等相关信息"。这也将成为常态化且不受第 8 条的限制。2021 年 4 月，中央结算公司中债研发中心、深圳客户服务中心联合发布《中债—绿色债券环境效益信息披露指标体系（征求意见稿）》[①]并向社会公开征求意见，该指标体系针对细分行业制定定量分析一共设计了 30 个通用指标和 13 个特殊指标（适用于单一行业），实现了环境效益的可计量、可核查、可检验。可见在债券领域，更加注重

---

① 此版指标体系是在 2018 年《绿色债券环境效益信息披露制度及指标体系》基础上的进一步优化。该指标体系符合中国人民银行、国家发展和改革委员会、中国证券监督管理委员会发布的《绿色债券支持项目目录（2021 年版）》涵盖所涉及的绿色行业，包括 6 个大行业和 203 个子行业，将有助于为监管部门对有关碳中和数据的统计进一步提供参考。

环境效益信息的披露。

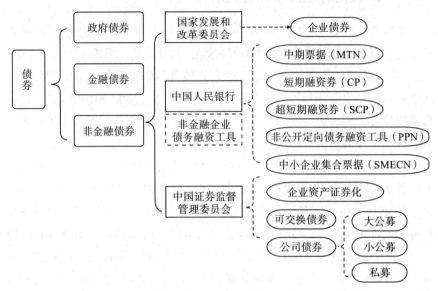

图 2-2　发债企业类别示意图

（一）企业样本选取

第一次样本选择，共进行三次筛选：第一步：在 RESSET 数据库中选择债券标识与信息，再选择日期范围中日期对象为公司成立日期，日期范围为数据开始日期 1955 年 10 月 1 日至数据结束日期 2022 年 7 月 1 日（项目统计数据日期）。第二步：查询条件为普通查询，查询对象为最新公司全称；附加查询中证监会行业门类代码分别选取三大类别，即确定调查样本行业范围为采矿业（B），制造业（C），电力、热力、燃气及水生产和供应业（D）。第三步：选取输出字段，公司标识选取最新公司全称及上市标识；联系方式选取信息披露网址和信息披露报纸并把输出设置为 Excel 格式（*.xls），三份不同行业范围的数据汇总后，共找到符合行业类别的样本 1062 个。

第二次样本选择，筛选标准为具体行业涉及：煤炭开采和洗选业（B06），石油天然气开采（B07），石油加工、炼焦及核燃料加工（C25），电力、热力生产和供应业（D44），燃气生产和供应业（D45）。与上市和非上市能源企业行业范围一致。共找到符合行业要求的样本 110 个。再剔除 110 个样本中上市和非上市能源企业已涉及的考察样本，即选取之前没有涉及的企业共计 27 家。

第三次样本筛选，在 27 家能源发债企业的基础上，除去 1 家仅从事产品贸易业务，不涉及环境信息披露事项的公司，即云南云维股份有限公司；除去2家没有2021年度年报的数据（公司尚未上市的）的公司，即龙源电力集团股份有限公司、中国三峡新能源（集团）股份有限公司；除去1家被上市公司协鑫能源科技股份有限公司全权控股的公司，即协鑫智慧能源（苏州）有限公司。

最终经三次析出后共选取23家样本能源发债企业。其行业及代码具体分布见表2-11。环境信息数据来源于RESSET数据库、"企查查"、全国排污许可证管理信息平台、企业官网、企业微信公众号、信息披露网址、信息披露报纸以及搜狗微信引擎等。由于2021年之前并无对发债企业环境信息披露的要求，故以2021年发债企业相关信息状态为准，主要研究发债企业环境信息披露现有基础，为发债企业后续履行披露义务作参考。

表2-11 样本能源发债企业行业分布

行业及代码		能源发债企业数量	
采矿业 （B）	煤炭开采和洗选业 B06	10	12
	石油天然气开采 B07	2	
制造业 （C）	石油加工、炼焦及核燃料加工 C25	1	
电力、热力、燃气及水生产和供应业 （D）	电力、热力生产和供应业 D44	7	10
	燃气生产和供应业 D45	3	
合计		23	

（二）样本评价目标设定及评价规则

长期以来，对发债企业并无环境信息披露义务的规定，能源发债企业缺乏环境信息披露的经验，不能按照能源上市公司的环境信息披露高标准设定考察目标；同时因其影响力大于一般非上市能源企业，在环境信息依法披露制度改革后所有能源发债企业的环境信息披露责任均提升至与上市公司一致，不能按照一般非上市能源企业的低标准设定评价目标。基于对能源发债企业现有披露基础的摸底，依据《管理办法》的规定设定评价目标。

共设定两项评价目标：第一项，企业年报①中的环境信息披露状况评价；第二项，绿色融资情况评价。

企业年报中的环境信息披露状况评价包括《管理办法》第12条所规定的八项内容，整合后设定六个评价维度：第一个维度，企业基本信息及环境管理信息；第二个维度，污染物产生、治理与排放信息；第三个维度，碳排放信息；第四个维度，生态环境应急信息；第五个维度，生态环境违法信息；第六个维度，临时环境信息依法披露情况。

绿色融资情况评价包括年度融资形式、金额、投向等信息，以及融资所投项目的应对气候变化、生态环境保护等相关信息。

（三）样本分析

1. 分析：企业年报中的环境信息披露状况评价

需要特别说明的是，2021年度23家样本能源发债企业中仅16家企业发布了年度报告，其余能源发债企业的环境信息通过各类查询平台获取。

企业基本信息及环境管理信息方面，通过"巨潮资讯""企查查""RESSET数据库""中国债券"等信息平台查询可获得23家样本能源发债企业的公司中英文名称、公司简称、公司代码、曾用简称、关联证券、所属市场、所属行业、成立日期、上市日期、法人代表、总经理、公司董秘、邮政编码、注册地址、办公地址、联系电话、传真、官方网址、电子邮箱、主营业务、经营范围、机构简介等企业基本信息，基本实现了企业基本信息的全方位披露。通过全国排污许可证管理信息平台对23家样本能源发债企业是否有排污许可证进行检索查询，共有11家能源发债企业有排污许可证，占比约为48%；12家能源发债企业没有排污许可证，占比约为52%。而23家样本企业均无对环境税、环境污染责任保险、环保信用评价等方面的信息公开。

污染物产生、治理与排放信息方面，通过"巨潮资讯"对23家样本能源发债企业的年报中的排污及环境自行监测情况进行查询。得出共17家能源发债企业有排污及环境自行监测情况的相关概述，占比约为74%；其中11家能源发债企业有详细展开描述，占比约为48%；6家能源发债企业只是简略概括，占比约为26%。其余6家能源发债企业没有相关描述，占比约为26%。共18家能源发债企业有防止污染设施的建设和运行

---

① 《管理办法》所规定的是企业应当编制年度环境信息依法披露报告，这是一份专门报告，但在办法实施前，发债企业几乎不可能发布此份报告，故考察年度报告中环境信息披露情况。

的相关概述，占比约为78%；其中16家能源发债企业有详细展开描述，占比约为70%；2家能源发债企业只是简略概括，占比约为8%。其余5家能源发债企业没有防止污染设施的建设和运行的相关描述，占比约为22%。此外，通过排污许可证对排污信息进行比对，有排污许可证的样本企业其相关排污信息均可通过排污许可证获知，包括污染类别、具体种类、主要污染防治措施、自行监测、排污相关处罚信息等。而12家无证企业中，6家企业也无年报披露，可见仍然存在一定数量的能源发债企业没有披露排污、治理及监测情况（见表2-12）。

表2-12 样本能源发债企业污染物产生、治理与排放信息分析

	情况		数量	占比
排污许可证情况	有排污许可证		11	48%
	无排污许可证		12	52%
	共计		23	100%
环境自行监测情况	有	详细	11	74%
		简略	6	
	无		6	26%
	共计		23	100%
防止污染设施的建设和运行情况	有	详细	16	70%
		简略	2	8%
	无		5	22%
	共计		23	100%

碳排放信息方面，通过检索23家能源发债企业2021年的年报，能源发债企业有碳排放信息披露相关概述的有10家，占比约为43%；其中3家能源发债企业有详细展开描述即碳排放交易情况和碳排放保证金、碳排放资产等，占比约为13%；7家能源发债企业只是简略概括即在行业格局和趋势中呼吁减少碳排放和执行《碳排放权交易有关会计处理暂行规定》，占比约为30%。其余13家能源发债企业没有碳排放信息披露的相关描述，占比约为57%。可见仍然存在一定数量的能源发债企业没有披露碳排放信息的情况。而碳排放作为环境信息披露的新兴事物，其披露的内容和形式以及平台等在理论和实践中都有待考究。

生态环境应急信息方面，共18家能源发债企业有突发环境应急预案的相关概述，占比约为78%；其中12家能源发债企业有详细展开描述，占比约为52%；6家能源发债企业只是简略概括，占比约为26%。其余5

家能源发债企业没有突发环境应急预案的相关描述，占比约为22%（见表2-13）。

表2-13　样本能源发债企业突发环境应急预案数量分析

突发环境应急预案		数量	占比
有	详细	12	78%
	简略	6	
无		5	22%
共计		23	100%

生态环境违法信息方面，能源发债企业环保行政处罚数量为0次的有18家，占比约为78%。能源发债企业环保处罚数量为1次的有5家，占比22%（见表2-14）。从能源发债企业的司法案件中涉及环保的情况来看，主要是行政案件共23件，民事案件、刑事案件没有。目前我国关于能源发债企业生态环境违法信息披露中对行政处罚的披露程度与质量较高。同时表明，我国生态环境司法实践还较为薄弱，司法案件仍以行政案件为主。

表2-14　23家能源发债企业环保处罚数量分析

环保处罚次数	数量	占比
0次	18	78%
1次	5	22%
共计	23	100%

临时和专门环境信息方面，内蒙古伊泰煤炭股份有限公司和山西焦化股份有限公司等5家有临时环境信息依法披露报告或专门环境信息依法披露报告，占比约为22%。其中2家能源发债企业既有临时环境信息依法披露报告也有专门环境信息依法披露报告，占比约为9%；兖矿能源集团股份有限公司和金开新能源股份有限公司共2家能源发债企业只有专门环境信息依法披露报告，占比约为9%；湖北能源集团股份有限公司1家能源发债企业只有临时环境信息依法披露报告，占比约为4%。其余18家能源发债企业没有临时环境信息依法披露报告或专门环境信息依法披露报告，占比约为78%。

2. 分析：绿色融资情况评价

通过"巨潮资讯"对23家样本能源发债企业的年报中有无"融资形式、金额、投向等信息以及融资所投项目的应对气候变化、生态环境保护等相关信息"的情况进行查询。得出共 10 家能源发债企业有"融资形式、金额、投向以及融资所投项目的应对气候变化、生态环境保护等相关信息的披露情况"相关描述，共 4 家能源发债企业只有"年度融资形式、金额、投向"等信息的相关描述；共 6 家能源发债企业只有"融资所投项目有关应对气候变化、生态环境保护"等信息的相关描述；其余 3 家能源发债企业没有涉及"融资形式、金额、投向以及融资所投项目的应对气候变化、生态环境保护等相关信息的披露情况"相关描述（见表 2-15）。

表 2-15　样本能源发债企业的绿色融资情况分析

绿色融资情况	数量	占比
只有年度融资形式、金额、投向	4	18%
只有融资所投项目有关应对气候变化、生态环境保护等相关信息的披露	6	26%
既有年度融资形式、金额、投向，也有融资所投项目有关应对气候变化、生态环境保护等相关信息的披露	10	43%
无相关披露	3	13%
共计	23	100%

个别能源发债企业在这方面的信息披露较为全面，例如内蒙古伊泰煤炭股份有限公司、兖矿能源集团股份有限公司、金开新能源股份有限公司 3 家企业在其《环境、社会责任和公司治理报告》专列的"环境保护"章节中对"融资所投项目应对气候变化、生态环境保护等相关信息披露"进行详细展开，其中大致涉及"排放管理、资源管理、绿色生态、应对气候变化"等方面。再如重庆三峡水利电力（集团）股份有限公司年报中对"融资所投项目应对气候变化、生态环境保护等相关信息披露"的描述，用案例并列举具体金额数字进行说明，还区分废水和废气治理设施投入，有其可取之处。

就总体情况而言，一方面，从没有公布"年度融资形式、金额和融资投向"的 13 家能源发债企业来看，仍然有企业以"公司不存在公开发行并在证券交易所上市，且在年度报告批准报出日未到期或到期未能全额兑付的公司债券"为理由没有披露。另一方面，从"融资所投项目应对气候变化、生态环境保护等相关信息披露"方面来看，共 16 家能源发债企业有"融资所投项目应对气候变化、生态环境保护等相关信息披露"的相关概述，占比约为 70%；其中 5 家能源发债企业有详细展开描述，占比约为 22%；11 家能源发债企业只是简略概括，占比约为 48%。其余 7 家能源发债企业没有"融资所投项目应对气候变化、生态环境保护等相关信息披露"的相关描述，占比约为30%（见表2-16）。

表2-16 样本能源发债企业的融资所投项目有关应对气候变化、生态环境保护等相关信息的披露情况分析

融资所投项目有关应对气候变化、生态环境保护等相关信息的披露情况		数量	占比
有	详细	5	22%
	简略	11	48%
无		7	30%
共计		23	100%

（四）整体结论

2021年以前，发债企业没有环境信息披露要求，但发债企业中涵盖了上市公司与非上市公司，存在交叉。在之前的能源上市公司调查中除去了五类企业[①]，在非上市能源企业调查中设置了11个筛选项[②]，因此，样本能源发债企业主要是对前两轮调研能源企业样本的补充，例如，可能是2020年后上市的能源上市公司，可能是环保处罚数量在4次以下的非上市能源企业。本轮调研主要是对发债能源企业现有披露基础的摸底，即考察在新规要求下目前发债企业的披露程度如何，以作为后续能源发债企业环境信息披露义务履行的背景数据。分析可知：

第一，披露质量两极分化明显。进行了环境信息披露的能源发债企业披露都较为全面，即要么"全有"要么"全无"。例如，18家能源发债企业只要进行了环境信息披露，均覆盖了排污、污染防治措施、自行监测、应急预案等大部分披露项，且过半企业都对披露项进行了详细描述。从债券类型上看，发行公司债券的能源发债企业，由于受到证监会《公开发行证券的公司信息披露内容与格式准则第38号——公司债券年度报告的内容与格式》（也称《公司债券年报准则》）的规制，其年报规范并均有对环境信息的描述（不论是否实质性但均有涉及），且凡涉及污染物排放的企业均持有排污许可证。企业债券、非金融企业债务融资工具发行企

① 除去开采辅助活动上市公司、主营业务非能源/不稳定上市公司、2020年未上市公司、2020年基本数据未更新的上市公司、ST公司。

② 能源企业行业范围参照上市公司调查，登记状态为"在业"/"存续"、组织机构为大陆企业、资本类型为人民币、上市状态筛选为未上市、资质证书为有"排污许可证"或"采矿许可证"、风险信息为有环保处罚、除去上一级控股企业为上市公司的企业、除去经营范围是咨询服务类的以及经营范围和实际经营项目不符的企业、除去互为关联企业的企业、选择环境处罚数量4次以上的企业。

业则表现不佳。这与公司债券受证监会监管有关，证监会对于企业信息披露的监管体系较为成熟。

第二，披露率与违法信息量直接相关。环境信息披露表现较好的18家能源发债企业，其受到环保处罚的次数均为0。有环保处罚记录的5家能源发债企业，则基本没有进行环保信息披露。这也与前两轮评估一致，即环保表现越好的企业越愿意公开其环境信息。此外，值得关注的是，能源发债企业相比于大部分的一般企业环保表现更好，在对非上市能源企业进行调研时，笔者设置了受环保处罚4次及以上的筛选项，因而在发债企业调研中受处罚3次及以下的企业都将被覆盖，从统计结果来看，没有受到3次及2次环保处罚的企业，样本能源发债企业受处罚次数均为1次或0次。

第三，碳排放信息粗略、临时环境信息基本没有。一方面，能源发债企业样本数量较少，另一方面，以往无论是上市公司还是企事业单位信息披露要求中均无碳排放信息要求，因此，23个样本企业基本没有针对碳排放信息的专门说明，零星信息包括排放量、排放设施等方面的信息在大气污染物排放信息或者概述中的节能减排表现中体现。由于样本能源发债企业环保表现尚佳，有进行披露的企业对于受行政处罚信息、直接负责人员被处以行政拘留或追究刑事责任、环境损害赔偿及协议等临时环境信息均无披露也无披露必要，临时信息中涉及生态环境行政许可变动的情况，一般为排污许可证的申领情况则在排污许可证中予以体现。

第四，有绿色融资披露但多数为非专项分散披露。绿色债券是我国绿色金融发展的重要部分。通过《中债—绿色债券环境效益信息披露指标体系（征求意见稿）》及中国人民银行、国家发展改革委、证监会联合发布的《绿色债券支持项目目录（2021年版）》可知部分能源发债企业本身主营业务即在被支持项目范围内，例如，节能环保服务、新能源技术开发、清洁能源利用等，此类企业对本身财报、运营状况的披露即可视为对"融资形式、金额、投向等信息，以及融资所投项目的应对气候变化、生态环境保护等相关信息"的披露。另有部分能源发债企业则是有大量绿色融资需求，以用于能源开发利用过程中的节能环保项目，这类企业对于融资的使用是否符合环保要求或是否投向环保项目也无专门说明，多数是在年报社会责任部分对环保投入进行金额的说明，事实上是对"用途"的说明而非严格意义上的"投向"说明。目前"年度融资形式、金额和融资投向"等信息散布于年报各个部分，专业用语没有统一、表述模糊笼统、查阅难度大，虽有绿色融资披露但尚未形成信息披露的专项。在债券筹集资金使用情况部分的说明多表述为：用于补充公司营运资金、改善债务结构等。"融资所投项目应对气候变化、生态环境保护等相关信息"存在仅罗列"环境治理恢复基金""矿山地质环境治理恢复与土地复垦基金""环境恢复保证金"及其金额，还有的只是文字概述应对气候变化举措和环境治理成果，没有详细信息及其投入金额等问题。

小　结

综上研究，我国能源企业环境信息披露还处于企业自愿、形式自由的披露阶段，除了已被列为强制披露对象的重点排污企业等，其他能源企业披露主体、时间、内容、渠道并不统一。当前能源企业环境信息披露无论数量还是质量上都无法满足利益相关者的需求。披露主体、时效及披露内容范围不统一的问题在2021年《管理办法》颁布后将得到明显改善。披露质量方面的问题仍有较大提升空间，不仅是在调查结论中已有提及的实质性、平衡性、完整性、可比性问题，还有利益相关方包容性、清晰性、可靠性、行业/专业性等问题需要解决，这有待在2021年开启的全面环境信息依法披露制度改革进程中各有关部门、企业、导咨询服务机构、行业协会、商会等的共同努力。能源企业，应当在环境责任的承担上发挥表率作用，承担引领环境意识和推进环境可持续发展的义务，以发挥能源"矛盾"地位在调节经济与环境关系上的实际作用，并以能源企业示范作用提升企业环境信息公开的总体水平，为现代化多元环境治理及证券监管制度调整提供支撑，为政府、中间机构和企业提供参考。

2020年是"十三五"规划纲要的收官之年，"十三五"规划纲要确定的生态环境领域9项目标超额完成，在全面推进信息公开方面，上市公司环保信息强制披露机制已基本建立。随着《证券法》《公开发行证券的公司信息披露内容与格式准则第2号——年度报告的内容与格式》《公开发行证券的公司信息披露内容与格式准则第3号——半年度报告的内容与格式》《上海证券交易所上市公司自律监管指引第3号——行业信息披露》《深圳证券交易所上市公司自律监管指引第3号——行业信息披露》《深圳证券交易所上市公司自律监管指引第4号——创业板行业信息披露》等规范性文件的修订与颁行，证监会上市公司环境信息披露工作实施方案"三步走"第三步任务也相应完成，即2020年12月前要求所有上市公司强制环境信息披露。对2020年能源上市公司、非上市能源企业环境信息披露状况进行考察，对新设发债企业环境信息披露现状进行调研，是对能源行业落实环境信息披露阶段性目标情况的检验，更重要的意义在于为迈向"2025年环境信息强制性披露制度基本形成"的目标提供背景数据和参考。

第三章 规范化基础："环境信息强制性披露制度"与相关既有规范

小题记：千里之行始于足下，它山之石可以攻玉。

伴随着全球环境问题的加剧，企业社会责任理论及实践向纵深发展，社会对企业环境信息的知悉要求也逐步提升。回顾企业环境信息披露发展，企业环境信息披露制度最早萌芽于 20 世纪 40 年代。[①] 在此时期，工业迅速发展，能源利用所带来的全球环境问题开始凸显，随着能源的大量消耗和环境污染的日益严峻，社会各界开始产生企业社会责任认知。20世纪40年代，部分公司年报中开始出现公司社会责任披露，[②] 尚有余力的公司开始关注公司的社会影响及形象，但对社会责任的披露大部分停留于公司规模、系统风险、产业特征及治理情况上，对环境信息的披露十分有限。环境信息披露开始以环境会计的形式出现，整体上从 20 世纪 40 年代至 60 年代末，是环境信息披露的发现与认知阶段。进入 20 世纪 60 年代，随着企业可持续发展理论、利益相关者理论的相继出现和企业社会责任理论的深入，企业环境责任概念开始明确，环境信息披露向专业化方向发展，企业开始自发地进行环境信息披露。随着证券市场的发展，上市公司开始从一般投资者角度进行环境信息披露必要性研究，将公司治理真正地与环境保护进行联系。随着投资者环境意识的提高，越来越看重企业环境行为对公众环境利益所带来的影响，是否"助纣为虐"也成为高素质投资者的考量因素。为了保证投资者尤其是具有社会和环保意识的投资者作出投资决策，上市公司纷纷注意对积极环境影响经营活动信息进行公开。在立法方面，美国、加拿大等证券制度发达的国家以及国际社会开始出现环境责任披露的有关规定，环境信息披露开始成为企业信息披露惯例。整体上从 20 世纪 60 年代至 20 世纪末，以 1999 年版 AA1000 系列标准、1999年联合国提出的"全球协议"、1999 年颁布的道琼斯可持续发展指数等为代表的发展时期是上市公司环境信息披露制度的探索与发展阶段。进入21 世纪后，"绿色金融"发展逐渐成熟，公众和企业环境意识全面提升，

---

① 企业信息披露制度出现于 19 世纪 40 年代的英国，是伴生于会计信息披露制度建立。

② Cristi K. Lindblom, The Implication of Organization Legitimacy for Corporate Social Performance and Disclosure, *Critical Perspective on Accounting*, 1994, Vol.8, No.1, pp.120-127.

企业进行环境信息披露的动因更加复杂。随着上市公司国际化、国际市场化程度提升，绿色信贷、绿色关税标准更加严格，这一时期，国际环境管理认证标准、企业社会责任指数越来越受到重视，一些新的标准和指数出现，以往未受重视的标准和指数，例如，赤道原则（Equator Principles，EPs）、ISO14000 环境管理体系标准、ISO26000 社会责任指南标准等开始被大量运用到实际工作中，上市公司进入国际市场开始面临新的绿色竞争压力。

这一时期，国内环境与证券法制也不断完善，借鉴国际先进经验结合国内经济发展需求，在原有制度基础上对信息披露制度进行了修正与完善，我国对于企业环境信息披露的规制，率先在证券领域建立。也正是这个时期在原有证券领域信息披露制度基础上，更为全面的环境信息披露制度框架构建形成。长期以来，在环境信息披露规制方面，我国保持证券领域、生态环境保护领域"双主线"发展。在证券领域，从 2001 年证监会《公开发行证券的公司信息披露内容与格式准则第 1 号——招股说明书》环境信息披露要求开始出现在上市公司信息披露文本中，随后深圳证券交易所、上海证券交易所、香港联合交易所先后发布相关指引，目前证监会发布的"定期报告内容与格式准则"系列、《上市公司治理准则》（2018 年修订）与上海证券交易所、深圳证券交易所发布的各项指引、自律规则，共同构成了我国证券领域环境信息披露规则体系；在生态环境保护领域，早期对企业环境信息披露的规定较为零散，有以下两个特点：第一，散见于环保部门对上市公司的环保核查有关规定当中（这些规定在 2014 年后环境监管职能转变中多数被废止）；第二，2014 版《环境保护法》出台后，企业环境信息披露要求一般在信息公开类的规范性文件中予以规定。2010年原环保部出台的《上市公司环境信息披露指南（征求意见稿）》在一定程度上，弥补了生态环境保护领域企业环境信息披露专项规定的缺位，但此后的十年间始终未发布正式文本，直至 2021 年 12 月《管理办法》的发布，才填补了企业环境信息披露专项规定的空白。《管理办法》的出台，也意味着证券、生态环境保护两个领域在推动企业环境信息披露制度构建中的深度合作，并开始形成以《管理办法》为统领和基础的企业环境信息披露制度体系。如今，企业环境信息披露的压力已不仅是来自政府和社会公众两个方面，而是多方综合因素倒逼企业必须重视环境信息披露。"盘子"越大、环境风险越高，对环境责任的承担和环境信息披露的压力也越大，若不规范与适应现代信息披露要求，企业将可能无法发展甚至无法生存。

一、核心基点："环境信息强制性披露制度"的确立

（一）我国环境信息披露制度的演进

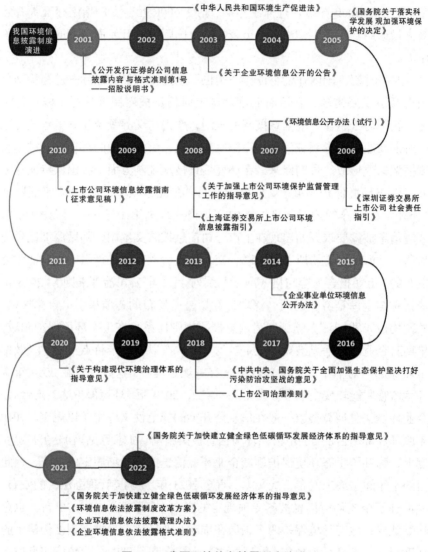

图 3-1　我国环境信息披露制度演进

进入 21 世纪后理论与实务界开始关注环境信息披露问题，21 世纪头十年，是制度探索与初步构建时期（见图 3-1）。2001 年 3 月 15 日，证监会《公开发行证券的公司信息披露内容与格式准则第 1 号——招股说明书》（证监发〔2001〕41 号）首次明确要求发行人披露与主营业务相关的

环境信息。随后 2002 年颁布的《中华人民共和国清洁生产促进法》（以下简称《清洁生产促进法》）① 第 17 条、第 31 条规定了对于污染严重企业须按照国务院环境行政主管部门的规定，公布主要污染物的排放情况。2003年，环保总局发布《关于企业环境信息公开的公告》（环发〔2003〕156号）②，该公告第一次较为详细地对企业环境信息披露作出规制，其中包括"环境信息公开的主体范围、五项必须公开的环境信息、八项自愿公开的环境信息、环境信息公开的具体方式以及其他需要公开环境信息的情形"。企业环境信息披露开始具有可操作性，为企业环境信息披露的规范体系奠定基础。2005 年《国务院关于落实科学发展观加强环境保护的决定》中提出健全环境保护社会监督机制，要求企业公开环境信息。2006 年，深圳证券交易所发布关于《深圳证券交易所上市公司社会责任指引》的通知（深证上〔2006〕115 号），要求企业的社会责任报告中应当包括关于职工保护、环境污染、商品质量、社区关系等方面的社会责任制度的建设和执行情况。虽然深圳证券交易所指引中有对于上市公司社会责任报告中应当包含环境信息的规定，但证监会 2007 年发布的《上市公司信息披露管理办法》（证监会令第 40 号）③ 对上市公司环境信息披露只字未提。同年，环保总局发布《环境信息公开办法（试行）》（环保总局令第 35 号），使得环境信息披露制度的建设重新回到正轨。《环境信息公开办法（试行）》是继环保总局公告之后，又一个对于企业环境信息披露进行翔实规定的部门规章。2008 年，环保总局发布《国家环境保护总局关于加强上市公司环境保护监督管理工作的指导意见》（环发〔2008〕24 号）要求全国尽快落实《环境信息公开办法（试行）》，并进一步提出"积极探索建立上市公司环境信息披露机制"的意见。上海证券交易所积极落实环保总局的意见，于同年发布了《上海证券交易所上市公司环境信息披露指引》。2010 年，环保部发布《上市公司环境信息披露指南（征求意见稿）》，充分释放了从上市公司开始建立起我国企业环境信息披露法律体系的信号，但该指南始终停留在征求意见阶段，并未形成正式的法律法规。

之后 2010 年至 2020 年的 10 年间，相较于之前的 10 年，环境信息披露专项法律法规及规范性文件的出台速度明显放缓，但在政策引导及其他单行法律法规或规范性文件中进行了全面强化。10 年之中仅环保部于 2014 年发布

---

① 现行有效版本为 2012 年修正版。

② 现行有效。

③ 现行有效版本为 2021 年修订版，也未提及环境信息披露。

了《企业事业单位环境信息公开办法》(环保部令第31号)①,但是确定了制度方向、修订了相关的法律法规、在原本没有规定企业环境信息披露的规范性文件中增加了披露环境信息的要求。2017年,党的十九大报告中明确提出要建立环境信息披露制度。2017年12月26日,证监会发布公告〔2017〕17号、18号文,对上市公司年度报告和半年度报告信息披露的内容与格式进行了统一修订,明确要求上市公司应在公司年度报告和半年度报告中披露其主要环境信息,并提出了分层次的上市公司环境信息披露制度。② 2018年6月,中共中央、国务院发布了《关于全面加强生态环境保护坚决打好污染防治攻坚战的意见》,在完善生态环境监管体系部分提出:健全环保信用评价、信息强制性披露等制度;将企业环境信用信息纳入全国信用信息共享平台和国家企业信用信息公示系统向社会公示;监督上市公司、发债企业等市场主体披露环境信息。同年10月,证监会修订并正式发布《上市公司治理准则》,此次修订重点之一即确立环境、社会责任和公司治理(ESG)信息披露的基本框架。

2021年进入了企业环境信息强制性披露时代,企业环境信息披露制度有了顶层设计及纲领性文件。在党的十九大报告、《关于全面加强生态环境保护坚决打好污染防治攻坚战的意见》、《关于构建现代环境治理体系的指导意见》③的部署指导下,生态环境部会同有关部门起草了改革方案,设定了"到2025年,环境信息强制性披露制度基本形成"的总目标,中央全面深化改革委员会第十七次会议审议通过了《环境信息依法披露制度改革方案》并于2021年5月由生态环境部印发实施。随后,为贯彻落实《改革方案》任务要求,生态环境部于12月发布了《管理办法》,对企业环境信息披露作了详细规定。《管理办法》的出台标志着企业环境信息正式进入强制性披露时代,将推动形成企业自律、管理有效、监督严格、支撑有力的企业环境信息披露制度。

(二)顶层设计:《环境信息依法披露制度改革方案》

《改革方案》对环境信息依法披露制度进行了顶层设计,确定了环境

---

① 该办法为2007年环保总局《环境信息公开办法(试行)》的正式版。2021年《企业环境信息依法披露管理办法》出台后,《企业事业单位环境信息公开办法》(环保部令第31号)于2022年2月8日《企业环境信息依法披露管理办法》施行日废止。

② 即要求重点排污公司强制披露、其他公司执行"遵守或解释"原则,同时,鼓励公司自愿披露有利于保护生态、防止污染的信息,进一步强化公司承担环境与社会责任。

③ 2020年3月,中共中央办公厅、国务院办公厅印发的《关于构建现代环境治理体系的指导意见》"健全环境治理企业责任体系"部分提出:企业应当公开环境治理信息;"健全环境治理信用体系"部分提出:健全企业信用建设,一项重要举措是建立完善上市公司和发债企业强制性环境治理信息披露制度。

信息依法披露制度改革的总体思路和重点任务，有助于强化企业生态环境责任，提升企业现代环境治理水平，充分发挥社会监督作用，是我国生态文明制度体系建设的重大进展；[①] 注重环境信息依法披露制度总体设计，落实企业环境治理主体法定义务，提高监督管理效能，提升公众参与水平，推动形成企业自律、管理有效、监督严格、支撑有力的环境信息依法披露制度，为精准治污、科学治污、依法治污和生态文明制度体系建设提供有力支撑。[②] 因此，能源企业环境信息披露规范化过程应当遵循《改革方案》的指导思想与工作原则，符合环境信息强制性披露制度的建设目标，服务于实现环境信息披露主要任务。

《改革方案》从四个方面提出了15项主要任务，从具体任务要求来看将能够解决目前能源企业环境信息披露所面临的部分问题，也对能源企业环境信息披露规范化提出了具体要求。

《改革方案》第一方面任务"建立健全环境信息依法强制性披露规范要求"的落实将在明确披露主体、保障信息安全、规范披露形式、加强内部管理等方面为能源企业环境信息披露提供解决路径或规范化依据。任务第一项提出明确环境信息强制性披露四类主体。这将解决长期以来能源类"重污染行业"规定不清、"重点排污企业"规定单一的问题。能源企业数量众多，披露责任主体究竟应当以行业划分还是应当以排污划分长期不明，而方案提出的四类主体基本能够覆盖所有具有较大环境影响的能源企业。任务第二项提出确定环境信息强制性披露内容，特别提及"落实国家安全政策，涉及国家秘密的，以及重要领域关键核心技术的，企业依法依规不予披露"。这将为能源企业保守国家秘密、维护商业秘密提供依据，相当数量的能源企业涉及国家重要资源及战略物资，对于相关环境信息的公开需要谨防"反向研究"风险，防止通过相关信息反推出关乎国家安全及核心商业技术的信息。任务第三项、第四项提出完善环境信息披露形式，明确要求信息便于理解、查询，上市公司、发债企业应当在相关报告中披露。这将解决目前能源企业环境信息披露格式不规范、信息项目随意、"报喜不报忧"、披露平台零散、时效不一的问题，尤其能够规范非上市能源企业的环境信息披露，同时能够实现利

① 王金南：《专家解读：加快建立健全环境信息依法披露制度，推动企业落实生态环境保护主体责任》，https://www.mee.gov.cn/zcwj/zcjd/202106/t20210601_835692.shtml，最后访问日期：2023年7月13日。

② 中华人民共和国生态环境部：《生态环境部综合司相关负责人就〈改革方案〉答记者问》，https://www.mee.gov.cn/zcwj/zcjd/202105/t20210528_835267.shtml，最后访问日期：2022年7月14日。

益相关者对信息的"易得""易懂"需求。任务第五项提出强化企业内部环境信息管理、规范工作规程。目前已有部分能源企业制定了企业内部环境信息披露制度，方案的这一要求将使得企业制度的制定更符合规范，并能够解决目前由于缺乏数据标准、术语规范源企业环境信息披露主观性描述过多的问题，同样对具有较大环境影响的非上市能源企业也提出了环境信息管理要求。

《改革方案》第二方面任务"建立环境信息依法强制性披露协同管理机制"以"强制性"督促能源企业履行环境性信息披露义务。任务第六项"依法明确环境信息强制性披露企业名单"同样解决了主体选择的问题。在进行能源企业环境信息披露现状研究的过程中，企业样本的选择是研究过程中的一大难点，一方面在于前述行业划分还是排污划分没有确定，另一方面在于即便明确了"重点排污单位"或有重大环境影响的"上市公司"为披露义务主体，没有统一的企业名录也无法直接判断是否属于披露主体，若需要靠排污信息或处罚信息来判断，将陷入循环论证。但统一企业名录的编制也给市（地）级生态环境部门及相关部门带来新的监管挑战，对于"重点排污"企业名录的编制有关部门初具经验，但在披露主体扩增"实施强制性清洁生产审核的企业；因生态环境违法行为被追究刑事责任或者受到重大行政处罚的上市公司、发债企业；法律法规等规定应当开展环境信息强制性披露的其他企业事业单位"后，有关部门的监管是否又将由"事后监督"变为实质的"事前监管"有待后续实践判断。任务第七项要求"强化环境信息强制性披露行业管理"，鼓励行业协会指导会员企业环境信息披露的制度设计符合能源企业环境信息披露的行业化信息披露需求。任务第八项"建立环境信息共享机制"，同样能够解决目前企业环境信息披露平台分散、不易查询的问题。

《改革方案》第三方面任务"健全环境信息依法强制性披露监督机制"、第四方面任务"加强环境信息披露法治化建设"为前述两个方面提供了监督机制与法律保障。其中任务第十三项"健全相关技术规范"提出在相关行业规范条件中增加环境信息强制性披露要求，任务第十五项"鼓励社会提供专业服务"提出"完善第三方机构参与环境信息强制性披露的工作规范，引导咨询服务机构、行业协会商会等第三方机构为企业提供专业化信息披露市场服务"，这两项任务及具体要求为能源企业环境信息的行业化、专业化披露提供了政策依据，也对规范化提出了更高的要求，既要能够与工业和信息化部门、证券监督管理部门、人民银行等部门要求相适应，又要满足第三方机构专业服务参考需求。

（三）基础规范：《企业环境信息依法披露管理办法》《企业环境信息依法披露格式准则》

1.《企业环境信息依法披露管理办法》分析

目前《管理办法》是企业环境信息披露制度乃至整个环境信息强制性披露制度中最高法律位阶的专项规范性文件。作为企业环境信息披露制度建立的第一部重要规范，《管理办法》是企业环境信息披露制度的基础性规范，也是目前企业环境信息依法强制性披露规范体系的核心法规。虽然作为部门规章，其法律效力等级不算高，但其依据《改革方案》要求对环境信息依法披露主体、披露内容和时限、监督管理等基本内容进行了较为全面的规定，成为进一步完善企业环境信息披露法律法规、健全技术规范的重要依据。对于能源企业而言，是进一步落实守法义务，也是为社会机构提供专业化信息披露市场服务的重要依据。《管理办法》具有以下特点：

①披露主体的多元性。《管理办法》第7条、第8条对披露主体作了规定，一类是一般披露主体，有"重点排污单位"和"实施强制性清洁生产审核的企业"，此两种主体根据当地政府公布的重点排污企业名单和实施强制性清洁生产审核企业名单确定，只要属于此两种主体，便必须进行相关的环境信息披露；另一类是因生态环境违法，受到较重处罚的上市公司及合并报表范围内的各级子公司（简称"上市公司"）与发行企业债券、公司债券、非金融企业债务融资工具的企业（简称"发债企业"）。不同于前一类企业，这两种企业进行环境信息披露的根据是其受到的行政或刑事处罚，相较于以往规制企业环境信息披露的法律法规而言，这是一类全新的披露主体。这类主体的设定，一方面，意味着政府对于企业环境违法的容忍度降低，对于实施了较重环境违法行为的企业，增设其依法披露环境信息的义务；另一方面，对于社会公众而言，在能够获取更多的企业环境信息的情况下，有利于更加谨慎地作出投资决策。

②披露形式的规范统一性。《管理办法》规定企业需要按照《企业环境信息依法披露格式准则》编制年度环境信息依法披露报告和临时环境信息依法披露报告，即未来企业环境信息披露的形式，不再合并于企业的年度报告之中，而是制定单独的报告进行发布。不仅如此，为了打破企业和公众之间的交流障碍，《管理办法》还规定披露的环境信息应当"简明清晰、通俗易懂，不得有虚假记载、误导性陈述或者重大遗漏"。要求企业披露的环境信息要减少描述性、一般性及专业性过强的信息，保障环境信息易读易懂易用。

③披露信息的易得性。《管理办法》要求环境主管部门建立国家、省、市三级企业环境信息依法披露系统，且三级系统互联互通。此系统的建立，不仅会使政府在审核、统计企业环境信息依法披露报告之时更加高效，也给企业提交报告、社会公众查询报告提供了极大的便利。除了系统内部的互联互通之外，还要加强系统和全国排污许可证管理信息平台等生态环境相关信息系统的互联互通，充分利用信息化手段避免企业重复填报；加强系统和信用信息共享平台、金融信用信息基础数据库对接，推动环境信息跨部门、跨领域、跨地区互联互通、共享共用，及时将相关环境信息提供给有关部门。

④披露内容的广泛性和针对性。《管理办法》第 12 条规定了八项所有需要进行环境信息依法披露的企业皆须披露的环境信息：企业基本信息，企业环境管理信息，污染物产生、治理与排放信息，碳排放信息，生态环境应急信息，生态环境违法信息，本年度临时环境信息依法披露情况，法律法规规定的其他环境信息。此外，还针对性地对不同主体环境信息披露作了不同的要求。对于实施强制性清洁生产审核的企业除了披露上述八项信息之外，还需要披露：实施强制性清洁生产审核的原因，强制性清洁生产审核的实施情况、评估与验收结果。对于通过发行股票、债券、存托凭证、中期票据、短期融资券、超短期融资券、资产证券化、银行贷款等形式进行融资的上市公司，应当披露年度融资形式、金额、投向等信息，以及融资所投项目的应对气候变化、生态环境保护等相关信息；通过发行股票、债券、存托凭证、可交换债、中期票据、短期融资券、超短期融资券、资产证券化、银行贷款等形式融资的发债企业，应当披露年度融资形式、金额、投向等信息，以及融资所投项目的应对气候变化、生态环境保护等相关信息。

2.《企业环境信息依法披露格式准则》分析

《企业环境信息依法披露格式准则》（以下简称《准则》）于 2022 年 2 月 8 日与《管理办法》同步实施。进一步细化企业环境信息依法披露内容、规范企业环境信息依法披露格式，进一步提升企业环境信息披露的可操作性。以下细化要求值得关注：

①企业主体要求更加明确。对重点排污单位、实施强制性清洁生产审核的企业、上市公司，以及发债企业中不同类型披露主体的环境信息披露要求进行了分类规定。对上市公司与发债企业做了特殊要求，即以排污口设置作为承担披露义务的区分，设置不同的具体披露义务要求（如图 3-2 所示）。

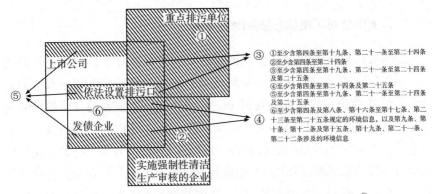

图 3-2 《准则》下不同类型披露主体的环境信息披露差异①

②增设部分信息要求。第一，增设了关键环境信息提要。列举了三类提要内容，即生态环境行政许可变更、主要污染物排放和碳排放具体排放量、年度所受行政处罚及司法判决等重要信息。要求对此三类信息进行摘要说明。这一规定能够让披露信息阅读者快速获得关键环境信息。第二，碳排放量部分新增信息要求。《管理办法》中只规定了排放量、排放设施等信息，《准则》则新增了配额清缴情况，依据温室气体排放核算与报告标准或技术规范，披露排放设施、核算方法等信息。

③披露项要求细化。第一，环境管理方面细化新制度。对近年来逐步完善的环境保护税、环境责任险、环保信用评价等制度实施情况信息进行了细化。其中环境保护税缴纳信息要求披露分税目缴纳额、实际缴纳总额及依法减免情况，对企业信息披露提出了较高的要求。第二，污染防治信息方面，对水、气、声、尘、废的排放量、设施设备情况等信息规定细致。对固体废弃物的生产、贮存、流向和利用处置信息精确到了具体数量、场所设施类型、面积、累计存量、经纬度坐标等信息。企业施工防尘措施也要求进行披露。

④各类许可及文书形式要求明确。第一，明确生态环境违法信息包含了处罚信息及司法判决信息。均需要明确相关信息的文书下达时间、部门/机关、文号、原文等。第二，生态环境许可种类明确。在排污信息部分对排污许可证的信息及执行报告编制进行了详细规定，在临时报告部分通过列举方式明确了许可种类包含排污许可、建设项目环境影响评价、危险废物经营许可、废弃电器电子产品处理资格许可等。并要求对事项、批复机关、批复文件文号、批复时间、批复原文内容等信息进行披露。

---

① 图片来源：张瑾瑜：《政策解读:〈企业环境信息依法披露格式准则〉》，载微信公众号"中诚信绿金"，2022 年 1 月 18 日。

二、上市公司环境信息披露既有规范

虽然我国对于企业环境信息披露的规制机制率先在证券领域开始建立，但我国证券领域对上市公司环境信息披露的规定多数在一般性的公开发行证券的公司信息披露规范中，针对环境信息披露的专门规定数量并不多，且相关规范的法律效力层级不高。2021 年以前，我国有三大专门文件对上市公司环境信息披露进行规范或指引，即：《上海证券交易所上市公司环境信息披露指引》（2008 年修订）、《上市公司环境信息披露指南（征求意见稿）》（2010 年修订）、香港联交所《环境、社会及管治报告指引》（2015 年修订）。[①]2021 年之后，随着更加全面的环境信息依法披露制度改革的实施，前两个文件分别被新的文件吸收取代，仅有香港联交所《环境、社会及管治报告指引》2019 年修订发布了新版本，但香港联交所指引不可直接适用于非港交所上市企业，内地企业仅作参考，因此，内地证券领域没有针对上市公司的环境信息披露的专门文件。

目前，证监会发布的部门规范性文件，与上海证券交易所、深圳证券交易所发布的各项指引、自律规则等行业规定中的相关规定，共同构成了我国证券领域环境信息披露规则体系，为上市公司环境信息披露提供规范及指导。[②]

（一）证监会：部门规范性文件

证监会是我国资本市场最重要的监管者，[③]以维护资本市场平稳运行并推动资本市场高质量发展为核心，历来高度重视上市公司信息披露工作。针对上市公司信息披露，有现行部门规章一部，即《上市公司信息披露管理办法》（2021 年修订），但其中没有对环保信息的直接规定；一般部门规范性文件 176 部，环境信息披露主要规定在《上市公司治理准则》（2018 年修订）及"定期报告内容与格式准则"系列中，其中《上市公司治理准则》（2018年修订）仅作了宣誓性规定，"定期报告内容与格式准则"系列（即《公开发行证券的公司信息披露内容与格式准则》第 1~56 号）则为适应上市公司信

---

① 《深圳证券交易所上市公司社会责任指引》（2006）仅规定了公司应当制定环境保护政策，建立、保持和改进环境保护体系，对环境信息的披露并未规定，不是严格意义上的环境信息披露专门文件。香港联交所《环境、社会及管治报告指引》（主板上市规则附录二十七之"ESG"）提出了环境方面的披露要求和关键指标，要求在港上市企业应当依据指引详细披露有关情况，是沪深北三地上市企业履行披露义务的重要参考。

② 目前北京证券交易所的规范性文件主要由证监会发布，因此北京证券交易所制定的相关规范暂不纳入我国证券领域环境信息披露规则体系。目前，我国内地共有三大证券交易所，即上海证券交易所、深圳证券交易所及北京证券交易所。北京证券交易所 2021 年 9 月 3 日注册成立，主要为创新、创业、成长型的中小微企业提供服务，能源企业较少。

③ 李文贵、邵毅平：《监管信息公开与上市公司违规》，载《经济管理》2022 年第 2 期。

息披露现实需要经多次修订,包含了大量环境信息披露规定(见表 3-1)。

表 3-1 "定期报告内容与格式准则"系列环境信息披露相关规定

最新修订 时间	文件名称 《公开发行证券的公司信息披露 内容与格式准则》	文号	条文
2015 年 12 月	第 1 号——招股说明书	证监会公告〔2015〕32 号	第 28 条、第 44 条
2021 年 6 月	第 2 号——年度报告的内容与格式	证监会公告〔2021〕15 号	第 26 条、第 41 条、 第 42 条
2021 年 6 月	第 3 号——半年度报告的内容与格式	证监会公告〔2021〕16 号	第 29 条
2015 年 3 月	第 23 号——公开发行公司债券募集说明书【废止】①	证监会公告〔2015〕2 号	第 17 条、第 56 条
2022 年 1 月	第 26 号——上市公司重大资产重组	证监会公告〔2022〕10 号	第 18 条、第 21 条、 第 40 条
2020 年 6 月	第 28 号——创业板公司招股说明书	证监会公告〔2020〕31 号	第 49 条、第 85 条
2012 年 12 月	第 30 号——创业板上市公司年度报告的内容与格式	证监会公告〔2012〕43 号	第 25 条、第 39 条
2014 年 4 月	第 34 号——发行优先股募集说明书	证监会公告〔2014〕14 号	第 15 条
2020 年 6 月	第 35 号——创业板上市公司向不特定对象发行证券募集说明书	证监会公告〔2020〕33 号	第 21 条、第 28 条、 第 53 条
2020 年 6 月	第 36 号——创业板上市公司向特定对象发行证券募集说明书和发行情况报告书	证监会公告〔2020〕34 号	第 11 条
2019 年 3 月	第 41 号——科创板公司招股说明书	证监会公告〔2019〕6 号	第 49 条、第 85 条
2020 年 7 月	第 43 号——科创板上市公司向不特定对象发行证券募集说明书	证监会公告〔2020〕37 号	第 21 条、第 29 条、 第 54 条
2020 年 7 月	第 44 号——科创板上市公司向特定对象发行证券募集说明书和发行情况报告书	证监会公告〔2020〕38 号	第 11 条
2021 年 10 月	第 46 号——北京证券交易所公司招股说明书	证监会公告〔2021〕26 号	第 48 条、第 77 条
2021 年 10 月	第 48 号——北京证券交易所上市公司向不特定合格投资者公开发行股票募集说明书	证监会公告〔2021〕28 号	第 45 条、第 73 条
2021 年 10 月	第 53 号——北京证券交易所上市公司年度报告	证监会公告〔2021〕33 号	第 22 条
2021 年 10 月	第 54 号——北京证券交易所上市公司中期报告	证监会公告〔2021〕34 号	第 21 条
2021 年 10 月	第 56 号——北京证券交易所上市公司重大资产重组	证监会公告〔2021〕36 号	第 15 条、第 20 条

———————————
① 2021 年 5 月 1 日《公司信用类债券信息披露管理办法》实施后该准则同时废止。

"定期报告内容与格式准则"系列是目前专门针对上市公司的规范性文件中，环境信息披露最详尽的规定。其中《公开发行证券的公司信息披露内容与格式准则第 2 号——年度报告的内容与格式》（2021 年修订）和《公开发行证券的公司信息披露内容与格式准则第 3 号——半年度报告的内容与格式》（2021 年修订）是上市公司环境信息披露最重要的两份准则。"定期报告内容与格式准则"系列对上市公司环境信息披露的规定有如下特点：

首先，披露载体多样。在招股说明书、年报、半年报、各类募集说明书、发行情况报告书、中期报告、上市公司重大资产重组中均要求披露环境信息。上述环境信息披露文书不仅适用主板上市企业，创业板、科创板、北京证券交易所上市企业也适用，例如除《公开发行证券的公司信息披露内容与格式准则第 1 号——招股说明书》（证监会公告〔2015〕32 号）要求环境信息披露外，各板块依据自身上市公司特点，发布《公开发行证券的公司信息披露内容与格式准则第 28 号——创业板公司招股说明书》（证监会公告〔2020〕31 号）、《公开发行证券的公司信息披露内容与格式准则第 41 号——科创板公司招股说明书》（证监会公告〔2019〕6 号）、《公开发行证券的公司信息披露内容与格式准则第 46 号——北京证券交易所公司招股说明书》（证监会公告〔2021〕26 号）等文件要求披露环境信息。

其次，披露内容要求低。文件中规定的环境信息披露内容是上市公司环境信息披露的最低要求，环境信息披露"有"即可，至于披露什么、如何披露、披露标准等文件中均未涉及。以环境风险披露为例，当前环境风险已成为影响重污染企业债务融资的关键因素，因此大部分准则文件中都要求披露环境风险事项，如《公开发行证券的公司信息披露内容与格式准则第 1 号——招股说明书》（证监会公告〔2015〕32 号）第 28 条规定发行人应披露的风险因素包括但不限于环境保护方面的法律、法规、政策变化引致的风险；《公开发行证券的公司信息披露内容与格式准则第 2 号——年度报告的内容与格式》（证监会公告〔2021〕15 号）第 26 条、《公开发行证券的公司信息披露内容与格式准则第 30 号——创业板上市公司年度报告的内容与格式》（证监会公告〔2012〕43 号）第 25 条规定公司应当依据自身特点，遵循关联性原则和重要性原则披露包括环境风险在内的可能对公司未来发展战略和经营目标的实现产生不利影响的风险因素；《公开发行证券的公司信息披露内容与格式准则第 23 号——公开发行公司债券募集说明书》（证监会公告〔2015〕2 号）第 17 条、《公开发行证券的公司信息披露内容与格式准则第 26 号——上市公司重大资产重组》(证监会公告〔2022〕10号)第40条、《公开发行证券的公司信息披露内容与格式准则第34号——发行优先股募集说明书》(证监会公告〔2014〕14号)第15条、《公开发行证券的公司信息披露内容与格式准则第35号——创业板上市公司向不特定对象发行证券募集说明书》(证监会公告〔2020〕33号)第21条、《公开发行证券的公司信息披露内容与格式准则第43号——科创板上市公司向不特定对象发行证券募集说明书》(证监会公告〔2020〕37号)第21条等条文将由国家环保法律、法规、政策变化引起的风险列为政策风险一部分，要求发行人或上市公司进行披露。可见，证监会准则对环境风险披露仅仅做了定性披露的要求，只需要披露主体在相关文书中有所披露，而对于环境风险披露的具体要求却并没有规定。

最后，披露规定集中。虽然系列中有18份准则、约24条规定涉及环境信息披露，但目前年报、半年报是上市公司环境信息披露主要载体，相关规定也最为全面。为了规范上市公司年度报告的编制及信息披露行为，保护投资者合法权益，证监会2012年发布《公开发行证券的公司信息披露内容与格式准则第2号——年度报告的内容与格式》(证监会公告〔2012〕22号)开始对环境信息披露作出规定。2016年修订强调了重点排污单位的披露义务。2017年修订新增第44条"属于环境保护部门公布的重点排污单位的公司或其重要子公司，应当根据法律、法规及部门规章的规定披露以下主要环境信息：（一）排污信息。包括但不限于主要污染物及特征污染物的名称、排放方式、排放口数量和分布情况、排放浓度和总量、超标排放情况、执行的污染物排放标准、核定的排放总量。（二）防治污染设施的建设和运行情况。（三）建设项目环境影响评价及其他环境保护行政许可情况。（四）突发环境事件应急预案。（五）环境自行监测方案。（六）其他应当公开的环境信息。公司在报告期内以临时报告的形式披露环境信息内容的，应当说明后续进展或变化情况。如相关事项已在临时报告披露且后续实施无进展或变化的，仅需披露该事项概述，并提供临时报告披露网站的相关查询索引"，以及"鼓励公司自愿披露有利于保护生态、防治污染、履行环境责任的相关信息。环境信息核查机构、鉴证机构、评价机构、指数公司等第三方机构对公司环境信息存在核查、鉴定、评价的，鼓励公司披露相关信息"细化了环境信息披露内容要求，增加了第三方机构的规定。2021年证监会又进行了修订发布了《公开发行证券的公司信息披露内容与格式准则第2号——年度报告的内容与格式》(证监会公告〔2021〕15号)，与之前相比，新设专门的环境和社会责任章节，将与环境保护、社会责任有关条文统一整合至该章，要求突出上市公司作为公众公司在环境保护、社会责任方面的工作情况；属于环境保护部门公布的重点排污单位的公司或其重要子公司应披露的环境信息中新增"报告期内因环境问题受到行政处罚的情况"，企业受到的环境行政处罚关乎其长期经营发展和资金周转情况，处罚信息已经成为重要的非财务信息，[①]这在一定程度上有利于限制我国上市公司环境信息披露"报喜不报忧"的状况，提升上市公司环境信息披露的客观性和可用性；在"双碳"目标背景下，进一步鼓励公司自愿披露报告期内为减少其碳排放所采取的措施及效果。[②]《公开发行证券的公司信息披露内容与格式准则第3号——半年度报告的内容与格式》（证监会公告〔2021〕16号）的修订及披露内容与第2号准则几乎一致，只是在披露内容上多了一条规定即"公司在报告期内以临时报告的形式披露环境信息内容的，应当说明后续进展或变化情况"。

（二）上海证券交易所、深圳证券交易所相关规定

《上海证券交易所上市公司环境信息披露指引》（2008年修订）（以下简称《指引》）此前是上市公司环境信息披露三大专门文件之一，是上市公司环境信息披露的重要依据。但《指引》发布至今十余年，已经难以适应当前环境信息披露的需要，2018年上交所曾公告预计年内修订环境信息披露指引，但是新修订版本至今未出台。事实上《指引》中的大部分规定被上交所2022年发布的系列文件吸收并进一步完善。

2022年，为贯彻落实国务院《关于进一步提高上市公司质量的意见》精神，规范上市公司运作，提升上市公司治理水平，保护投资者合法权益，推动提高上市公司质量，促进资本市场健康稳定发展，上海证券交易所与深圳证券交易所均修订颁行了新的上市公司自律监管指引系列，信息披露主要规定在规范运作、信息披露事务管理、行业信息披露及信息披露工作评价四类文件中，深圳证券交易所还为创业板上市公司编制了相应的各类指引（见表3-2）。

---

① 刘莉亚、周舒鹏、闵敏等：《环境行政处罚与债券市场反应》，载《财经研究》2022年第48卷第4期。

② 《〈公开发行证券的公司信息披露内容与格式准则第2号——年度报告的内容与格式〉修订说明》，http://www.csrc.gov.cn，最后访问日期：2023年7月30日。

表 3-2 上交所、深交所上市公司自律监管指引系列环境信息披露相关文件

《上海证券交易所上市公司自律监管指引》	《深圳证券交易所上市公司自律监管指引》
第 1 号——规范运作	第 1 号——主板上市公司规范运作
	第 2 号——创业板上市公司规范运作
第 2 号——信息披露事务管理	第 5 号——信息披露事务管理
第 3 号——行业信息披露	第 3 号——行业信息披露
	第 4 号——创业板行业信息披露
第 9 号——信息披露工作评价	第 11 号——信息披露工作考核

1.《上海证券交易所上市公司自律监管指引》系列评价

《上海证券交易所上市公司自律监管指引第 1 号——规范运作》（上证发〔2022〕2 号）（以下简称"上交所《规范运作》"）环境信息披露规定与《指引》基本一致，修订了部分《指引》中的规定，如删除重大环保事件"两日"披露的时间限制，并且新增了一些规定。上交所《规范运作》环境信息披露采用强制性和自愿性相结合的披露方式。从社会责任报告披露主体来看，自愿为原则强制为例外，情形分类和行业列举不尽合理。上交所《规范运作》规定只有在本所上市的"上证公司治理板块"样本公司、境内外同时上市的公司及金融类公司等三类企业应当披露，其他有条件的上市公司则是鼓励其披露。从不同主体的社会责任报告披露内容要求来看，上交所《规范运作》规定了"可以"和"应当"两种情况：一般企业是"可以"根据自身需求进行披露；火力发电、钢铁、水泥、电解铝、矿产开发等环境影响较大的公司则"应当"披露所规定的 7 项内容。这就存在两个问题：问题一，前者表明上交所社会责任报告以自愿披露为原则，强制披露为例外。相较于自愿披露的企业，强制披露的公司内部治理水平较高，外部监管压力和审核力度较大，因此，强制披露的社会责任报告会更加真实和可靠，[①] 但自愿披露企业由于社会责任报告强制性不足，这也导致近年来上交所上市公司发布的社会责任报告虽数量不断增加，但质量堪忧，多以社会责任报告挣噱头。问题二，列举的"火力发电、钢铁、水泥、电解铝、矿产开发"等环境影响较大的行业的公司，显然是不全面的，且做了"行业"划分实际上却并没有指明使用哪个行业分类标准，与自身所发布的后续行业信息披露的行业分类没有对应，即便是参照证监会的"上市公司行业分类"也存在出入，而证监会的上市公司行业分类每个

---

① 刘建秋、尹广英、吴静桦：《企业社会责任报告语调与分析师预测：信号还是迎合？》，载《审计与经济研究》2023 年第 3 期。

季度都在变化，对于能源企业而言，有些上市公司完全可以将自己排除在上述列举之外。除规定上述三类企业应当披露社会责任报告之外，还对上市公司规定了两种情况下的环境信息披露要求：一是发生了可能对其股票及衍生品种交易价格产生较大影响的环保重大事件，二是被环保部列入重污染企业名单。这两种披露情况具有不稳定性，重大环保事项并非经常发生而环保部的重污染企业名单也存在变化性，导致企业短时间内无法迅速反应，对所要求披露信息的收集、整理和解释都不充分，从而对环境信息披露的实效性产生影响。且第一种情况只是要求对"环保重大事件"的情况和可能的影响进行说明，并未提出具体要求，例如，要求对"新公布的环境法律、法规、规章、行业政策可能对公司经营产生重大影响"的情况进行说明，但并未明确要说明什么，是只要解释有哪些有影响的新规定，还是需要详细解释关联性和潜在风险？从环境信息披露内容要求上看，常规但有所突破。上交所《规范运作》所列举的9个披露项与证监会"定期报告内容与格式准则"系列及生态环境部《管理办法》中的相关规定大部分一致，但部分披露项的设置有进行细化且反映上市公司特性。上交所《规范运作》环境信息披露项中的（一）（三）项可视为对《管理办法》所规定的"企业基本信息"的细化与补充；（二）（六）项设置了资源消耗与循环利用等信息披露要求，突破了以往环境信息披露内容"重污染、轻资源"的限制；此外，"环保自愿协议""受奖励情况"等规定积极环境信息的披露要求突破了"重处罚、轻奖励"的局限。要求有较大环境影响的企业重点说明其环保投资和环境技术开发情况，这实现了上市公司披露对象从投资利益相关者向环境利益相关者的扩充（见表3-3）。

《上海证券交易所上市公司自律监管指引第2号——信息披露事务管理》没有对环境或环保信息的披露规定，但这份规定是对所有上市公司所有披露事项的管理要求，环境信息披露事务的管理原则、管理制度、直通披露管理、内幕信息知情人登记等也均应遵守此规定。

《上海证券交易所上市公司自律监管指引第3号——行业信息披露》在附件行业分类中只有"第二号——煤炭"和"第三号——电力""第九号——光伏"与能源行业有关，而石油与天然气开采业，石油加工、炼焦及核燃料加工业等能源行业未纳入分类。"第二号——煤炭"没有强调环境信息披露，但因其资源利用的特点，在披露要求中有关于资源情况（储量、种类、可采量、产量等）、地质条件的规定，这与一般环境信息披露倾向于污染防治有所不同，有较为明显的行业特点。"第三号——电力"在年报和临时报告中对电力企业环境信息披露作出一般性规定，如环保政策法规、环保风险、环保事故等，仅在年报第 11 条规定体现行业特性，即"电力上市公司应当披露供电煤耗等节能减排关键指标的情况，列举可以披露的节能减排相关指标"。其环境信息披露内容少而泛。"第九号——光伏"主要是对行业发展状况及技术情况的披露要求，与上交所《规范运作》相比，几乎没有环境信息披露行业性规定，故不再赘述。

为督促上市公司及相关信息披露义务人加强信息披露工作，上海证券交易所还制定了《上海证券交易所上市公司自律监管指引第 9 号——信息披露工作评价》，规定每年上市公司年度报告披露工作结束后对上年 12 月 31 日前已上市的公司信息披露工作进行评价，该评价规则中将是否披露环境、社会责任和公司治理情况报告及报告内容的充实性、完整性设为了必要评分项。

2.《深圳证券交易所上市公司自律监管指引》系列评价

在指引体系上与上交所不同的是深交所针对本所上市公司特点区分了主板上市公司与创业板上市公司，但事实上，深交所两个板块对环境信息披露的要求并无二致。

在"规范运作"方面，两个板块无差别，与上交所规定基本一致。《深圳证券交易所上市公司自律监管指引第 1 号——主板上市公司规范运作》《深圳证券交易所上市公司自律监管指引第 2 号——创业板上市公司规范运作》（合并简称"深交所《规范运作》"）有关环境信息披露的规定完全相同，只是创业板上市公司"应当"披露 7 项环境信息的公司没有列举"火力发电、钢铁冶炼、水泥生产、电解铝、矿产开发等"，只说明了"从事对环境影响较大的行业或业务的上市公司，应当在社会责任报告中披露前款第一项至第七项所列环境信息"，这也是囿于创业板上市公司一般都是以信息、生物和新材料技术为代表，基本不涉及主板规定所列行业。与上交所《规范运作》相比，深交所《规范运作》在环境保护责任要求、环境信息披露项、重大环保事故披露、重点排污单位环境信息披露等方面的规定与其完全一致。但深交所《规范运作》没有对重大环境事件影响的披露要求，上交所则规定了六类情形下，上市公司应当披露事件情况及对公司的影响（见表 3-3 ）。

在"信息披露事务管理"方面，《深圳证券交易所上市公司自律监管指引第 5 号——信息披露事务管理》也同上交所一样没有对环境或环保信息的披露规定。与上交所一样，深交所上市公司环境信息披露事务的管理原则、管理制度、直通披露管理、内幕信息知情人登记等也均应遵守此规定。

表 3-3 证券领域环境信息披露主要文件环境信息披露项

上交所、深交所《上市公司自律监管指引》"规范运作"指引	证监会"定期报告内容与格式准则"第 2 号、第 3 号	港交所《环境、社会及管治报告指引》
上市公司可以根据自身实际情况，在公司年度社会责任报告中披露或者单独披露如下环境信息： （二）公司环境保护方针、年度环境保护目标及成效； （三）公司年度资源消耗总量； （四）公司环保投资和环境技术开发方向； （五）公司排放污染物种类、数量、浓度和总量； （六）公司环保设施的建设和运行情况； 公司在生产过程中产生的废物的处理、处置情况，废弃产品的回收、综合利用情况； （七）与环保部门签订的改善环境行为的自愿协议； （九）企业自愿公开的其他环境信息。 从事火力发电、钢铁冶炼、水泥生产、电解铝、矿产开发等对环境影响较大行业的公司，应当披露前款第（一）至（七）项所列的环境信息，并应当重点说明公司环保投资和环保技术开发方面的工作情况。 发生重大环境事件企业 上市公司发生下列与环境保护相关且可能对其股票及衍生品种交易价格产生较大影响，或者对公司经营以及利益相关者产生较大影响的重大事件，应当及时披露事件的起因、目前状态和可能产生的影响： （一）公司有新、改、扩建项目有重大环境影响的建设项目受到环保部门调查，或者受到责令停产、搬迁、关闭等行政处罚行为； （二）公司因环境违法违规被环保部门或者被有关人民政府责令限期治理或停产、停业、关闭、罚款、责令改正、扣押、查封、冻结或者被移送司法机关处理的； （三）公司由于环境问题涉及或者重大诉讼的； （四）公司或者其主要子公司被国家环保部门列入重点排污单位，并可以参照上述要求执行的情况； （五）新公布的环境保护法律、法规、规章、行业政策可能对公司经营产生重大影响的； （六）可能对公司股票及衍生品种交易价格产生较大影响的其他重大环境相关事件。 重污染企业名单必须公布： （一）公司污染物的名称、排放方式、排放浓度和运行情况、超标、超总量情况； （二）公司环保设施的建设和运行情况； （三）公司环境污染事故应急预案； （四）公司为减少污染物排放所采取的措施及今后的工作安排。	属于环境保护部门公布的重点排污单位的公司或者其重要子公司，应当根据环境法律、法规及部门主要的规章制度，定期自查，包括以下主要特征信息： （一）排污信息。包括主要污染物及特征污染物的名称、排放方式、排放口数量和分布方式、排放浓度和总量、超标排放情况、执行的污染物排放标准、核定的排放总量情况； （二）防治污染设施的建设和运行情况； （三）建设项目环境影响评价及其他环境保护行政许可情况； （四）突发环境事件应急预案； （五）环境自行监测方案； （六）报告期内因环境违法受到行政处罚的情况； （七）其他应当公开的环境信息。 重点排污单位报告期内应当披露其实际披露环境信息，同时应当披露相应行政处罚决定，若不披露上述信息，应当充分说明原因。	A 环境 层面 A1 排放物 一般披露 有关：（a）政策；及（b）遵守对发行人有重大影响的相关法律及规例的资料。 气体排放包括氮氧化物、硫氧化物及其他受国家法律及规例监控的污染物。 [注：温室气体包括二氧化碳、甲烷、氧化亚氮、氢氟碳化合物、全氟化碳及六氟化硫。温室气体排放可定...] 关键绩效指标 A1.1 排放物种类及相关排放数据。 关键绩效指标 A1.2 直接（范围 1）及能源间接（范围 2）温室气体排放量（以吨计算）及（如适用）密度（如以每产量单位、每项设施计算）。 关键绩效指标 A1.3 所产生有害废弃物总量（以吨计算）及（如适用）密度（如以每产量单位、每项设施计算）。 关键绩效指标 A1.4 所产生无害废弃物总量（以吨计算）及（如适用）密度（如以每产量单位、每项设施计算）。 关键绩效指标 A1.5 描述所订立的排放量目标及为达到这些目标所采取的方法，及描述所订立的步骤。 关键绩效指标 A1.6 描述处理有害及无害废弃物的方法、及描述所订立的减废目标及为达到这些目标所采取的步骤。 层面 A2 资源使用 一般披露 资源（包括能源、水及其他原材料）的政策。 [注：资源有效使用（如能源、水、交通、楼宇、电子设备等）。] 关键绩效指标 A2.1 按类型划分的直接及/或间接能源（如电、气或油）总耗量（以千个千瓦时计算）及密度（如以每产量单位、每项设施计算）。 关键绩效指标 A2.2 总耗水量及密度（如以每产量单位、每项设施计算）。 关键绩效指标 A2.3 描述所订立的能源使用效益目标及为达到这些目标所采取的步骤。 关键绩效指标 A2.4 描述求取适用水源上可有任何问题，以及所订立的用水效益目标及为达到这些目标所采取的步骤。 关键绩效指标 A2.5 制成品所用包装材料的总量（以吨计算）及（如适用）每生产单位占量。 层面 A3 环境及天然资源 一般披露 减低发行人对环境及天然资源的重大影响的政策。 关键绩效指标 A3.1 描述业务活动对环境及天然资源的重大影响及已采取管理有关影响的行动。 层面 A4 气候变化 一般披露 识别及应对已及可能会对发行人产生影响的重大气候相关事宜的政策。 关键绩效指标 A4.1 描述已经及可能会对发行人产生影响的重大气候相关事宜，及应对行动。

在"行业信息披露"方面，《深圳证券交易所上市公司自律监管指引第3号——行业信息披露》与《上海证券交易所上市公司自律监管指引第3号——行业信息披露》相比，尽管其行业分类也存在问题，但是按照证监会行业分类结构顺序编排原18个行业信息披露指引中的特定行业具体披露要求，对行业门类设章，对行业大类设节，涵盖九大行业门类、十八个行业大类。后续如有新增行业信息披露监管要求，可按照证监会行业分类情况归并到相应章节或按照顺序新增章节，为规则变化预留空间，更为合理。从能源行业来看，行业划分更为全面，固体矿产资源相关业务、化工行业相关业务、电力供应业更符合《国民经济行业分类》（GA/T4754—2019）标准。在各行业环境信息披露要求方面，深交所行业信息披露指引同样缺乏有行业针对性的实质性要求。《深圳证券交易所上市公司自律监管指引第3号——行业信息披露》共13处涉及环境信息披露，对于环境信息披露要求规定最详尽的是第四章"第五节 非金属建材相关业务"部分，但基本与证监会"定期报告内容与格式准则"系列中的要求无异。与能源相关的"第三章 固体矿产资源相关业务"、第四章"第三节 化工行业相关业务"、"第五章 电力供应"其中环境信息披露规定均无明显行业特色，也并未比一般规定更加详尽。《深圳证券交易所上市公司自律监管指引第4号——创业板行业信息披露》（深证上〔2022〕16号）所分行业中所属能源行业的极少，在能源企业环境信息披露的研究中不具有参考意义。

在"披露信息考核"方面，《深圳证券交易所上市公司自律监管指引第11号——信息披露工作考核》的规定及评分标准也与上交所一致。

（三）参考规定：港交所《环境、社会及管治报告指引》

港交所2011年12月出台了《环境、社会及管治报告指引》（主板上市规则附录二十七之"ESG"），该指引提出了环境方面的披露要求和关键指标，要求在港上市企业应当依据指引详细披露有关情况。虽然港交所《环境、社会及管治报告指引》并不适用于非港股上市公司，但十分值得借鉴。该指引鼓励有能力的上市公司参照要求更高的国际指引进行信息披露，要求企业应当确定非财务信息披露内容、提升非财务信息披露可靠性，提出了具体的关键绩效指标要求，要求企业符合指引对环境绩效具体数据披露的要求、保持数据的准确。2015年、2019年港交所两次修订了《环境、社会及管治报告指引》，对环境信息披露提出更高的要求。2019年更新的《环境、社会及管治报告指引》在环境信息披露方面有两项关键修订内容：一是要求明确环境关键绩效指标的目标，二是增加披露气候相关议题。

在明确环境关键绩效指标的目标方面，原规定虽然要求披露降低排放量/废物的措施所取得的成果但没有对目标进行要求，2019年修改的指引中要求披露有关排放物、能源使用、用水效益及减废等方面设定目标的说明，以及为达到这些目标而采取的步骤。这一变化表明新规更加注重实质性议题并明确特定的关键绩效指标和目标，这也对ESG数据管理系统和控制措施提出了更高的要求。

在增加披露气候相关议题方面，原规定没有披露气候变化影响的要求，2019年修改的指引中引入了与气候变化有关的内容，包括识别及减缓已经及可能会对发行人产生影响的重大气候相关事宜的政策；描述已经及可能会对发行人产生影响的重大气候相关事宜，以及其应对行动的关键绩效指标。这一变化表明气候变化对所有行业的业务构成重大风险和影响，全球对相关披露的需求不断增加。从证监会部门规范性文件及上交所、深交所行业规范来看，有关规定已充分意识到了对气候变化相关信息进行披露的重要性。

三、发债企业环境信息披露既有规范

2021年12月生态环境部发布《管理办法》《企业环境信息依法披露格式准则》后在环境信息强制性披露义务主体中明确增设"发债企业"（发行企业债券、公司债券、非金融企业债务融资工具的企业）为环境信息强制性披露义务主体。符合规定的发债企业也被要求进行环境信息的强制披露。符合规定的发债企业除了需要披露《管理办法》第12条规定的所有披露主体都需要披露的信息外，还应当披露《管理办法》第15条第2项规定的发债企业通过发行股票、债券、存托凭证、可交换债、中期票据、短期融资券、超短期融资券、资产证券化、银行贷款等形式融资的，应当披露的年度融资形式、金额、投向等信息，以及融资所投项目的应对气候变化、生态环境保护等相关信息。据此，对发债企业的环境信息披露要求可以分为两个方面：一是常规环境信息披露，即上一年度存在生态环境违法行为的发债企业必须连续三年披露企业基本信息、企业环境管理、污染物信息、碳排放信息、生态环境应急信息、生态环境违法信息、临时信息披露情况等环境信息；二是"绿色债券"信息披露，即只要进行了环境信息披露则必须披露年度融资形式、金额、投向等信息，以及融资所投项目的应对气候变化、生态环境保护等相关信息。由此追

溯发债企业环境信息披露既有规范，其可分为两类，第一类是发债企业常规环境信息披露；第二类是以"绿色债券"为主的债券信息披露。

（一）发债企业常规环境信息披露规范

我国发债企业众多，截至 2021 年 12 月 31 日，存续的公司信用类债券发行主体共计 3565 家，企业债券、公司债券、非金融企业债务融资工具类发债企业，分别受国家发展改革委、证监会、人民银行监管，而不同监管部门针对所监管的企业信息披露管理提出了不同要求，部分规定中含有企业环境信息披露要求的均适用于发债企业常规环境信息披露，如证监会《上市公司治理准则》（2018 年修订）及"定期报告内容与格式准则"系列相应准则（见表 3-1）均适用于公司债券发债企业。证监会对于非上市企业另有关于信息披露的《非上市公众公司信息披露管理办法》，但其中无环境信息披露规定，相应的，"非上市公众公司信息披露内容与格式准则"系列中也均无环保相关规定。

2020 年为推动公司信用类债券信息披露规则统一，完善公司信用类债券信息披露制度，促进我国债券市场持续健康发展，人民银行会同国家发展改革委、证监会制定了《公司信用类债券信息披露管理办法》，于 2021 年 5 月 1 日正式实施。其中有关企业信息披露的规定中没有明确涉及环境信息披露，但规定了"企业发行债券时应当披露募集资金使用的合规性、使用主体及使用金额"，"应当承诺在存续期间变更资金用途前及时披露有关信息"，这就意味着资金用途一经确认无法任意改变。

总体上，除了前述证监会规定与两大交易所的系列指引，发债企业常规环境信息多数参照一般企业环境信息披露要求，《管理办法》是目前唯一明确对"发债企业"提出常规环境信息披露要求的部门规章，现行有效的其他部门规章中并没有专门针对发债企业环境信息披露要求的规定，相关规定主要出现在"绿色债券"相关文件中。

（二）发债企业"绿色债券"信息披露规范

事实上，并非所有发债企业融资都涉及"绿色债券"，对一般违法发债企业提出"绿色"资金投向的信息披露要求并无意义，这些既有的对外的"绿色"投资行为既不是企业生态环境违法行为产生的原因，也无法反映融资与投向对公司经营以及利益相关者可能产生的影响（绿色投向并无法抵消其违法影响），亦无法通过信息披露反作用于发债企业使其改变原有融资用途。因此，上市公司及发债企业对融资的披露应该是对资金的本企业用途所产生的气候环保影响披露（例如，将融资用于节能减排设备的购置等），即披露"所用项目"而不是"所投项目"；另外，对于融资投向，更应该对发行"绿色债券"或绿色资产支持证券（绿色 ABS）的企业提出"绿色债券"信息披露要求而不仅局限于生态环境违法企业。从目前对能源发债企业环境信息披露现状的调查情况表来看，发债企业年报中有关"所投项目"的环保信息说明更多的只是对所募集资金环保"用途"的说明而非严格意义上的"投向"说明。

但《管理办法》对"发债企业"融资项目是否具有环保价值的关注，是我国环境信息披露规制逐步完善的体现，也是"绿色债券"成为我国绿色金融主要工具的重要表现。"绿色债券"属于"绿色证券"，但又有其重要意义。

1. 我国"绿色债券"发展

绿色债券（green bond）最早并没有统一的定义与标准，国际上的多边金融机构、政策性金融机构、地方政府以及大型跨国企业都曾发行债券为绿色项目融资，这被认为是早期绿色债券的范畴。世界银行（World Bank, WB）于 2007 年首次提出绿色债券的概念，将其定义为专门为支持气候相关或环境项目而发行的债务工具。绿色债券原则[①]将绿色债券定义为任何将所得资金专门用于促进环境可持续发展、减缓和适应气候变化、遏制自然资源枯竭、保护生物多样性、治理环境污染等几大关键领域的项目，或为这些项目进行再融资的债券工具。

在我国人民银行的相关公告中，绿色金融债券被定义为金融机构法人依法发行的、募集资金用于支持绿色产业并按约定还本付息的有价证券。国家发展改革委有关文件中所称的绿色债券是募集资金用于支持节能减排技术改造、绿色城镇化、能源清洁高效利用、新能源开发利用、循环经济发展、水资源节约利用和非常规水资源开发利用、污染防治、生态农林业、节能环保产业、低碳产业、生态文明先行示范实验、低碳试点示范等绿色循环低碳发展项目的企业债。以上我国对于绿色债券的定义主要在于限定募集资金的用途，符合以上两个标准，并经过其认可的第三方机构认证的绿色债券，称为"贴标绿色债券"，又称"贴标绿"。但债券市场上除"贴标绿"外，还存在大量未贴标，却实际投向绿

---

① 随着绿色债券的兴起，为统一和规范绿色债券的定义和标准，2015 年 3 月 27 日，国际资本市场协会联合 130 多家金融机构共同制定出台绿色债券原则（green bond principles, GBP）。同年，气候债券倡议组织依据 2011 年年底发布的气候债券标准（1.0 版本）（Climate Bonds Standard, CBS）制定并推出了气候债券标准（2.0 版本）。2019 年 12 月，气候债券倡议组织再次推出气候债券标准（3.0 版本）。目前，绿色债券原则与气候债券标准已经成为国际通行的绿色债券标准。

色项目的实质绿色债券，又称为"实质绿"或"投向绿"。"实质绿"不同于"贴标绿"的地方在于，其认定标准只需要符合人民银行《绿色债券支持项目目录》、国家发展改革委《绿色债券发行指引》、国际资本市场协会（ICMA）《绿色债券原则》、气候债券倡议组织（CBI）《气候债券分类方案》这四项绿色债券标准之一，且投向绿色产业项目的资金规模在募集资金中占比不低于 50% 即可。

中国绿色债券的起步较晚。2014 年 5 月 8 日，中广核风电有限公司在银行间市场发行的"14 核风电 MTN001"，是我国首单"碳债券"，是我国绿色债券的初步尝试。2015 年 7 月 16 日，新疆金风科技股份有限公司在香港联交所发行 3 亿美元绿色债券。这是中国发行的第一单绿色债券。同年 10 月，中国农业银行在伦敦发行 10 亿美元双重货币绿色债券。这是中国的银行发行的第一单绿色债券。2016 年 1 月，上海浦东发展银行和中国兴业银行各发行 200 亿和 100 亿元人民币的绿色债券。2016 年 3 月，青岛银行发行 40 亿元人民币绿色债券，这是首只由城商银行发行的绿色债券。我国的绿色债券市场起步晚，在 2015 年时，还几乎为零，但在经历 2016 年的迅猛增长后，达到了 362 亿美元，占当年全球发行规模的 39%。

2021 年是我国宣布"双碳"目标后的第一年，也是"十四五"规划的开局之年。截至 2021 年年底，我国在境内外累计发行贴标绿色债券 3270 亿美元，其中近 2000 亿美元符合 CBI 绿色定义。其中 2021 年发行的贴标绿色债券达到 1095 亿美元，符合 CBI 绿色定义的发行量为 682 亿美元，同比增长 186%。[①] 不论是以 CBI 定义的绿色债券累计发行量计算，还是以年度发行量计算，我国均已成为全球第二大绿色债券市场。在绿色债券市场蓬勃发展、"双碳"目标持续推进的背景下，绿色债券的子品种——碳中和债产生了。碳中和债是符合绿色债券定义的，重点在支持减少碳排放的绿色债券。碳中和债的产生时间虽短，但已成为绿色债券的重要组成部分。2021 年碳中和债从零开始，至年末发行量已突破 1800 亿元，占整个绿色债券市场的 1/3。

2. "绿色债券"有关规范性文件

在规模迅速增长的同时，相关配套规范也在出台。2015 年 4 月，中国人民银行绿色金融工作小组发表关于绿色金融体系构建的研究报告《构建中国绿色金融体系》，提出国家相关部门允许和鼓励银行和企业发行

---

① 数据来源：CBI《中国绿色债券市场报告 2021》，https://www.climatebonds.net/files/reports/cbi_china_sotm_2021_chi_0.pdf，最后访问日期：2023 年 7 月 30 日。

绿色债券的建议。同年 12 月，中国人民银行发布第 39 号公告《关于在银行间债券市场发行绿色金融债券的公告》以及《绿色债券支持项目目录（2015 年版）》①，为绿色金融债券的发行和交易提供了明确的指引。随后国家发展改革委办公厅印发《绿色债券发行指引》（发改办财金〔2015〕3504 号），对企业等非金融机构发行绿色债券提供了指引（2015 年版本目前仍有效）。

在绿色债券市场规模不断扩大的同时，我国在统一国内绿色债券标准方面取得重大进展。2021 年 4 月，中国人民银行、国家发展改革委、证监会发布的《绿色债券支持项目目录（2021 年版）》，剔除了与化石能源相关项目（如清洁煤），采用了"无重大损害"（DNSH）原则，与国际接轨。2022 年 7 月 29 日，绿色债券标准委员会（以下简称"绿标委"）发布了《中国绿色债券原则》，覆盖绿色债券品种包括普通绿色债券、碳收益绿色债券（环境权益相关的绿色债券）、项目收益债券、绿色资产支持证券，除企业债外，国内绿色债券标准实现了统一。绿标委立足国内绿债市场实践，参考了国际资本市场协会发布的《绿色债券原则》以及气候债券倡议组织的气候债券标准，从国际广泛采用的四大核心要素（募集资金用途、项目评估与遴选、募集资金管理、存续期信息披露）入手，使境内外绿色债券的管理要求逐步趋同和一致。

在绿色债券信息披露方面，2021 年 4 月，中央结算公司中债研发中心依据《绿色债券支持项目目录（2021 年版）》制定了《中债—绿色债券环境效益信息披露指标体系》，通过 30 项普通指标及 13 项特殊指标，实现对"203+2"个行业的定量化分析。不同于《管理办法》中要求相关发债企业披露污染物产生、治理与排放信息、碳排放信息等，《中债—绿色债券环境效益信息披露指标体系》从另一个方面——污染物的减少量、节能节水量等方面要求发债企业进行环境信息披露，因为这样可以更好地体现绿色债券所募集资金用于绿色项目的实际效果。上述 2022 年发布的《中国绿色债券原则》在存续期信息披露方面，要求发行主体应每年披露上一年度募集资金的使用情况。其中包括募集资金整体使用情况、绿色项目进展情况、预期或实际环境效益、对所披露内容进行详细的分析与展示。鼓励发行机构增加披露频次至半年、季度，披露绿色项目的投入及进度，以及环境效益实现的情况。鼓励发行人定期向市场披露第三方评估认证机构出具的存续期评估认证报告，对绿色债券支持的绿色项

---

① 目前最新版本为 2021 年版。

目进展及其实际或预期环境效益等实施跟踪评估认证。

四、生态环境保护领域其他相关规范性文件

2014 年之前，生态环境保护领域对企业环境信息披露的规定散见于环保部门对上市公司的环保核查有关规定当中；2014 年之后，随着监管方式改革及《环境保护法》的出台，企业环境信息披露要求一般在信息公开类的规范性文件中予以规定；2021 年以后，《改革方案》《管理办法》《准则》将以往规定予以整合（见表 3-4）。

目前，生态环境保护领域企业环境信息披露规范性文件大致可分为三类：第一类，企业环境信息披露专门规定、环境信息相关规定、生态环境保护一般规定。企业环境信息披露专门规定包括：《国家环保总局关于企业环境信息公开的公告》《改革方案》《管理办法》《准则》等；第二类，环境信息相关规定，包括其他环境信息公开文件及数据标准规范；第三类，生态环境保护一般规定，包括生态环境保护法律法规体系中的所有相关规范性文件，包括能源法律法规。

第一类企业环境信息披露专门规定已在本章前文论述，故此不再展开详细说明。除了《改革方案》《管理办法》《准则》外，另有一部 2013 年颁布的《国家重点监控企业自行监测及信息公开办法（试行）》仍现行有效，这部规定可作为《管理办法》及《准则》中对监测信息披露要求的细化但其中部分规定已不适应当前环境管理需求，亟待由"试行"到正式的调整与转变。

第二类环境信息相关规定，即无企业针对性的所有环境信息规定。在 2021 年之前，作为 2014 年版《环境保护法》配套条例之一的《企业事业单位环境信息公开办法》是我国生态环境领域环境信息公开的权威规定，后被《管理办法》替代，将企业环境信息披露与事业单位、政府环境信息披露规范分开。目前涉及环境信息（非针对企业）的相关规定有：《建设项目环境影响评价信息公开机制方案》《关于加快建立健全绿色低碳循环发展经济体系的指导意见》《核安全信息公开办法》《"十四五"生态保护监管规划》。这些规定都涉及相关企业环境信息公开，其中，与能源直接相关的《核安全信息公开办法》涉及核能企业，核安全信息包括了环境守法承诺、环境影响评价、环境放射性水平、辐射环境监测数据等。

表 3-4　我国环境领域企业环境信息披露规范性文件

公布时间	文件名称	文号	发布机构	备注
2001年9月	关于做好上市公司环保情况核查工作的通知	环发〔2001〕156号	国家环保总局	失效
2003年6月	关于对申请上市的企业和申请再融资的上市公司进行环境保护核查的规定	环发〔2003〕101号	国家环保总局	失效
2003年9月	关于企业环境信息公开的公告	环发〔2003〕156号	国家环保总局	失效
2005年11月	关于加快推进企业环境行为评价工作的意见	环发〔2005〕125号	国家环保总局	失效
2005年12月	关于落实科学发展观加强环境保护的决定	国发〔2005〕39号	国务院	失效
2007年8月	关于进一步规范重污染行业生产经营公司申请上市或再融资环境保护核查工作的通知	环办〔2007〕105号	国家环保总局	失效
2007年2月	环境信息公开办法（试行）	部令第31号	国家环保总局	失效
2008年2月	关于加强上市公司环境保护监督管理工作的指导意见（又被称为"绿色证券指导意见"）	环发〔2008〕24号	国家环保总局	失效
2009年8月	关于开展上市公司环保后督查工作的通知	环办函〔2009〕777号	环境保护部	失效
2010年5月	关于限期完成上市环保核查整改承诺的通知	环办函〔2010〕501号	环境保护部	失效
2010年7月	关于进一步严格上市环保核查管理制度加强上市公司环保核查后督查工作的通知	环发〔2010〕78号	环境保护部	失效
2010年9月	上市公司环境信息披露指南（征求意见稿）	-	环境保护部	失效
2011年2月	关于进一步规范监督管理严格开展上市公司环保核查工作的通知	环办〔2011〕14号	环境保护部	失效
2013年7月	国家重点监控企业自行监测及信息公开办法（试行）	环发〔2013〕81号	环境保护部	有效
2014年12月	企业事业单位环境信息公开办法	部令第31号	环境保护部	失效
2015年12月	建设项目环境影响评价信息公开机制方案	环发〔2015〕162号	环境保护部	有效
2020年10月	核安全信息公开办法	国环规核设〔2020〕1号	生态环境部	有效
2021年2月	关于加快建立健全绿色低碳循环发展经济体系的指导意见	国发〔2021〕4号	国务院	有效
2021年5月	环境信息依法披露制度改革方案	环综合〔2021〕43号	生态环境部	有效
2021年12月	企业环境信息依法披露管理办法	部令第24号	生态环境部	有效
2021年12月	企业环境信息依法披露格式准则	环办综合〔2021〕32号	生态环境部	有效
2022年3月	"十四五"生态保护监管规划	环生态〔2022〕15号	生态环境部	有效

　　2015年6月2日，国家质检总局和国家标准委联合发布了社会责任系列国家标准，包括《社会责任指南》（GB/T36000—2015）、《社会责任报告

编写指南》(GB/T36001—2015)、《社会责任绩效分类指引》(GB/T36002—2015)。这虽然不是完全意义上的生态环境保护领域标准，却是我国为数不多的可以算作 ESG 信息披露规范的文件。该系列标准将环境主题细分为了"污染预防""资源可持续利用""减缓并适应气候变化""环境保护、生物多样性和自然栖息地恢复"四个议题。《社会责任指南》(GB/T36000—2015)是系列标准的核心，其优秀和特别之处在于涉及了"生命周期方法"、"产品—服务体系方法"及"环境保护、生物多样性和自然栖息地恢复"，这是大部分的环境信息相关规定中所鲜有触及的。

提及标准，《企业环境信息依法披露格式准则》对报告使用术语、数据、数字、语言等提出了规范要求。为实现环境保护信息的统一规范，我国目前已对环境信息术语、元数据、基本数据、数据集编制、信息分类代码、传输、交换、系统集成等制定了部门标准(见表 3-5)，企业在进行环境信息披露的过程中应当参照此类技术标准，以避免术语混乱、数据标准不一致等问题。

表 3-5　环境信息技术规范

环境污染源自动监控信息传输、交换技术规范（试行） Technical Specifications for Data Exchange of Environmental Pollution Emission Auto Monitoring Information（on trial）	标准号：HJ/T 352—2007
环境信息术语 Environmental Information Terminology	标准号：HJ/T 416—2007
环境信息分类与代码 Environmental Information Classification and Code	标准号：HJ/T 417—2007
环境信息系统集成技术规范 Specification for Environmental Information System Integration	标准号：HJ/T 418—2007
环境信息化标准指南 Standard Guide for Environmental Informatization	标准号：HJ 511—2009
企业环境报告书编制导则 Guidelines for Drafting on Corporate Environmental Report	标准号：HJ 617—2011
环境信息数据字典规范 Specification for Environmental Information Data Dictionary	标准号：HJ 723—2014
环境信息元数据规范 Metadata Specification for Environment Information	标准号：HJ 720—2017
企业突发环境事件风险分级方法 Classification Method for Environmental Accident Risk of Enterprise	标准号：HJ 941—2018
生态环境信息基本数据集编制规范 Specification for Drafting Basic Dataset of Ecology and Environment Information	标准号：HJ 966—2018

第三类生态环境保护一般规定体系庞大内容众多。能源企业因其环境高危性在其生产或运营过程中涉及众多法律法规，同时，能源企业要

进行行业化的信息披露更需要参考各类环境信息标准，生态环境保护一般规定也是其信息披露重要参考。由于能源法体系还未完全确立，能源法律法规暂归于生态环境保护一般规定之中。对于生态环境保护一般规定，笔者将在后面的章节中予以列举和讨论。

五、国际层面企业环境信息披露既有文件

高质量的环境信息披露是当前国内企业管理最薄弱的环节之一，一般企业可能受信息披露质量的影响较小，但对具有一定特殊性的能源企业而言，这是企业生存与可持续发展必须面对的问题。能源企业面临的最大挑战是如何依据国际标准建立有效的环境管理体系，稳定提升环境绩效，并以科学有效的方式予以披露。这也是国际层面"压力—合规"理论对能源企业所提出的要求。

（一）国际层面企业环境信息披露相关规则发展

国际层面，上市公司环境信息披露在相当长时间内等同于环境会计信息，发展至今各国环境会计准则都较为成熟。国际上受到认可的环境会计准则/环境会计信息披露内容有：AA1000系列标准、特许公认会计师协会（ACCA）环境信息披露内容、联合国国际会计和报告标准政府间专家工作组环境信息披露内容等。20世纪40年代英国会计信息中最早出现了环境信息披露，直到1993年"环境会计"的概念才第一次被正式提出，[①]目前英国的环境信息披露具有代表性的为英国社会和伦理责任研究院下属AccountAbility机构的AA1000原则系列和英国ACCA环境信息披露内容指南。全球范围内第一份国际环境会计和报告指南由ISAR于1998年2月提出，ISAR在工作组第十五次会议中通过了《环境会计和报告立场公告》（Position Statement of Accounting and Financial Reporting for Environmental Costs and Liabilities），为全球各国会计准则制定机构提供了参考，推动了各国环境会计与信息披露准则的制定和实施。[②]从各国实践来看，日本、美国、欧盟都在环境会计方面作了积极实践，尤其是针对能源企业的环境会计信息披露。日本于1997年和2000年先后颁布了《环境报告指南——易于理解的环境报告方法》和《引进环境会计体系指南》，2005年日本颁布的《环境友好行动促进法》对特定企业发布环境报告设定了要求。《环境报告指南——易于理解的环境报告方法》后

---

① 英国邓迪大学的格瑞（R.H.Gray）教授在1993年出版的《绿色会计：兴盛后期的职业》一书中正式提出了绿色会计的概念，为后来环境会计研究奠定了基础。

② 陈毓圭：《环境会计和报告的第一份国际指南：联合国国际会计和报告标准政府间专家工作组第15次会议记述》，载《会计研究》1998年第5期。

经过多次更新，沿用至今，发布独立的环境报告书已经成为日本环境报告制度的主流形式。[①]

表 3-6 日本环境报告书的内容与结构[②]

报告主体信息	环境报告的基本要求	组织形式
		时间区间
		基准、指南等
		环境报告的整体情况
	主要绩效评估指标	
	经营负责人承诺	经营负责人针对重要环境课题的承诺
	治理	经营者的治理体制
		重要环境课题的管理负责人
		董事会及经营业务执行组织在重要环境课题管理中的作用
	利益相关者契约情况	利益相关者相关方案
		实施中的利益相关者契约概要
	风险管理	风险的确定、评价及应对方法
		上述方法在整个公司风险管理中的定位
	商业模式	经营者的商业模式
	价值链管理	价值链的概要
		绿色采购方针、目标、实际成果
	长期愿景	长期愿景
		长期愿景的设置时间和理由
		时间区间设置理由
	战略	面向可持续发展社会的经营者事业战略
	重要环境课题的特定方法	经营者已确定的重要环境课题步骤
		已确定重要环境课题列表
		已确定重要环境课题的判断理由
		重要环境课题边界
	经营者的重要环境课题	措施方针和行动计划
		根据实际评价指标采取的措施目标和措施实绩
		实际评价指标的计算方法
		实绩评价指标的统计范围
		在风险造成较大影响时的数据计算方法
		在报告事项中，独立的第三方认证保证书

2008 年，日本会计准则委员会（ASBJ）发布了企业会计 18 号准则和 21 号准则适用指南（针对能源行业），日本还设有"绿色报告奖"对企

① 李维安、秦岚：《日本公司绿色信息披露治理——环境报告制度的经验与借鉴》，载《经济社会体制比较》2021 年第 3 期。

② 李维安、秦岚：《日本公司绿色信息披露治理——环境报告制度的经验与借鉴》，载《经济社会体制比较》2021 年第 3 期。

业环境信息披露、学界环境信息披露研究进行鼓励。美国财务会计准则委员会（Financial Accounting Standards Board，FASB）的公认会计原则（GAAP）和证券交易委员会（Securities and Exchange Commission, SEC）的系列规则（S-K 规则）构成了美国会计信息披露制度体系，要求上市公司在进行注册登记和持续经营的过程中必须遵循信息披露要求，美国还针对石油天然气领域发布专门的财务会计公告，要求石油天然气行业上市公司每年都必须说明与石油天然气探明储量有关的信息。欧盟在 1993年发起了一个用于企业和其他组织进行评估和促进环境绩效管理的体系，即生态管理与审核体系（EMAS）。经过 20 年的发展，EMAS 已经发展至第三版本，①2010 年最新版修订后可以在全球推广应用，EMAS 已经不仅是环境会计的重要参考，而且被公认为是世界上最严格、最权威的环境管理工具。

随着人们对环境问题认识的逐步加强，各国环境法制的不断健全，企业环境管理受到整个国际社会的充分重视。囿于"绿色金融"、环境会计信息专业性限制，上市公司环境信息披露制度逐渐由环境会计信息向环境财务及非财务信息综合体转变。当前，以引导企业环境管理体系建设、辅助投资者进行判断、为行政或商业决策者提供参考的综合性环境认证标准、指数标准、社会责任指引等为国际流行趋势，例如，"赤道原则"（EPs）、ISO26000 社会责任指引、ISO14000 环境管理系列标准、GRI 2013 年可持续发展报告编制指南（G4）、道琼斯可持续发展指数（DJSI）、多米尼 400 社会责任指数（Domini 400 Social Index, DSI 400）、卡尔福特社会责任指数（Calvert Social Index, CSI）、富时社会责任指数（FTSE4Good Index Series）、环境责任经济联盟（CERES）原则（2000）、经济合作与发展组织（OECD）多国企业领导纲领等。总体上，国际层面有关企业环境信息披露的内容和标准参见于国际金融、会计准则、审计、企业管理等领域内的上述标准、准则、指标、指数、指引、认证体系等规定中。而在环境保护领域，由联合国环境规划署（UNEP）于 1994 年制定颁布的《联合国环境规划署可持续发展指南》（UNEP Sustainability1994）则是受到国际社会认可的环境信息披露指引中最早的环境信息披露整体框

---

① 生态管理与审核体系一般也简称为 EMAS 认证体系。1993 年欧盟委员会通过了有关实施 EMAS 的法规，1995 年正式实施于欧盟成员国。1993 年版本为 EMAS 第一版，仅限于欧盟成员国适用；2001 年欧盟委员会和欧洲议会公布了 EMAS 第二版，也仅限于欧盟成员国适用；2010 年欧盟委员会和欧洲议会发布了 EMAS 第三版，这一版本更加系统、全面，在欧盟以外的国家被广泛适用。

架，与此类似的还有联合国 1999 年提出的"全球契约"计划。实际上，国际层面也并没有明显的环境领域、金融领域的领域区分。上述各类参考型或认证型文件，基本都具有全员参与性、广泛适用性、灵活性、兼容性、全过程性和持续性的特点，用户是全球的商业、工业、政府、非营利性组织和其他，部分有国际影响力的环境信息披露规范是由产业组织或综合性非政府组织（NGO）所制定，这一系列标准为"人人"都提供了检视企业环境行为的依据和参考，环境绩效差的企业容易受到出于不同顾虑的各方的抵制，[①] 来自合作方、投资方、产品购买方以及一般社会公众的压力，都迫使高环境风险、大规模的企业必须考虑环境影响并予以披露。

（二）国际常用代表性文件盘点

1. 可持续发展报告编制指南

GRI 是全球报告倡议组织（Global Reporting Initiative）的英文简称，GRI 成立于 1997 年，它是由全球审计、劳工、会计、商界、学术界、非政府组织、投资者、公民社会和其他利益相关方共同组成的非政府组织。在全球对可持续发展问题密切关注的背景下，GRI 于 2000 年发布了第一代《可持续发展报告指南》（简称 G1），并于 2002 年、2006 年、2011 年、2013 年又分别发布了《可持续发展报告指南》的 G2 版、G3 版、G3.1 版与 G4 版。其后，在 2016 年 GRI 又发布了最新的 GRI 标准要求遵循 GRI 指引的全球企业、组织在 2018 年以后按照最新标准编制可持续发展报告，并表示以后不再发布新一代指南，而是根据公众意见对 GRI 标准进行不断升级。[②] 由 GRI 标准推动的可持续发展报告是一个组织公开报告其经济、环境和（或）社会影响，进而对可持续发展目标作出正面或负面贡献的一种做法。通过这一过程，组织将确定其对经济、环境和（或）社会的重大影响，并依据符合全球公认的 GRI 标准对其进行披露。

GRI 标准分为四个系列：通用标准 100 系列，议题专项标准 200 系列（经济议题）、300 系列（环境议题）、400 系列（社会议题）。100 系列涵盖三项通用标准：GRI 101：基础，是使用整套 GRI 标准的切入点。GRI 101 阐述了用于界定报告内容和质量的原则。它涵盖符合 GRI 标准编制可持续发展报告的要求，并描述了如何使用和引用 GRI 标准。GRI 102：一般披露，用于报告有关组织及其可持续发展报告实践的背景信息。涵盖有关组织概

---

① Dennis M. Patten, Exposure, Legitimacy, and Social Disclosure, *Journal of Accounting and Public Policy*, 1991,Vol.10, No.4, pp.297-309.

② 赵新华、王兆君：《国内外企业社会责任报告编制规范及应用探析》，载《国际视野》2019 年第 10 期。

况、战略、道德和诚信、治理、利益相关方参与做法、报告流程的信息。GRI 103：管理方法，用于报告组织如何管理实质性议题的信息。包括议题专项 GRI 标准（200、300 和 400 系列）中的每个实质性议题以及其他实质性议题。通过对每个实质性议题运用 GRI 103，组织便可对该议题为何具有实质性、影响范围（议题边界）以及组织如何管理影响提供叙述性说明。GRI 200、300 和 400 系列包含许多议题专项标准。这些系列用于报告组织对经济、环境和社会议题（例如，间接经济影响、水或就业）影响的信息。

GRI 300 系列具体规定了环境评价标准，包括 GRI 301 至 308 等 8 个方面的指标。物料指标（GRI 301），包括：物料的重量或体积，所使用的回收进料，回收产品及其包装材料。能源指标（GRI 302），包括：组织内部的能源消耗量，组织外部的能源消耗量，能源强度，减少能源消耗量，降低产品和服务的能源需求。水资源与污水指标（GRI 303），包括：按源头划分的取水，因取水而受重大影响的水源，水循环与再利用。生物多样性指标（GRI 304），包括：拥有、租赁在位于或邻近于保护区和保护区外生物多样性丰富区域管理的运营点，活动、产品和服务对生物多样性的重大影响，受保护或经修复的栖息地的规模和位置，受运营影响区域的栖息地中已被列入 IUCN 红色名录及国家保护名册的物种总数。气体排放指标（GRI 305），包括直接温室气体排放，间接温室气体排放，其他间接温室气体排放，温室气体排放强度，温室气体减排量，臭氧消耗物质排放，氮氧化物硫氧化物和其他重大气体排放。污水与废弃物指标（GRI 306），包括：按水质及排放目的地分类的排水总量，按类别及处理方法分类的废弃物总量，重大泄漏，危险废物运输，受排水和（或）径流影响的水体。环境合规指标（GRI 307），包括：违反环境法律法规（因违反环境法律法规而受到的重大罚款和非货币制裁，以及通过争端解决机制提起的案件）。供应商环境评估指标（GRI 308），包括：使用环境标准筛选的新供应商百分比，供应链对环境的负面影响以及采取的行动。[①]

2. ISO14000 系列标准

ISO14000 系列标准，全称 ISO14000 环境管理系列标准，是国际标准化组织（ISO）下设 ISO/TC207 环境管理技术委员会于 1996 年开始陆续编制出台，在总结全世界环境管理科学经验基础上制定并正式发布的一套完整的、操作性极强的环境管理的国际标准。标准包括环境管理体系、环境审核、环境标志、环境行为评价、生命周期评估、产品标准中的环

---

① 《GRI 可持续发展报告标准》，https://www.globalreporting.org/，最后访问日期：2023 年 7 月 30 日。

境指标等国际环境领域内的诸多焦点问题，规定了环境管理体系的要求，为组织寻求建立、实施、保持和持续改进的框架，以有利于可持续发展的"环境支柱"方式实现环境管理、履行环境责任的目的。

环境管理体系标准（ISO14001 ～ ISO14009）是 ISO 14000 系列标准的核心，ISO14001 环境管理体系标准最为重要，是企业建立环境管理体系以及审核认证的基础准则，为各类组织提供了一个标准化的环境管理体系的模式，其现行有效版本为 ISO14001：2015。环境管理体系标准体系由环境方针、规划、实施与运行、检查和纠正、管理评审等 5 个基本要素连贯构成，通过有计划地评审和持续改进的循环，以一种有利于可持续发展的"环境支柱"的方式管理其环境责任，包括为实现 PDCA[①]环境管理运行模式（计划、执行、检查、行动）所需的组织结构、活动策划、职责、惯例、程序过程和资源（见图 3-3 ISO14001 中 PDCA模式运用）不断完善和提高企业内部的环境管理体系。环境审核标准（ISO14010 ～ ISO14019），为组织自身和第三方认证机构提供标准化的审核检查方法和程序，监测和审计组织的环境管理活动。环境标志标准（ISO14020 ～ ISO14029），通过环境标志图形、说明标签等形式确认组织的环境表现，向市场展示标志产品与非标志产品环境表现的差别，向消费者推荐有利于保护环境的产品，提高消费者的环境意识，形成强大的市场压力和社会压力，以达到影响组织环境决策的目的，提高组织建立环境管理体系的自觉性。环境表现评价标准（ISO14030 ～ ISO14039）则通过组织的"环境表现指数"来表述对组织现场环境特征、具体排放指标、产品生命周期综合环境影响的评价结果。该标准可对组织某一时间、地点的环境表现以及长期发展趋势进行评价，指导组织选择更利于环保的产品以及防止污染、节约资源的管理方案。生命周期评估标准（ISO14040 ～ ISO14049），是对产品研发设计、加工制造、流通、使用、报废处理以及循环利用的全周期过程中的每个环节的活动进行资源消耗和环境影响评价，从根本上解决环境污染和资源浪费问题。[②]

① PDCA 是管理学中的通用模式，广泛运用于产品质量持续改善的循环过程，也称为PDCA 循环。PDCA 循环就是按照"plan（计划）、do（执行）、check（检查）和 action（行动）"这样的顺序进行质量管理，并且循环不止地进行下去。

② 张维平：《21 世纪的环境管理——论 ISO14000 环境管理系列标准》，载《环境科学进展》1998 年第 2 期。

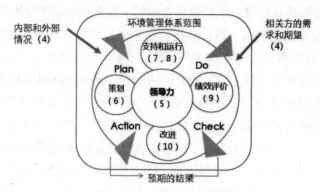

图 3-3　ISO14001 中 PDCA 模式运用 ①

注：图中数字为各环节在 ISO14001 标准中对应的部分，如：ISO14001 标准将 PDCA 纳入了一个新的框架，这个框架总体依托于 ISO14001 标准"4.组织的背景"部分实施运作。

3. EMAS 认证体系

EMAS 是欧盟生态管理和审核计划（The Eco-Management and Audit Scheme）的简称，由欧盟在 1993 年制定，以欧盟法令形式发布，是为组织评价、报告、改进环境绩效开发出的一种自愿性环境管理工具。EMAS 认证体系的核心是国际生态管理标准 ISO14001，引用了 ISO14001 的全部内容，但增加了涵盖全面的环境绩效管理的附加要求。EMAS 为组织制定了可认证环境管理体系的要求，包括但不限于：本组织已建立一套管理系统，以持续改善本组织的环境影响，达到符合法律及其他环境要求，并达到其环境目标；该组织确定了其重要的环境因素和相关的环境影响；组织为环境相关过程的控制确定了合适的标准。整个环境管理体系（EMS）受到持续的监视，尤其适用于遵守法律和其他环境要求；该组织通过适当的绩效指标来监控和评估环境目标和持续改进的实现情况；通过发布环境声明，组织适当地向公众通报组织的环境因素和环境绩效。

EMAS 相较 ISO14001 而言是一种更深化的环境管理工具，具有绩效导向性、高度可信性、信息透明化的特点。EMAS 在 ISO14001 基础上增加了附加要求，ISO14001 受到 ISO 整体相容性的限制，在环境绩效、环境因素识别、信息公开、全面合规和利益相关者参与等五个方面与 EMAS 相比略有不足：

①在环境绩效方面，ISO14001 标准在"范围"中就明确"未提出具体的环境绩效准则，也不增加或改变一个组织的法律义务"。EMAS 则特别

---

①　图片资料来源：ISO 官网 http://www.iso.org。

重视环境绩效，明确要求组织在环境声明中设定足以说明组织在特定环境领域绩效情况的环境绩效参数，包括适用于所有类型组织的核心环境绩效参数（能源效率、材料利用率、水、废弃物、生物多样性、排放物），严格要求组织持续改善环境绩效并进行证明，同时，对内部审核的要求除了对管理体系的运行实施检查，还要求对环境绩效进行实质审核，包括具体数据评估。

就环境因素识别而言，EMAS 的要求比 ISO14001 更加明确和具体。ISO14001 虽然要求组织应识别其能够控制和施加影响的环境因素，但并没有给出明确的定义。EMAS 除了明确相关定义外还对间接环境因素进行了详细说明提出了示例，并规定要努力确保供货商和代表组织工作的各方在执行合同活动中遵守组织环境方针。

②在信息公开方面，ISO14001 标准中，对于信息公开的要求主要体现在环境方针、就重要环境因素与外界进行信息交流等，EMAS 则要求组织编写环境声明，在环境声明中必须将环境方针、政策、环境管理体系、环境绩效详细信息作为组织声明的一部分进行公开，声明中的信息经审核评估验证后才生效，之外，EMAS 要求环境声明向所有人公开，且获得途径应当是免费且便捷的。

③在合规性方面，ISO14001 标准只要求组织在方针中作出遵守法律法规要求的承诺，并未提出明确的合规性要求。但 EMAS 明确提出全面合规性是组织可以进行 EMAS 注册的前提要求。

④在利益相关者参与方面，ISO14001 标准未明确提出员工参与的有关要求，而 EMAS 特别强调了员工参与的重要性。EMAS 规定组织应制订员工参与计划，规定员工参与环境绩效持续改进的具体内容，如初始环境评审、EMAS 体系的建立与实施、设立环境委员会、设立环境行动方案和环境审核联合工作组、完善环境报告等。[①]

4. AA1000 系列标准

AccountAbility 创于 1995 年，是由全球商界、学术界优秀代表和会计审计行业从业人员组成的非营利性机构。该组织以提高社会责任意识、实现可持续发展为宗旨，采取一种多方参与的创新模式来确保机构和个体成员在社会责任信息披露中的直接参与。AA1000 系列标准是全球企业、政府和其他公共和私人组织用来展示问责制、责任和可持续性领导力和绩效的原则框架。1999 年，AccountAbility 发布了其首份可持续发展

---

① 徐新宇、王文：《从 ISO 14001 到 EMAS》，载《标准科学》2014 年第 7 期。

原则即《AA1000 框架标准》，是 AA1000 系列标准的基础。框架标准旨在加强审验系列标准的质量，并作为一个独立的系统来指导、管理和用于沟通社会与道德方面的担责情况和绩效表现。AA1000 系列标准包含标准、指南和专业资格三个部分，标准包括审验原则、审验标准、利益相关方参与标准三项。现行版本为《AA1000 审验原则（2018）》《AA1000 审验标准（2020）》《AA1000 利益相关方参与标准（2015）》。

AA1000 审验原则是 AA1000 系列标准的基础，是一个国际公认的原则框架，指导组织完成识别、确定优先级和应对可持续发展挑战的过程，以期提高长期绩效。最新版本的《AA1000 审验原则（2018）》对原则、关键定义和讨论章节进行了改进，并增强了必要遵守准则中的技术针对性；同时引入新的原则——影响性，它强调了在当今领先的可持续性管理实践中，结果和担责的优先性。AA1000 最新审验原则包括：包容性，人们应该对那些影响到他们的决定拥有发言权；实质性，决策者应识别并清楚明白重要的可持续性议题；回应性，组织应就实质性可持续性议题及其相关影响采取透明的行动；影响性，组织应对其行为如何影响更广泛的生态系统进行监测、衡量和当责。

《AA1000 审验标准（2020）》提供了一套综合方法，即通过评估组织贯彻 AA1000 原则的有效程度和披露可持续发展绩效信息的质量，说明组织对可持续发展议题的管理、绩效和报告。应用 AA1000 审验标准有两种类型：类型 1 是 AA1000 原则遵循审验，审验机构应当对组织为保证遵循 AA1000 原则而建立的信息公开披露制度、管理体系和管理程序及其绩效信息作出评估；类型 2 是 AA1000 原则遵循和绩效信息审验，审验机构应当评估组织遵循三项 AA1000 原则的性质和程度，同时需要评估特定的可持续发展绩效信息的可靠性。对于审验结果，审验机构要公开发布审验声明，包括调查结果、结论和建议。审验声明应当至少包括以下信息：适用的审验标准；审验范围，包括审验类型；信息披露范围；审验方法；审验存在的局限性（审验深度声明）；判断遵循包容性、实质性、回应性和影响性四项 AA1000 原则程度的调查结果和结论（适用于所有类型的审验）；判断特定绩效信息的可靠性的调查结果和结论（仅适用于类型 2 审验）等。AA1000 审验标准于 2020 年最新修订。它通过强制认证机制来保障可持续性审验过程，重点关注组织对 AA1000 审验原则（2018）的遵守情况，并提供具体证据来证明组织对包容性、实质性、回应性、影响性等原则的遵守性质和程度。

《AA1000 利益相关方参与标准（2015）》为利益相关者提供了一个

详细的参与框架，主要由思考与策划、准备与参与、响应与评估三个阶段构成，每个阶段包含一系列元素。对企业社会责任报告和环境绩效的外部审验以及利益相关方的参与，能够提高报告的可信度，展示企业的环境管理与环境信用水平，提高企业的环境保护意识，推动可持续发展。①

5. ISAR 环境信息披露规定

联合国国际会计和报告标准政府间专家工作组自 1989 年开始致力于环境信息披露内容的全球性工作，并于 1998 年 2 月在工作组第十五次会议中通过了《环境会计和报告立场公告》，这是全球范围内第一份国际环境会计和报告指南。《环境会计和报告立场公告》规定了与环境有关的会计概念的定义、环境成本和负债的确认和计量、环境成本和负债的披露。有关环境成本、负债的确认，环境成本、负债的披露等方面的规定都可以视为 ISAR 环境信息披露与环境信用评价标准的具体内容。公告将环境信息披露内容分为四类：第一类，环境成本，主要类型有：废液处理；废物、气体和空气处理；固体废物处理；场地恢复；补救；再循环；分析、控制和遵守，违反环境法规受到罚款和其他处罚而产生的环境相关费用，以及因过去环境污染和损害造成的损失或伤害而向第三方作出的赔偿。第二类，环境负债，主要包括：环境负债计量基础，每一类重大负债项目的性质和清付时间条件说明，负债异常情况，其他与已确认环境负债计量有关的重大不确定性及可能后果范围，现值法计量基础之上对估计未来现金流出和财务报表中确认的环境负债至关重要的所有假设。第三类，会计政策披露与环境负债和成本具体相关的任何会计政策。第四类，其他内容，即环境负债和成本的性质、与实体及其行业相关的环境问题类型、政府在环境保护措施方面提供的任何奖励措施（如赠款和税收优惠）。ISAR 环境信息披露规定为信息使用者设定了环境评估标准，评估环境措施对于企业财务状况的影响、判断企业环境信用状况和前景的重要作用。②

6. 道琼斯可持续发展指数

1999 年，道琼斯可持续发展指数是全球第一个引导投资者进行投资的可持续发展指数系列，由道琼斯指数编制公司（Dow Jones）与永续资

---

① AccountAbility's AA1000 Series of Standards, https://www.accountability.org/standards, 最后访问日期：2023 年 7 月 30 日。

② 《立场文件：环境成本和负债的会计和财务报告》, https://isar.unctad.org/, 最后访问日期：2023 年 7 月 30 日。

产管理公司（Sustainable Asset Management）共同发布。广义上的 DJSI 是一个指数体系，包括了全球指数、地区指数及国家指数等指数系列。DJSI 是目前世界上运行时间最长最具权威性的可持续发展基准指数。遵循行业最优的选择方法主要是从经济、社会及环境三个方面，从投资角度评价企业可持续发展的能力，它不仅是反映全球可持续发展状况的"晴雨表"，也是诸多信贷、证券、基金机构的重要参考指标。通过 DJSI 可持续发展评价指标体系权重可以看出，环境维度环境绩效所占的权重是最突出的（见表 3-7）。

表 3-7　DJSI 可持续发展评价指标体系

评价维度	指标	权重（%）
经济	公司管理	6.0
	风险和危机管理	6.0
	公司制度/执行力/贪污舞弊状况	5.5
	与特定产业相关的指标	与产业有关
环境	环境绩效（生态效益）	7.0
	环境报告	3.0
	与特定产业相关的指标	与产业有关
社会	人力资本开发	5.5
	对专业人员的吸引力和人员稳定性	5.5
	劳动力实践指标	5.0
	企业公民/慈善行为	3.5
	社会报告	3.0
	与特定产业相关的指标	与产业有关

注：该评价体系中的数据来源有调查问卷、公司文件、公共信息、与公司直接联系四种渠道。①

DJSI 的行业择优性使得 DJSI 对其成分公司的选择十分严格。第一步，资格要求：只有在各自指数领域中分数在前 45% 的公司才具备入选资格。第二步，分类最优：选取各行业中排名前 10% 的公司（世界/区域指数为前 20%，国家指数为前 30%，新兴市场指数为前 10%）。第三步，边际选择：经第二步分类最优选择后，选择分数与入选公司中排名

① 调查问卷，按照行业差异设计不同的调查问卷，发放对象为企业 CEO 或企业相关投资机构中的高层管理人员，是指标体系中评价信息的最主要的来源；公司文件，包括公司可持续发展报告、环境报告、社会报告、年报等；公共信息，是在过去两年中，媒体对有关公司的报道以及投资公司对有关公司的研究报告等。前三种来源的数据相互对照，必要时可以直接与公司联系获得必要的验证。

最后的公司相差在 0.6 分以内的公司。第四步，在已选出的公司中筛选行业前 15%（世界／区域指数为前 30%，国家指数为前 45%，新兴市场指数为前 15%）。2020 年 11 月，《可持续发展年鉴 2021》（The Sustainability Yearbook 2021），对首批 3429 家公司进行了评估，后又对 3604 家公司进行了评估，以选择纳入 DJSI 指数的龙头公司。在公司的选择上，其行业前 15% 且获得标准普尔全球 ESG 评分（S&P Global Score）前 30% 的公司才能被列入可持续发展年鉴。标准普尔全球 ESG 评分基于标准普尔全球企业可持续评估（S&P Global Corporate Sustainability Assessment, CSA）中的企业可持续性绩效评估。2021 年，CSA 一共评估了 7033 家公司，来自 40 个国家的 633 家公司被《可持续发展年鉴 2021》认证。其中 70 家金级，74 家银级，98 家铜级，剩下的 389 家作为可持续发展年鉴的一般成员。从地区上划分，各地区的占比是：亚太地区 19.9%，新兴市场[①]17.8%，欧洲地区 14.8%，北美地区 39%。

DJSI 评估标准涵盖了公司治理、风险管理、品牌创建、缓解气候变化、供应链标准、劳工活动等方面。值得关注的是，DJSI 将所有公司分成 61 个行业，其中与能源相关的有碳与消耗性燃料（coal & consumable fuels）、电力公用事业（electric utilities）、能源装备与服务（energy equipment & services）、天然气公用事业（gas utilities）、油气精炼与销售（oil & gas refining & marketing）、油气储存与运输（oil & gas storage & transportation）、油气上游与整合（oil & gas upstream & integrated）等 7 个行业。列入《可持续发展年鉴 2021》的公司一共有 66 家，其中电力公用事业最多，有 28 家。被评为金级的公司共有 9 家，银级 9 家，铜级 13 家。不同行业设有特有的可持续性评估标准，调查基于行业特性而有所差异，与此同时，采用外部审计等方式来保证可持续发展指数研究的客观性和研究质量，这是 DJSI 具信服力和权威性的两大基础。

7. 其他

具有一定影响力的信息披露内容指南还有环境责任经济联盟（CERES）原则（2000）、PERI《环境信息披露内容指南》、ACCA 环境信息披露规定和 UNEP 可持续发展指南 1994。[②]

---

① 新兴市场指阿根廷、巴西、智利、中国、哥伦比亚、捷克共和国、埃及、希腊、匈牙利、印度、印度尼西亚、马来西亚、墨西哥、摩洛哥、秘鲁、菲律宾、波兰、卡塔尔、俄罗斯、南非、泰国、土耳其、阿联酋。

② 陈华：《基于社会责任报告的上市公司环境信息披露质量研究》，经济科学出版社 2013 年版，第 32~33 页。

CERES 原则（2000）全称 CERES《企业环境报告原则》，是美国最具影响力的非政府组织环境责任经济联盟（CERES）所发布的，该原则由13部分组成。PERI《环境信息披露内容指南》，是欧美国家具有较大影响力的产业组织——公共环境报告行动组织（PERI）——于2002年所编写发布的，该组织性质目标与 GRI 一致，但主要是影响欧洲和北美地区，PERI 指南中包括了10个部分。CERES 原则（2000）和 PERI《环境信息披露内容指南》的内容较为相似，都有企业概况、环境保护方针、环境管理、污染物排放、产品责任、法律法规遵守情况等要求（见表3-8）。

表3-8　CERES 原则（2000）和 PERI《环境信息披露内容指南》内容比较

	CERES《企业环境报告原则》（2000）	PERI《环境信息披露内容指南》
相同	企业概况	
	环境保护方针、组织和管理	
	产品责任	
	污染物排放	
	法律法规遵守情况	
不同	有害废物处理处置	资源保护
	工作场所安全	员工教育
	紧急对策	风险管理
	国际履约情况	利益相关者参与情况
	原材料采购方针	
	能源使用	
	与供应商关系	

ACCA 环境信息披露规定则更偏向于会计信息披露，英国特许公认会计师协会成立于1904年，是目前世界领先的国际性专业会计团体之一，在 PERI 等环境报告指南框架的基础上将环境信息披露分为环境定性信息、环境定量信息、环境管理信息和产品信息共4类14项。环境定性信息包含企业财务信息、环境方针、环境目标、环境政策、环境社会影响等5个项目；环境管理信息包含环境管理体系和风险管理状况2个项目；环境定量信息包含环境指标（绩效）、资源能源使用情况、法律法规遵守情况、经济指标等4个项目；产品信息包含产品制造流程、相关联系方式2个项目。

UNEP 可持续发展指南（UNEP Sustainbility1994）由联合国环境规划署（UNEP）于1994年制定，虽然该框架只包括七个类别，但每个类别下做了详细的列举。第一类，环保管理系统指标，包括：最高经营责任者声明，环保方针，环境管理体系，经营责任，环境监督，目标，法规遵守，研究开发，程序与主动，表彰奖励，验证，报告与方针，公司概况。第二类，环保投入指标，包括：原材料使用，能耗，水资源利用，健康安全，环评和风险管理，应急对策，土壤修复，栖息地。第三类，环境产出指标，包括：固体废弃物，三废排放，噪声，运输。第四类，产品环境指标，包括：产品生命周期，环保设计，包装设计及回收，产品环境影响，产品环境责任。第五类，环保财务指标，包括：环境支出，环境负债，环境经济，环境成本，环境利益，环保慈善支出。第六类，环境信息沟通指标，包括：员工，政府，投资者，供应商，消费者，业界团体，环境组织，教育及科学机构，媒体。第七类，可持续发展环境指标，包括：地球环境，地球开发，技术合作，全球标准执行。UNEP可持续发展指南为上市公司环境信息披露构建了最早的完整框架。

其他可作为上市公司环境信息披露指标参考的还有"全球协议"、OECD多国企业指导纲领、ISO26000社会责任指引、多米尼400社会责任指数（DSI 400）、卡尔福特社会责任指数（CSI）、富时社会责任指数（FTSE4Good Index Series）等。综上所述，随着可持续发展实践和能源国际市场日益成为全球焦点，能源企业履行环境责任、深化环境管理、提升环保绩效从而满足国际化要求已刻不容缓。合作方、投资方、产品购买方也越来越多地选择获得环境认证的公司和产品作为合作伙伴及原料采购合作伙伴。因此，各类国际标准、准则、指标、指数、指引、认证体系规定尤其是其中对环境信息或环境信息披露的规定和要求对规范能源企业环境信息披露，使能源企业顺利实现国际投融资、发展国际业务、实现国际合作等意义重大，有利于绿色壁垒问题的解决。

小　结

《改革方案》、《管理办法》及《准则》对各环境信息披露主体提出了更高的生态环境管理和信息披露要求。证监会发布的相关部门规章与上海证券交易所、深圳证券交易所发布的各项指引、自律规则细化了上市公司的环境信息披露义务，并分行业使得能源企业有了更加明确的披露参考。中国人民银行、国家发展改革委、证监会联合发布的部门规章及绿色债券标准委员会、中央结算公司等制定的行业规定为"绿色债券"发债企业及企业融资投向提供了参考。依照上述规范性文件并结合生态环境保护领域、能源领域相关法律法规、各类环境标准及国际有关规则，各类能源企业应当建立并逐步完善企业内部生态环境管理制度，形成全流程管理。单独设立环保工作负责人或环保机构负责人专岗，强化监督意识，专人对接监管，更准确理解监管要求，把握好能源企业自身依法开展生产的红线，并不断提升能源企业生态环境管理、治理，以及环境信息披露水平。规范执行记录并形成制式台账，对照环境信息披露具体要求，根据能源企业自身生产经营情况，编制形成针对能源企业环境管理，污染物产生、治理与排放信息，碳排放信息等重点披露内容的制式台账，便于后续披露报告的数据调取及跟踪核查。与第三方专业机构进行合作：一方面，通过第三方专业机构的培训，加强能源企业自身生态环境管理、环境信息披露的能力建设和专业人才培养与储备；另一方面，借助第三方专业机构的支持，规范能源企业环境管理水平，提升能源企业环境信息披露水平，增强能源企业可持续发展能力。进行生态环境风险识别、测算和管理，以及加强环境信息披露，有助于能源企业防范气候环境相关的物理风险和转型风险，建议以环境信息披露为切入点，全面提升自身 ESG 表现，增强能源企业的长期可持续发展能力。[①]

---

① 张瑾瑜：《政策解读：〈企业环境信息依法披露格式准则〉》，载微信公众号"中诚信绿金"，2022 年 1 月 18 日。

第四章 内容规范化：能源企业环境信息披露原则、要素与关键指标

小题记：披露的规范——有理可遵、有源可溯、有标可达、有的放矢。

　　企业信息披露文件中存在着大量法律和会计术语，原有核准制下证券监管部门的环境信息披露规定并没有增加信息量，对于以投资者为代表的利益相关者而言，这样的披露没有直接意义。[①] 在正常情况下资源配置效率最大化的实现由市场来决定，但在市场决定成本高于法律成本时，这一问题就留给法律解决，法律与市场一样，也用等同于机会成本的原理来引导人们促成效率的最大化。[②] 以统一的原则和披露项要求公司披露信息，可以大大节约投资者的信息搜寻成本以及交易成本，同时也避免了防止内幕交易而产生较高的交易成本。早期取消上市"环保核查"之时，企业、中介机构、公众一时没有了环保表现评判的"主心骨"，虽然大力强调权力向市场的转移，但环境信息披露什么、企业环境信息披露什么、能源企业环境信息又该披露什么一时都没有了明确方向。经过五年"蛰伏"探索，终于迎来改革，2021年《改革方案》、《管理办法》与《准则》为各方带来曙光。

　　《管理办法》对披露的总则、原则、主体、形式、时限、内容等进行了全面规定，《准则》进一步明确报告的体例、编制要求、各主体重点，并分十一节对披露内容进行了细化。企业环境信息披露制度初步建立，改变了长期以来企业环境信息披露无正式法规、规范分散、强制性不足的状况。能源企业应重视环境信息的披露工作，丰富环境信息披露的内容、方式及渠道等，规范货币性和非货币性环境信息披露。[③] 法律是行为

---

　　① 波斯纳（Richard A. Posner）在《法律的经济分析》中指出："由于在招股说明书中存在着令人生畏的法律和会计术语，所以它们对不熟练的股票购买人而言是没有直接意义的。事实上，由证券交易委员会所作出的披露规定并没有增加信息量。由于证券交易委员会将销售努力仅限于招股说明书，由于它对说明书的内容采取严格的审查，所以它限制了由证券发行人所发出的信息量。"［美］波斯纳：《法律的经济分析》，蒋兆康译，林毅夫校，中国大百科全书出版社1997年版，第579页。

　　② ［美］波斯纳：《法律的经济分析》，蒋兆康译，中国大百科全书出版社1997年版，第678页。

　　③ 张彦明、陆冠延、付会霞等：《环境信息披露质量、市场化程度与企业价值——基于能源行业上市公司经验数据》，载《资源开发与市场》2021年第4期。

的底线，能源企业环境信息披露的直接目标在于实现"环保有用、决策有效"，要实现这一目标，在《管理办法》《准则》的基础上能源企业应当有其更高的内容和质量要求。

一、能源企业环境信息披露原则

能源企业应当遵循企业信息披露一般原则。企业在信息披露中必须遵循的一般原则为真实、准确、充分、及时原则。在企业环境信息披露原则规定上，《改革方案》要求"信息披露及时、真实、准确、完整"，与信息披露一般原则一致。《管理办法》与《准则》有细微差别，《管理办法》规定原则为"依法、及时、真实、准确、完整"，《准则》规定原则为"真实、准确、客观"。分析其中差异，"依法"原则并不具有对披露行为的特殊性，即企业的所有行为均应当依照相关法律法规开展，"依法"是一切行为的基本原则，因此"依法"不宜作为环境信息披露原则，但依法性是遵循所有原则进行信息披露的终极表现。"客观"是指不依赖于人的主观意识而存在的事物的本来状态，表现为事物的真实性、准确性、完整性，"客观"原则与"真实""准确""完整"原则实为重复。因此，依据目前规定，企业环境信息依法披露的一般原则与传统的企业信息披露原则无异，即及时原则、真实原则、准确原则、完整原则。

（一）能源企业环境信息披露原则的扩大化解读

真实原则，一般是指企业所披露的信息必须与客观事实相符，不得有虚假成分，这是信息披露的基本要求也是信息披露制度的前提假设，是信息质量及"决策有效性"的核心。[①] 实践中，对于真实原则的执行，往往依靠企业的自觉实现，我国现有规定中没有对数据真实性的执行规定，一般只作为原则进行宣誓并在罚则中规定惩戒。要提高能源企业环境信息披露的真实性，更重要的是对"可靠性"作出要求，即所披露信息能够被检查与证实，因此，对企业收集、记录、编制、分析、报告环境信息的过程和方式也应当予以公示或体现。

准确原则，一般是指企业所披露的信息必须确定，强调在真实性的基础上能够与利益相关者的信息要求匹配，不准确信息可能并非虚假信息，但对信息接收者的影响是相同的，不匹配的无效真实信息同样可能误导利益相关者作出判断和决定。[②] 在能源企业所披露的环境信息中，可

---

① 违反真实原则的主要表现为"虚假陈述"，这是目前我国上市公司信息披露中存在的最严重问题。

② 违反准确原则的主要表现为"信息混淆"，给出信息的表面文意可作多种解释。

能包含比一般环境信息更专业的术语、单位、技术方法等，因此，对于能源企业环境信息披露，应当在确定翔实的基本要求上增加"清晰性"要求，即信息要明晰可被理解，信息接收者与信息传达者对信息理解必须保持一致。能源企业所披露信息应当与信息接受者的信息水平相符，避免大量使用生涩的术语、字母缩写、行业话术等一般利益相关者不熟悉的信息，对于必要的难以理解的内容应当在相关部分予以说明。"清晰性"同时也要求避免报告的冗杂，可通过链接或其他辅助工具为需要获得更专业、更深层次信息的报告阅读者提供辅助。

充分原则，又称完整原则，一般是指所有可能影响决策的信息都应当被披露，对信息的选择应审慎而周密，不仅要披露有利信息也要披露风险信息，不仅要披露财务信息也要披露非财务信息。[①] 高度依赖能源的今天，能源企业环境影响大、行业发展瞬息万变、利益相关者众多，对能源企业环境信息充分性的要求不仅限于实现上述平衡，还应当具有"可持续性""实质性""包容性"。这三项要求也是 2016 版 GRI《可持续发展报告指南》对报告内容进行评价的原则，"可持续性"是指所披露信息应在更广泛的可持续发展背景下展现企业的表现，即在披露内容中展现可持续发展理念、更高层次更全面的生态环境要求的达成度、在适当地理背景下的生态环境影响及贡献、企业长期战略风险与目标等与环境可持续发展的关系。对于环境信息而言，"可持续性"应该成为其具有信息特色的披露原则，以满足信息披露的"环保有用"需求。"实质性"是可以体现企业环境影响或对利益相关方决策十分重要的内容，在财务信息中表现为数据"阈值"信息的披露，而在非财务信息中，具有实质性的信息包括已有的环境影响评估（例如环评信息、绿色认证信息）、专业投资者利益及目标利益与期待、同行或竞争对手及行业发展、会产生环境影响的政策法律法规及所签订的协议、重要的组织管理信息、核心竞争力及可持续发展贡献方式、环境影响所带来的后果（如带来的声誉或经营风险）。"包容性"是指企业应当考虑各利益相关方的合理预期和利益回应，而利益相关方应当是可合理预期将会受到企业活动、产品或服务重大影响的实体或个人。

及时原则，一般是指信息在一定的时间内被利益相关者所接收，所披露信息必须是有效的，该原则最初用于会计信息的要求，是重要的会

---

① 违反充分原则的主要表现为选择性披露、重大遗漏、事后补充及更正、信息过载及"噪声现象"。

计信息质量特征，目前已发展为信息披露一般特征。[①] 受各种因素的影响，能源市场变幻莫测，能源企业各类信息变化远快于一般企业，利益相关者是否能够及时获取信息并快速整合入判断和决策中与时效性密切相关，而其中基于对变化信息的捕捉，在"及时性"要求上还需要满足"可比性"需求。"可比性"要求信息既能让利益相关者分析企业的表现随时间而发生的变化，又可以与其他企业进行比较分析，所披露的信息可以是同比环比情况、与行业基准的比较、信息重大变化等。

（二）原则相辅相成层层服务于核心目标

《改革方案》《管理办法》对环境信息披露原则的顺序安排将"及时原则"放在了第一位并不妥当，四个原则之间相辅相成又富有层次。真实、准确应当是对信息的首要要求，脱离了这两个原则，再及时而丰富的信息也没有价值。相同层次两个原则之间：真实原则是准确原则的前提，真实而不准确的信息可能会导致判断与决策的失误，但准确却虚假的信息必然会导致判断与决策的错误；在完整原则与及时原则的位序上，完整原则具有更丰富的内涵，相较于及时原则具有更广泛的指导意义。

企业环境信息披露是从环境风险防控角度具有环境保护、利益相关者保护及市场监管功能的现代环境治理手段。直接目标在于实现"环保有用、决策有效"即能够为生态环境保护与利益相关者的有关决策作出贡献。直接任务在于能源企业内外环境风险防控，而更深层次的核心任务在于服务经济与环境的协调发展（如图4-1所示）。

真实原则、准确原则位于内层。保证信息真实准确反映现象或状况，直接服务于能源企业环境风险的内外防控。真实准确的信息具有真实、中立、可理解的反馈价值，具备可依据信息而作出判断、预测的预测价值，有可供参考验证决策正确性的验证价值。[②] 能源和环境都具有较强的专业性，若真实性、准确性不佳，可靠性、清晰性不足，例如，使用专业用语不当（用复杂概念替换简单概念、用英文缩写替代一般可理解性词语等）、通篇文字和数字游戏、故意使用冗杂无关信息混淆有价值信息等就无法保障信息质量，无法通过信息进行有效决策。

---

① 违反及时原则的主要表现为拖延公布或提前公布。该原则一般称作"及时原则"或"时效原则"，一般违反该原则的表现为延后公布有效信息，但随着企业对良好环境绩效等非财务信息的积极作用认识的逐渐深入，披露"未来效益"的现象也逐渐产生。

② 通常认为一项信息能够帮助决策者预测未来事项的可能结果，此项信息就具有预测价值；一项信息如果能使决策者证实或更正过去决策时的预期结果，即具有反馈价值。谭立：《证券信息披露法理论研究》，中国检察出版社2009年版，第76页。

完整原则、及时原则位于外层。完整原则、及时原则对真实原则、准确原则进行补充，在真实准确基础上丰富信息、提高效率，更好地促进双重任务的达成。完整原则，要求能源企业环境信息披露做到尽可能充分，有足够量的信息用于判断能源企业内外环境风险，利益相关方信息地位平等、各方均衡，正面负面信息均有涉及正负平衡，通过这种"平衡性"克减"信息不对称"的影响。[①] 需要注意的是，平衡需要考虑效率和资源的优化配置。同时这些信息应当是"实质"的，信息要有行业针对性，与能源企业内外环境风险相关，避免信息过载和"噪声现象"，与内外环境风险判断无关的信息既干扰利益相关者判断又提高了信息成本。及时原则，对能源企业环境信息披露又提出了"真时"的要求，"真时"即真的时效，是指必须在有效或规定时间内对应当披露的信息或发生变更的事项及时披露避免信息"陈旧"，又要避免对"未来"信息做"现时"披露，而由于积极环境绩效对重污染企业会带来有利影响，因此也要避免以预测性信息混淆视听，[②] 从而误导利益相关者。"实质"与"真时"也可视为对完整原则与及时原则的限制，即能源企业环境信息披露遵循"有限完整性"与"有限及时性"，这既利于快速获取实质环境信息，实现能源企业内外环境风险防控，加速推进核心任务的达成，也可有效降低信息成本。[③]

---

① 美国证券交易监督委员会（SEC）为了促使上市公司提供公平的信息披露，在 2000 年 8 月通过了公平披露规则，要求：首先，上市公司或者任何代表公司的人员的任何有意识披露的实质性非公开信息都必须以向大众公开的方式或者同时向其他所有人士开放的公开沟通方式进行；其次，如果上市公司发觉它已经无意识地选择性披露了实质性非公开信息，则它必须迅速地向大众公开这一信息。吴谦立：《公平披露：公平与否》，中国政法大学出版社 2005 年版，第 74~75 页。

② 这里对"未来"信息的"现时"披露要求并非禁止披露"预测性信息"，预测披露是明示了预测性质的信息，能够在一定程度上提高所披露信息的分析价值，尤其减小"信息不对称性"对中小投资者的影响。美国 SEC 由最初的严格禁止披露预测性信息至今已转向非强制预测性披露，并在规范预测性信息披露的立法中建立"预先警示原则"和"安全港规则"。目前我国《公司法》及有关规则中对"赢利预测"有相对明确的规定，其他预测性信息还包括发展规划、发展趋势预测和业绩预告等。

③ 信息成本是指信息收集、扩散与分析所需要的资金与时间成本。收集包括搜索、筛选、整理、编制，这主要是企业主体在编制披露信息内容过程中所需要花费的资金与时间；扩散包括信息公开与接收，这主要是企业主体确定公开对象、选择公开渠道，利益相关主体搜索相关信息过程中所需要花费的资金与时间；分析包括理解与评估，这主要是利益相关主体对所披露的信息内容进行理解进而提取出有价值要素过程中所需要花费的资金与时间。

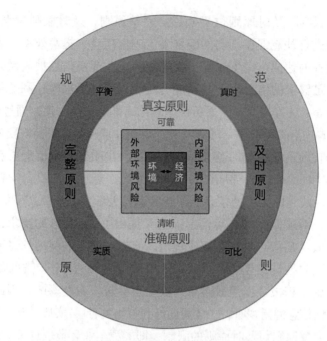

图 4-1　能源企业环境信息披露基本原则层次

能够应用有序、各司其职的披露原则，可以说是一个经过合理设计论证的规范化原则。遵循了上述原则的企业环境信息披露，也是一份规范的信息披露。依据前四项原则实现了内在信息数量与质量的保障，外在信息呈现形式的标准化、统一性则需要遵循规范，遵守相应的形式规范要求。[①]"可比性"也要求各企业信息载体、呈现尽可能保持一致以便获取同类信息进行比较，因此《管理办法》的"依法"要求可考虑为遵循规范原则，作为"兜底"原则，既是对前四项原则的执行进行保障，也补充了对信息呈现的规范要求（如图 4-1 所示）。这里的"规范"包括：法律、行政法规、部门规章、地方法规、行政规章等强制性法规，也包括导则、标准、指南等指导性规范。这就要求，既要遵循强制信息披露要求，也应当参照非强制信息披露规则。[②]

二、能源企业环境信息披露要素

要素，是构成一项事物并维系其运行的基本组成单元。能源企业环境信息披露要素，可定义为经过系统方式有针对性地提取、整理、归纳的可选披露项，是组成能源企业环境信息披露内容的基本单元，可称为"披露

---

① 违反规范原则的主要表现为：披露内容不符合有关规定，披露渠道隐蔽不易保存。
② 沈洪涛：《"双碳"目标下我国碳信息披露问题研究》，载《会计之友》2022 年第 9 期。

细项库"。《改革方案》《管理办法》《准则》为企业环境信息披露提供了统一的内容方向，但具体至能源行业、能源细分行业进行有针对性、行业性的信息披露，则需要更全面的要素梳理及说明。以"准则"、"指南"或"指引"等文件形式呈现，为企业提供参考。能源企业环境信息披露过程可视为将"要素"放入相应内容"框"中的过程，"要素"是能源企业环境信息披露的细胞。

（一）能源企业环境信息披露要素的两大来源

随着环境问题的严重性日益明确，社会对企业的环保贡献寄予厚望，对企业活动的法律规制也有所加强。[①] 在环境方面，能源企业压力主要来自生态环境法律法规的爆发式增长所带来的直接环境责任和环保要求的增加，这加剧了企业实施环境不利行为的法律后果；在经济方面，来自绿色金融迅速发展及市场自律要求的提高所带来的间接环境责任的强化。《改革方案》《管理办法》《准则》已明确有强制披露义务的企业主体为：重点排污单位、实施强制清洁生产审核的企业、符合规定情形的上市公司及发债企业、法律法规规定的其他企事业单位。由此可见对于能源企业而言，生态环境领域和证券领域（以上市公司、发债企业为主）法律法规都是其进行环境风险管理的重要依据。两个领域中法律法规数量众多，作为环境管理依据的法律法规鉴别的初步方法为：生态环境法律法规中与企业相关，证券法律法规中与生态环境相关（如图 4-2 所示）。上述法律法规作为能源企业环境风险管理的重要依据，也必然是信息披露要素的重要来源。

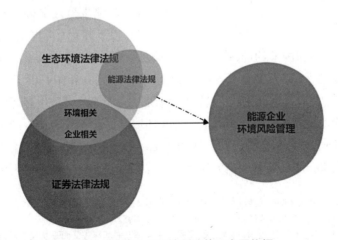

图 4-2 能源企业环境风险管理主要依据

---

① ［日］金原达夫、金子慎治：《环境经营分析》，葛建华译，中国政法大学出版社 2011 年版，第 3 页。

证券法领域环境相关规定大部分为环境信息披露规定，在第三章规范化基础部分，笔者已进行详述故此不再分析。与证券法领域相比，生态环境法领域对企业环境义务的规定分散，对环境信息披露的规定单薄而"年轻"，因此，以环境侧法律法规为重点，以此作为寻找要素的出发点。如前文所述，能源与环境保护关系密切，"能源环境保护"缘于能源的生产和利用造成了全球、地区或地方重大环境质量的退化。当前气候变化形势严峻，我国能源消费暂无法完全改变以化石燃料为主的现状，大部分为原煤直接燃烧，亟须制定和实施可促进能源与环境可持续发展的法律政策。能源可持续发展离不开能源法制的创新与深化，保护环境，也是能源法变革的主线。[①] 从世界各国环境能源法发展趋势来看，越来越多的国家制定了环境基本法和能源基本法，而目前我国能源法正在拟议中。在中国能源法的制定过程中，"能源与环境保护协调发展"的基本理念贯穿始终，能源环境保护的制度设计与《环境保护法》的相关制度有着"异曲同工"之妙。[②] 因此，在能源基础性法律尚未出台的当下，以环境综合法作为能源环境保护的法律基础是合理的，即便能源基本法出台后，环境综合法也必然是能源可持续发展的重要保障。现行《环境保护法》颁布后，成为中国环境法领域的基础性法律，具有准基本法性质，是目前中国环境法领域位阶最高的法律。[③]

（二）确定具体信息要素来源的方法："发散式"寻找

能源企业环境法律风险一般可从相关政策、法律法规及其他规范性文件中预判——包括能源政策、法律法规及其他规范性文件，即能源综合法，如《中华人民共和国可再生能源法》（以下简称《可再生能源法》）、《中华人民共和国节约能源法》（以下简称《节约能源法》）、《中华人民共和国煤炭法》（以下简称《煤炭法》）、《中华人民共和国石油天然气管道保护法》（以下简称《石油天然气管道保护法》）等；以及生态环境保护政策、法律法规及其他规范性文件，即《环境保护法》、《清洁生产法》、《中华人民共和国循环经济促进法》（以下简称《循环经济促进法》）、《中华人民共和国水污染防治法》（以下简称《水污染防治法》）、《中华人民共和国

---

① 王文革、莫神星：《能源法》，法律出版社 2014 年版，第 156~157 页。

② 张勇：《能源基本法研究》，法律出版社 2010 年版，第 260 页。

③ 中国特色社会主义法律体系已经建成，环保法不是基本法，而是从属于经济法。在现行《环境保护法》修订之初，环境法领域专家就强烈呼吁确定《环境保护法》基本法的法律地位，但最终并未成功。在现行《环境保护法》的官方说明中，所明确的定位为：发挥基础性和基本的作用。参见吕忠梅：《中国环境立法法典化模式选择及其展开》，载《东方法学》2021 年第 6 期。

大气污染防治法》（以下简称《大气污染防治法》）、《中华人民共和国噪声污染防治法》（以下简称《噪声污染防治法》）、《中华人民共和国土壤污染防治法》（以下简称《土壤污染防治法》）、《中华人民共和国固体废物污染环境防治法》（以下简称《固体废物污染环境防治法》）等和生态环境相关的民事、行政、刑事法律制度。

能源环境保护相关规范目前都没有离开生态环境法范畴，因此，以《环境保护法》为原点"发散式"寻找，从更大范围确定能源企业环境信息披露要素来源。确定具体信息要素来源的方法为"发散式"寻找，具体分三步执行：第一步：梳理现行《环境保护法》及《管理办法》条文；第二步，总结得出涉及能源企业环境管理的主要制度板块；第三步，以制度板块向所有相关政策法律法规"发散"，即可确定作为具体信息要素来源的具体规范性文件。

（三）《环境保护法》相关条款与《管理办法》披露内容的对应关系

《管理办法》是目前生态环境法领域有关企业环境信息披露最专业、最直接的规定，但其效力层级、稳定性、全面性不及《环境保护法》，无法做到相关制度的全面覆盖，故作为重要参照而非原点。2014年4月24日，修订后的《环境保护法》出台，并于2015年1月1日起施行。现行《环境保护法》共7章70条，与旧法相比有了较大的变化，仅保留了6条基本不变，并新增了33条。《环境保护法》长期以企业责任为主，除了对政府责任和公民责任及第三方等其他主体的规定外，几乎全部条款适用于企业，从世界各国的环境保护立法实践看，环境保护领域法律法规与《中华人民共和国民法典》（以下简称《民法典》）等以伸张权利为本位的法律法规不同，是以落实责任为本位的。2014年版《环境保护法》重点修订的条款中涉及强化企业环保责任、加重企业环境违法后果的条款有14条（见表4-1），这些规定表明我国现代环境治理的重点防线，因此也是能源企业应当重点关注的内容。

表 4-1 《环境保护法》影响企业环境披露要素的重点条款

条款		内容简述
第19条	环境影响评价	扩大了需要进行环境影响评价的项目范围：明确所有开发利用规划和对环境有影响的项目都需进行环境影响评价，否则不得组织实施或者开工建设。
第25条	查封、扣押	违反法律法规规定排放污染物，造成或者可能造成严重污染的环境主管部门可查封、扣押污染设施。

续表

条款		内容简述
第40条	清洁生产与循环经济	企业应当优先使用清洁能源，采用资源利用率高、污染物排放量少的工艺、设备以及废弃物综合利用技术和污染物无害化处理技术，减少污染物的产生。
第42条	责任制与环境监测	规定了排放污染物的企业事业单位，应当建立环境保护责任制度，明确单位负责人和相关人员的责任。重点排污单位应当按照国家有关规定和监测规范安装使用监测设备，保证监测设备正常运行，保存原始监测记录。
第43条	环境税费	排放污染物的企业事业单位和其他生产经营者，应当按照国家有关规定缴纳排污费。排污费应当全部专项用于环境污染防治，任何单位和个人不得截留、挤占或者挪作他用。依照法律规定征收环境保护税的，不再征收排污费。
第45条	排污许可制度	实行排污许可管理的企业事业单位和其他生产经营者应当按照排污许可证的要求排放污染物；未取得排污许可证的，不得排放污染物。
第47条	预警及突发应对机制	企业事业单位应当按照国家有关规定制定突发环境事件应急预案，报环境保护主管部门和有关部门备案。
第52条	绿色保险	在立法中明确提出了环境保险制度，鼓励投保环境污染责任保险。
第54条	诚信档案	实施污染企业黑名单制度，将环境违法信息记入企业社会诚信档案，及时向社会公布违法者名单。
第55条	污染信息公开	重点排污单位应当如实向社会公开其主要污染物的名称、排放方式、排放浓度和总量、超标排放情况，以及防治污染设施的建设和运行情况，接受社会监督。
第59条	按日计罚	引入"按日计罚"制度，对违法排污的罚款力度加大，增加企业违法成本。
第60条	责令停业、关闭	对超过污染排放总量控制指标排放污染物的，环境保护主管部门可以责令其采取限制生产、停产整治等措施；情节严重的，经人民政府批准可责令停业、关闭。
第63条	行政拘留	对违法企业直接责任人员可由政府环境保护主管部门或者其他有关部门移送公安机关处以行政拘留。
第69条	刑事责任	违反规定构成犯罪的，依法追究刑事责任。

对比《管理办法》第18条至第26条企业环境信息披露内容规定，《环境保护法》14个重点条款中的绝大部分内容能够被《管理办法》覆盖（如图4-3所示），但也存在一些差异。第一，《环境保护法》中的"环境影响评价"并未在《管理办法》内容中单独规定，这确实是目前《管理办法》可以考虑完善的部分，但也有其合理之处，环评阶段对公众影响的说明及环评结论文件都有其独立的披露规定与途径，且环评结果通过环境许可信息也可得到一定的反映。第二，《管理办法》中"企业基本信息"没有《环

境保护法》的要求，这是由于"企业基本信息"主要是对企业法人信息、性质信息、主营业务及生产工艺等信息的披露而非实质性的环境行为，当然，其中生产工艺会涉及是否属于"鼓励类、限制类或淘汰类目录（名录）的情况"（这在《环境保护法》第 46 条中有进行规定），但这是属于相对稳定的企业信息，一般较长时间内不会有太大的变动，且其设备工艺的变化若可能造成明显的环境影响，通过其他披露项可更加直接地反映出来。第三，《管理办法》中"碳排放信息"没有《环境保护法》的要求，这是由于所选择展示的《环境保护法》条款以企业重要相关为主，而节能降碳的要求，在《环境保护法》中是针对全社会的共同要求（第 6 条、第 36 条），此外，在 2015 年《巴黎协定》之后有了全球范围内针对气候变化的统一行动，我国在 2021 年才正式建立碳中和、碳达峰"1+N"政策体系，2014 年修订的《环境保护法》无法对企业提出适应当前形势的具体要求。第四，《管理办法》中"融资所投项目的气候及环保表现情况"没有《环境保护法》的要求，除了和碳排放信息相同的原因外，对于上市公司和发债企业尤其是对于融资及资金投向的规定无法在生态环境综合法中详细规定，而其中《环境保护法》第 6 条第 3 款规定"企业事业单位和其他生产经营者应当防止、减少环境污染和生态破坏，对所造成的损害依法承担责任"可作为《管理办法》中本条要求的法律依据。上述四点差异之外《管理办法》还涉及"临时环境信息披露情况"的披露，这是对"披露的披露"的规定，是基于企业环境信息披露情况本身的披露，无法要求在《环境保护法》中找到具体要求但其中第 55 条"污染信息公开"可涵盖此要求。

《环境保护法》被定位为环境领域的基础性、综合性法律，主要规定环境保护的基本原则和基本制度，解决共性问题。从《环境保护法》出发寻找能源企业环境信息披露要素的来源，是为企业在卷帙浩繁的法律法规中提供主线与思路，并非仅依照《环境保护法》的条款进行相关行为信息披露，也并非所有的披露项都能在《环境保护法》中找到具体依据。《环境保护法》的基本原则与制度表达，都可以成为信息披露要素的法律渊源。从《环境保护法》2014 年所修订的重点条款与《管理办法》的关联情况上看，既说明了《管理办法》披露内容的合理性、全面性，符合《环境保护法》修订之时所强化的重点，也验证了《环境保护法》的原则与制度安排是稳定的、具有适应性的，在较长时间内都可以做到统摄全局。

（四）能源企业环境信息披露要素主要来源

上述 14 个条款是 2014 年《环境保护法》的重要调整内容，也体现了现代环境治理体系构建工作的重点工作。2020 年，中共中央办公厅、国务院办公厅印发《关于构建现代环境治理体系的指导意见》提出了 28 项指导意见，其中与企业直接相关的指导意见 11 项：依法实行排污许可管理制度、推进生产服务绿色化、提高治污能力和水平、公开环境治理信息、构建规范开放的市场、强化环保产业支撑、创新环境治理模式、健全价格收费机制、健全企业信用建设、加强财税支持、完善金融扶持。综合来看，重点工作方向在：企业环境责任强化、环境司法专门化、社会监督和绿色金融四个方面。这也是这一阶段，环境信息关注的重点方向。因此，与此相关的政策法律法规等规范性文件，都是能源企业环境信息披露的来源。

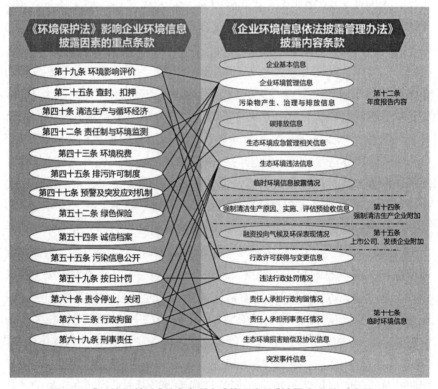

图 4-3 《环境保护法》重点条款与《管理办法》披露内容的对应关系

1. 要素来源一：企业环境责任强化相关规定

2014 年《环境保护法》的修订加强了企业对环境污染的主体责任（见表 4-1 第 19 条、第 42 条、第 47 条、第 54 条、第 55 条），从与责任相关的信息表达角度，重点关注三个方面。第一，环境预警机制。《环境保护法》设置多处条款对排污单位、生产者等要求在进行日常环境风险控制的同时要注意防范风险的扩大。与政府一样，企业也应当依照国家突发事件应对法的规定，做好相应的一系列工作。第 47 条第 3 款规定："企业事业单位应当按照国家有关规定制定突发环境事件应急预案，报环境保护主管部门和有关部门备案。在发生或者可能发生突发环境事件时，企业事业单位应当立即采取措施处理，及时通报可能受到危害的单位和居民，并向环境保护主管部门和有关部门报告。"由此，能源企业在环境应急预警机制中应当更加注意：制定应急预案并在环保部门和有关部门进行"双备案"，对存在"可能发生"环境事件的潜在威胁立即采取措施并通报。① 生态环境应急信息已列入《管理办法》的环境信息披露内容之中。但需要注意的是《环境保护法》这一条修改后"危害"与旧法中的规定不同，删去了旧法中的"污染"二字，这将非污染性危机纳入应急范围，并对尚未达到"污染"程度的环境危害进行预警，因此环境高危企业的注意义务更加重大。第二，诚信档案。县级以上地方人民政府环境保护主管部门和其他负有环境保护监督管理职责的部门，将企业事业单位和其他生产经营者的环境违法信息记入社会诚信档案，及时向社会公布违法者名单。基于绩效—印象理论，企业的信誉与企业的经济效益直接相关，尤其是上市公司，其形象、信誉与利益关系紧密。②《环境保护法》第 54 条第 3 款规定，环保等有关部门应当将企业事业单位和其他生产经营者的环境违法信息记入社会诚信档案，及时向社会公布违法者名单。为了保证监管的实效性，《环境保护法》的修订提出了一些协同监管的信用管理措施，这些措施虽然没有集中在某一条中明确规定，但几乎体现在所有监管措施当中，是配合第 54 条"诚信档案"的重要手段，也是现行《环境保护法》协同性的突出体现。譬如对于环境污染企业，供水部门可停止供水，土地管理部门可禁止向其提供土地，银行则不得给予其授信，进出口管理部门不得给予其出口配额，证券监管部门可限制其上市或已经上市的证券不得继续融资等。通过环境信用，那些造成污染的企业面临降低甚至丧失环境信誉的危机，从而使其减少或者失去进一步发展的机会。由此，进一步约束了企业违法失信行为，能源企业的环保守法观念及绩效—印象管理需求增加。《管理办法》规定了企业应当在企业环境管理信息中公布"环保信用"评级情况，这有助于信息接受者快

---

① 黄锡生、张真源：《论中国环境预警制度的法治化——以行政权力的规制为核心》，载《中国人口·资源与环境》2020 年第 2 期。

② 陈宇、张小海：《基于信息披露的企业环保动因厘析》，载《中国环境管理干部学院学报》2019 年第 5 期。

速从结果上把握企业的环境表现，但是除了"环保诚信企业"，其他企业具体评价指标的完成度无从获知①，尤其是对处于中间等级的"环保良好企业""环保警示企业"只能依赖评级机构的判断而判断。为加快建立环境保护"守信激励、失信惩戒"的机制，早在 2013 年国家四部委就联合印发了《企业环境信用评价办法（试行）》，其中列明能源企业应当被纳入信用评价范围，这份试行办法中的大部分评价指标都在《管理办法》规定的信息披露内容上有所体现，但有一些指标并未呈现，例如：选址布局的生态保护、资源利用的生态保护、原料供应商选择、环保活动参与、环境管理体系认证、高水平先进标准采用情况等。第三，污染信息公开。第 55 条规定："重点排污单位应当如实向社会公开其主要污染物的名称、排放方式、排放浓度和总量、超标排放情况，以及防治污染设施的建设和运行情况，接受社会监督。"这就意味着要求绝大部分能源企业自行监测并保存原始数据，依法公开排污信息，禁止偷排污染物。若违反该规定，与之相应的法律责任规定为第 62 条"违反本法规定，重点排污单位不公开或者不如实公开环境信息的，由县级以上地方人民政府环境保护主管部门责令公开，处以罚款，并予以公告"。②整个《管理办法》即信息公开要求的体现，而对于"污染信息公开"所要求的具体信息，在《管理办法》的第 12 条"污染物产生、治理与排放信息"中已有规定。但信息公开规定总体上，无论是《环境保护法》还是《管理办法》及其格式准则，都强调了污染信息的披露而对资源类生态信息甚少规定，这是应当加强的，生态保护与污染防治应当并重。

同时，现行《环境保护法》对环保主管部门权力范围的扩大，实质上是加大了对环保违法行为的整治力度（见表 4-1 第 25 条、第 59 条、第 60 条、第 63 条、第 69 条），能源等高环境风险行业的内部环境风险也急剧提高。对企业经营产生最直接的影响即"按日计罚"和"停产停业规定"。针对环保法律违法成本低、威慑力不够的情况，《环境保护法》对责令其限期整改却屡教不改的企业，从责令整改之日起开始按日计算罚款，并且鼓励各地方按照其地方实际设定罚款数额。《环境保护法》第 59 条规

---

① 2013 年制定的《企业环境信用评价办法（试行）》将企业的环境信用，分为环保诚信企业、环保良好企业、环保警示企业、环保不良企业四个等级。对遵守环保法规标准并且各项评价指标均获得满分，同时还自愿开展两种以上所规定的环境保护活动积极履行环保社会责任的参评企业，可以评定为"环保诚信企业"；企业有十四类环境不利影响情形之一的，实行"一票否决"，直接评定为"环保不良企业"。

② 吴杨：《完善公司环境信息披露机制的合规路径》，载《中南民族大学学报（人文社会科学版）》2022 年第 6 期。

定："企事业单位和其他生产经营者违法排放污染物，受到罚款处罚，被责令改正，拒不改正的，依法作出处罚决定的行政机关可以自责令改正之日的次日起，按照原处罚数额按日连续处罚。"对违法行为实施"按日计罚"，兼有制裁和督促改正的效果，这种严厉的制裁措施有利于遏制企业的侥幸心理，并解决违法成本低而守法成本高的问题，可以有效遏制连续性违法行为，[①] 做到原则性与灵活性的有效结合。第59条第2款对于处罚标准作出如下规定："前款规定的罚款处罚，依照有关法律法规按照防治污染设施的运行成本、违法行为造成的直接损失或者违法所得等因素确定的规定执行。"也就是说，污染物治理的成本越高，对环境造成的损害越大，违法所得越多，则相应的处罚标准也就越高。这真正体现了处罚与违法行为相适应的原则。对超标超总量的排污单位可以责令限产、停产整治，规定于现行《环境保护法》第60条之中：企业事业单位和其他生产经营者超过污染物排放标准或者超过重点污染物排放总量控制指标排放污染物的，县级以上人民政府环境保护主管部门可以责令其采取限制生产、停产整治等措施；情节严重的，报经有批准权的人民政府批准，责令停业、关闭。旧《环境保护法》并无此规定，仅在单行法中有相关规定，现行《环境保护法》将此措施固定下来，将进一步规范该措施并在一定程度上扩大运用范围。除上述两项制度外，有关"行政拘留"的规定，对上市公司董监高形成了约束，此次《环境保护法》的修订，在以下几个方面加强了法律责任的严厉性，引入了"双罚制"，即在处以经济处罚的同时，还可能对企业负责人直接实施拘留。第63条规定了四种处以拘留的情形："（一）建设项目未依法进行环境影响评价，被责令停止建设，拒不执行的；（二）违反法律规定，未取得排污许可证排放污染物，被责令停止排污，拒不执行的；（三）通过暗管、渗井、渗坑、灌注或者篡改、伪造监测数据，或者不正常运行防治污染设施等逃避监管的方式违法排放污染物的；（四）生产、使用国家明令禁止生产、使用的农药，被责令改正，拒不改正的。"行政拘留措施的采用具有极大的震慑力，对那些疏于管理并抱有推卸责任侥幸心理的上市公司高层将起到有效的威慑作用。对这些违法信息的披露，《管理办法》规定在了"生态环境违法信息"以及"临时环境信息"中，在临时环境信息中列明了"受到行政处罚""处以行政拘留""被追究刑事责任"。格式准则中对处罚信息列出了详细的披露要求，但其实这些处罚责任对于受处罚情形的规定是非常重

---

① 马讯：《我国按日计罚制度的功能重塑与法治进阶——以环境行政为中心》，载《宁夏社会科学》2020年第4期。

要的环境信息，例如，是否依法进行环境影响评价、是否实施"三同时"、监测数据真实性保障、污染防治设施设备情况等，《管理办法》也基本涵盖了这些处罚所对应的行为信息，但仍然存在"环境影响评价"信息缺失等问题。如前文所述，对此信息及相似的"三同时"信息没有要求披露有其合理性，但仍可增加对下一年度或规划计划项目、在建项目的环评情况、"三同时"情况的说明要求，这也符合国际环境管理体系中的"计划"要求。

通过要素来源一例证，除了《管理办法》及其格式准则中的已有规定，还可考虑增加的披露项有：环境影响评价信息、"三同时"设计信息、项目选址及资源利用生态影响信息、原料来源信息、相关环境管理或绿色认证信息、各类先进标准采用信息、环保公益活动信息等。

2. 要素来源二：司法专门化相关规定

环境司法是企业外部环境风险转化为内部环境风险的主要方式，是外因发挥作用的载体。法律的生命在于实施，司法是最正式也是最终的法律实施机制。[①] 中国环境司法专门化发展源起于2002年，2014年《环境保护法》的修订也为环境司法专门化理念奠定了基础。一方面，环境司法的运行建立在现代环境管理民主化的基础之上，社会公众的诉求成为环境司法机制启动、运行以及效果实现的重要推动因素之一，因而也成为环境司法专门化制度、机制建立的重要标志。环境司法机制中的公众参与是一种更深层次的司法民主化、社会化手段。另一方面，相比于传统司法诉讼机制而言，环境司法对证据认定过程中的技术性规范有着更加严格的要求。从这两方面来看，中国环境司法以审判为核心，大致包括了案件司法移送（行政法与刑法的衔接）、环境损害鉴定、损害赔偿、公益诉讼等方面的内容。与前述生态环境处罚情形是重要的环境信息一样，司法过程中的环境行为认定要求、标准也应当是企业需要关注并进行公开的信息。

环境案件司法移送，主要是指将达到一定程度的环境案件交由司法部门处理。《环境保护法》第63条规定了司法拘留移送，2014年公安部、工业和信息化部、环境保护部、农业部、国家质量监督检验检疫部联合下发了关于印发《行政主管部门移送适用行政拘留环境违法案件暂行办法》的通知（公治〔2014〕853号），对行政拘留环境违法案件移送情形、移送材料、移送程序等作了规定，其中详细规定了"致使监测、监控设

---

① 吕忠梅：《习近平新时代中国特色社会主义生态法治思想研究》，载《江汉论坛》2018年第1期。

施不能正常运行的情形""不正常运行防治污染设施"等的具体情形，例如：对污染源监控系统进行改动，对污染源监控系统中存储、处理、传输的数据和应用程序进行改动，破坏损毁监控仪器配套设施等。除此之外，主要为"环境行政执法与环境刑事司法衔接"，[①] 在《环境保护法》中，可供环境刑事司法援引的管制性环境法条款只有第 69 条，但是通过准用性规范的方式将环境刑事责任的追究指引到了《中华人民共和国刑法》（以下简称《刑法》）和《中华人民共和国刑事诉讼法》（以下简称《刑事诉讼法》）的具体施行之中，[②] 对于办理环境刑事案件的有关规定均可作为环境信息来源，例如，《最高人民法院、最高人民检察院关于办理环境污染刑事案件适用法律若干问题的解释》（2016）对"严重污染环境""后果特别严重""从重处罚"等进行了规定和列举，其中除了涉及《管理办法》中已提及的污染物、有毒有害物质、固体废物和危险废物，还明确提及了"放射性废物""含传染病病原体的废物"。民事诉讼，同理，由第 58 条、第 64 条、第 65 条、第 66 条指引至《民法典》、《中华人民共和国民事诉讼法》（以下简称《民事诉讼法》）等，例如，《最高人民法院关于审理海洋自然资源与生态环境损害赔偿纠纷案件若干问题的规定》（2017）其中涉及了海洋自然资源与生态环境损失"预防措施费用""恢复期间损失"等，这就涉及除了污染防治设施之外的生态损失预防措施及生态恢复期间费用的问题。无论民事还是刑事，证据认定都是关键。因此，刑事诉讼及民事诉讼中的证据认定类型和方式也成为环境司法证据认定的依据，证据往往为企业行为所造成的后果，因此，对这一类证据要求也可纳入能源企业环境信息披露要素的考虑范畴。

环境司法鉴定在环境司法中至关重要，对于环境司法审判结果可能起到决定性作用。中国最高人民法院于 2014 年 6 月发布《关于全面加强环境资源审判工作推进生态文明建设提供有力司法保障的意见》就明确指出"加强与环境资源保护行政执法机关和司法鉴定主管部门的沟通、推动完善环境司法鉴定和损害结果评估机制"的意见，从而确保和维护环境司法工作尤其是证据认定过程的技术性，以规定并实现环境司法的科学化、专门化。[③] 一方面，由于环境司法鉴定与案件性质、处罚、损害赔

---

① 康京涛：《生态环境修复责任执行的监管权配置及运行保障——以修复生态环境为中心》，载《学术探索》2022 年第 6 期。

② 王灿发、陈世寅：《中国环境法法典化的证成与构想》，载《中国人民大学学报》2019 年第 2 期。

③ 郭武：《论环境行政与环境司法联动的中国模式》，载《法学评论》2017 年第 2 期。

偿等直接相关，是关系企业环境成本内部化程度的关键，另一方面，中国环境司法鉴定专门化发展中呈现出了行业化趋势，因此，披露要素中应当吸收环境司法鉴定——尤其是行业化中能源类行业环境司法鉴定中的鉴定内容及要求等，这样可以反推出易涉及违法的企业行为，有利于对内、外部环境风险的预测，从而有效地进行信息披露、控制成本、降低风险。我国现行有效的环境损害鉴定评估主要政策法规和技术规范有：《关于开展环境污染损害鉴定评估工作的若干意见》（环发〔2011〕60号）、《海洋生态损害评估技术指南（试行）》（2013）、《环境损害鉴定评估推荐方法（第Ⅱ版）》（2014）、《突发环境事件应急处置阶段环境损害评估推荐方法》（2014）、《生态环境损害鉴定评估技术指南 总纲和关键环节 第1部分：总纲》（GB/T 39791.1—2020）、《生态环境损害鉴定评估技术指南 总纲和关键环节 第2部分：损害调查》（GB/T 39791.2—2020）、《生态环境损害鉴定评估技术指南 环境要素 第1部分：土壤和地下水》（GB/T 39792.1—2020）、《生态环境损害鉴定评估技术指南 环境要素 第2部分：地表水和沉积物》（GB/T 39792.2—2020）、《生态环境损害鉴定评估技术指南 基础方法 第1部分：大气污染虚拟治理成本法》（GB/T 39793.1—2020）、《生态环境损害鉴定评估技术指南 基础方法 第2部分：水污染虚拟治理成本法》（GB/T 39793.2—2020）、《生态环境损害鉴定评估技术指南 森林（试行）》（2022）等。其中《海洋生态损害评估技术指南（试行）》指出海洋生态环境损害事件所包括的溢油、危险品化学品泄漏、海洋矿产资源开发等均涉及能源行业，而其中提到的"环境容量损失""保护区信息""濒危动植物及栖息地"等都是重要环境信息。又如，《生态环境损害鉴定评估技术指南 森林（试行）》调查推荐指标中"经营性损害"等也是有代表性的环境信息。

环境公益诉讼是环境司法及企业社会监督的重要形式。2014年12月，最高人民法院公布了《最高人民法院关于审理环境民事公益诉讼案件适用法律若干问题的解释》（2020年修正），该司法解释的作用在于：进一步明确进行环境公益诉讼的原告资格、起诉条件、管辖、举证责任分担、证据认定、诉讼请求的范围、责任承担方式、裁判和执行、私益诉讼和公益诉讼之间的衔接等具体规范。其中诉讼请求的范围、责任承担方式等都应纳入能源企业环境披露要素来源参考范畴，理由与司法移送、司法鉴定相同。例如，《最高人民法院关于审理环境民事公益诉讼案件适用法律若干问题的解释》（2020年修正）中不仅规定了生态环境损害赔偿，还提及了"恢复原状"（将"修复生态环境"调整为"恢复原状"是

2020 年作出的重要修改），因而"恢复原状"应当是与"生态环境损害赔偿"同等重要的信息，其中恢复方案、预计恢复期限及费用等也是重要信息。

随着中国环境司法专门化的深入，上述规定所产生的判断将与审判结果密切相关，随即影响能源企业的环境成本。因此披露要素研究也应将司法专门化作为提取披露要素的来源。

通过要素来源二例证，除了《管理办法》及其格式准则中的已有规定，还可考虑增加的披露项有：污染监控系统配套设施设备维护、放射性物质、含传染病病原体物质、环境容量损失、所涉保护区信息、经营性生态损害、因生态环境损害所致恢复原状情况、生态损失预防措施、生态恢复期间费用等。

3. 要素来源三：社会监督相关规定

现行《环境保护法》及其所指引至的环境信息公开规定旨在保障公众知情权和公众参与。公众参与对企业监管、证券市场健康发展、政府管理、环境进步都有重要作用。"保障人民的知情权、参与权、表达权、监督权，是权利正确运行的重要保证"[①]，公众参与社会管理、实现社会监督，对国家有着重要意义，公众参与是实现科学发展、发展社会主义市场经济、实现社会和谐、实现人民当家作主以及建设社会主义法治国家的必然要求。[②]我国在公众参与环境保护方面作了大量实践，公众参与内涵不断丰富。目前，除了环境信息公开三大文件，我国从更高站位规定环境公众参与专门规范共两部，即《环境保护公众参与办法》（2015）及《环境影响评价公众参与办法》（2018）。

2015 年 7 月，环保部向社会公开了《环境保护公众参与办法》，该办法将公众获取环境信息、参与环境监督的权利和渠道以部门规章的形式相对固定了下来。需要提及的一个细节是，此前的《2015 年政府信息公开工作要点》强调了国有企业及环境信息公开内容，重点提出了必须公开核电厂核与辐射安全审批信息和辐射环境质量信息。《环境保护公众参与办法》共 20 条，对立法目的依据、适用范围、参与原则、参与方式、主体权利义务和责任、配套措施等内容进行了规定，强调依法、有序、资源、便利的公众参与原则，对全面依法治国和全面加强环境社会治理进行了有机结合，努力满足社会公众对环境保护的知情权、参与权、

---

① 党的十八大报告《坚定不移沿着中国特色社会主义道路前进为全面建成小康社会而奋斗》。
② 王大广：《公众参与基层社会治理的实践问题、机理分析与创新展望》，载《教学与研究》2022 年第 4 期。

表达权和监督权,大力支持和鼓励社会公众对环境进行监督和举报,体现了民主参与机制。信息公开是公众参与的保障与重要环节,曾经在较长时间内,我国政府部门和企业信息公开意识的缺乏和公开方式的错误,导致了一旦发生环境事件不实传言往往在采信度上远高于政府的说明与辟谣,公众不相信政府数据的真实性,官方发布的信息饱受质疑。解决"谣言"的最佳方式就是信息"直面"公众,即让公众尽可能接近信息的"真相"、尽可能掌握原始的数据信息。真相从何而来?答案是多样化的,但不可否认的是信息经手次数越少,经过加工、处理的成分越少,就越纯净,即克减"失真效应"① 产生的信任危机。

《环境保护公众参与办法》主要针对政府部门环境信息公开的规定,作为能源等高环境风险企业,"真相"的来源就是企业本身,因此,"直面"公众的、非受危机公关目的影响的、事前的、持续的、规范的、来自企业本身的信息披露应当被更加重视。2018 年颁布的《环境影响评价公众参与办法》则更侧重于企业信息公开的规定。《环境影响评价公众参与办法》规定"建设项目环境影响评价公众参与相关信息应当依法公开",对报告编制过程信息及报告征求意见稿成稿后的信息应当予以公布,公众参与的过程应当在提交环评申请时予以说明,因此,环评过程本身就包括了大量具体项目信息的公开。通过生态环境部办公厅 2020 年印发的《〈建设项目环境影响报告表〉内容、格式及编制技术指南》可知,建设项目污染影响类信息包括:项目基本情况、项目工程分析(建设内容、工艺和排污环节、有关污染问题)、区域环境质量、现状目标及评价标准(区域环境质量现状、环境保护目标、污染物排放控制标准、总量控制指标)、主要环境影响和保护措施(施工期间环保措施、运营期间环保措施-附监督检查清单)、结论。建设项目生态影响类信息包括:项目基本情况、建设内容(地理位置、项目组成及规模、总平面及现场布置、施工方案、其他)、生态环境现状保护目标及评价标准(生态环境现状、原有环境污染及生态破坏问题、生态环境保护目标、评价标准、其他)、生态环境影响分析(施工期间影响分析、运营期间影响分析、选址选线环境合理性分析)、主要生态环境保护措施(施工期保护措施、运营期保护措施、其他、环保投资)、生态环境保护措施监督检查清单、结论。环评报告书

---

① 失真效应,是指在信息传递过程中,受到意外信号的干扰,而造成信息偏差或失去本来面貌的现象。造成失真效应的原因主要有两个方面:第一,信息本身因素,一般是由于信息本身的复杂和信息载体的不适应导致信息不易被传递;第二,传递过程受干扰,这是由于信息传递环节过多、传递环境杂质多、传递者认为掺入主观意志等。

编制的信息范围也大致如此，这些信息均是环境信息披露要素，但是并非所有项目都需要在环评过程中公开相关信息，一般也只有需要编制报告书的项目设有征求公众意见的环节。也就是说，依照目前《管理办法》的规定，由于"环境影响评价"的缺失，只有部分企业的环评情况（包括审批情况及上述文书要求的详细信息及数据）可被获知。因此，对《管理办法》应该增加环境影响评价情况的规定，可以不需要按照上述技术指南的披露项来披露具体信息（有些信息与《管理办法》要求存在重复），但至少应当有环评审批情况或对环评信息查询路径的提示。

通过要素来源三例证，除了《管理办法》及其格式准则中的已有规定，还可考虑增加的披露项有：年度环评项目名单、环境影响评价公众参与情况、环境影响审批结果或环境影响评价信息获取方式等。

4. 要素来源四：绿色金融相关规定

能源金融（energy finance），是指利用金融平台及工具来管理和规避能源市场风险，解决能源活动中的融资问题，优化能源产业结构，促进节能减排的市场化运作和向低碳经济模式方向发展。[①]这一概念最早出现于20世纪80年代的煤炭交易之中，是国际能源市场与金融市场相互融合的新的金融形态。"能源金融"与"绿色金融"密切联系。能源企业高投入、高风险，虽然已逐步开放、引导民间资本进入市场，但由于有效盈利模式尚未形成并缺乏完善的能源市场融资保障配套措施，活跃的民间资本尚不敢大规模贸然进入，尤其是新能源企业收益周期长、政策补贴依赖度高，能源企业依然将担负巨大的融资压力。[②]解决企业融资问题并降低企业风险主要通过银行信贷、证券市场以及商业保险三个渠道，形成银行信贷、证券市场、风险投资多元化融资渠道并加以专项保险对冲能源市场风险。从1992年UNEP发表了第一份《银行和保险业关于环境可持续发展的声明》[③]开始，环境风险因素逐渐被引入金融领域，将环境风险因素引入信贷、证券和保险领域，进而规避环境风险促进环境乃至整个社会的可持续发展已成为新的国际趋势。

绿色金融（green finance），是指金融机构通过主动识别环境风险和

---

① 龚旭、姬强、林伯强：《能源金融研究回顾与前沿方向探索》，载《系统工程理论与实践》2021年第12期。

② 高晓燕、王治国：《绿色金融与新能源产业的耦合机制分析》，载《江汉论坛》2017年第11期。

③ 《银行和保险业关于环境可持续发展的声明》（Banks and Insurers on Environmental and Sustainable Development）是国际金融机构开始实施环境金融的标志，强调金融机构有义务对所开展的业务活动采取相应的环境保护措施并使之透明化，提供环境评估报告和环境行为标准。

环境机会，设计相应的门槛或推出相应的产品，形成金融机构与环境保护的良性互动，提供平台和金融工具以实现经济发展与环境保护相协调。第一，绿色金融为需求方（以高环境风险企业为代表）提供了降低或转移风险的平台与工具，以绿色保险产品为主；第二，环境风险因素也为金融行业提供了新的机会，绿色金融产品的推出给金融行业发展带来新动力；第三，金融机构将环境要素纳入金融产品设计和标准设计中，是金融机构履行社会责任的表现，规避自身风险的方式，是实现本行业可持续发展的必然要求；第四，相关标准的设定增加了企业融资或风险转移的难度和成本，也对高环境风险企业承担环境责任形成了"倒逼"机制。上述第一点正迎合了能源企业环境风险防控的需求；第四，环境信息披露应当充分注意绿色金融标准、要求的原因。我国绿色金融工具已拓展至绿色信贷、绿色保险、绿色债券、碳金融等方面。除了碳金融目前发展尚不成熟，"绿色信贷""绿色保险""绿色证券"共同构成了绿色金融体系的三大支柱。[1] 基于现行《环境保护法》的调整，需要再次注意中国当前环境法制"协同监管"这一特点，这使得在"绿色金融"同步发展的背景下，银行信贷将受到限制、保险将受到限制或面临巨额保费、证券监管部门将限制其上市或已经上市的证券不得继续融资。企业的信誉与企业的经济效益直接相关。这也再次验证了中国环境法制新背景下能源类高环境风险行业的外部环境风险也将导致内部环境风险的提高。

（1）绿色信贷（green credit）

绿色信贷，是指银行在对重大项目进行事先评估和跟踪监督的过程中，充分考虑贷款项目的环境风险，以避免项目所产生的环境风险影响给银行带来声誉影响及经营风险。[2] 从全球特别是发达国家的经验来看，金融政策在环境保护中的作用发挥源于金融机构的自愿和自律行为，进而是基于风险管控的市场行为，也就是随着金融机构社会责任意识的提高，环境规制的强化，高污染企业或项目往往被视为高风险。[3] 绿色信贷的逻辑起点为银行业社会责任意识的形成与发展。与能源相似，银行与环境保护的关系也经历了"分离—关注—融合"的过程，分为"抗拒—规避—积极—可持续发展"四个阶段。[4] 在初始阶段，银行只是单纯从利润

---

① 洪卫：《绿色金融理论与实践研究》，载《金融监管研究》2021年第3期。

② 占华：《绿色信贷如何影响企业环境信息披露——基于重污染行业上市企业的实证检验》，载《南开经济研究》2021年第3期。

③ 张平淡、张夏羿：《我国绿色信贷政策体系的构建与发展》，载《环境保护》2017年第19期。

④ 林伯强、黄光晓：《能源金融》，清华大学出版社2014年版，第291页。

出发，并不考虑环境影响问题，甚至由于环境规制会带来效益的损失而排斥对抗环境问题，此后在环境外部性内化研究的影响带动下，银行开始逐步正视环境问题，再而随着环境问题的日益严峻和企业可持续发展理论的深入，银行在其中找到了新的契机，最早绿色信贷作用于节能减排项目领域，之后逐步发展到其他项目和一般信贷业务之中。赤道原则（EPs）与负责任银行原则（principles for responsible banking, PRB）[①]为绿色信贷提供了明确的框架，旨在提供一套通用的基准和框架，为融资项目以结构化方式持续识别、评估和管理环境和社会所产生的风险及影响，促进社会与环境可持续发展。截至 2022 年 2 月，38 个国家的 134 家金融机构正式采用赤道原则，国内共有 9 家银行采用赤道原则；[②]截至 2022 年 3 月，全球采纳负责任银行原则的银行约 275 家，国内共有 15 家银行采纳负责任银行原则。

我国绿色信贷发展并不比国际进度迟缓：早在 20 世纪 80 年代就已出现绿色信贷萌芽（见表 4-2），1981 年《国务院关于在国民经济调整时期加强环境保护工作的决定》中规定了"利用经济杠杆保护环境"，1984 年《关于环境保护资金渠道的规定的通知》提出了环境保护资金来源的 8 条渠道，多数与银行信贷有关；[③]20 世纪 90 年代，1995 年，国家环保总局和中国人民银行相继出台了《关于运用信贷政策促进环境保护工作的通知》和《关于贯彻信贷政策与加强环境保护工作有关问题的通知》；进入 21 世纪后，绿色信贷进入繁荣发展阶段，其中，2007 年 7 月，国家环保总局、中国人民银行、中国银监会等三部委联合发布了《关于落实环保政策法规防范信贷风险的意见》，强调利用信贷手段保护环境的重要意义，要求加强信贷管理工作和环保的协调配合、强化环境监管等，这一政策的发布，标志着绿色信贷作为经济手段全面进入我国污染减排的

---

① 赤道原则是一套由世界主要金融机构根据国际金融公司（IFC）和世界银行的政策和指南制定的、非强制性的，自愿性、全球性准则（全球性为"赤道"名称之由来，其初衷在于无论南北半球金融机构均可适用），用以决定、衡量以及管理社会及环境风险，以进行专案融资或信用紧缩的管理，目前赤道原则已更新至第四版，于 2020 年 7 月 1 日启用。

负责任银行原则由联合国环境规划署金融倡议（UNEP FI）牵头，于 2019 年 9 月在联合国大会期间正式发布。它为可持续银行体系提供了一致的框架，引导银行在最具实质性的领域设定目标，同时在战略、资产和交易层面以及所有业务领域融入可持续发展元素，确保银行的战略与实践符合可持续发展目标和《巴黎协定》。

② 王柯瑾：《行业规范助力"双碳" 绿色金融日渐走俏》，载微信公众号"中国经营报"，2021 年 12 月 18 日。

③ 李云燕、孙桂花：《我国绿色金融发展问题分析与政策建议》，载《环境保护》2018 年第 8 期。

主战场。①2014年，中国银监会下发了《关于印发绿色信贷指引的通知》，对银行金融机构有效开展绿色信贷、促进节能减排和环境保护提出了明确的要求。但我国绿色信贷相关政策规定存在的问题是：长期没有形成一套具体化的项目评估标准。2012年指引中没有具体的有关报告和标准的要求，2014年《绿色信贷实施情况关键评价指标》是针对银行的评价指标，而非银行用于对重大项目的评估和跟踪的指标。2016年《关于构建绿色金融体系的指导意见》，首次提出通过申请财政贴息支持并探索通过再贷款和建立专业化担保机制等措施大力发展绿色信贷，这标志着我国将成为全球首个建立较完整的绿色金融政策体系的国家。2017—2018年，中国银行业协会和央行先后出台《中国银行业绿色银行评价实施方案（试行）》（现行有效）、《关于开展银行业存款类金融机构绿色信贷业绩评价的通知》（已失效），从定量和定性两个维度要求各银行开展绿色信贷自我评估。2019年3月颁布的《绿色产业指导名录》则是将绿色环保、低碳节能产业的标准和范围进行更为清晰的界定与划分，进一步补充完善了定性、定量的标准方法与指标评价体系，帮助绿色信贷实现更为精准的投放。央行在2021年6月发布了《银行业金融机构绿色金融评价方案》，在《关于开展银行业存款类金融机构绿色信贷业绩评价的通知》的基础上，进一步扩大了绿色金融考核业务范围，将绿色债券和绿色信贷同时纳入定量考核指标，定性指标中更加注重考核机构绿色金融制度建设及实施情况。2022年，银保监会发布《银行业保险业绿色金融指引》要求银行保险机构从战略高度推进绿色金融，加大对绿色、低碳、循环经济的支持，防范环境、社会和治理风险，提升自身表现，促进经济社会发展全面绿色转型。

表4-2 "绿色信贷"政策法规体系

发布时间	发文单位	文件名称
1981	国务院	国务院关于在国民经济调整时期加强环境保护工作的决定
1984	城乡建设环境保护部、国家发展和改革委员会（含国家发展计划委员会、国家计划委员会）、国家科学技术委员会、财政部、中国建设银行、中国工商银行	关于环境保护资金渠道的规定的通知
1995	国家环保总局	关于运用信贷政策促进环境保护工作的通知

① 《绿色金融系列11：中国绿色信贷的发展》，载微信公众号"舍得低碳"，2021年10月26日。

续表

发布时间	发文单位	文件名称
1995	中国人民银行	关于贯彻信贷政策与加强环境保护工作有关问题的通知
2004	国家发改委（含国家发展计划委员会、国家计划委员会）、中国人民银行、中国银监会	关于进一步加强产业政策和信贷政策协调配合控制信贷风险有关问题的通知
2005	国务院	关于落实科学发展观加强环境保护的决定
2007	中国人民银行	关于改进和加强节能环保领域金融服务工作的指导意见
2007	国家环保总局、中国人民银行、中国银监会	关于落实环保政策法规防范信贷风险的意见
2007	中国银监会	节能减排授信工作指导意见
2012	中国银监会	绿色信贷指引
2014	中国银监会	绿色信贷实施情况关键评价指标
2017	中国银行业协会	中国银行业绿色银行评价实施方案（试行）
2018	中国人民银行	关于开展银行业存贷款类金融机构绿色信贷业绩评价的通知
2019	银保监会	关于推动银行业和保险业高质量发展的指导意见
2020	财政部	商业银行绩效评价办法
2021	中国人民银行	银行业金融机构绿色金融评价方案
2022	银保监会	银行业保险业绿色金融指引

　　相较于"负责任银行原则"主要致力于金融业落实联合国 2030 可持续发展目标（SDGs）和《巴黎协定》目标的短期性，"赤道原则"则更加持续且稳定，是银行环境风险评估以及环境风险管理的操作指南和明确化、具体化的标准，包括赤道原则本身的"执行要求"附件以及补充的《国际金融公司环境和社会可持续性绩效标准》《世界银行集团环境、健康和安全指南》（EHS 指南）。"赤道原则"拥有标准化的环境与社会风险的缓释控制流程，对于改善金融机构在环境与社会方面的表现起到积极的作用。[1] 因此，我国绿色金融的发展推动商业银行积极认同环境与社会风险管理的价值，主动履行"赤道原则"的相关义务实践相关标准与要求将成为趋势。绿色信贷制度的有效实施有赖于两个前提：第一，企业向金融机构提供足够的环境信息，作为评估和跟踪监督的依据，"赤道原

---

[1]　何丹：《赤道原则的演进、影响及中国因应》，载《理论月刊》2020 年第 3 期。

则"中对信息共享的定义为"在遵守商业保密原则和适用的法律法规的前提下，被委托的 EPFI 将适当与其他被委托金融机构共享相关社会和环境信息，该共享将严格限于实现对赤道原则应用的一致性以内"。第二，会计师事务所进行会计信息审计必须保证环境信息的真实可靠。由于我国没有形成具体化的项目评估标准，企业所提供环境信息的系统性、专业性都不足，对会计师事务所和有关监督部门而言，信息的可验证性不足。"赤道原则"对适用范围的定位不仅适用于银行金融行业，还"适用于全球各行各业"，银行自身有评估压力自然会向项目评估转移，其他行业尤其是存在符合"赤道原则"项目规模的行业也应当参考"赤道原则"等相关标准，以适应和满足信贷信息披露的有关要求。在上述的"其他行业"中，能源企业是需要特别关注的行业之一：首先，从国际层面的"赤道原则"适用范围来看，能够达到"项目资金总成本达到或超过 1000 万美元""贷款总额为至少 1 亿美元""EPFI 单独贷款承诺（银团贷款或顺销前）为至少 5000 万美元"规模的项目，也仅有能源等大型项目，此类项目所在公司必然是上市公司或发债企业；其次，无论在依据国际层面的"赤道原则"还是依据国内层面的《绿色信贷实施情况关键评价指标》（2014 年发布），能源项目一般被评定为 A、B 类项目；[①] 最后，目前"赤道原则"被直接运用于世界上绝大多数的大中型和特大型油气开发项目。

这一类要素来源如何参考，以《国际金融公司环境和社会可持续性绩效标准》为例，其中"绩效标准 1：社会和环境评估和管理系统"、"绩效标准 3：污染防治和控制"、"绩效标准 4：社区健康和安全"（部分）、"绩效标准 6：生物多样性的保护和可持续发展"是对金融公司环境可持续发展的要求，但实质上对其投资项目及项目实施主体（通常即企业）提出了环境要求。其中标准 1 要求金融公司所投资项目的负责企业是建立

---

① "赤道原则" A 类项目是指项目对环境和社会有潜在重大不利并 / 或涉及多样的、不可逆的或前所未有的影响；B 类项目是指项目对环境和社会可能造成不利的程度有限和 / 或数量较少，而影响一般局限于特定地点，且大部分可逆并易于通过减缓措施加以解决。2014 年，中国银监会《绿色信贷实施情况关键评价指标》则明确列举了项目，A 类：其建设、生产、经营活动有可能严重改变环境原状且产生的不良环境和社会后果不易消除的客户。从事核电站；大型水电站、水利项目；资源采掘项目（包括煤炭开采和洗选、石油天然气开采业）；环境和生态脆弱地区的大型设施，包括旅游设施；少数民族地区的大型设施；毗邻居民密集区、取水区的大型工业项目等项目开发及运营的客户原则上应划入 A 类；B 类：其建设、生产、经营活动将产生不良环境和社会后果但较易通过缓释措施加以消除的客户。从事石油加工、炼焦及核燃料加工；化学原料及化学制品制造；黑色金属冶炼及压延加工；有色金属冶炼及压延加工；非金属矿物制品；火力发电、热力生产和供应、燃气生产和供应；大型设施建筑施工；长距离交通运输（包括管道运输）项目，城市内、城市间轨道交通项目行业的项目开发及运营的客户原则上应划入 B 类。

了或将会建立环境风险管理系统的企业；绩效标准 3 要求在项目设计、施工、运行和退出阶段（项目存续周期）内，负责企业会考虑并适用污染防治和控制措施，并维持技术及财务上的可行性和成本效益，符合良好的国际行业惯例，具体绩效指标包括了污染防治、资源保护、能源效率、废弃物、有害物质、紧急情况准备及响应、周围环境因素、温室气体排放等；绩效标准 6 要求所有涉及栖息地的项目企业能够通过标准 1 实现生物多样性的保护，具体绩效指标包括了栖息地（包括自然和人工栖息地及其中需要特别重视的栖息地）、法律划定的保护区、入侵外来物种、对可再生自然资源的管理和使用、林地（包括自然林和种植林）、淡水和海洋等。

（2）绿色保险（green insurance）

绿色保险是一种综合性的称谓，其不仅有具体指涉，也有明确的理念导向；绿色保险可以同环境责任保险等概念替换使用，后者是前者狭义层面上的含义，而前者所带有的价值追求的含义则是后者所不具备的，但可以将既有的实践成果合理导入并融入当前环境保护的政策意向。[①]"风险"是贯穿保险理论到实务操作各个环节的灵魂，保险是一种基于风险判断所作出的赔偿"风险转嫁"和分散。[②]绿色保险按照一般保险性质又可分为政策性保险和商业性保险，前者以实现国家协调经济发展与环境保护的政策目的为主，多为强制保险；后者采取商业模式以市场供需为基础，多为自愿保险。

我国绿色保险起步较晚，于 2007 年起陆续开展试点工作，2013 年，国家环境保护部与保监会联合制定了《关于开展环境污染强制责任保险试点工作的指导意见》将"绿色保险"定义为以企业发生污染事故对第三者造成的损害依法应承担的赔偿责任为标的的环境污染责任保险；2014 年修订的《环境保护法》第 52 条明确规定"国家鼓励投保环境污染责任保险"；2016 年，中国人民银行与保监会等七部委联合印发的《关于构建绿色金融体系的指导意见》单独设置绿色保险部分，提出大力发展绿色保险的指导意见；2021 年，国务院出台《关于加快绿色低碳循环发展经济体系的指导意见》指出要发展绿色保险发挥保险费率调节机制作用；2022 年，银保监会发布《银行业保险业绿色金融指引》，指出银行保险机构应当有效识别、监测、防控业务活动中的环境、社会和治理风险，应重点

---

① 秦芳菊：《我国绿色保险体系的建构》，载《税务与经济》2020 年第 3 期。

② 谢菁、赵泽皓、关伟：《我国保证保险发展现状、困境与优化建议研究》，载《金融理论与实践》2022 年第 6 期。

关注投保环境、社会和治理风险等相关保险的客户、保险资金实体投资项目的融资方。目前我国绿色保险还处于发展初期阶段，具有较大的发展潜力；同年，银保监会发布《中国保险业标准化"十四五"规划》提出，探索绿色保险统计、保险资金绿色运用、绿色保险业务评价等标准建设，更好地推动完善我国绿色金融标准体系。

我国正在积极推动绿色保险产品的品种创新，打造多样化的保险产品体系，但目前我国绿色保险仍以环境污染责任保险（environmental liability insurance, BLI）为主，环境污染责任保险是我国目前治理环境风险中最具代表性的绿色保险产品。《环境保护法》规定"国家鼓励投保环境污染责任保险"。投保环境污染责任保险可以使被保险人把对第三者的赔偿责任转嫁给保险公司，被保险人可以避免巨额赔偿的风险，环境污染受害者又能够得到迅速、有效的救济。[1] 2018年，生态环境部审议并原则通过《环境污染强制责任保险管理办法（草案）》指出要运用好环境污染强制责任保险这项制度，引进市场化专业力量，通过"评估定价"环境风险，实现外部成本内部化，提高环境风险监管、损害赔偿等工作成效。环境污染强制责任保险在深圳先行开展试点工作，经过3年的试点工作，深圳于2021年7月印发了《深圳市环境污染强制责任保险实施办法》明确环境高风险企业必须投保环境污染强制责任保险。

绿色保险本身也存在呈报、管理、投资、道德等保险风险，因此，绿色保险的承保人多采取联合承保模式，这也是绿色保险与其他责任险的显著区别所在，绿色保险承保人的经营风险巨大。首先，由于对企业环境风险的界定目前还存在较大差异，对于投保标的并不统一，因此各个保险机构对此都采取十分谨慎的态度。其次，对环境损害风险的评估十分困难，这主要是由于环境损害具有潜伏性，对于保险机构而言环境损害鉴定评估专业能力的不足使之对中长期环境影响的判断存在技术障碍，从我国情况来看，以往环境法制的不健全所造成的环境法律责任后果不明或过轻也是评估困难的原因。因此，能源企业的风险系数将对绿色保险产生直接的影响，例如保险机构关注、指导、服务力度的加强与保费的增加。绿色保险的保费与企业环境风险成正比，如果企业发生污染事故的风险极大，那么高昂的保费也可能使得企业不堪重负。[2] 2006年，中国保监会总共发布了三批《财产保险危险单位划分方法指引》，共1~11号，其中2号水力发电企业、3号火力发电企业、7号石油天然气

---

① 沈洪涛：《企业环境信息披露：理论与证据》，科学出版社2011年版，第88页。
② 沈洪涛：《企业环境信息披露：理论与证据》，科学出版社2011年版，第88页。

上游企业、8 号石化企业均为能源行业；2007 年又单独发布了《财产保险危险单位划分方法指引第 12 号：核电站运营期》。从目前已出台了绿色保险的有关政策开展绿色保险试点工作的省市区看来，几乎所有省市区都将石油天然气、石化、电力等作为试点行业，可见能源企业在保险危险单位中比例高。除了与前述绿色信贷一样可从对保险机构本身的绿色金融评价指标中倒推出企业环境信息要素，绿色保险还可从各大主要保险公司的保险条款及免责条款来分析，一般主险免责条款对部分能源行业中可能出现的环境风险进行了规避。例如，辐射及辐射污染、对土地大气水等污染引起的身体伤害或财产损失等，以专门险（条款）或附加险的形式作为补充，如，中国人民财产保险股份有限公司"核第三者责任保险 B 款"及附加险种《油气管道运输污染责任保险条款（2009 版）》等。通过对发达国家绿色保险制度的研究，①绿色强制保险是发展趋势，在特定的"高风险"领域强制实施生态环境损害责任保险符合公平正义的理念，②且绿色保险的范围在不断扩充，重大环境责任、突发环境事故责任、继发性环境损害责任险等都在承保范围之列。此外，承保人还可通过保险费率的极大差异化和限定赔付额度来控制自身经营风险，承保人更加需要对企业风险进行实质性的调查、评估、预防和控制。在此过程中就需要企业和有关机构提供相应的环境信息，尽可能地避免保险评估中的信息不对称。因此，能源企业所投"绿色保险"险种、投保要求、费率差异、赔付限制等也是环境信息披露要素研究的参考来源。

（3）绿色证券（green securities）

绿色证券作为环境经济政策，是绿色金融的重要组成部分。从狭义上看，2020 年全球首只"绿色股票"发行，2021 年纳斯达克在其北欧交易所推出了"绿股贴标"计划，截至 2022 年 6 月，全球仅有约 9 只绿色股票，因此，从产品类型角度来看狭义的绿色证券多指的是"绿色债券"（如图 4-4 所示）。广义的绿色证券是将环保绩效评估、环保核查和环境信

---

① 美国《清洁水法》《资源保护和赔偿法》《环境综合治理、赔偿和责任法》；德国《环境责任法》《环境损害赔偿法草案》；法国，污染再保险连赢实践（GARPOL）；英国，实验性飞机噪声赔偿责任实践、《商船法》海洋石油泄漏污染赔偿实践；意大利，联合承保集团承包环境污染责任险实践；瑞典《环境保护法》《环境损害赔偿法》；芬兰《环境污染损害赔偿法》《环境污染损害保险法》；日本《突然污染对策法》《废弃物处置法》等。

② 杨惟钦：《责任保险在生态环境损害赔偿实现中的运用与完善》，载《学术探索》2021 年第 4 期。

息披露^①纳入证券市场指标体系的现代证券模式。^②绿色证券是最典型的绿色投资，绿色投资是基于经济、社会、环境三重标准的现代投资模式，是在可持续发展思想下，综合考虑经济、社会、环境因素从而促进企业积极承担相应的社会责任，为投资者和社会带来持续发展的价值，广义的绿色证券包括证券产品和金融服务。企业融资的途径有银行信贷、证券市场和风险投资，银行信贷和证券市场是主要融资方式，银行信贷上文已述，证券市场是通过绿色市场准入、绿色增配股、环境绩效、信息披露等来实现直接融资。与间接融资相比较，直接融资方式由于受到证券领域相关规定的直接规制，相关规定可以更加直接迅速地作用于上市公司、发债企业的行为，绿色证券能够更有效地遏制高环境风险企业的大规模融资行为、控制环境风险。

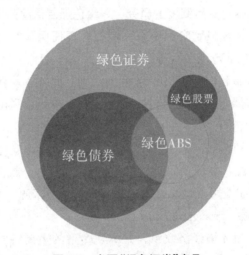

图 4-4　主要"绿色证券"产品

　　环境信息披露是绿色证券的基石，其作用发挥于环境绩效评估及环保核查中，也是目前环境信息披露除环境保护领域之外的主要讨论阵地。^③绿色证券领域内的环境信息披露，从当前已有研究来看，绝大多数以环境会计信息研究为核心，放在环境会计的理论框架之下进行讨论和研究。虽然当前发展趋势是逐步由环境会计信息向综合性非财务信息披露方向发展，但传统证券环境信息披露中的环境会计内容和标准，也是

---

　　① 在 2014 年环保部《关于改革调整上市环保核查工作制度的通知》（环发〔2014〕149号）发布前，环保核查主要是指政府环保核查，而 149 号文件发布后，环保核查主体将逐步转向中介机构、律师事务所、会计师事务所等多元化主体。

　　② 王起国：《绿色证券法治研究》，载《西南政法大学学报》2013 年第 3 期。

　　③ 田雪、葛察忠、林爱军等：《我国市场主导绿色证券制度建设与路径探析》，载《环境保护》2018 年第 22 期。

综合性环境信息披露的重要部分。环境会计是企业对环境事项作出反应所涉及的会计，其要素包括：对或有负债/风险的核算；对资产重估和资本计划的核算；对能源、废物和环保等关键领域的成本分析；考虑环境因素的投资评估；开发涵盖环境业绩所有内容的会计信息系统；评估环境改善措施的成本和效益；以生态形式来表示资产、负债和成本。[1] 环境会计信息较为全面，是衡量企业的环境活动对财务的影响以及所带来的环境绩效的重要方式。信息披露是利益相关人作出正确判断的重要依据，证券领域传统的环境会计信息标准是能源行业上市公司环境信息披露要素的重要来源之一。证券领域对环境信息披露的规定已相对成熟，环境信息披露方面的专门规定也最早发展于证券领域，证券领域对证券发行企业信息披露、环境信息披露框架等规定已发展较为完善，对绿色市场准入、绿色增配股、环境绩效、信息披露等方面都已有成熟规定，数量虽然不多也存在缺陷，但作为上市公司环境信息的直接约束，是能源企业环境信息披露要素的重要来源。本书第三章已对相关政策法律法规进行了列举与分析，在此不再赘述。

绿色金融三大政策是一个有机整体，"绿色信贷"重在源头把关、限制其扩大生产规模的资金间接来源；"绿色保险"使高风险企业通过购买保险，革除弊端；"绿色证券"对希望上市融资的企业设置环境准入门槛，通过调控社会募集资金来遏制企业过度扩张。这三项绿色金融政策都需要环境信息披露作为支持，反之亦然，企业在前两项金融活动中向有关单位提供的环境信息，也可作为企业向公众披露的信息，三项政策之间的企业环境信息互通，也保证了政策实施过程中的公开性和公正性。[2] 从三项政策对环境信息的要求出发进行反向研究抽取出需要披露的要素是能源企业环境信息披露规范化的重要环节。

通过要素来源四例证，除了《管理办法》及其格式准则中的已有规定，还可考虑增加的披露项有：环境风险管理系统、资源保护、能源效率、周围环境因素、栖息地、法律划定的保护区、入侵外来物种、对可再生自然资源的管理和使用、辐射及辐射污染、环境会计信息（能源废物和环保等关键领域的成本、开发涵盖环境业绩所有内容的会计信息系统、评估环境改善措施的成本和效益）。

5. 其他要素来源：生态环境与能源领域法律法规

能源是连接环境侧与经济侧的重要枢纽之一，能源具有环境兼容性，

---

① 沈洪涛：《企业环境信息披露：理论与证据》，科学出版社 2011 年版，第 8~9 页。

② 沈洪涛：《企业环境信息披露：理论与证据》，科学出版社 2011 年版，第 94 页。

由于目前我国尚无能源基础性综合法，能源法领域边界也尚不明晰，能源环境保护的制度设计与生态环境保护领域基本一致，因此，当前所有生态环境保护单行法和主要法规都是能源企业环境信息披露的要素来源。重点政策法规前文已予论述，在此不再展开。

能源领域政策法规中涉及环境保护要求的规定众多，作为能源行业专门规定，必然是最能体现能源特征的环境信息的重要来源。目前我国涉及能源的规范性文件有千余部，但其中能源类法律法规并不多，法律包括：《循环经济促进法》、《中华人民共和国电力法》（2018年修正）（以下简称《电力法》）、《节约能源法》、《中华人民共和国核安全法》（2017）（以下简称《核安全法》）、《煤炭法》（2016年修正）、《石油天然气保护法》（2010）、《可再生能源法》（2009年修正）、《中华人民共和国矿产资源法》（2009）（以下简称《矿产资源法》）八部；行政法规主要有：《民用建筑节能条例》（2008）、《公共机构节能条例》（2017年修订）、《城镇燃气管理条例》（2016年修订）、《水库大坝安全管理条例》（2018年修订）、《电力供应与使用条例》（2019年修订）、《电力设施保护条例》（2011年修订）、《电力监管条例》（2005）、《电力安全事故应急处置和调查处理条例》（2011）、《乡镇煤矿管理条例》（2013年修订）、《对外合作开采海洋石油资源条例》（2011年修订）、《对外合作开采陆上石油资源条例》（2013年修订）等。加之其他规范性文件等共同构成了能源行业专门披露要素来源，主要关注综合规定、环境保护规划计划、勘探开发、工程建设、生产运输过程的环境保护规定等方面。

但严格来看，上述列举法律法规中，《电力法》《核安全法》《矿产资源法》《石油天然气保护法》等多归于工业管理或资源保护法规类型，而行政法规当中也只三部是划归于能源专门法领域。但这些法律法规只要以环境保护和可持续发展作为主要立法目的，都能对能源环境保护发挥作用，对于环境保护的规定具有一定的能源行业特点。例如：《矿产资源法》涉及资格限制、禁采地区、综合环境保护三方面规定，同时在其实施细则中有关于环境补偿、采矿权人环境保护义务的规定；2016年修正的《煤炭法》涉及环境保护的主要有：保护资源、环境综合保护、建设用地保护、环保设施设备、保护性开采、禁止行为、生态补偿、深精加工、洁净煤、矿区保护、土地保护等11条规定；2010年颁行的《石油天然气保护法》涉及环境保护的主要有：管道建设用地、管道用地保护、管道事故应急预案、环境污染事故处理、石油泄漏处理等五方面规定；石油天然气行业的两份重要法规——《对外合作开采陆上石油资源条例》（2013 年修订）以及《对外合作开采海洋石油资源条例》（2011 年修订）规定：作业者和承包者在实施石油作业中，应当遵守国家有关环境保护和安全作业方面的法律、法规和标准，并按照国际惯例进行作业，保护农田（针对陆地）、森林资源（针对陆地）、渔业资源和其他自然资源，防止对大气、海洋、河流、湖泊、地下水和陆地等环境的污染和损害。2009 年修正的《电力法》涉及环境保护的主要有：环境综合保护、配套工程、土地保护、多种能源等四个方面规定。2010 年制定的《海上风电开发建设管理暂行办法》专设第六章"环境保护"，主要规定了海上风电项目建设中的环境影响评价制度。从上述规定可以看出，能源法领域对于环境保护的关注焦点主要在建设、开发过程中的资源保护方面，具体表现为探矿采矿权资格限制、生态资源保护、生态补偿、污染处理要求等。

随着 2030 年实现碳达峰、2060 年实现碳中和的"双碳"目标提出，近年来各类规范性文件中新能源、节能降碳的文件迅速增加，这些文件大部分专门归于能源领域，例如，《中共中央　国务院关于完整准确全面贯彻新发展理念做好碳达峰碳中和工作的意见》《国务院关于印发 2030 年前碳达峰行动方案的通知》《国务院关于印发"十四五"节能减排综合工作方案的通知》《国家发展改革委、国家能源局关于促进新时代新能源高质量发展实施方案的通知》等。这些文件中对于碳减排、碳交易、碳产品等的具体要求，也是企业碳相关环境信息披露的重要参考。

通过其他要素来源例证，除了《管理办法》及其格式准则中的已有规定，还可考虑增加的披露项有：新能源供给消纳、绿色认证、能源潜力、碳排放及排污权交易、上下游供应链、国际认可度及影响力、生态环境分区管控适应情况、国土资源利用效率、非股票非债券类绿色融资情况。

三、能源企业环境致害原因及特点

能源造成相关环境影响的案件在环境违法案件中比例较高，能源行业中的生态环境违法案件比例相比于其他行业也明显高。2015 年 7 月，中央深改组第十四次会议审议通过了《环境保护督察方案（试行）》，明确建立环保督察机制，规定督察工作将以中央环保督察组的组织形式进行。2016 年 7 月，中央环保督察正式启动，2019 年 6 月中共中央办公厅、国务院办公厅印发《中央生态环境保护督察工作规定》，文件要求对于整改不力的问题，视情况采取通报措施。同年 7 月，第二轮第一批中央生态环境保护督察启动,目前第二轮第六批中央生态环境保护督察已经全面完成督察进驻工作。中央生态环境保护督察通报已经成为生态环境部案件通报的主要来源,2021年4月起通报采用不定期集中通报的形式。国内外能源案例均能给能源企业以警示,通过相关案例归纳能源企业高发环境问题、主要致害原因、风险应对措施等,可以为能源企业环境风险防控提供参考,其中致害原因是各利益相关者的关注重点,也为能源企业环境信息披露提示了重点方向。

（一）能源环境影响综合类案例分析

2016—2022年,中央生态环境保护督察进行了两轮,共通报督察案件256起,其中能源相关案件23起,占通报案件总数的8.98%（见表4-3,具体通报案件概述见附录一:2016—2022年中央督察能源相关典型案例情况）。

表4-3　2016—2022年中央督察通报案件及能源相关案件数量统计

年份	通报案件数量	能源相关的案件数量
2016	25	1
2017	0	0
2018	86	6
2019	24	1
2020	15	2
2021	83	11
2022	23	2
总计	256	23

注:2022年数据截至2022年5月26日。

2016—2022年,为推动我国尤其是重点区域空气质量持续改善,生态环境部聚焦京津冀及周边等重点区域,对多个城市进行了重点督察,并对冬季大气污染情况以及生活垃圾焚烧发电厂环境违法状况进行督察。其中,以三次重点督察活动为例,共涉及通报大气环境违法案件101起,其中能源相关的案件33起,占通报案件总数的32.67%（见附录二:2016—2022年中央环保督察组三次大气生态环境督察情况）。

上述能源案件主要为行政监督发现案件,由上述案件可知,能源环境污染物主要为烟气烟尘、二氧化硫、氮氧化物以及废水;进一步向上追溯,导致污染物超标的原因有脱硫设施、污水处理设施运行异常或未建设污染防治设备设施；此外，还存在物料防尘设施不达标、污染物无组织排放以及企业监测设施异常、数据造假、无排污许可证排污等问题。从能源企业所导致的大气污染问题来看，可将能源企业对环境致害因素分为"直接致害原因"和"间接致害原因"，也可称为"结果型致害原因"和"行为型致害原因"。直接致害原因（结果型致害原因）即所排放的具体污染物，包括：烟气烟尘、二氧化硫、氮氧化物、废水等；间接致害原因（行为型致害原因）即导致污染物排放的企业行为，包括：污染物处理设备设施运行异常、污染物无组织排放、企业监测数据造假以及逃避监管等。"保护优先、预防为主"显然要求对污染物产生或超标排放发生之前的企业活动和行为进行控制，预防直接致害原因的出现，从源头预防环境损害的发生。这也是有效的事前预防手段，是从另一个角度实现"次源头环境风险控制"的表现，之所以称为"次源头"主要是因为其"前端性"不如初始的管理手段靠前，是企业在生产经营活动中的环境行为而非"三同时"、环评等投产前行为，故也视为次源头风险控制。

当前，对环境风险管理的研究都集中在传统的外部环境风险（即企业所造成生态环境损害风险）的视域下进行，在第一章中，环境风险分为外部环境风险和内部环境风险，因此笔者突破传统环境风险研究的局限，同步关注企业内部环境风险。能源企业内部风险显著提高，因此，准确而言能源致害原因既指传统的外部环境风险的风险源，也指会触及企业本体利益的内部环境风险的风险源，即有关部门对违法案件的处理所形成的法律风险、经营风险、市场风险、声誉风险等违法成本，每年新增或调整的政策法规对企业的影响预估也是需要披露的重要环境信息（如图4-5所示）。企业是环境资源的最大消费者与污染主要来源，对企业行为和活动进行控制是实现环境风险防控的重要手段，企业环境信息披露不仅要对直接致害原因即污染物排放等情况进行披露，更应当对企业行为这一间接致害原因进行信息公开，充分保障利益相关者环境知情权的实现，实现次源头风险控制。

（二）各能源类型对环境致害的原因分析

会对能源企业自身带来影响的企业本体致害原因，已在本章前面的部分进行论述，本部分主要讨论"能源对环境致害"，即与能源密切相关的活动导致环境损害。能源环境问题是指能源勘探、开发、制造、利用等能源活动中所引起的环境问题，中心词为"环境问题"；而能源对环境致害，与"能源环境问题"略有不同，中心词在"致害"。"能源环境问题"描述的是结果;"能源对环境致害"描述的是过程。通过上文已知,能源企业环境信息公开既要公开直接致害原因(包括污染物致害和违法致"险"),更重要的是要公开企业行为这一间接致害原因。而每一种能源类型的致害原因都略有差异,通过分能源类型、分环节研究,才能更有针对性、更准确地实现具有针对性、具有同业可比性的能源环境信息披露,以求信息具有纵向和横向的系统化、稳定化。

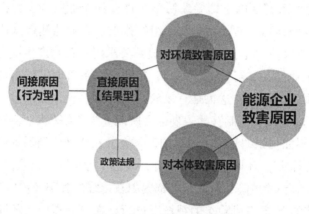

图 4-5　能源企业致害原因

1. 煤炭致害原因

环境影响综合表现为 2016 年年底至 2017 年,北京经历了史上最长雾霾期,空气重度污染连续超过 200 个小时,北京重雾霾天气频发引起了全社会对雾霾问题的广泛关注。随着雾霾从华北地区向全国范围扩张,作为大气污染罪魁祸首的煤炭行业面临前所未有的环境压力。全国纷纷启动"治污降霾"应急措施严格控制燃煤。2013 年 2 月,环保部办公厅公布《环境空气细颗粒物污染防治技术政策(试行)》,政策明确指出应当将能源利用作为防治细颗粒物污染的重点领域,实行煤炭总量控制,大力发展清洁能源,在特大型城市核心区域实行能源无煤化,限制高硫分、高灰分煤炭的开采与使用,提高煤炭洗选比例,研究推广煤炭清洁化利用技术,减少煤炭燃料造成的污染物排放。20 世纪全球环境污染大事件中,名列前茅的均为能源环境污染。二战以前,石油还尚未进入公众视野,这一时期的能源环境污染就主要由煤炭所致。回顾 1930 年冬比利时马斯河谷烟雾事件,在这个 20 世纪有记录的最早的能源环境污染事件,也是世界著名公害事件中,能源致害原因包括工厂选址不合理(在比利时马斯峡谷的列日镇和于伊镇之间一段 24 公里长的 90 米深的河谷地带)和生产工艺落后(当时沿河分布的重型工厂包括炼焦、炼钢、电力、玻璃、炼锌、硫酸、化肥等生产工艺都是早期未考虑环境因素的落后工艺）两大方面。正是由于选址的不合理加上初级落后的生产工艺，当马斯河谷上空出现强逆温层时，致使工厂排出的有害气体和煤烟粉尘在地面上大量积累，无法扩散，二氧化硫的浓度惊人。[①] 事后认定，此次大规模污染事件是由多种有害气体与煤烟粉尘对生物体发生综合作用所导致的，而有害气体的产生主要源于对煤的使用。同样的案件，随后发生在世界多处，二战后随着石油使用日占上风，进一步加剧了这种大气污染问题，如，1943 年美国洛杉矶光化学烟雾事件、1948 年美国多诺拉事件、1952 年英国伦敦烟雾事件。美国洛杉矶光化学烟雾事件主要污染物源自汽车尾气和工业废气的碳氢化合物、氮氧化物；美国多诺拉事件及英国伦敦烟雾事件污染物主要来自煤、石油等燃料的燃烧以及化工厂产生的一氧化碳、二氧化碳、碳氢化合物、二氧化硫和氮氧化物等。

煤炭的环境危害源自燃烧产生的二氧化硫、二氧化碳等有害气体或温室气体自不用说，煤炭的环境影响还表现在：生产开发过程中的地表塌陷、水资源污染；不合理利用时产生的烟尘及气体，严重破坏生态环境。[②] 不仅是大规模公害案件，煤的环境影响也在一般侵权案件中体现。2004 年内蒙古自治区包头市九原区人民法院受理张 X 柱诉包头市光明煤炭有限公司环境污染损害赔偿纠纷案就体现了这一点。原告张 X 柱的养鱼池与被告包头市光明煤炭有限公司相邻，被告进行选煤作业时大量煤粉飘落至原告鱼池内，导致约 4000 斤鲤鱼死亡，死亡原因为粉尘污染，飘落的煤粉附着于水面造成鱼类缺氧窒息死亡。

煤炭开采致害表现为煤炭在上游开发阶段就对大气、水、土地造成严重威胁。煤炭的开采分为露天开采和井下开采，早期开采以井下开采为主，后来随着能源需求量的增大，露天开采成为趋势，此后随着表层煤炭的耗尽又逐步向更深的地下煤层延伸。此外，开采过程中矿井废水、煤矸石等堆放会造成地表水和地下水污染以及矿井采空区地表塌陷等。[③] 因此，无论何种开采方式，都会对大气、水、土地构成威胁。露天开采造成的大气污染略高于井下开采。煤炭在开采过程中主要释放两种有害物质：一是煤矸石自燃释放的二氧化硫、二氧化碳、一氧化碳，二是以

---

① 该事件中，每立方米大气二氧化硫浓度高达 25～100 毫克，并含有大量氟化物煤烟与粉尘。

② 罗丽、代海军：《我国〈煤炭法〉修改研究》，载《清华法学》2017 年第 3 期。

③ 张忠民：《能源监管生态目标的维度及其法律表达——以电力监管为中心》，载《法商研究》2018 年第 6 期。

矿井甲烷为主的温室气体排放。[①]此外，如上述侵权案例，煤粉扬尘也是造成大气污染的重要原因。对水的影响表现在对地表和地下水含量的影响，以及矿物原料的堆积造成的地表和地下水水质污染，研究表明，往往煤矿区水资源贫乏、水污染严重。[②]对土地的影响为对地质结构的影响和过水土壤污染，前者表现为地表破坏（包括植被影响、动物栖息地影响）、地面沉降、山体滑坡等，后者表现为苯系物等污染物超标，土地荒废。

煤生产加工致害表现为煤堆对环境造成的危害，主要有3种形式：煤尘、煤堆自燃、煤堆爆炸。[③]煤矿产品生产加工涉及两项主要工艺，即煤炭洗选和煤炭焦化。前者是指利用物理、化学、生物等方法有效分离杂质、提高煤炭质量和利用效率；后者是以隔离升温的方式取得煤炭、煤气和硫酸铵、磷酸铵或浓氨水等其他化学品。煤炭洗选原本目的在于减少污染物排放、节约能源，但洗选分级中需要使用大量的清水，此后产生的大量含硫、酚废水对外排出，虽然在工艺上有回收要求，但不可避免经过三级闭路循环处理后仍有废水排出。煤焦化产生废气与废水：废气来源于高温干馏转化过程中的烟尘、煤粉、飞灰（含有苯可溶物等致癌物质），以及结焦过程中泄漏出的苯系物质、酚酞、氰硫氧化物和碳氢化合物等，及其燃烧产生的有害物质；废水来源于制焦、净化气体过程，其中含氨废水为主要的直接污染物。

煤储运致害表现为煤炭存储主要采用开放式存储、半开放式存储、球形储煤仓存储和筒形储煤仓存储，其中，开放式存储造价低污染最严重，筒形储煤仓最利于环保但造价最高。煤炭的存储尤其是开放式、半开放式存储，都会因为长期堆积带来土壤和地下水污染。此外，煤化产品的存储也存在环境隐患，例如煤气和炼焦油的罐式存储，存在泄漏和爆燃风险，威胁土壤及大环境。煤的运输以铁路为主，辅以公路、水路、管道（水煤浆）。一般而言，采煤区、生产加工区与消费区相互之间距离较远，而煤炭在运输过程中多以敞运方式为主，这种未采取任何措施的运输方式，带来大量的煤尘污染。

---

① 甲烷的温室气体效应是二氧化碳的20倍。

② 孙亚军、陈歌、徐智敏等：《我国煤矿区水环境现状及矿井水处理利用研究进展》，载《煤炭学报》2020年第1期。

③ 司小飞、王军、殷结峰：《火电厂煤场环境污染防治》，载《环境工程》2018年第1期。

2. 石油致害原因

环境影响综合表现为除了 1943 年美国洛杉矶光化学烟雾事件、1948 年美国多诺拉事件、1952 年英国伦敦烟雾事件等煤油伴生的环境公害事件外，还包括石油所导致的环境问题。石油对环境致害，最常见于采运过程中。溢油事件为石油环境影响的最主要表现，例如 1967 年的"托雷峡谷"号溢油事故[①]，1978 年利比里亚"阿莫科·加的斯"号油轮事故[②]，1989 年埃克森公司"瓦尔迪兹"号溢油事故[③]，1991 年海湾战争[④]，1992 年希腊"爱琴海"号油轮事故[⑤]，1996 年 2 月利比里亚"海上女王"号触礁[⑥]，1999 年马耳他籍油轮"埃里卡"号沉船事故[⑦]，2002 年巴哈马籍"威望"号西班牙沉船事故[⑧]，2007 年俄罗斯"伏尔加石油 139"号油轮解体沉没事故[⑨]，2010 年英国石油公司（BP）海上石油钻井平台溢油事故[⑩]，2010 年大连输油管道爆燃事故[⑪]，2011 年山东"蓬莱 19-3"海上油气田

---

① 1967 年 3 月"托雷峡谷（托雷·卡尼翁）"号溢油事故，造成溢油 10 万吨，英国、法国共出动 42 艘船只，使用了 1 万吨清洁剂，英国出动轰炸机对部分溢出原油进行焚烧，全力清除溢油污染，但是溢油仍然造成附近海域和沿岸大面积严重的污染，使英、法两国蒙受了巨大损失，这一事件催生了著名的国际船舶防污染公约——73/78 防污染公约。

② 1978 年 3 月，利比里亚"阿莫科·加的斯"号在法国布列塔尼附近海域沉没，23 万吨原油泄漏，造成沿海 400 公里区域污染。

③ 1989 年埃克森公司"瓦尔迪兹"号溢油事故造成溢油 4 万吨，对阿拉斯加 1100 公里的海岸线生态环境造成了巨大的破坏，约 4000 头海獭死亡，10~30 万只海鸟死亡，事故造成的全部损失近 80 亿美元，生态系统恢复时间长达 20 年，这一事件促使美国通过了《1990 油污法》，同时国际《1990 年国际油污防备、反应和合作公约》也得以通过并于 1995 年生效。

④ 1991 年海湾战争造成历史上最严重的原油泄漏事故，1991 年 1 月伊拉克撤军打开石油管道、油井甚至停泊在港口的油轮的阀门，至少有 136 万吨（可能达 150 万吨）原油流入内陆及波斯湾，浮油最大覆盖区域达 1.1 万平方公里，厚度达 12.7 厘米。

⑤ 1992 年 12 月，希腊"爱琴海"号在西班牙西北部拉科鲁尼亚港附近触礁搁浅折断，造成 6 万多吨原油泄漏，加利西亚沿岸 200 公里区域受到污染。

⑥ 1996 年 2 月，利比里亚"海上女王"号在英国西部威尔士圣安角附近触礁，造成 14.7 万吨原油泄漏，超过 2.5 万只水鸟死亡。

⑦ 1999 年 12 月，马耳他籍油轮"埃里卡"号在法国西北部海域遭遇风暴，断裂沉没，泄漏 1 万多吨重油，沿海 400 公里区域受到污染。

⑧ 2002 年巴哈马"威望"号溢油事故，造成约 1.7 万吨原油泄漏，污染最严重海域，油污厚度达 38.1 厘米。事故导致西班牙附近海域生态严重污染，西班牙近 400 公里著名的旅游度假胜地加利西亚面目全非，近岸的河流、湿地也受到严重污染，渔业、水产养殖业损失惨重，部分野生动物也受到不同程度的污染。

⑨ 2007 年 11 月，俄罗斯油轮"伏尔加石油 139"号在刻赤海峡遭遇风暴解体沉没，造成 3000 多吨重油泄漏，致出事海域遭严重污染。

⑩ 2010 年英国石油公司（BP）海上石油钻井平台发生溢油事故，上百万吨轻质原油喷涌而出，每天有 5000 桶原油泄漏到墨西哥湾，事故损失无法计算。

⑪ 2010 年 7 月，大连输油管道爆燃，导致 1500 吨原油泄漏。

溢油事故①，2013年菲律宾"圣托马斯·阿奎那斯"号客船沉没事故②，2013年青岛输油管道爆炸事故③，2015年比利时"弗林特斯塔"号撞船事故④，2018年福建东港碳九泄漏事故⑤，2020年俄罗斯诺里尔斯克市漏油事故⑥，2020年日本籍货轮"若潮"号溢油事故⑦，2021年利比里亚籍油船"交响乐"号溢油事故⑧，2021年美国加利福尼亚石油泄漏事故⑨等，都对环境影响深重同时也带来了巨大的经济损失。由此可见，石油对人类的危害日益加剧，一是量大，储量、采量、使用量基数均十分庞大；二是面广，运输、使用面广，一旦发生污染，覆盖波及面极大。以加油站举例，全国各地密集分布有约11万座加油站，一旦出现问题，对地下水将造成巨大污染。与此同时，石油污染对人体毒害作用极强。

石油类的污染主要源于采运过程中的溢油事故和储油的突发性事故。石油一旦在采运和储存过程中发生泄漏，油量惊人，危害严重。石油是一种烃类化合物，很多烃都具有毒性：芳香烃，能够致癌；低沸点饱和烃，能够引起身体麻醉；燃烧后产生一氧化碳，能够引发心脏问题；燃烧后物质与光照发生化学反应，形成的烟雾对人体具有强刺激作用。因此在一些事故中，人们常出现昏迷、细胞坏死、一氧化碳中毒、心肺疾病等问题。

石油勘探开采致害表现为石油勘探开采环节中，勘探对环境影响较小，但也并非没有影响，随着石油储量的减少，勘探开发力度将进一步加大。勘探就是油气资源的寻找和查明，目前主要采取的勘探方式为物

---

① 2011年，中国山东"蓬莱19-3"海上油气田发生溢油事故，面积覆盖约3400平方公里。

② 2013年8月，菲律宾"圣托马斯·阿奎那斯"号携带了120吨中间燃料油，其中未知数量在碰撞后立即释放。除燃料油外，该船还有20吨柴油和润滑油以及约100 TEU集装箱。事件发生后的一个月里，少量燃料油继续以相对恒定的速度从沉船中释放出来。

③ 2013年11月，山东省青岛市中石化输油储运公司潍坊分公司输油管线破裂，造成斋堂岛街约1000平方米路面被原油污染，部分原油沿着雨水管线进入胶州湾，海面出油面积约3000平方米。

④ 2015年10月，比利时"弗林特斯塔"号撞船事故发生后不久，比利时当局报告了石油污染，并通过欧洲海事安全局（EMSA）的清洁海网服务单独报告了石油污染。

⑤ 2018年11月，福建泉州码头的一艘石化产品运输船发生泄漏，69.1吨碳九产品漏入近海，造成水体污染。

⑥ 2020年5月，俄罗斯诺里尔斯克市一家热电厂发生柴油泄漏事故，约2万吨柴油泄漏，给当地土壤和水体造成污染。

⑦ 2020年7月，日本籍货轮"若潮"号在毛里求斯海域搁浅，造成至少1000吨燃油泄漏。

⑧ 2021年4月，巴拿马籍杂货船"义海"号和利比里亚籍油船"交响乐"号在山东省青岛市海域发生碰撞，约9400吨船载货油泄漏入海，造成海域污染。

⑨ 2021年10月，美国加利福尼亚州奥兰治县海岸的输油管道发生泄漏。近48万升原油被排入太平洋，并在海面产生约34平方千米的浮油。

理勘探和化学勘探，物理勘探中尤以地震勘探为主，地震勘探恰恰是所有勘探方式中最具环境破坏力的方式，它主要采用人工爆炸引起地壳震动的方式，利用地震波来分析地下储油情况，此外钻井法也是常用的物理勘探法，与地震勘探一样影响地表环境。[①] 石油开采主要采取陆地钻井和海上石油平台钻井，无论是在陆地还是海上，首先，都不可避免对土壤、动植物生存环境的破坏；其次，石油开采过程中产生大量的挥发物是形成光化学污染的基础物质；最后，开采过程中的漏损造成原油直接流出，使得油井周边地下水及土壤受到污染，这种情况在海上更为严重，而海上浮油随着洋流迅速扩散，影响范围极广，会造成油膜阻隔海洋气体交换等一系列影响。开采是最易发生"溢油事故"的环节之一，近年来由于技术问题、人为因素等造成的海上钻井平台井喷事故、爆燃事故频发。开采事故往往使得大量原油直接溢出，导致灾难性结果：第一，海洋溶解气体循环平衡被完全阻断，海洋生物缺氧死亡；第二，浮油形成厚重油膜，附着于海洋生物体上，导致海洋生物因无光、窒息、行动受阻等原因死亡或致伤；[②] 第三，石油中的芳香烃等物质具有毒性和致癌作用，导致海洋生物死亡、变异，并由于海水流动性随生物链传递至各个消费环节，同时在"生物放大"作用下最终富集于人体；第四，破坏滨海湿地环境。这些危害同时也会带来一系列社会影响。因此，我们看到，海上开采风险巨大，每一次溢油事故的发生，所带来的都是不可估量的损失。此外，还需要注意非常规石油资源的勘探开发，这类石油主要为页岩油和油砂油，这一类非常规资源的勘探开发难度极大，同时由于其附着于小体量的岩、砂上，这类石油的开采对地质结构产生重大影响。

石油生产致害表现为石油的原油就可作为石油产品，直接用于燃烧产能，因此石油开采业可以看作石油的生产过程。而日常用油还有赖于加工后的石油产品，即汽油、煤油、润滑油、轻油、重油等，石油加工形成上述产品的过程也称作炼油过程。炼油过程所带来的主要环境影响也是油气挥发物和石油产品漏损导致的大气、土壤和地下水污染。

石油储运致害表现为石油的储存主要场地为油库，主要运输载体为油罐。随着石油工业的发展，油库的数量和种类也迅速增加，石油企业的石油存储以企业附属油库为主，根据在开采、加工、使用等所处环节

① 郭旭升、刘金连、杨江峰等：《中国石化地球物理勘探实践与展望》，载《石油物探》2022年第1期。
② 樊鑫、刘璐：《生物修复技术在石油污染治理中的应用研究进展》，载《现代化工》2021年第12期。

和位置的不同，企业油库分为油田油库、炼油厂油库、交通港油库、农机站油库和其他企业附属油库。企业油库一般以地上油库、半地下油库为主，而这类油库由于其油罐长期暴露在空气中，需要严格的管理和维护，否则极易由于设备的老化而发生泄漏。此外，企业地上、半地下油库由于受到温差等影响，还存在油品变质、爆燃等风险。有一类油库较为特殊，即海上油库，这类油库一般属于企业附属型的油田油库，海上油库或让油罐漂浮于海面或让油罐固着于海底，这类油库与上述地上、半地下油库面临同样的环境风险。油罐和输油管道的腐蚀、老化是造成石油泄漏进而导致对环境致害的重要原因，因而运输是最易发生"事故"的另一环节，石油泄漏在陆上一般称为"漏油事故"，在海上一般称为"溢油事故"。石油运输一般采用海上船运、陆上石油管线运输以及油罐车运输的方式，其中海运占全球石油贸易运输的 3/5 以上，其余的以管道运输为主，油罐车运输总量较小。海上船运是目前应用最广、成本最低、效率最高的运输方式，但其缺陷在于环境风险极大，60% 以上的"溢油事故"都源自油轮事故。相比于油轮，管道运输则不易受外界干扰，同时相比于其他储罐陆运方式，具有运力强、效率高、耗能少、持续性强、空间少的特点，尤其适合长距离大规模运输。截至 2015 年 8 月，我国陆上油气管道总里程已达 11.2 万公里覆盖 31 个省市区。[1] 但输油管道老化或由地震等自然影响造成的破损，是导致"泄漏事故"的主要原因，而管道运输的最大缺陷在于管道绝大部分埋地敷设，因其具有隐蔽性，管道事故初期阶段由腐蚀、开裂引起的泄漏不易被发现。管道和站库设施受自然灾害（洪水、地震、泥石流、雷击）影响易造成管道冲断、震毁及火灾等，破坏性大。[2] 一方面，直接污染土壤和地下水；另一方面，不易被发现，由于无法及时处理极易造成污染的扩大。以中石油长庆油田事故为例，2013 年 7 月，长庆油田第一采油厂发生一起因山体垮塌压坏原油管线引发的泄漏，数吨原油流入延安当地主要水源地王窑水库，造成当地居民饮水问题。2015 年 2—3 月长庆油田吴起县段连续发生 9 起漏油事故。管线内表面腐蚀严重，是造成泄漏的原因，理论上管线腐蚀、老化与土壤等有关系，但除了管线内表面腐蚀，监管上的重大失误也是事故重要原因。

---

[1] 《中国交通运输发展》白皮书，https://www.gov.cn/zhengce/2016-12/29/content_5154095.htm，最后访问日期：2023 年 7 月 30 日。

[2] 刁宇、王宁峰、刘朝阳等：《输油管道泄漏地下水污染风险预警评价方法》，载《油气储运》2021 年第 3 期。

3. 天然气致害原因

天然气综合环境影响表现为以"清洁"和减少全球温室效应而闻名的天然气，并非完全的安全、无污染，同时由于供应不足，天然气发展具有双重瓶颈。天然气的主要成分是甲烷，甲烷本身是温室气体的一种，会造成臭氧层破坏。天然气燃烧后生成水和二氧化碳虽然比煤炭等燃烧更加清洁，但研究发现天然气在燃烧时，其组成成分甲烷泄漏到大气层中的量要比预估的量大得多，这使得天然气作为清洁能源的优势破灭。2010 年的一部纪录片《天然气之地》无疑打击了曾被誉为未来能源之星的天然气，影片赤裸裸地展示了这样一幅图景：随着天然气、页岩气的推广，各家各户后院都设有采气井，然而有一天，当你打开家里的水龙头，点燃了水流，曾经对清洁能源的一切想法都幻灭了。

天然气钻井开采致害表现为天然气本身并无污染，但在钻井工程及测试燃烧过程中排放大量氮氧化物、一氧化碳、碳氢化合物等废气，同时冲刷钻井平台钻具等产生高浓度废水，此外还伴有岩屑等固体废弃物和噪声污染。一旦事故发生，天然气井喷的危险不亚于石油井喷危害，甚至在人口密集的陆地上，这种危害是鲜血淋漓的。放喷燃烧、废水池垮塌泄漏、固废堆放以及热辐射都将产生严重的环境影响。据估计，在井喷事故中硫化氢的最大浓度影响范围达 1416 米，释放量最大落地浓度为每立方米 665.2 毫克，对人畜构成生命威胁。[1] 导致事故的因素主要为钻井工艺缺陷和人为操作失误。[2]

天然气的存储分为气态存储和液态存储两种方式，但都包括地上和地下两种方式，地上存储的环境安全性与石油存储危害大致相似，而地下存储无论是气态的地下储气库存储、高压管道存储，还是液态的冻土地穴存储都对存储场土地造成了严重破坏，对土壤以及地下水带来了风险。这些风险隐藏于地下，一般利益相关者极易忽略，而一旦发生管道断裂泄漏、爆炸等事故将造成惨重的后果，例如，2016 年重庆贵渝成品油管道"6·30"断裂事故，发生在湖北恩施的川气东送管道"7·20"爆

---

[1] 王莉艳、王里奥、黄川：《天然气钻井作业的环境风险分析》，载《矿业安全与环保》2005 年第 4 期。

[2] 2003 年 12 月，位于重庆开县的中国石油天然气总公司四川石油管理局重庆钻探公司西北气矿 16H 矿井发生重大井喷事故，该矿井所在气田拥有 500~600 亿吨的天然气储量，是西南地区特大气田之一，也是高含硫气田。事故造成 200 多人伤亡，事故发生时富含硫化氢和二氧化碳的天然气发生地面 30 米高度猛烈井喷。据分析，事故发生原因主要在于：第一，特高出气量估计不足；第二，高含硫高产天然气水平井的钻井工艺不成熟；第三，起钻前钻井液循环时间严重不够；第四，在起钻过程中违章操作使得钻井液灌注不符合规定；第五，未能及时发现溢流征兆。

炸事故。① 同样这种极具隐蔽性的危害来自天然气管道运输，截至 2020 年年底，我国天然气管道总里程达到约 11 万千米，随着"一带一路"倡议的推进，数量仍在迅速增加。目前，我国尚无完整的天然气管道事故统计数据。依据《2020 年城乡建设统计年鉴》数据，天然气管网事故率为每千公里 0.321 起。而含硫管道由于输送气体的腐蚀性及高密度性，事故率更高于此。天然气管道对环境致害的因素与石油大致相同，主要为管道腐蚀、设备故障、自然灾害以及人为操作因素导致的泄漏及处理燃烧所导致的污染，它与石油管道的区别在于天然气管道密布于城市地下容易受到第三方破坏的影响并且一旦发生事故，赔偿范围将大大高于分布在人口稀少地区的石油管道。

4. 非化石能源致害原因

非化石能源一般为电力二次能源，从前文调查数据来看，我国能源企业中电力生产企业约占所有能源企业总数的 50%，其中大部分能源企业兼营火电及"清洁"电力。煤炭、石油、天然气等化石能源的使用致害众所周知，无须赘言，其他"清洁"电力虽然能源本身的使用清洁无害，但是从能源生产为人类所利用的全生命周期来看，是否"清洁"饱受质疑。

生物质能致害表现为生物质能作为碳循环的一个环节，是有机物质死亡被氧化后二氧化碳再循环回归大气的过程，由于有机物生长燃烧排放的二氧化碳量基本等于生长过程中的二氧化碳需求量，因此被认为是有效控制大气污染和温室气体排放的重要能源。但随着生物质能的大量开发利用，秸秆、蔗渣等植物废料之外还需要碳薪林的大量补充，可能造成"复古"式环境损害的出现，而玉米秸秆等硫含量高的燃料也有所补充，硫氧化物、氮氧化物影响不可完全避免。此外，燃烧发电过程中虽然硫氧化物、氮氧化物含量较低，但烟尘、粉尘浓度明显偏高并伴随有显著噪声污染。这些问题随着发电规模的扩大而增加，而产生或避免这些问题的关键在于在整个清洁生产过程中是否关注具有生物质能特点的原料取用、生产选址、生产工艺选用、环境保护措施设置及运行等环节。

晶科能源因太阳能致害原因身陷"污染门"事件，引发了公众对光伏

---

① 姜昌亮：《石油天然气管网资产完整性管理思考与对策》，载《油气储运》2021 年第 5 期。

行业环境问题的诸多担忧。[①]光伏行业污染问题主要存在于上游多晶硅制造企业，工业硅生产环境污染物排放主要包括：粉尘、废水、二氧化硫、氮氧化物、一氧化碳、氯化氢、氟化氢、固体废物等。[②]多晶硅生产的副产物主要为四氯化硅，1吨多晶硅对应10~20吨四氯化硅，四氯化硅废液如果直接排放处理会对环境造成极大危害。杜绝光伏产业中的污染问题，技术不是关键，成本才是问题的核心。处理污染物要求企业采用先进的生产工艺，这将会大幅增加光伏企业的生产成本，对于竞争激烈的光伏产业而言，大多数中小企业不愿意承担这样的成本，从而导致污染问题难以杜绝。

风能致害来自风电场建设施工期间及风电场运营期间。施工期间对环境致害包括生态破坏及环境污染，破坏表现为植被破坏、水土流失、生物栖息地及生物多样性长期（永久性）损害；环境污染表现为建设项目过程的废水、扬尘、噪声、固废污染。风电场运营期间的环境损害除了一般性的生产废水、固废污染外，具有持续性的突出问题是鸟类安全、噪声污染和电磁辐射、风轮机干扰影响。风电场设置地一般属于生态脆弱地区，环境损害作用对象虽然更多的是非人对象但进行恢复极为困难。[③]

水能、潮汐能致害表现为除了水电站、水坝、水库项目施工期间的生态破坏及环境污染，最大问题在于生态环境的改变导致运营期间生态结构及功能的变化，对水土保持、水生生物结构及生物多样性的影响。如三峡及其上游水库蓄水，改变了河流天然水流情势，同时也导致了水库下游鱼类产卵繁殖条件的变化。[④]海洋潮汐能的开发利用，海岸水电站的建设及运行还可能改变原有的海水流动。英国、法国、加拿大等国家

---

① 2011年9月，海宁市发生环境污染造成的群体事件，500余名群众就环境污染问题冲入浙江晶科能源公司讨要说法。事件源于晶科能源公司在生产过程中所产生的污泥堆放不规范，未能按照规定对固体废料进行处理，雨污分流不彻底，导致部分污水进入雨水管道，在有关部门发现后并未及时按要求整改，导致河水中氟离子超标了9倍。晶科能源公司作为具有国际市场影响力的大型光伏企业，引得英国广播公司、华盛顿邮报、法新社、美联社等国际媒体都对这一事件进行了报道。

② 杨俊峰、李博洋、霍婧等：《"十四五"中国光伏行业绿色低碳发展关键问题分析》，载《有色金属（冶炼部分）》2021年第12期。

③ 谢虹：《风电场水土流失防治法律制度的失灵与矫正》，载《中国环境管理》2020年第6期。

④ 孙宏亮、王东、吴悦颖等：《长江上游水能资源开发对生态环境的影响分析》，载《环境保护》2017年第15期。

的潮汐电站开发规划和涉及论证长达数十年。①

地热是地球内部熔岩产生的热量，以热力形式存在。地热能则是通过地壳抽取而获得的天然热能。地热能与其他常规能源相比有经济和环境方面的优势，但在开发利用过程中会造成地下水、地表水、生态、土壤、大气及噪声等环境影响。大量抽取地下热水回灌不及时会导致局部范围的地面下沉。新西兰怀拉基地热电站是全球第二个地热发电站，自1958年建成投产以来已下沉6米并仍在以平均每年15厘米的速度沉降，下沉范围直径超过1000米。地下热水的水位下降使含水层上部空间增大，积聚的蒸汽量剧增，气压加大，水热爆炸风险高，加之地热利用率较低，冷却水的用量更多于普通电站，冷却蒸汽中含有硫化物等有毒物质，过剩冷却水也会积累硼、氨等污染物，一旦外排将造成水体污染。而采取冷却水回注的方式，可能会引发浅表性地震。地热尾水中氟、砷等矿物质含量很高，排放不当会进一步对水体造成污染。

核能致害表现为核能所产生的放射性污染能够引起更加严重的地域污染和地球污染环境问题，一旦核电站发生重大事故，环境影响深远。与所有矿物质能源一样，核能的勘探和开采也会带来生物多样性保护问题，并伴生严重的核辐射污染问题；核能的昂贵和解决问题的长期性使得核电站的建设也是一个比其他工程项目都要复杂而漫长的过程，必然导致环境影响持续时间和风险的增加；此外对核废料的处理也需要十分谨慎。总体上，虽然核事故的发生概率可能要大大低于传统化石能源，但就现有的事故处理经验而言，代价高昂。因此需要更严苛于其他能源类型的风险预防要求和更具有核能特性的风险预防手段。②

国际氢能委员会预测，2050年全球氢能源消费占比将达到18%，市场规模超过2.5万亿元。我国从2006年将氢能及燃料电池写入《国家中长期科学和技术发展规划纲要（2006—2020年）》开始推动氢能发展。2022年3月，国家发展改革委、国家能源局联合研究制定发布了《氢能产业发展中长期规划（2021—2035年）》，明确了氢的能源属性以及我国初步建立以工业副产氢和可再生能源制氢就近利用为主的氢能供应体系发展目标。③氢是目前最洁净的燃料，使用能源主要从水中获得，能源使

---

① 刘邦凡、栗俊杰、王玲玉：《我国潮汐能发电的研究与发展》，载《水电与新能源》2018年第11期。

② ［美］丹尼尔·波特金、戴安娜·佩雷茨：《大国能源的未来》，草沐译，电力工业出版社2012年版，第83~115页。

③ 闫慧忠：《能源概论与氢能战略》，载《稀土信息》2022年第6期。

用的唯一产物是水；同时，氢能也是唯一可同时用于交通、储能、发电等领域的新能源。制氢方法分为可再生制氢和非可再生制氢，其中可再生制氢原料为水或可再生物质，非可再生制氢原料来源为化石能源。通过水原料制得的氢气被称为"绿氢"，化石燃料及可再生物质在制氢过程中无法做到"净零排放"，因此依据碳强度的高低分别被称为"灰氢"和"蓝氢"。目前受技术与成本的影响，95%以上的氢气制造仍然高度依赖煤、天然气等化石燃料。同时，在储运上，有机液态和固态氢气运输尚未进入推广阶段，其运输基本与天然气采用相同的方式，其致害性也与天然气相似。

综合生物质能、太阳能、风能、水能、潮汐能、地热能、核能、氢能等的致害原因，这一系列能源特有致害原因突出，共同点在于：第一，没有勘探阶段或勘探阶段基本不产生环境损害，能源使用无污染；第二，能源的开发即能源的生产，开发生产两个阶段合为一体，转化后的二次能源为电力，输送方式以电力输配为主，因此输配电建设过程中的环境影响均为其相关下游环境影响；第三，大部分能源的环境损害主要来自上游及下游建设项目阶段，生态破坏性特点突出；第四，随着对生态保护规制的强化，企业内部环境风险增大。

（三）能源对环境致害的特点

综合上述讨论，虽然各类能源对环境致害各有特点，但也存在以下共性：

1. 能源对环境致害具有不可回避性

从能源的整个生命周期来看，能源的勘探、开发、生产、运输、使用和废物排放是一个完整的从自然中来回到自然中去的生命周期，任何能源只要与自然相关必然对环境造成损害。能源所导致的环境污染类型主要包括：大气污染、水污染、固体废弃物污染及生态破坏。引起大气污染的主要污染物包括：烟尘、二氧化硫、二氧化氮、汞、酸沉降、石油烃、一氧化碳、多环芳烃等；引起水污染的主要污染物包括：矿井水、火电厂废水、核电站废水、能源精炼废水等；引起固体废弃物的主要污染物包括：煤矸石、粉煤灰、炉渣、炼油废渣等；生态破坏主要由原油泄漏、矿山生态破坏等引发。任何一种能源的勘探、开发、制造、利用都会对环境造成一定的影响，以传统的煤、石油、天然气等石化能源所带来的环境影响最为严重。煤炭能源开采可见的环境影响是能源输出过程中的地表土层的损毁以及废渣堆积侵占，深层环境影响则是废渣造成的土壤及地下水污染，输出过程伴随着大量二氧化硫、氮氧化物及二氧化碳的排放，造成酸雨污染及大量温室气体。石油、天然气能源在输入及输出过程中除了造成地表破坏、土壤地下水污染、酸雨污染、温室气体排放等问题，还存在运输泄漏等环境威胁。生物质能的使用过程会产生气溶胶、细颗粒物等，是造成雾霾、光化学污染的重要因素。"清洁"能源也并非完全洁净，例如水能、核能的能源输入过程必然伴随着对工程周边自然生态环境的严重影响，水电站的建设对下游地区气候及农业环境存在威胁，核燃料物质存在放射性污染威胁。当前面对日益严峻的雾霾问题，一般采用的是改变能源结构、用清洁能源替代传统能源、推广绿色能源的治理办法，但如上所述也难免造成污染，破坏生态。

再换一个角度来看替代能源的潜在弊病，目前一般推广绿色能源都有赖于加强生物质能、水能、风能、太阳能及核能（地热、潮汐、氢能等同理）的利用。生物质能发展十分缓慢遥不可及；水能受到限制无法大规模满足工业民用需求；风能、太阳能、核能需要大面积的风车、光板、复杂输电网络的配置，将挤占大量湿地、绿地、农田，这些都有违绿色能源发展初衷。[①] 可见，所有的能源都并非所谓"清洁"，反之亦然，所有的能源也都有"清洁"的可能。一味推行"去煤油气化"，在当下并不现实且并非最有效的手段，对于能源环境风险的防控，一方面要增加清洁能源的使用，另一方面要推进传统化石能源使用的清洁化，[②]了解风险源把准症结所在，疏胜于堵。

2. 致害因素爆发性与持续性并存

通过上文能源环境案例分析，能源体现的致害原因显著并为一般公众所知。这一类因素大致分为两种：第一种是潜伏性不强的致害因素，这一类致害因素直观可见，能够及时得到监控，例如，能源厂址的选择、采煤所造成的土地资源破坏及生态恶化等；第二种是潜伏性强，经过持续累积而由某些因素触发的对环境致害因素，这一类致害因素非直接可见，例如，烟尘、二氧化硫、二氧化氮等形成并在地表积累，在特殊气候等触发下发生大规模污染。从致害可能性的强弱上看，前者因显著，较容易在初始阶段被发现进而控制，例如，厦门PX事件等；后者因难

---

① 郭位：《核电 雾霾 你——从福岛核事故细说能源、环保与工业安全》，北京大学出版社2014年版，第140页。

② 方行明、何春丽、张蓓：《世界能源演进路径与中国能源结构的转型》，载《政治经济学评论》2019年第2期。

以被及时发觉，利益相关者较难快速得知污染风险、企业致害的可能性，无法给予风险控制，往往危害重大。故对后一类信息更需要由企业进行主动的披露。因此，需要同时提高企业和利益相关者对此类致害因素的敏感度，需要真实、准确、充分、及时的企业环境信息披露；而这其中还应考虑不同能源类型环境问题的差异。

3. 致害因素贯穿全过程

从生命周期理论来看，不仅是每一类能源不可避免地对环境致害，甚至生命周期的每一个环节都隐藏致害因素。一方面，能源企业规模较大，往往其业务范围覆盖从勘探、开发到销售、处理全产业链，或在某一环节上具有广泛连接性。能源企业从上游到下游整个产业链都潜藏着比一般企业更大的环境风险，即便是非覆盖全产业链的企业（这里未包括下游能源专售、能源服务等企业，主要由于能源专售和服务通常不会单独作为企业主营业务，且目前深圳证券交易所、上海证券交易所上市公司中尚无以此为主营业务的样本；另外，此类公司不属于本书定义下的"能源企业"范围）在其纵横相关的业务中覆盖面广也具有全产业性质。另一方面，众所周知，能源使用尤其是化石能源燃烧所产生的污染物，是导致环境污染的直接原因，但这一点并非能源企业所特有，基本上所有生产企业，乃至一般企业，甚至每个人都需要使用能源并产生废物。能源企业对环境致害的特殊性，在于除了能源使用之外，其勘探、开发、生产加工、运输等上游、中游以及储运都存在较大的致害因素。因此，上述致害原因中，能源企业环境信息披露，应当对勘探开发（上游）、生产加工（中游）以及能源储运特别关注。

如前文所述，生命周期作为国际环境领域焦点问题被ISO14001环境管理体系列为有效提高环境绩效的方式，使用生命周期的角度来控制或影响组织设计、制造、交付、消费和废弃的产品和服务的方式。这种全过程管理并不是一个新的概念，通常用于工程造价领域，是指为确保项目建设的投资收益，对工程建设从可研开始，至初步设计、施工图设计，到合同实施、施工、验收、决算，再到后期评估等的整个过程，工程造价管理控制贯穿始终。与此类似，环境风险的全过程管理，是指为了保护环境、实现可持续发展，对项目从初始到结束的整个过程中凡与环境相关的行为和活动进行环境风险控制，实施环境管理，提高环境绩效。①能源企业环境风控、环境管理和环境绩效信息的披露，也应当是考虑全周期、全过程性的。能源企业环境信息的全过程性披露具有两层含义：第一，能源企业经营性环节即从勘探、开采到销售的全过程信息披露；第二，从策划、实施、检查到改进的全过程信息披露。

这与清洁生产的本质是相似的，都是一种从生产过程到产品所采取的整体预防的环境策略，并将这种整体预防的策略以环境信息披露的方式予以表现。

4. 储运环节问题突出

如上所述，能源对环境致害需要关注能源勘探开发（上游）、生产加工（中游）以及能源储运方面，而其中，能源储运最为特殊，为能源行业所独有。能源储运是连接上、中、下游的纽带。能源储运具有以下特点：第一，储存困难"以输代储"。能源资源以各种形式大量存在于这个世界，但能源资源的存储十分困难，通常情况下，除了固态煤、液态石油和气态天然气外，其他能源资源存储极为不易，例如，太阳能、风能等通常情况下为了避免电能过剩仅在需要的时候才采"能"转化为电力。②这就使得能源的存储相当一部分依赖运输过程中的"在途存储"即"以输代储"，全球范围内每一秒都有大量的能源处在运输状态。处于运输状态的能源既包括一次能源也包括二次能源，如，煤气、焦炭、煤油、柴油、电力等。电力是目前应用最广、最清洁、最常见的二次能源，大部分无法存储的一次能源也都转化为电力存储，但电力存储能力十分有限，一般采取传统蓄电池储能、电容储能、超导储能、飞轮储能、抽水储能、压缩空气储能等方式，以上方式除了抽水储能和压缩空气储能外，其他储能方式容量较低。第二，输送方式特殊。如前文所述，不同类型的能源通过不同方式进行运输，能源的输送方式主要包括了铁路运输、水路运输、公路运输、油气管道运输以及电网输送等。储运是不可避免的环节，储运过程通常伴随着严重的环境影响，而这一点较少被正式考虑在能源对环境致害因素之中，虽然人人都注意到了能源从勘探、开采到生

---

① 当前，"环境风险全过程管理"的概念主要出现在有关"建立国家环境风险管理体系""完善创新环评制度加强全过程监管推动绿色发展"等研究项目、创新政策中，尚处于讨论阶段，未形成受到广泛认可的定义。本书认为，环境风险的全过程管理，依据实施风险管理主体的不同，可分为：国家全过程环境风险管理、企业全过程环境风险管理；依据风险管理的阶段不同，可分为：风险识别、风险评估、风险控制、风险应急管理。风险识别，是指对于环境风险的诱发原因、致害因素即环境风险源进行识别，这是进行环境风险管理的基础。

② 调平电网负荷实施"削峰填谷"、改善新能源发电质量实现"风光互补"等措施都是针对电力忙时不足、闲时过剩而提出的平衡供电措施。

产、运输再到使用、废物排放的每个环节都存在环境风险，但依据我国现有上市公司环境信息披露一般标准，储运过程中的环境绩效往往无法表达。因此，能源企业应加强环境风险的全过程控制，注意储运环节风险，并在能源企业环境信息披露中予以表达。

综上，能源对环境致害具有不可回避性，这是每一个能源类型和能源行业都不可避免的问题，这要求对能源行业全体以及各个细分行业进行环境信息披露。致害因素爆发性与持续性并存，这就要求提高对各类、各细分行业能源企业非显著性的环境信息的识别能力。致害因素的全过程性，要求对全过程信息的公开，环境管理信息的披露要求应当从原有的"环保理念""管理结构和目标""认证和自愿开展清洁生产情况""相关培训"等模糊、笼统的要求，[①] 向国际化的注重"生命周期"和循环改进的全过程的环境信息披露要求迈进。能源企业储运环节问题突出，这是能源企业区别于一般用能企业和一般资源利用型企业的特点，这要求在注重全过程信息披露的同时也要抓住全过程中的重点环节。

四、能源企业环境信息披露关键指标

（一）披露基础内容及关键指标

依据基础理论，结合能源企业环境信息披露需求、披露基础、披露要素，能源企业环境信息披露内容可分为六大类别：第一类，能源企业背景；第二类，环保方针、政策及组织；第三类，环境保护合规性；第四类，环境保护规划与计划；第五类，环境保护实施；第六类，关键环境绩效指标。所有类别都需要包含具体指标要求，前三类以定性指标居多，后三类以定量指标为主，关键绩效指标包含了对前五类指标进行定量的指标。

1. 能源企业背景

这一类披露要素是关于能源企业的企业概况（经营方向、主营业务、主要关联方等）、公司能源环境问题特点等基础的、框架类的信息要素，类似于 ISO14000 系列及 EMAS 系列中的组织状况信息。

现有国内外规范或标准，尤其是国际标准对这部分有非常明确的要求。国内环境信息披露规定中，《企业事业单位环境信息公开办法》第 9 条和第 18 条明确规定了企业应当公开基础信息，包括：单位名称、组织机构代码、法定代表人、生产地址、联系方式，以及生产经营和管理服

---

① 《上市公司环境信息披露指南（征求意见稿）》（2010 年）第 10 条。

务的主要内容、产品及规模等。依据 ISO14001 及 EMAS 要求，能源企业应当：明确可能影响其取得环境预期成果的所有问题（内部和外部），包括与环境之间的相互影响能力；明确与环境管理实施有关的各方以及各方的需求（各方对企业的合法合规期望）；明确环境管理的范围及相关合法合规要求的范围。当然最基本的就是要指明企业的规模、主要活动、产品和服务、可能直接或间接造成的环境影响等基础信息。① 其他，例如 CERES 原则（2000）、PERI《环境信息披露内容指南》，都将"企业概况"作为一个单独且重要的部分，GRI《可持续发展报告指南》（G4 版），将社会责任信息披露标准分为了两部分，其中一部分即"战略及概况"，战略方面要求从高层次和战略角度说明企业与可持续发展的关系，重点说明总体及对利益相关方的影响、风险机遇以及长远绩效；概况方面介绍机构名称、主要品牌产品或服务、总部位置、所有权性质法律形式、机构规模、架构及所有权等；另外还要求对披露信息中的一些主要的术语参数、审验情况、承诺建议、管理方法及绩效指标等进行说明。在 GRI《可持续发展报告指南》（G4 版）"界定内容的报告原则"中，对机构的重要性内容的测试项包括了关于机构成功的利益相关方利益和期望以及对机构构成重大风险或促进成功的关键因素。"赤道原则"则强调了对基本环境状况的基本面评估。

对能源企业环境信息披露而言，披露经营方向、主营业务以及能源环境特点非常重要。因为，一方面，从我国当前实际来看，对于不同类型不同行业的环境信息披露要求采取的是差异化披露的方式，很明显地表现在环境信息强制性披露要求都是针对重点污染单位或指定的重污染行业，且目前多数规定中对环境监管对象也做了限定。例如，《循环经济促进法》规定对"钢铁、有色金属、煤炭、电力、石油、石油加工、化工、建材、建筑、造纸等行业进行重点监管"。尽管我国有关重污染行业范围的认定存在分歧，但始终围绕"重污染"这个核心不变，暂且不讨论是否应当将这个重心适当平衡至"严重资源利用"，企业都应当首先明确其性质并定位到适合其自身特点的信息披露位置。另一方面，从未来发展方向来看，行业化、有针对性的信息披露是必然趋势，这更需要能源企业对自身所处的具体行业以及自身的能源环境特点有清晰的定位和归类，以便更好地参照并执行正确的信息披露要求，进行有效的环境信息

---

① EMAS 在"报告内容及编写"部分明确了：应当清楚明确描述组织活动、产品与服务的摘要；组织与任何上级组织之间的关系；环境政策；组织环境管理体系的简要说明以及会造成直接和间接的环境物环境因素的描述。

披露。

另外需要注意的是，"相关合法合规要求的范围"应当事先披露申明。这是国际通行做法，ISO14001标准中单独将"合规性义务"作为一个要素（包括法律法规、授权规定、机构命令规则或指引、条约公约和议定书等），要求企业建立渠道获得全面的与其环境影响相关的合规性义务并保持文件信息，并确定这些合规性义务应当怎样履行，因为这其中潜藏着风险形成的可能性（也就是前文所说的外因作用）。它与法律合规性说明不同，法律合规性是单独的披露要素，要求对合法合规情况进行实质性的披露，而这里只是对于需要遵守的法律法规的范围进行列举和说明。其目的在于辅助环境信息的使用者能够更加准确地通过所披露的信息判断能源企业的市场及环境表现。这也是提高环境信息可理解性的有效方式。上交所《上市公司环境信息披露指引》以及《上市公司行业信息披露指引第四号——电力》均规定了应当对新公布的可能对公司经营产生重大影响的环境法律、法规、规章、行业政策等进行披露。

2. 环保方针、政策及组织

这一类披露要素主要为上市公司环保方针、环保政策、环保承诺、环保目标、企业环保文化、环保制度建设、环保机构设置以及环境管理体系建设等。基本在所有的国内外规则中都有此要求。最低级别的要求是明确环保方针、政策、制度安排，最高级别的要求就是提供全套的环境管理体系（PDCA）方案。

《上市公司环境信息披露指南（征求意见稿）》在鼓励类的规定中规定了可以披露经营者的环保理念和上市公司的环境管理组织结构和环保目标以及"其他环境信息"。上交所《上市公司环境信息披露指引》的自愿披露要求第1条规定可根据自身需要披露"公司环境保护方针、年度环境保护目标及成效"。《关于企业环境信息公开的公告》在强制披露信息中也包括了企业环境保护方针，在自愿公开信息中则以"企业的环境关注度"和"企业下一年度的环保目标"表述。各类国际标准更加注重企业环保方针、政策及机构设置安排。EMAS环境报告编写就明确了对于环境政策和环境管理体系的情况必须进行简要说明，说明信息必须经过审核评估员进行验证后方可生效；在组织结构、目标与规划、培训与意识等方面，都与ISO14001标准相似，并做细微调整。ISO14001要求领导者对环境管理体系有效性承担责任，并确保环境方针目标以及环境管理体系符合组织战略且能够得到资源支持；在环境方针方面，要求将环境目标框架、承诺（包括整体环保、增强绩效、守法守规承诺）等纳入其中并进行传达；在组织职责和权限设置方面，要求进行合理的利于环境管理的机构安排保证运行和上下级交流通道的畅通。GRI 指南对机构重要性信息披露的判定涵盖了机构的主要价值观、战略、政策、经营管理体系和目标等。其他国际标准在这方面保持了高度的一致性，基本无例外地将环境政策、战略、方针、制度建设、目标、承诺、组织设置等列为环境信息披露基本指标。《环境保护法》第 42 条规定"责任制度"，要求企业应当建立环境保护责任制度并将环保责任落实到人（负责人及有关人员），企业环境责任制度，实际上类似简化版的环境管理体系方案。《循环经济促进法》第 9 条规定企事业单位发展循环经济应当建立健全循环经济管理制度。

3. 环境保护合规性

环境保护合规类披露要素与第一类"能源企业背景"中的"相关合法合规要求的范围"有所不同，这里是指企业合规性信息的披露即：合规性义务履行情况；要求披露合法合规要求范围内的法律法规所要求的合法文件是否具备；合法资格是否具备；是否存在违法行为，包括经济处罚及经济处罚的处罚原因、种类、（若有）金额等，简而言之就是"遵守法律法规情况"。因此，这里的环境保护合规性披露，是具有定量性质的信息披露。从经济角度上看，合法性高的企业向信用评级机构展现出自身的经营状况，如特质风险、盈余质量等能够降低与处罚等相关的财务风险，维护良好的声誉和信用度，提高企业获得高信用评级的概率，避免在企业发展的过程中遭遇信用限制。[①]

从国内外规定或标准来看，合规性几乎是所有环境信息披露都要求的披露内容。国内有关规定将合规性运用在两个层面上：一是将有环境违法违规行为的上市公司列为强制披露对象，例如，上交所《上市公司环境信息披露指引》规定"因为环境违法违规被环保部门调查，或者受到重大行政处罚或刑事处罚的，或被有关人民政府或者政府部门决定限期治理或者停产、搬迁、关闭的"为强制披露对象之一；二是对违法违规行为进行披露，行政处罚信息是上市公司合规、真实披露环境信息的底线要求，也是信息披露受体和利益相关者判断企业环境守法程度、环境绩效水平、环境信用等级进而调整自身行为的最基础、最关键的信息需求和核心关切之一。[②] 例如，《关于企业环境信息公开的公告》关于环保守

---

① 王垒、丁黎黎：《企业环境信息披露：影响机制、时机策略与经济后果》，载《齐鲁学刊》2022 年第 1 期。

② 李晓亮、杨春、葛察忠：《上市公司重大环境行政处罚信息披露合规性评估》，载《环境保护》2020 年第 24 期。

法的强制信息公开要求包括了环境违法行为记录、行政处罚决定的文件、污染事故及事故损失以及环境信访案件情况。国内各类信息披露指引大致如此，当然也有国内标准或研究将"超标排放"也纳入了合规性信息披露范围内。EMAS 在 ISO14000 系列标准的基础上提出了更加明确的"法律合规性"要求，甚至将此要求作为进入 EMAS 评价系统的基本资格。GRI 指南将合规性信息分为两类：第一类，因违反环境相关法律法规被处以重大罚款和非经济处罚（包括重大罚款的总金额、非经济处罚的数额和通过争议解决机制提起的诉讼）；第二类，没有违法违规情况的则进行事实陈述。① 同样，"法律法规遵守情况"也规定于 CERES 原则（2000）、PERI《环境信息披露内容指南》、UNEP 可持续发展指南等一系列国际规则、标准中。

具体合规要求内容是披露的关键。环保部门取消上市公司环保核查后，环保合规性披露更加重要，保荐人及相关中介机构也将面临更复杂的尽调程序，承担更大的风险。各方迫切需要的是具体合规性要求，能源企业环境保护合规性披露主要包括两个部分，即资格合规性披露和法律法规遵守情况披露。资格合规性披露，主要是资格合规材料的具备情况，这要求企业必须具有能够证明其合法合规资格的资格证件或通过法律文书予以验证。法律法规遵守情况披露，主要是指守法情况或违反环境法律法规被执行处罚的情况，包括具体原因、种类、罚金数额和其他处罚，该来源主要是处理文书、审计结果、有关部门公示、法律部门监管跟踪系统、会计部门审查和信用跟踪系统。综合分析环境法领域和能源法领域的相关规定，具体要求来源大致如下：

能源企业资格合规性披露要求主要来源于：《环境保护法》第 19 条环评文件要求、第 45 条排污许可管理要求、第 41 条"三同时"要求。《矿产资源法》第 13 条勘探审批、第 15 条企业资格、第 16 条开采审批。《煤炭法》第 20 条许可证。《石油天然气保护法》第 14 条管道建设用地规定等。《关于贯彻环境民事公益诉讼制度的通知》中也可以倒推出对于环评文件、环境许可的要求，概括起来包括四项：探矿采矿资格（能源准入许可）、环评审批文件、排污许可证、资源使用审批（如用地

---

① 资料来源：G4 Sustainability Reporting Guidelines（2016）。

许可）。①

能源企业环境保护法律法规遵守情况披露要求主要来源于：所有法律法规中与企业环境保护有关的法律责任部分（实施上有赖于下文"环境保护实施"和"环境绩效指标"的完成）。其中比较典型且重大的违反法律法规的情况有：《环境保护法》第 59 条按日计罚、第 60 条超标超总量排放、第 61 条擅自开工建设、第 62 条违反环境信息公开规定、第 63 条可处行政拘留的情形、第 64 条污染和破坏环境的侵权行为、第 69 条污染和破坏环境的刑事责任，以及在上述《环境保护法》第 64 条、第 69 条准用下的《民法典》侵权责任编第七章环境污染和生态破坏责任和《刑法》第六章破坏环境资源保护罪。此外，还有《循环经济促进法》《节约能源法》《矿产资源法》《煤炭法》等能源单行法律法规中的责任规定，以及《清洁生产促进法》《大气污染防治法》《水污染防治法》《土壤污染防治法》《噪声污染防治法》《固体废物污染环境防治法》等环境单行法律法规中的责任规定。对于能源企业环境保护法律法规遵守情况，事实上并不需要过多了解具体法律责任，需要查验这一部分信息真实情况一般可依据处理文书、审计结果、有关部门公示、法律部门监管跟踪系统、会计部门审查和信用跟踪系统进行，或通过相关司法文书获知。上述责任更多的作用在于倒逼企业注意具体环境保护行为的有效实施。另外，其中涉及按时缴纳排污费用情况等这一类环保实施过程中的守法情况，放在下文"环境保护实施"之中进行披露。

4. 环境保护规划与计划

此类披露要素主要是能源企业环境保护总体规划、提高环境绩效的具体计划、控制环境关键绩效指标的具体规划、应急预案及其他环境管理计划（例如，培训计划、员工参与计划、利益相关者沟通计划等）。从信息披露专门规范性文件规定，以及各法律法规中有关环境信息披露的规定来看，我国最大的问题在于，对于环境保护规划、计划方面的信息一般不做专门的披露要求，通常与企业概况或与企业环境政策目标等合

---

① 在环保部"149 号文件"发布后，原本规定于《公开发行证券的公司信息披露内容与格式准则第 9 号——首次公开发行股票并上市申请文件（2006 年修订）》《公开发行证券的公司信息披露内容与格式准则第 29 号——首次公开发行股票并在创业板上市申请文件（2014 年修订）》《关于重污染行业生产经营公司 IPO 申请申报文件的通知》中的有关"符合环境保护要求的证明文件""申请文件中应当提供国家环保总局的核查意见"等文件要求均取消。

并规定。例如，《上市公司环境信息披露指南（征求意见稿）》就将环境保护规划纳入鼓励规定第二项"环境管理组织结构和环保目标"的披露要求之中，要求企业介绍与环境保护方针相适应的中长期目标、目标完成情况以及下一阶段计划等，采用笼统模糊的规定方式。另一个问题在于"有规划"而"轻计划"，一般而言，规划周期较长、所规划的事项较为宏观，计划周期较短、所规定的事项较为具体，如果仅仅披露规划而非计划，则无法为信息接收者提供有效的参考信息，这样的信息披露缺乏实质性。环境保护规划和计划的披露十分重要：一方面，规划与计划是重要的预防手段，是"预防为主"原则的重要体现，与"环境事件应急预案"同样重要，是上市公司进行环境风险防控的基本手段，我国已经充分重视应急预案的重要性，同样应当注重风险预防持续性手段的强化；另一方面，对规划、计划、应急预案这一类风险预防基础信息进行披露，能够使信息接收者更全面了解、有效监督和验证企业的环境表现，同时也有助于合理地风险评估。

造成此问题的原因主要在于我国能源、环保领域立法本身重视不足，[①] 以及信息披露专门规范性文件对此问题也没有给予充分重视。国际层面则表现出全然不同的重视程度，十分注重规划信息与具体计划信息的披露。香港联交所《环境、社会及管治报告指引》是目前我国国际化程度较好的环境信息披露指引，在能源和水资源关键绩效指标中就规定了必须描述能源及水资源使用效益计划以及降低营运影响的计划。从国际规定来看，除了要求应急计划（方案）之外：EMAS 和 AA1000 系列标准都规定了应当制定并披露各层次的员工参与计划。GRI《可持续发展报告指南》（G4 版）的能源、生物多样性、"三废"排放、产品和服务四个方面的环境绩效指标中都包含了"计划"。"赤道原则"对客户的评估包括了环境和社会管理计划，并包括了详细的计划，例如水管理计划、废物管理计划、应急反应计划、安置行动计划、土著民计划、退役计划等。最后，从本质上讲，整个环境管理体系构建的初始阶段就源起于"计划"，可见计划的说明十分必要。

从能源行业特殊性来看，虽然在能源单行法中没有特别的环境保护

---

① 虽然环境法领域、能源法领域法律法规都对环境规划、能源规划问题给予了充分重视，但是重视的角度都一致地在强化政府及有关部门的中长期规划和专项计划上，对于企业基本没有作出相关要求。

计划的规定，但在保险方面，在火电、石油天然气、石化企业的财产保险风险识别中，将培训计划、意外事故计划、安全检查清单等都列为了人为因素风险识别的关键因素。能源行业从上游到下游的各个细分行业都有其环境问题特殊性，因此，能源环境风险预防中采用具有行业特点的计划显然非常重要，上游、中游、下游行业可以采用有区别的计划绩效指标，例如，上游行业的资源保护计划在下游、中游行业可不予采用。

5. 环境保护实施

环境保护实施所包含的可披露内容十分广泛，凡是企业所实施的与环境保护相关的行为都可列为披露内容，主要是企业环境管理情况，环境保护规划、计划中的实施情况，以及其他企业环境方针、政策、承诺的追求过程行为。由于涉及内容十分庞杂，笔者以国内外环境信息披露规范以及要素来源为依据共分七类进行整理。

第一类，国内上市公司环境信息披露规范。从证券领域上市公司环境信息披露的证监会系列准则（以公开发行证券的公司信息披露内容与格式准则第1、2、28、29号为主）、上交所深交所上市公司自律监管指引系列（上交所以1号、2号、3号、9号为主；深交所以1号~5号、11号为主）、港联交《环境、社会及管治报告指引》）中可整理出以下披露要素：针对潜在环境问题采取的措施，环保设施的建设和运行情况，公司环保投资和环境技术开发情况，在生产过程中产生的废物的处理、处置，废弃产品的回收、综合利用情况，与环保部门签订的改善环境行为的自愿协议，受奖励的情况，降低废气及温室气体排放、向水及土地的排放、有害及无害废弃物的产生等的排放的措施，针对业务活动对环境的重大影响所采取的有关影响行动，环保材料及技术选取，采用资源利用率高污染物排放少的工艺和设备，使用废物综合利用技术和污染物处理技术，环保政策实施情况监督检查等。从环境领域企业环境信息披露各类规范性文件，可整理出以下披露要素：工业固体废物和危险废物安全处置，执行环评与"三同时"，缴纳排污费，如实填报环境统计资料，依法进行排污申报，排污口的规范化管理，淘汰落后生产能力工艺和产品，清洁生产实施情况，环境风险管理运行情况，环境事件的发生情况（此项针对临时报告），自行监测情况，企业主要污染治理工程投资，获得的环境保护荣誉，减少污染物排放并提高资源利用效率的自觉行动和实际效果，环保委托第三方情况，国内外环境认证情况，与利益相关者信息交流情况，环境技术开发情况，环境管理会计推进情况，环境公益活动情况等。

第二类，国际层面环境信息披露规范。从 ISO14000 系列、EMAS 认证体系、GRI《可持续发展报告指南》（G4 版）、CERES 原则（2000）、UNEP 可持续发展指南、PERI《环境信息披露内容指南》等非会计类具体规定中，可以整理出以下披露要素：环境管理体系建设，有害废物处理处置，原材料采购，员工教育，利益相关者参与情况，风险管理，资源保护情况，环境监督，研究开发，表彰奖励，绩效验证，环境信息沟通，技术合作，全球标准执行等。

第三类，现行《环境保护法》中涉及企业责任强化的条款。从现行《环境保护法》中企业责任及政府行为相关重点规定中可整理出以下披露要素：环境影响评价和"三同时"执行，环保责任制度建设和执行，监测设备安装使用运行，防治污染设施的建设和运行，环保诚信记录，绿色保险，信息公开，环境事件应急备案执行。另外，从环境保护《大气污染防治法》《水污染防治法》《清洁生产促进法》等单行法中，可以整理得出以下披露要素：煤炭洗选，洁净煤，煤炭防燃，除尘、脱硫、脱硝等装置，原料环保要求，有机溶剂管道设备维护，粉尘及气态污染排放控制，存储、运输扬尘防止，露天禁烧，减少持久性有机污染物排放方法、工艺、设备，水污染防治设施建设"三同时"，清洁生产措施（原料选择、工艺设备、废物废水废热综合利用、合格污染防治技术），环保产品及包装，矿产资源勘探、开采提高资源利用水平，噪声污染防治措施，放射性污染防治措施等。上述披露要素中某些披露要素具有明显的个别能源特征，这一类规定可放入细分行业信息披露内容要求之中。

第四类，环保司法专门化规定。依据《刑法》《刑事诉讼法》《民法典》《行政主管部门移送适用行政拘留环境违法案件暂行办法》《关于审理环境侵权责任纠纷案件适用法律若干问题的解释》《环境损害鉴定评估推荐方法（第Ⅱ版）》《突发环境事件应急处置阶段环境损害评估推荐方法》等规定，能得出直接的环境行为要求较少，一般是规定了污染物种类、排放量、是否超标排污、是否超过总量控制指标等要素，但是这一类环境司法规定从两个方面发挥着作用，一方面，从这一类规定中可以推定出需要特别注意的环境保护实施要素及其中可能涉嫌违法违规的行为。例如，《行政主管部门移送适用行政拘留环境违法案件暂行办法》

第 6 条对"篡改、伪造监测数据"的行为做了详细列举，其中包括破坏、损毁监控仪器、线路、传输设备、采样管等行为，那么企业据此就应当注重监测设备的维护并制定严格的设备维护制度，并特别公开此类维护计划及维护情况。又如，《审理环境民事公益诉讼案件适用法律若干问题的解释》第 13 条规定，原告请求被告提供防治污染设施的建设和运行情况等环境信息，人民法院可以推定该主张成立，从而对于防止污染设施的建设和运行情况也是应当特别披露的信息。另一方面，从这一类环境司法规定中可以推出利于划清企业责任的信息。例如，刑事诉讼、民事诉讼、损害司法鉴定方面对于证据认定的一个重要要求是因果关系的存在，故而对于导致环境保护的因素如排污口规范化管理等，就是需要特别注意的披露因素。又如，《审理环境侵权责任纠纷案件适用法律若干问题的解释》第 4 条对于两个以上污染者污染责任的认定，人民法院审理的依据中就包括有无许可证等，因而对于排污许可的执行情况需要特别注意。依据这两方面可推出的披露要素，除上文已述的各项，还要注意的有生态环境损害恢复补偿方案、行业性特定环境保护措施。

第五类，环保社会监督类规定。其中所提出的具体环境披露要素已基本体现于上市公司环境信息披露规范中，那么还需注意的是作为"环境信息沟通"行为载体的信息披露渠道，沟通渠道不属于严格意义上的披露要素，但有必要在此进行明确，披露渠道应当容易被一般公众所获得，这是信息披露质量的基本保障。从《环境保护法》《证券法》主要的信息披露规定以及《环境保护公众参与办法》等公众参与规定来看，上市公司环境信息披露的主要信息来源渠道为：公众新闻媒体公开、指定场所获取及证券发行者提供。具体信息传递媒介包括：广播、电视、电话、报纸、刊物、网络、证券交易所电子查询系统及纸质公告、企业对外窗口电子查询系统及纸质公告等。具体信息内容载体为：招股／发债说明书、定期报告（年报、半年报）、临时报告、专门环境报告、发布会等。

第六类，绿色金融规定。"绿色信贷"最主要的参考文件为"赤道原则"，从附件 II"评估文件涵盖的潜在环境和社会问题示例清单"可以归纳出披露要素为：生物多样性的保护和保全，可持续性管理和使用可再生资源，危险物质的使用和管理，高效能源生产运输和使用，污染物及废物控制管理，重大危险源的评估管理等。"绿色证券"主要依据文件为上交所、深交所的规定，除了上文已经参考过的环境信息披露规范性文件，针对能源行业特性，2021年上交所、深交所公布的行业信息披露指引也有所规定，其中煤炭信息披露中规定了所有煤炭上市公司都应当披露报告期内的排污缴费、投资环保设施、污水治理、水土保持以及复垦绿化等情况。"绿色保险"本身就是企业环境行动的一部分，其中承保、投保要求是内容要素参考来源，参考《财产保险危险单位划分方法指引》第一批第3号火电企业、第二批第7号石油天然气上游企业、第三批第8号石化企业，需要注意披露的要素主要是具有易发生爆燃或井喷风险的设施设备维护及规范操作。目前，保险风险识别要素主要针对安全风险。

第七类，能源行业要求与其他相关规定。从上文的整理可以看出专门的能源披露内容要求并不多，即便是在上交所的两份行业信息披露指引中也仅有常规环境披露要求。能源单行法及一些重要条例则含有较多的信息。从《节约能源法》可整理得出：明令淘汰用能产品，包费禁止，日常节能，重点用能单位用能报告，能源监督等。从《循环经济促进法》可整理得出：废气产品或包装物回收及无害化处理，工艺、设备、产品及包装的生态设计，替代燃料使用，矿产资源节约与共生、伴生矿的利用与保护，再生水利用和自来水节约，工业废物综合利用，工业用水再利用，余热余压综合利用，税收优惠等。从《矿产资源法》及实施细则可整理得出：耕地、草原、林地复垦利用植树种草或其他利用，探矿临时用地损害补偿，水土保持等。矿产资源方面还有"矿产资源节约与综合利用专项资金"。从《煤炭法》可整理得出：保护煤炭资源，保护耕地，合理利用土地，环保设施"三同时"，保护性开发，土地恢复补偿，深精加工，洁净煤等。《石油天然气保护法》主要是对所使用土地的补偿。《海上风电开发建设管理暂行办法》则主要是对环评规划执行、环保措施落实的要求。依《电力法》可整理得出：利用可再生和清洁能源发电，配套工程"三同时"，保护耕地、节约土地。此外能源行业多利用高耗能设备，因而还应当注意《高耗能特种设备节能监督管理办法》（2020年修订）中有关高耗能特种设备的使用规定。不难看出，能源行业的一个显著特点就是注重对各种资源的保护、恢复和补偿。其他方面，需要注意对环境权交易、第三方治理情况等信息的披露。

6. 关键环境绩效指标

这里的关键指标主要是指数值化的定量指标。依据技术路线进行梳理，具体关键绩效指标的总和要远远大于上述任何一类披露要素，它与上述各类披露要素有交叉重合的部分，而上述各类披露要素根据具体的披露要求和描述方式的不同，也可以转变为定量的具体的关键绩效指标。本类的整理资料来源，除了本书第三章、第四章中归纳的部分较常用的规范性文件，还包括了非常用文件。例如，2013年《绿色信贷统计制度》，该制度对银行业金融机构涉及的环境、安全等重大风险企业信贷及节能环保项目、服务贷款情况进行了统计。统计制度通过归纳分类，明确了12类节能环保项目和服务的绿色信贷统计范畴，[①] 并对其进行四大项内容统计，其中，贷款所形成的年节能减排量包括标准煤、二氧化碳减排当量、化学需氧量、氨氮、二氧化硫、氮氧化物、节水等7项指标。经整理，关键环境绩效指标总体上可分为环境财务绩效、环境质量绩效、环境绩效参考三个部分。（如表4-4）。

表4-4　能源企业环境信息披露关键绩效指标列表（通用于各能源类型）

板块	一级绩效指标	二级绩效指标	指标参数及说明
环境财务绩效	会计政策	政策资料	与环境财务绩效相关的特定会计政策
	环境资产	环境保护设施设备	
		环保技术、专利	
		资源权利	
		绿色保险	
		（如适用）弃置费	
		其他	
	环境收入	政府奖励、专项资金、优惠等	
	环境成本	生态修复/场地修复	
		三废处理/主件升级	
		各类回收及处理	
		环境违法成本	处罚、损害赔偿等
		其他	如技术研发、环保认证费用、培训费用、绿色办公控制费用等
	环境负债	环境目的非银行借贷	
		绿色金融	
		其他	

---

① 绿色农业开发项目，绿色林业开发项目，工业节能节水环保项目，自然保护、生态修复及灾害防控项目，资源循环利用项目，垃圾处理及污染防治项目，可再生能源及清洁能源项目，农村及城市水项目，建筑节能及绿色建筑，绿色交通运输项目，节能环保项目，以及采用国际惯例或国际标准的境外项目。

续表

板块	一级绩效指标	二级绩效指标		指标参数及说明
环境质量绩效	能源材料/原料	种类、可再生性及数量		数量指体积/重量/质量
	生物多样性/周边环境	面积		
		土地及动植物影响		受到机械、水、固体废弃物等影响
		土地恢复及生态补偿措施、效果及下一阶段计划		
	"三废一噪"/主件环保控制/并网设施建设	废气/温室体气	排污口数量及位置	包括烟尘、粉尘、二氧化硫、二氧化碳等，温室气体减排可用披露碳核算、碳核证情况替代
			污染气体种类、总量及超标数据	
			各类污染气体排放方式、浓度及超标数据	
			温室气体排放种类、总量及浓度数据	
			大气防污减排设备设施种类、数量及运行情况	当期是否正常、维护及故障或更换次数
			各类减排数据及下一年计划	
		水	排污口数量及设置	化学需氧量、氨氮、重金属等
			废水种类、总量及超标数据	
			各类废水排放方式、浓度及超标数据	
			水污染防治设施设备种类、数量及运行情况	当期是否正常、维护及故障或更换次数
			各类减排数据及下一年计划	
		固废	固废种类、总量数据	
			各类固废属性及重量	属性即一般或危险或无害
			固废综合利用及安全处置数据、方式及下一阶段计划	
		噪	周边环境及级别归类	
			主要噪声源及分贝均值	
			超标次数及处理	
			降噪措施及下一阶段计划	
		主件/并网	有环境影响的设施设备环保情况	适用于无"三废一噪"
			并网发电或其他行业特殊设施设备环保情况	

续表

板块	一级绩效指标	二级绩效指标	指标参数及说明
环境质量绩效	运输	（如适用）产品运输总量、方式，运输设备维护	废物包括所有废物，运输指长距离输送
		废物运输总量、方式，运输设备维护	
	其他清洁生产	原料毒副性质控制量	
		工艺、设施设备改进/淘汰落后产能	
		产品或包装回收及无害化处理种类、数量	
		清洁生产下一阶段计划	
	生产消耗	生产电力、燃料等动力能耗	能源总消耗量和单位产品能源消耗量
		生产水耗	新水取用总量和单位产品新水消耗量 工业、用水重复利用率
		（如适用）高耗能设施设备特别说明	
	监测	监测设施设备种类、数量及对应监测项目	
		监测记录方式（路径及周期）	
		披露期内运行情况	当期是否正常、维护及故障或更换次数、监测报告或记录数量
	行业特殊风险	行业特殊风险描述	
		专门处理措施、效果及下一阶段计划	
	绿色办公	办公能耗及水耗量	
		办公固废量及交通种类	
		绿色办公效果及下一阶段计划	
	环境事件	环境事件数量、级别及处理	重大事件需做专门报告，固废事故以渗漏为主
环境绩效参考	比对参考	同行业比较	
		历史数据比	以近三年数据为主；可包含于上述节能减排效果之中；包括费用比较
	表现参考	参考标准清单	如《损害鉴定评估推荐方法》《突发环境事件应急处置阶段环境损害评估推荐方法》中对规范性引用文件的列举
	其他	本行业特殊标准	包括但不限于国际、区域、地区、地方相关标准；其他行业标准

（二）披露示例：石油天然气行业

1. 石油天然气行业特点

无论采取何种模式进行能源企业行业环境信息披露，都离不开对细分行业中披露内容和关键指标项的确定，即该披露哪些内容。这是解决当前环境信息披露趋于表面化、缺乏关键信息、定量信息不足等问题的有效方法。简单而言，定量信息就是"有多少""是多少"等具体的数据与值域，定性信息就是"有没有""是什么""怎么样"等关于性质、本质、规律以及关系的信息。在分类研究中风险不同的能源类型无论直接致害原因还是间接致害原因都有所不同，例如，从直接致害原因的角度看，煤产生煤粉、烟尘污染，而石油天然气、太阳能、风能则几乎没有扬尘问题；从间接致害原因来看，煤炭污染集中在开采和生产阶段，而石油天然气行业污染集中在开采和运输阶段等。不同类型的能源对环境致害程度也有所不同，例如，太阳能的综合环境影响力要明显小于化石能源。因此，能源"行业化中的行业化"，首先，有利于较为准确找到需要关注的问题即"定性"；其次，能够"有的放矢"地进行数据统计或查明即"定量"；最后，利于明确可对比性强且披露成本低的定量指标。由于整个能源行业本身也是一个庞大的体系，因此对于能源行业中的细分行业，以能源类型为主，以产业阶段差异（从属行业，例如，勘探和开采行业、生产加工行业、运输行业、分销行业、废物处理行业等[①]）为辅，这是能源企业保障环境信息披露质量和提高信息披露效率的必然要求。

石油天然气行业是能源行业中产业链最完整的细分行业，有单个公司覆盖上中下游产业阶段的，更多的是在上中下游每个阶段都活跃着的企业。根据道琼斯行业分类标准，整个石油天然气产业包括石油和天然气生产商、产油设备及相关服务和分销、可替代能源三大行业；其中又细分为6大从属行业，即勘探和生产、综合性石油和天然气、产油设备和相关服务、油气管道、可再生能源设备、可替代燃料。[②] 笔者在前文中将能源企业定义为"以营利为目的依法自主经营、自负盈亏、独立核算，

① 这些从属行业还存在组合情况，因此行业分级宜以能源类型为主，不宜以阶段划分。

② 勘探和生产，是指从事石油天然气勘探开采、钻井、生产、炼制和供应业务的公司。综合性石油和天然气，是指综合性石油天然气公司，业务包括勘探开采、钻井、生产、炼制、石油天然气产品的分销以及零售。产油设备和相关服务，是指为油田或海上石油平台提供诸如钻井、勘探、地震信息服务和石油平台建设等设备或服务的公司。油气管道，是指运送石油天然气或其他燃料的管道运营商，不包括主要收入源自向终端用户直接销售石油和天然气的管道运营商。可再生能源设备，是指开发或制造可再生能源设备的公司，此类设备用于利用太阳光、风、潮汐、地热、水和波浪等资源。

从事各类能源生产、流通或服务的经济组织，包括各能源类型的：能源开采（勘探、开发）、制造（加工转换）、利用（存储、输配、贸易、使用）和服务（技术研发、设备供应、管理）等主营业务"。在实证研究的样本收集过程中，我们发现，目前我国能源企业分布于采矿业门类，制造业门类，电力、热力、燃气及水生产和供应门类这三大门类之中，且以传统的化石能源行业为主（即煤炭、石油天然气），其他能源类型的上市公司较少或并入电力行业之中（这一类可统一称为"电能"或"从电属性能源"），从属行业又分为煤炭开采和洗选业，石油天然气开采，石油加工、炼焦及核燃料加工业，电力热力生产和供应业以及燃气生产和供应业。因此，在石油天然气行业中，无论横向、纵向，还是整体上看，企业基数大，也是高环境风险的突出代表。

2.石油天然气行业特殊披露事项

石油天然气行业，在依照能源行业环境信息披露共同框架（后文将进行设计）进行披露的基础上，还应当有行业针对性地注意：

第一，根据产业链不同阶段进行全过程环境信息披露。目前，上市公司环境信息披露要求的发展趋势是"分步骤、分阶段、分批次"。石油天然气行业中能源从上游到下游潜藏巨大环境风险表现最为明显，通过前文对各能源类型常见致害原因的差异化研究，油气行业从勘探到运输的各个阶段均有应当被利益相关者所知悉的环境信息。"根据全产业不同阶段"是指要求分步骤地纵向跟踪石油天然气行业中的勘探开发、加工、运输、销售、废弃物处置等每一个环节；"进行全过程环境信息披露"，就是要求每一个产业阶段进行前期、中期、后期信息披露，也是一个循环验证检查提升的过程。正如前文对"全过程"的两层定义。[①]事实上，就是要求石油天然气行业将清洁生产的本质予以更充分的体现，不仅是要表达在产品的全生命周期纵向过程中对不利环境影响的控制，更是要明确在每一个生命阶段横向的前期、中期、后期对环境影响的控制。对此，石油天然气上市公司应当重点披露以下内容：

一般披露要求：（1）综合性能源企业应当对勘探、开发、加工、运输、销售、废弃物处置等阶段的环境损害防控措施，遵守及（如适用）违反相关法律、法规、规章、标准情况进行披露。非综合性能源上市企业应当对所从事产业阶段的上述内容进行披露。（2）石油天然气行业应当增加披露所从事产业阶段的环境损害防控政策，并对政策、措施改进情

---

① 第一，能源企业经营性环节即从勘探、开采到销售的全过程信息披露；第二，从策划、实施、检查到改进的全过程信息披露。

况及计划予以披露。

关键绩效指标：（1）描述环境损害防控政策，包括目标、计划及应急预案。（2）描述政策、措施改进情况及改进计划。

第二，突出勘探、开发和运输环节的环境信息披露。勘探、开发环节以及运输环节是石油天然气产业中至关重要的环节，所有石油天然气资源都必须经勘探、开发阶段"取出"并经"运输"阶段传递，这两个环节也是除了能源利用之外造成重大环境影响的主要环节，尤其是海上石油的勘探、开发和运输。

石油天然气行业在勘探、开发环节上，从前文差异化研究中可以看出涉及三个方面的环境问题：一是资源采取，二是生态影响，三是环境污染。现有的一般环境信息披露规定只规定了第三方面环境污染的环境信息披露，对前两个方面基本没有要求。首先，资源的取用方面，例如，《管理办法》几乎没有对于资源的规定，又如，上海证券交易所、深圳证券交易所的《上市公司自律监管指引》中"规范运作"指引和香港联合交易所《环境、社会及管治报告指引》中对于资源的规定，也都拘于企业资源消耗总量，用于生产、储存、交通、楼宇、电子设备等的资源能源消耗。其次，生态破坏方面，石油天然气与其他采产合一型的能源类型不同，勘探开发项目建设及运行的过程中对生境也会产生重大影响，尤其是油气勘探阶段，还涉及破坏性勘探技术的环境影响，例如，是采用人工地震爆破法还是选用笼中爆破法等外泄能量小的勘探方式，这些方面往往被忽略。因此，石油天然气等具有重大生态影响和大规模资源取用需求的能源行业，其勘探方式、资源取得量及对环境的影响应当在环境信息披露中予以表达。2016年2月，我国通过了《深海海底区域资源勘探开发法》，其中就提到海洋环境保护能力问题，对资源勘探开发提出了更高的要求，专设环境保护一章，明确了承包者的保护义务："应当在合理、可行的范围内，利用可获得的先进技术，采取必要措施，防止、减少、控制勘探、开发区域内的活动对海洋环境造成的污染和其他危害"（第12条），"应当按照勘探、开发合同的约定和要求、国务院海洋主管部门规定，调查研究勘探、开发区域的海洋状况，确定环境基线，评估勘探、开发活动可能对海洋环境的影响；制定和执行环境监测方案，监测勘探、开发活动对勘探、开发区域海洋环境的影响，并保证监测设备正常运行，保存原始监测记录"（第13条），"应当采取必要措施，保护和保全稀有或者脆弱的生态系统，以及衰竭、受威胁或者有灭绝危险的物种和其他海洋生物的生存环境，保护海洋生物多样性，维护海洋资源的可持续利用"（第 14 条）。

石油天然气行业在运输环节上，主要问题是管道建设所带来的环境问题，以及使用过程中的泄漏、爆燃问题。管道建设的环境问题与前文勘探开发阶段的问题相似，在此不予赘述。管道使用过程中的问题，如前文所述，原因主要在于输油管道、储油罐、储油库锈蚀，这些使得石油天然气运输过程中随时都有泄漏或爆炸的危险。对于泄漏溢油所造成的环境污染问题，依据现有规定可纳入突发环境事件的披露中，因此，对于石油天然气运输环节，应特别增加的是油气管道及相关设施设备的质量基本情况、维护措施及执行情况等信息披露。

上述两个方面实际上可以视为对清洁生产实施情况披露的向前、向后侧延伸和扩展。石油天然气清洁生产通常是指在石油天然气从开发到产品使用的整个产品生命周期过程中，全面考虑对环境的影响，着眼于污染防治，减少产品原料和能源消耗，提高油气资源和生产中的资源的利用效率，将全过程对环境的影响降到最低。[①] 可见，一方面，石油天然气中清洁生产主要还是着眼于污染控制；另一方面，其中对资源的保护与一般生产企业的资源能耗控制无异。单就清洁生产中的原料选取环节而言，基本要求是少取和无毒无害化选取，然而对于油气行业而言，日益增加的能源需求和行业本身属性都决定了不可能过度限制资源取用，油气本身的物质属性也决定了石油天然气行业没有选择"无毒无害石油天然气原料"的机会和可能（当然油气行业附属的其他类能源生产不算）。那么既然必然要取用，也必然要取用此种原料，就应当明确资源取用量，并将这个清洁生产的源头控制再进一步向前延伸到勘探过程中，尤其是勘探方式工艺本身以及产生的物理性影响。[②]20 世纪 70—90 年代，美国财务会计准则委员会（FASB）发布的 6 份专门针对石油天然气行业的财务会计公告中，明确要求石油天然气上市公司必须按年度公布并解释说明石油天然气探明储量数据。[③] 此外，虽然 1995 年 OECD 就在清洁生产中引进了生命周期理论——以产品为出发点而不仅仅是工艺——将运输

---

① 任磊：《国外石油天然气开采行业清洁生产技术发展动态》，载《油气田环境保护》2003 年第 4 期。

② 在资源取用量无法做太大调整或必须呈扩大化趋势的情况下，除了控制勘探环节环境影响、控制开发过程环境影响之外，还有就是采用通常所有企业都采用的改进工艺提升产品质量的方式变相节约资源。与煤炭高效清洁转化一样，石油天然气产品的品质同样关系到能源产品使用效率以及使用过程中的环境影响。随着环境问题的日益严峻，国际油气加工生产技术也迅速发展，劣质原油及天然气高效转化加工和减少温室气体排放的油气提炼技术正在发展。这种采取改进工艺方式实现清洁生产的措施和其他行业没有太大差异，故正文中不予特别讨论。

③ SFAS NO.19（1977）& SFAS NO.69（1982）.

环节也纳入了清洁生产要求的范畴，但在实际操作中由于一般产品在运输过程中因产品造成的污染问题并不显著或可归于"运输行业"问题，故通常不受重视。而石油天然气行业中油气输送是整个产品周期中至关重要的部分，因此，将石油天然气清洁生产中的运输予以特别提示，对其中环境信息进行重点披露。对此，石油天然气上市公司应当重点披露以下内容。

勘探开发环节一般披露要求：资源勘探开发区内情况、勘探开发活动情况及影响。关键绩效指标：（1）勘探开发区域面积、区域环境背景情况、区域内资源储量、所采资源数量。（2）勘探方式、工艺、环境影响及关联性解释。（3）开采方式、工艺、环境影响、环境保护措施及运行、关联性解释。[①] 其他，例如污染物排放情况等，同一般环境信息披露。

储运环节一般披露要求：油气储运及环境影响情况。关键绩效指标：（1）油气存储方式、存储量、设施设备维护、环境保护及监测措施、运行情况。（2）油气运输方式、运输量、管道及其他设施设备维护、环境保护及监测措施、运行情况。

第三，环境会计信息披露中油气弃置设备处理估值的披露。从环境会计角度分析，石油天然气行业中的油气弃置设备是能源行业中最具有行业特点的环境会计信息项目。石油天然气行业项目地点具有流动性，尤其是随着资源的采尽及新的油气田的开发，采储区也在变动，伴随着能源结构的调整、行业准入门槛的提升以及部分油气企业逐步转型或调整企业主营业务，部分企业搬离原有地点，那么在生产结束后就造成了原有的石油天然气采、产、储、运地环境问题的遗留。[②] 遗留问题以设备搬离后原开采、储存、运输过程中自然外泄、储罐泄漏、管道泄漏遗留的污染物，以及弃置不搬离的设备（废弃储罐、管道及残渣）长期浸透等造成的污染为主。[③] 这种弃置行为导致的环境损害也是非常深远的，因此，通常要求石油天然气企业对其弃置行为所造成的环境影响预计发生费用进行预估，并将这些费用以环境资产、环境负债或一般费用的形式计入环境会计信息之中，强化对重污染上市公司的会计监管，改变其对环境负债信息披露不完整、不清晰、不具体、不重视等状况，在满足信

---

① 例如，设置管线内压防喷装置、安装井下安全阀与分隔器等。

② 饶维、孙灵如、胡颖华：《国内外陆域天然气废弃井环境管理探析》，载《环境影响评价》2021年第5期。

③ 类似的弃置还主要发生在核电生产结束后。

息使用者的需求之余，促使此类公司走上环保、绿色的发展之路。① 这种油气弃置设备处理估值即弃置费用，《企业会计准则第 27 号——石油天然气开采》明确规定了石油天然气行业必须对弃置费用进行会计处理，《企业会计准则第 4 号——固定资产》中也规定了应在石油天然气行业资产中计算"弃置费用"。对此，石油天然气上市公司应当重点披露以下内容：

一般披露要求：环境财务绩效。关键绩效指标：（1）环境资产，包括环境保护设施设备，环保技术、专利，资源权利等。（2）环境成本，包括"三废"处理成本，非弃置型场地恢复成本，环境修复成本，各类回收成本，环境分析、控制成本和执行环境法规成本；另计，违法违规所判处罚，第三方损害赔偿给付费用，以及非常规项成本等。（3）环境负债，出于环境目的的（非金融机构）借贷和其他负债。（4）环境收入，因环境方面的有益表现而获得的税收减免、政府补贴或奖励，能直接证明与环境有因果联系的收入。（5）绿色金融，绿色信贷（可计入负债）、绿色保险（可计入环境资产）。

石油天然气及核能行业应当将弃置费用纳入上述绩效指标中进行披露。

小　结

能源企业环境信息披露在《管理办法》《企业环境信息依法披露格式准则》的要求基础上应当有其更高的内容和质量要求，内容的全面性关系到企业活动、影响及利益相关方实质期待和利益的实现；质量则关系到利益相关方是否能对企业进行完善、合理的评估，并进行有效的决策。充实基本原则的内涵、明确要素有助于这一目标的实现。明确要素的作用在于：（1）提高效率，在专业化的趋势下有行业针对性地总结上市公司环境信息披露要点，能有效减轻企业、中介机构、监管部门、公众等各方信息解读压力，有的放矢，优化资源配置；（2）提供参考，为能源行业环境信息披露相关文件的编写提供内容参考。需要注意的是，由于每个能源企业的主营业务、环境影响存在差异，能源企业环境信息披露要素是细化的披露项集合。

生态环境领域和证券领域（以上市公司、发债企业为主）法律法规都

---

① 由晓琴：《重污染上市公司环境负债表的构建路径》，载《会计之友》2018 年第 11 期。

是其进行环境风险管理的重要依据，也是能源企业环境信息披露要素的重要来源：其一，生态环境法律法规是能源企业能够预先获知其哪些行为具有环境影响会带来法律后果的依据；其二，对于能源上市公司及能源发债企业而言，受到证券法律法规的规制，证券法律法规也是其预先获知其哪些行为不仅会影响生态环境还会影响其融资经营的重要依据。

能源致害原因既有结果型的直接致害原因，也有行为型的间接致害原因，往往在环境信息披露中只重视对结果信息的披露而忽视了对结果源头行为的公开，这与预防为主的环境保护原则相违背、与充分性可理解性的信息披露原则相违背，无法满足环境信息质量、效率和衡平的要求，更无法实现信息披露的投资者保护价值。企业行为作用于各能源类型对环境致害的过程中，并发挥着关键作用。这就需要加强对能源企业环境行为的披露。

笔者尝试以石油天然气行业为披露示例进行说明，对于其他细分行业也应当考虑行业特点有针对性地进行行业环境信息强化披露。例如，煤炭在产业链完整性上与石油天然气相似，也可根据产业链不同阶段进行全过程环境信息披露，但是对于太阳能行业而言则并不能完全适用：一方面，环境问题集中在上游光伏材料多晶硅制造上，属于清洁生产中原料选取问题；另一方面，如前文所述，太阳能发电的能源开发过程就是生产过程，除了光伏电池板铺设所造成的土地资源影响以及光伏电池板反光带来的光污染（目前对光污染并无明确规定和标准）之外，基本不存在运输、使用过程中的污染，跳过这两个过程，再则会产生环境影响的即光伏电池板的回收处理。因此，对于太阳能而言，并没有必要进行整个产业链的环境信息披露，而应当将环境信息披露的重心放在原料来源、项目建设环境影响以及报废设备处理等本能源类型所涉及的环节上。

第五章　模式规范化：能源企业环境信息披露模式与披露规则形式的选择

小题记：个性鲜明、刚柔相济。

从环境信息披露角度，各能源企业具有类别上的行业特性（例如，产业链完整、属于一般环境信息披露要求中的"重点排污单位""实施强制性清洁生产审核""有环境违法违规行为"的企业占比大、政策背景相似等）可进行行业化环境信息披露。从上市公司、发债企业信息披露角度，制定行业披露指引是注册制改革重要的基础性工作之一，引入分行业信息披露、针对不同行业的上市公司提出有差别的信息披露要求，是提高信息披露有效性的重要举措也是监管模式实现转型的重要环节。这使得能源企业行业信息披露的"环境"需求，和上市公司、发债企业环境信息披露的"能源行业"需求都十分突出，二者融合衍生了能源企业行业环境信息披露要求，同时，为了实现能源企业行业环境信息披露有针对性、高效率等要求，"行业化中的行业化"不可忽视。越是针对性强的问题对立法的专门化要求程度就越高，但专门化到了一定的程度，就可能过于"细枝末节"而偏离了传统意义上法律的本质，因此，这种立法必须扩大化地"立"在其他规则之上。

一、能源企业行业化环境信息披露模式

不同行业的企业，在未来将面临针对行业特点的信息披露要求。2022年，上海证券交易所与深圳证券交易所均全面修订颁行了新的上市公司自律监管指引系列，对此前的行业信息披露指引进行了整合（2023年深圳证券交易所再次对自律监管指引进行修订，对部分内容进行了调整）。截至2022年7月，上海证券交易所、深圳证券交易所针对沪、深两市公司中数量集中、特征显著、影响重大的行业推出了针对性指引。这是我国证券交易机构在实行分行业监管背景下推出的配套规则。

（一）行业化信息披露趋势

上海证券交易所，共推出了16项分行业信息披露指引，其中能源行业相关的行业信息披露指引为《上海证券交易所上市公司自律监管指引第3号——行业信息披露》附件"第二号——煤炭""第三号——电力""第九号——光伏""第十三号——化工"。（见表5-1）而石油与天然气开采业能源

行业未纳入分类，在整合之前，《上海证券交易所上市公司分行业经营性信息披露指引第二号——石油天然气开采》也具有重要的参考意义。（见表5-2）

深圳证券交易所发布《深圳证券交易所上市公司自律监管指引第3号——行业信息披露》《深圳证券交易所上市公司自律监管指引第4号——创业板行业信息披露》，其中主板市场行业共推出9大产业共18项行业相关业务信息披露指引，创业板行业共推出5大产业共15项行业相关业务信息披露指引。能源行业相关的行业信息披露指引分布在第3号指引中第三章"固体矿产资源业"、第四章第三节"化工行业相关业务"、第五章"电力供应业"；第4号指引中的第五章"新能源产业"。（见表5-3）

表 5-1 《上海证券交易所上市公司自律监管指引第3号——行业信息披露》环境信息披露规定（能源相关）

指引名称	环境信息披露要求	备注
第二号 煤炭	第一条 上市公司应当披露报告期内直接影响煤炭开采和洗选行业发展的宏观经济走势、税费制度改革、限产转型政策、下游需求以及新兴运营模式等外部因素的变化情况，并说明其对公司当期和未来发展的具体影响，以及公司已经或计划采取的应对措施。	年度报告
	第十五条 上市公司应当披露重大煤矿安全事故。上市公司及其下属控股子公司发生煤矿安全事故或其他影响煤矿正常生产的事项，影响重大的，公司应当及时发布公告，披露事故情况、影响及拟采取的措施。	临时报告
第三号 电力	第一条 上市公司应当披露报告期内对其具有重大影响的涉及电力行业发展的国家宏观经济政策、电力政策、环保政策和法规的变化情况，并说明其对公司当期和未来发展的具体影响，以及公司已经或计划采取的应对措施。	年度报告
	第三条 上市公司应当结合行业特点和自身经营模式，披露可能对公司未来发展战略和经营目标的实现产生不利影响的风险因素，包括电力行业相关的政策风险、环保风险、电价风险、市场风险、技术风险等。 上市公司披露的风险因素应当充分、准确、具体，并进行实质分析，说明对公司当期及未来经营业绩的影响，以及公司已经或计划采取的措施及效果。 报告期内上市公司经营模式或市场环境发生重大变化的，应当对新增风险因素及其产生的原因、对公司的影响、拟采取的应对措施等进行分析。	年度报告
	第十一条 上市公司应当披露供电煤耗等节能减排关键指标的情况。 公司可以披露脱硫设备投运率、二氧化硫、氮氧化物、烟尘和废水排放情况等与节能减排相关的指标。	年度报告
	第十二条 上市公司应当披露环保情况。公司应当披露报告期内环保政策、法规对公司的影响，公司已采取及拟采取的措施。	年度报告
	第十九条 上市公司收购子公司，影响重大的，除按照本所《临时公告格式指引》的要求进行披露外，还应当披露子公司的装机容量、发电量、上网电量及上网电价、发电效率。 公司可以披露节能减排、资本性支出及环保情况等。	临时报告
	第二十一条 上市公司发生重大安全、环保事故，或被相关部门要求进行安全、环保整改，影响重大的，应当披露事故的原因、涉事公司预计全年发电量、已发电量、停产整改期限及其对公司经营的影响。	临时报告

续表

指引名称	环境信息披露要求	备注
第九号光伏	第一条 上市公司应当披露报告期内对光伏行业具有重大影响的国家宏观经济政策、贸易政策、产业规范、国家及地方行业政策、环保政策法规的变化情况，并说明对公司当期和未来发展的具体影响，以及公司已经或计划采取的应对措施。	年度报告
	第十八条 上市公司发生重大安全、质量、环保事故，或被相关部门要求进行安全、环保整改，影响重大的，应当及时披露事故的原因、涉事生产线预计全年产量、涉事电站预计全年的发电量和已发电量、停产整改期限及对公司生产经营的影响。	临时报告
第十三号化工	第一条 上市公司应当披露报告期内对公司具有直接或重大影响的化工行业政策及法律法规等外部因素的变化情况，并说明对公司当期和未来发展的具体影响，以及公司已经或计划采取的应对措施。 前款规定的政策及法律法规，包括国内外宏观经济、贸易、产业、安全生产、环境保护等化工行业相关的政策及法律法规。	年度报告
	第九条 上市公司应当披露报告期内发生的重大安全生产事故、重大环保违规事件的具体情形、处理结果，以及对公司产生的影响。	年度报告
	第十四条 上市公司发生重大环保或安全生产事故，或公司取得或丧失重要生产资质或认证的，应当及时披露相关情况，并说明对公司当期与未来发展的影响，以及公司拟采取的应对措施。	临时报告

表5-2 2013年《上海证券交易所上市公司分行业经营性信息披露指引第二号——石油和天然气开采》环境信息披露规定

指引名称	环境信息披露要求	备注
2013年上海证券交易所上市公司分行业经营性信息披露指引第二号——石油和天然气开采	第三条 上市公司在出现下述情形时，除应当依据《年报格式准则》等规定在定期报告中进行充分披露外，上市公司应当以临时公告形式进行及时充分披露： （一）主要油气田（产量占比达到10%）发生停产或事故。 （二）公司发生重大环保、安全等方面的事故，或公司发生的事故造成严重社会影响的，应及时披露事故的原因、造成的影响以及公司采取的措施等。公司面临重大索赔达到《股票上市规则》规定的披露标准时，应披露预计负债金额以及对公司业绩和营运的影响。	年度报告
	第四条 上市公司收购或出售子公司达到《股票上市规则》规定的披露标准时，除应当按照本所《临时公告格式指引》的要求进行披露外，对涉及子公司的油田开发项目还应当披露下述内容： （一）上市公司在油气田中拥有的权益，以及对公司油气储量和产量的影响。 （二）涉及油气田的环保、安全生产等情况以及存在的风险。	年度报告
	第三条 上市公司应当披露勘探开采的主要业务情况，包括储量数量、储量价值、勘探开发钻井、开采生产量、销售量、勘探开采资本支出、安全环保等经营情况。	年度报告

续表

指引名称	环境信息披露要求	备注
2013年上海证券交易所上市公司分行业经营性信息披露指引第二号——石油和天然气开采	第十三条 上市公司应当披露重大环境保护情况，包括报告期内废水、废气、化学品的排放情况，漏油导致的土壤和水体污染情况，单位产值能耗情况，环保设施投资与油品质量升级改造情况，以及为治理污水、保持水土、复垦绿化等采取的其他措施。	年度报告
	第二十五条 上市公司出现重大环保事故的，应当及时披露以下信息： （一）重大环保事故的基本情况； （二）因发生重大环保事故被相关部门调查、采取监管措施、处罚、责令整改、停产等情况； （三）重大环保事故对公司生产经营造成的影响，公司需承担的赔偿、补偿责任，以及公司已采取或拟采取的应对措施。	临时报告

表 5-3　2023 年修订版深圳证券交易所行业信息披露指引中的环境信息披露

（能源相关）

指引名称		环境信息披露要求	备注
深圳证券交易所上市公司自律监管指引第3号——行业信息披露（2023年修订版）	第三章 固体矿产资源业	3.3上市公司披露年度报告时，应按照下列要求履行信息披露义务： （一）上市公司应当披露报告期内直接影响行业发展的宏观经济走势、税费制度改革、限产转型政策、下游需求以及新兴运营模式等外部因素的变化情况，并说明其对公司当期和未来发展的具体影响，以及公司已经或计划采取的应对措施； （二）…… （五）上市公司应当披露与行业相关的具体会计政策。上市公司应当在年度报告财务报表附注中披露勘探开发支出、资源税、维简费、安全生产费及其他与行业直接相关费用的提取标准、年度提取金额、使用情况、会计政策。公司应当在企业会计准则的基础上，依据公司自身的经营模式和结算方式，细化收入、在建工程转固定资产等确认条件、确认时点、计量依据等会计政策标准。	年度报告
		3.4上市公司拟取得、出让矿业权或者主要资产为矿业权的公司股权，达到本所《股票上市规则》披露要求的，首次披露时应当披露以下基本情况： （一）…… （八）矿产资源开采是否已取得必要的开采许可、项目审批、环保审批和安全生产许可。过去三年，是否存在重大违规开采、环保事故和安全生产事故等情形，是否因上述情形受到相关主管部门处罚。曾经受到处罚的，应说明所采取的整改措施和整改验收情况。存在重污染情况的，应当披露污染治理情况、因环境保护原因受到处罚的情况、最近三年相关费用成本支出及未来支出的情况，说明是否符合环境保护的要求。存在高危险情况的，应当披露安全生产治理情况、因安全生产原因受到处罚的情况、最近三年相关费用成本支出及未来支出的情况，说明是否符合安全生产的要求。在固体矿产资源相关业务存在委托经营情况，应当说明上市公司对相关业务的管理方式，环保、安全相关责任等情况； （九）矿业权权利人是否已按国家有关规定缴纳了相关费用，包括探矿权价款、采矿权价款、矿业权占用费、矿产资源补偿费、资源税等。存在欠费情况的，应说明解决措施及其影响； ……	首次披露

续表

指引名称		环境信息披露要求	备注
深圳证券交易所上市公司自律监管指引第3号——行业信息披露（2023年修订版）	第三章 固体矿产资源业	3.6 上市公司进行矿业权投资，在首次履行信息披露义务后，应按照《股票上市规则》的规定及时披露进展情况，包括但不限于以下信息： （一）…… （七）矿产资源勘探开发发生安全生产、环境污染等重大责任事故； ……	无
		3.8 上市公司进行主营业务以外的矿业权投资，达到本所《股票上市规则》要求提交股东大会的交易，应当委托律师事务所对矿业权投资涉及的法律问题出具法律意见书。法律意见书除应核实普通交易所涉及的一般法律事项外，还应逐一核实以下事项，并就矿业权的取得是否合法有效发表结论性意见： （一）…… （二）矿业权的取得或者出让是否已获得矿产资源主管部门（如需要）、项目审批部门（如需要）、环保审批部门（如需要）、安全生产管理部门（如需要）等有权审批部门的同意。如未获得，办理相关登记、备案或者审批手续是否存在法律障碍； ……	无
	第四章 第三节 化工行业相关业务	4.3.3 上市公司根据中国证监会相关格式准则要求披露年度报告时，应当同时按照下列要求履行信息披露义务： （一）…… （八）报告期内正在申请或者新增取得的环评批复情况，如涉及新增产能，需明确环评申请所处阶段，并提示风险； ……	年度报告
		4.3.4 上市公司应当在年度报告、半年度报告的"重要事项"中披露下列信息： （一）报告期内上市公司因违反环保法律法规及相关监管规定被环保部门处以行政处罚的，应当披露处罚的原因、内容及整改措施； （二）披露报告期内安全管理相关内部控制制度的建设及运行情况，包括但不限于公司安全生产监管体系、安全生产标准化建设、安全生产工艺、安全生产投入、安全生产教育与培训和报告期内接受主管单位安全检查的情况等。报告期内公司发生重大安全事故的，还应当披露影响及应对措施。 （三）不属于环境保护部门公布的重点排污单位的公司或其重要子公司的，鼓励参照重点排污单位披露主要环境信息。	年度报告、半年度报告的"重要事项"
		4.3.11 上市公司因违反环保法律法规及相关监管规定被环保部门处以重大行政处罚的，应当及时披露处罚原因、内容以及对公司未来业务的影响。	及时披露
	第五章 电力供应业	5.7 上市公司应当根据有关规定在年度报告"企业社会责任"部分披露报告期内环保政策、法规对公司的影响，鼓励披露公司执行环保政策、法规要求的经营性、资本性支出和下一年度预算（如适用）。 上市公司应当披露供电煤耗等节能减排关键指标的情况（如适用）。 公司可以披露脱硫设备投运率、二氧化硫、氮氧化物、烟尘和废水排放情况等与节能减排相关的指标。	年度报告
		5.9 上市公司拟通过股权收购方式收购从事电力业务标的公司的，达到本所《股票上市规则》披露标准的，应参照本章第5.4条、第5.5条及第5.7条有关经营模式、经营数据、主要财务指标、环保信息的相关要求披露标的公司的相关情况。	无
		5.11 上市公司发生重大安全、环保事故，或被相关部门要求进行安全、环保整改，影响重大的，应当及时披露事故的原因、涉事公司预计全年发电量、已发电量、停产整改期限、对公司经营的影响及拟采取的应对措施等。	临时报告

续表

指引名称		环境信息披露要求	备注
深圳证券交易所上市公司自律监管指引第4号——创业板行业信息披露（2023年修订版）	第五章新能源产业	5.1.8 上市公司采用持有待售、持有运营等模式从事光伏电站业务的，投资金额占公司最近一期经审计净资产10%以上的，应当按照下列要求履行临时信息披露义务： （一）在项目建设所需的全部合法手续履行完毕后，应当及时披露项目规模、所在地及当地电网公司接纳可再生能源的历史情况、补贴政策、项目公司股权结构、项目周期、自产产品供应情况、资金来源及规模、预期收益、主要风险等； （二）在项目执行过程中出现重大不确定性情形（如所在地光伏电站政策发生变动等）时，应当及时披露并提示相关风险；	无

综合而言，各指引内容中具有针对性的"环境保护要求"是能源企业行业环境信息披露的有益示范。但是，虽然针对行业特点的行业化信息披露已经走上正轨，对环境因素的考虑仍有欠缺：第一，在以"行业特点"进行分类或在选取行业化披露行业对象的过程中，更多的还是考虑宏观经济走向、国家政策影响以及资本规模等，以此类行业特点来确定行业化披露对象。第二，相应的内容要求上，行业信息披露及关键指标设计仍然针对经营性信息，从这个角度上看还有很大的进步空间。第三，上海证券交易所、深圳证券交易所强调的"各行业指引基于其行业的主要特征各有侧重"，但是煤炭、电力几乎都没"侧重"环境高危性。例如，上海证券交易所虽然很有针对性地将煤炭行业的信息披露重点放在了"煤炭开采和洗选"上，但是主要从该行业"受到经济走势、转型政策影响显著"的角度出发，从储量、产业投入、生产安全、销售情况、资产收购的角度提出披露要求；电力行业信息披露指南要略好于煤炭，电力行业的侧重点在于从营运方式的转变、成本的角度出发，披露政策法律法规情况、装机容量、电价、成本等信息，但除了第1条对"环保政策和法规变化情况"以及第21条"重大安全、环保事故"和"环保整改"要求必须进行事后披露外，其他规定均为"可以"披露。第四，还有相当一部分的能源行业没有纳入分行业监管和行业化信息披露范畴。

（二）能源企业行业化信息披露具体模式

环境高危性，是能源企业的突出行业特点，不应当被忽略。一方面，行业化的信息披露指引，应当进一步从宏观经济走向、国家政策影响以及资本规模等因素之外的行业特点进行考虑，强化非经营性信息披露。[①]例如，能源等环境高危型行业对环境信息进行披露，IT等压力高危型行

① 周五七：《企业环境信息披露制度演进与展望》，载《中国科技论坛》2020年第2期。

业对工作强度信息进行披露，餐饮服务等食品安全高危行业对食品安全信息进行披露等，后二者可能还不具备制度、法律及现实基础，而环境信息披露具备进行专门化、行业化信息披露的成熟条件。另一方面，根据上交所分行业监管模式^①，依据"综合考虑在国民经济中的比重、同行业公司数量、沪市市值占比等因素"整合相关行业，能源行业应当被作为一个整体行业进行行业化信息披露。针对企业行业信息披露实践中的不足，能源企业行业环境信息披露可以采取三种模式：

一是融入式，即在上述"行业信息披露指引"中加入具体环境信息披露要求，在上表所列行业信息披露指引中根据行业特性，增加侧重环境信息披露规定，将环境信息披露规定集中或分散规定于上市公司行业信息披露指引中。目前《上海证券交易所上市公司自律监管指引第3号——行业信息披露》"第二号——煤炭""第三号——电力""第九号——光伏"采取的就是这种模式，只是现有指引在此基础上应当增加相关规定，尤其是煤炭和石油天然气行业，既然已经锁定在了"煤炭开采与洗选"和"石油天然气开采"这两个污染最为严重的环节上，却没有针对环境问题着重强调，无疑是这两份指引最遗憾之处。

二是转引式（指引式），即行业信息披露指引中规定概括性的，类似准用性规范的环境信息披露要求，将上市公司环境信息披露专门规定中具体的要求引入行业信息披露指引中。例如，引《管理办法》进行信息披露，或者引《上海证券交易所上市公司自律监管指引第1号——规范运作》（2023年修订）、《深圳证券交易所上市公司自律监管指引第1号——主板上市公司规范运作》（2023年修订）等。

三是专门式，即制定专门的上市公司行业环境信息披露规则。这里的"行业"以"超行业／行业大类"为准，不以细分行业为准，即不针对每一个细分行业作出行业环境信息披露指引，而是针对"超行业／行业大

---

① "分行业监管模式"是上海证券交易所现行的上市公司信息披露监管模式。上交所以"突出重点行业、整合相关行业、兼顾特殊行业"为划分标准，依据中国证监会行业划分及制造业公司"数量众多、特点迥异"的特点，将上交所内上市公司进行行业类别划分并据此实行重点监管和集中分类监管，以期通过分行业监管模式建立完善的行业信息披露指标和指引体系；实现对年报开展分行业审核，加强同行业公司在财务信息、经营业务、商业模式的横向比较；并通过分类监管重点关注，促进监管资源配置的针对性、有效性。

类"①的环境影响特点制定具有此大类上市公司特点的环境信息披露指引，例如，"企业环境信息披露指南——能源""企业环境信息披露指南——制造""企业环境信息披露指南——农业"等。对于小的细分行业有两种处理模式：模式一，对"超行业/行业大类"上市公司行业环境信息披露进行个别强化，总体模式类似《上海证券交易所上市公司自律监管指引第3号——行业信息披露》"第八号——建筑"的内容模式，除了整体性要求外还强化了房屋建设、基建工程、专业工程、建筑装饰等细分建筑行业类别的信息披露规定；模式二，在行业信息披露指引中对专门的上市公司行业环境信息披露指南进行转引，与"转引式"相结合。

上述三种模式各有利弊。"融入式"的特点为：行业针对性强。这种模式有极强的行业针对性，但环境针对性弱，使得环境信息披露的充分性问题仍然没有解决，决策有用性不足。"转引式"的特点为：稳定性强且灵活。这种模式可以避免对行业信息披露的经常调整具有一定的稳定性，灵活指向一套完整而系统的环境信息披露规则，使得环境信息披露的充分性、准确性有所保障，但这种模式的不足在于环境信息披露有赖于其他规定，具有不确定性和模糊性。"专门式"的特点为：行业针对性和环境针对性兼具。这种模式是三种模式中较为理想的模式，但实现难度较大，一方面，"超行业/行业大类"的确定既需要考虑"环境影响特点"又需要考虑"行业特点"（行业相似性）；另一方面，要结合两方面考虑对细分行业进行环境信息披露的要求和关键指标的提取，难度较大，因此，在一般行业中不易推行。

与其他行业不同，对于具有环境高危特点的能源行业，"专门式"是最佳的环境信息披露模式。一则，依据前文分析可知，以能源类型来划分，上市公司在环境影响方面具有环境影响物质相似性、环境致害原因相似性、环境致害特点相似性；以产业阶段来划分，上游、中游、下游能源行业都有高危细分行业的存在；在行业特点上，能源行业具有高度相似的政策背景、国际化趋势、市场化要求和可持续发展需求等特点，因而可以克服上述"专门式"的弊端。二则，能源企业采取"融入式"、"转引式"以及"专门式"（其中的模式二），都需要增加大量的行业信息

---

① "超行业/行业大类"是行业分级标准，依据环境影响力和行业特点进行的划分。类似于富时（FTSE）与道琼斯共同开发的行业分类基准（ICB）中的"超行业"，行业分类基准将所有企业分为11大产业，20大超行业，42个行业和173个从属行业，其中能源产业中的能源超行业包括石油、煤炭、天然气行业（601010）和可替代能源行业（601020），并细化为9个从属行业。这类似于我国上市公司行业分类中的"门类"，目前我国上市公司行业分类将所有上市公司分为19个门类（A~S），90个行业大类。

披露指引才能够满足"依据环境高危特性确定行业"的行业周全性，这将更加复杂。

这里还有一个问题有待解决，即"行业化中的行业化"问题。回顾前文差异化研究，即便各个能源类型的环境影响和行业属性基本相似，或者说全产业链上的每个阶段都有环境风险，但并不是完全相同的，因此，如果不进一步实现"行业化中的行业化"，那么前文所论述的"能源企业环境信息披露基本原则"中的基本原则、基本要求，尤其是充分完整（针对性）原则及质量与效率要求也难以保障，进而影响核心目标的达成。这个问题通过"专门式"模式中的模式一能够有效解决，即对细分行业进行强化规定。

二、能源企业环境信息披露的辅助规则

（一）辅助规则的内涵与定位

通过前文研究，既看到了理性人及效率市场的重要作用，但同时也发现了在其他力量的干预或作用下这种理性人的刻板范式在被不断牵制和调整。正如诺思（Douglass C. North）所指出的新古典理论工具理性的背后隐藏着特别的制度与信息，并在个人心智和复杂环境等因素的综合作用下，程序理性基本假设才能在原有工具理性的静态范式下实现真正的整体发展，[1] 这里强调了将制度纳入新古典经济理论工具理性之中。要实现经济模型的变迁，其路径依赖就源于与此密切联系的正式约束与非正式约束，尽管从宪法到法律到规章再到个人契约的正式约束非常重要，但往往只是人类社会选择之约束的很小一部分，而普遍存在于人与人之间的处事准则、行为规范、惯例等非正式约束往往对行为人的选择集合产生重要的影响。

法是现实中正式约束最典型的代表，由国家制定或认可并由国家强制力保证实施。这一特性决定了宏观上在经济与环境协调过程中、微观上在企业内外环境风险防控及利益相关者保护中，法是独具优势的长效保护机制。法通过规定权利义务以维护社会秩序为目的，形成了一系列规则规范组成的法制体系，包括了由法律、行政法规、地方法规、规章等组成的严格意义上的"法"，也包括了其他服务于"法"的运行、实现法治的辅助规则。以"法律"为代表，法的独特优势在于：第一，权威

---

① 黄凯南：《制度理性建构论与制度自发演进论的比较及其融合》，载《文史哲》2021年第5期。

性，由国家强制力予以保障，每一个个体都必须遵守，一经颁布就具有强大约束力，违反必将受到严惩。第二，稳定性，具有指引性和评价作用，人们据以预测自己的行为后果并作出行为修正，以实现符合规则的稳定行为模式，权威性也由此而来，一经颁布就不可频繁修正变化。第三，普遍性，调整对象包含了所有社会主体，所有主体都应平等地无条件地遵守，并贯穿于社会生活的全部环节。但"法律"如一切人定制度一样存在固有的弊端，例如"时滞性"对制度演进的羁绊、"固有性"对问题处理的僵化、"限制性"造成控制的过度等，[①] 这也是正式约束的主要弊病。这种正式约束的弊端并非完全不可缓解，其中"固有性""限制性"问题源于其本身结构形成的刚性特质，因而调和这种刚性就需要宏观上法律制度设计和安排的合理化。

需要注意的是，上文笔者谨慎地将法分为了严格意义上的"法"和服务于"法"的辅助规则规范。这种服务型的辅助规则究竟是什么呢？科学的法制建设应当是通过某一种具体和妥协的方式将刚性与灵活性完美结合在一起的法律制度的建设，并要求在这些法律制度的原则、具体制度和技术中，把稳定连续性的悠长同发展变化的利益联系起来。实现这样的结合需要立法者具有政治家的敏锐、传统意识以及对未来趋势和需求的明见，同时不能忽视社会政策和正义的要求，因而只有在法律文化经历了数个世纪缓慢且艰难的发展以后，法律制度才能具备这些特征并得到发展。[②] 特别严格意义上的"法"即法律，法律保护固然具有不可替代的优势，但是法律本身并不是完全的、包罗万象的，为了避免挂一漏万而宁可"错杀一千"的做法显然是法律的严谨和严肃性所不可容忍的。可见"刚性"与"灵活"的结合并非易事，将这个宏大的设想运用到环境保护法制、证券法制、信息公开法制等法制建设之中，进而结合运用到环境信息披露制度之中，再而运用到对能源企业环境信息披露的规范化上，对于这样一个层层细致的问题应当在其中找到一个平衡，而辅助规则就是在法之中既不具有严格意义之"法"的刚性，又比完全的自然状态下的墨守更加正式的规则。因此，相关法制的完善应当将视线从严格意义上

---

① "时滞性"的正面表现即"稳定性"，如果一部法律达到完美，极为详尽而具体，那么就不容易得到修正，立法过程缓慢。"固有性"的正面表现为"普遍性"，由于法律是一般的抽象的术语表达，因而对个案的解决只能僵化地适用普遍性的规则，因而可能是不能实现公正的。"限制性"的正面表现为"权威性"，而这种权威性的过度使用就可能造成过度使用法律手段的情形。

② ［美］E.博登海默：《法理学：法律哲学与法律方法》，邓正来译，中国政法大学出版社2017年版，第424~425页。

的"法"，适度移至服务于"法"的辅助规则之上，这些配套的辅助规则服务于刚性的法律法规又可调整，因而不失灵活。

（二）辅助规则的形成

首先要明确严格意义的"法"与"正式约束"并非完全相同的可替换概念。诺思在《制度、制度变迁与经济绩效》（*Institution,Institutional Change and Economic Performance*）一书中以"正式约束"与"非正式约束"的关系体现了"正式约束"的内涵，即从"非正式约束"到"正式约束"是一个连续的从禁忌到习俗到传统再到成文宪法的过程。[①] 其中的"正式规则"成为正式约束的主要表达。因此，"非正式约束"与"正式约束"之间是一个渐变的过程并没有明确的界限，"正式规则"和严格意义上的"法"，只是位于这种渐变末端的主要形式。由此可见，"正式约束"的范畴要大于严格意义上的"法"，越往严格意义上之"法"的方向发展，正式约束的正式性就越强。在法律制度当中，严格意义上的"法"是典型的正式约束，而其他服务型的辅助规则则属于非典型正式约束（如图5-1所示）。

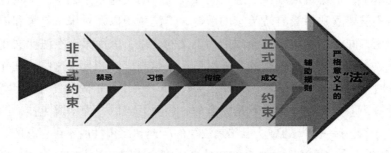

图 5-1 严格意义上的"法"与"正式约束"的关系

前文有一个遗留问题需要重申或说明，即辅助规则是否属于法？这就回到了法学理论最初关于"法"的渊源的讨论之中。美国法理学家格雷（John Chipman Gray）是较早将"法律"与"法的渊源"区别讨论的学者之一，他将"法律"与"法的渊源"做了严格的区分：法律，是法院以权威的判决方式予以确定的规则所组成的规则体系；法律渊源，则是法官制定规则时所依据的法律资料与非法律资料，包括了立法机关制定的法令、判例、专家意见、习惯、道德原则。[②] 有关"法官造法"之观点是

---

① ［美］道格拉斯·C.诺思：《制度、制度变迁与经济绩效》，杭行译，格致出版社2014年版，第55页。

② ［美］约翰·奇普曼·格雷：《法律的性质与渊源》，马驰译，中国政法大学出版社2012年版，第105页。

不受认同的，尤其在以制定法成文法为法律渊源的大陆法系国家，但格雷将"法律"与"法的渊源"进行区分，并在渊源中列入非"立法机关制定"，这与本书对严格意义上之"法"和宏观意义上的法的区别，有一定的相似性。对于格雷的观点，博登海默（Edgar Bodenheimer）作出了合理的取舍，他赞同格雷将法律渊源视为因素（可以成为法律判决基础的资料等因素）集合体的观点，但摒弃"法官造法"，他认为"法律"是运用于法律过程中的法律渊源的集合体和整体，这里的法律渊源与制定任何种类的法律决定都有关。本书所赋予"法律"和"法"的区分与博登海默的解释有极大的相似之处，但再进一步地将博登海默的"法律"更广而大之地统称为法，从而吸收制定（不一定是立法机关或政府部门）形成的所有规则。笔者将"法律"的概念，仅用于严格意义上之"法"，即上文所列之宪法、法律、行政法规、地方法规、规章等之内，法律制度则将上述大小二法囊括其中，简单而言，法律制度是所有规则实施或实施规则之系统化，规则实施与实施规则二者在动态和静态上有所区别，因而是一个可以称得上宏大的概念，它的形式可以是原则形式用以保证行为动态过程中的一般准确性，也可以是典型静态规则的形式从而高度精确和具体。

在"正式约束"与"非正式约束"之间并无界限，那么是否意味着这种服务于"法"的运行的辅助办法实际上可以无限延伸至最本初的"禁忌"？诺思证实了这些非正式约束的作用十分重要且比例庞大，但他还在这之上寻求引导工具理性的程序理性，则是最终希望在这些植于文化传递之上的考虑，能够以一种合理的方式融入有效率的制度之中，或在一种高效的制度之下合理地发挥这些非正式约束的功用。简单而言，总是要为我们所用的。而要使得这种"拿来"的约束发挥作用，不可能是全凭那些约束之本性的"完全依赖于心智"，换言之，延伸至"禁忌"的"服务"是否能实现是无法确定的，取决于"禁忌"本身的意愿。因此，要使得一部分约束具有稳定性，稳定"辅助"于"法"的运行，将其"灵活作用、明智作用"的发挥纳入可控的约束范围之内，[①] 就要赋予一定的力量使之相对"固定"下来。辅助于"法"的规则，只有延伸至被稳定的约束才是可行的。没有办法也没有必要在本书中去界清上述法学基础理论中的概念，毕竟这可能是许多法理学家都还在为之努力的问题，但无论如

---

① 诺思指出，正式规则虽然是非正式约束的基础，但在日常互动中，它们极少是形成选择的明智而直接的来源。非正式约束的重要作用在于，同样的正式规则和（或）宪章，加诸不同的社会结果往往不同，但非正式约束即便是在规则完全改变的情况下也依旧能够存续。

何，在本书的讨论设定情景之中，无论"法官造法"还是立法机关立法，无论法律制度是动态的还是静态的系统，无论是辅助规则还是严格意义上之"法"，都必须是将自由之规则予以"固定"，并以一定的力量（不论是否国家强制力）予以保障，才能成为"法"的辅助规则，都需要有一个由完全的自由行为准则、规范、惯例，"规"约成型、"范"而成例，发展到相对稳定的规范化过程。[①]（如图 5-1 所示）

综上所述，辅助规则是经过规范化的过程发展而来的，经过从完全的自由行为准则、规范、惯例到相对稳定并以一定强制力量予以保障的过程。

（三）辅助规则与科学立法

从广义上看，广义上法的完善即是法律制度完善。法的生命在于执行，法最高层次的执行便在于国家的遵守，法律下的政府（non-democratic government under the law）是一种更高的价值，人们希望民主机制所能够维护的也正是这种价值。[②]1997 年"依法治国"被正式确立为我国的治国方略，从我国现实出发，依法治国是发展社会主义市场经济的客观需求也是国家民主法治进步的重要标志。随着依法治国方略从 1978 年"有法可依、有法必依、执法必严、违法必究"到 2013 年"科学立法、严格执法、公正司法、全民守法"的新提升，我国已经开始进入到了"法治中国"目标建设阶段。法治中国是新时期中国新的法制建设目标，要求不断推进法学理论、法治实践、法律制度、法治文化创新。进入"法治中国"目标建设阶段即进入了法治建设系统构建的阶段，在此阶段，就法制发展而言，已经由基础建设阶段的"重点突破"开始进入"全面展开"的推进阶段。

首先，从法制"全面性"发展这一要求来看，除了严格意义之"法"的全面制定、修改、完善，辅助规则的发展也是"全面性"的必然要求。其次，"科学立法"是法治中国的重要前提，其中明确提出了"继续立法、立法先行"，提高法律"针对性、及时性、系统性"以及"民主立法"的要求。虽然文字上"科学立法"是针对"法律"——也就是本书定义的严格意义之"法"——而言，但从"法治中国"的深刻背景与内涵来看，"科学立法"应当适用于整个法律制度乃至法治建设系统的构建，从这个

---

① 丰雷、江丽、郑文博：《认知、非正式约束与制度变迁：基于演化博弈视角》，载《经济社会体制比较》2019 年第 2 期。

② ［英］冯·哈耶克：《民主向何处去？——哈耶克政治学、法学论文集》，邓正来译，首都经济贸易大学出版社 2014 年版，第 189~190 页。

层面上看，"科学立法"要求，完全适用于整个法制及其各组成部分：

（1）继续立法、立法先行

这一要求一方面要加强重点领域立法，排除立法"真空"，尤其对环境保护领域立法进行了强调；另一方面，要求只要有条件都要做到"先立法、再行为"，事先将行为结果纳入可测范围，充分发挥法的预防作用。就此要求而言，上市公司环境信息披露恰是当前环境保护法领域中的立法空白部分。目前我国上市公司环境信息披露主要是企业自愿披露，由于法律乃至一般性规则都不完善，使得目前的信息披露质量极不稳定。[①]尽管上市公司环境信息披露在证券法领域已经历了一段时间的成长，但"环境保护"毕竟不是其首要目的，因而始终未成体系，对于上市公司环境信息披露的规制呼声不断。科学立法之核心在于"科学性""先立法、再行为"，并非凭空造法也并非一步到位地盲目上马，所谓的立法在"先"，"先"在欲立"法律"之领域进行规范化的尝试，是一种避免立法资源浪费又能够实现"针对性"和"及时性"的有效方式。因此，在上市公司环境信息披露上，立法先从辅助规则入手，是填补空白、立法先行的科学方式，在此意义上，"立法"可做一种广义的解释，就是包括了规范化的过程。

（2）针对性、及时性、系统性

无论法学理论研究还是立法实践，"问题导向型"都是最优的方式选择，能够最大限度地实现效率与公平。实现"针对性"的关键在专业化。"法律始终是一种一般性的陈述"[②]，"真正的法律乃是一种与自然相符合的正当理性，它具有普遍的适用性并且是不变而永恒的"[③]。从狭义"立法"的角度上看，针对环境问题专门立法无可非议，针对上市公司环境信息披露进行立法也还合理，那么再更具针对性地进行能源企业环境信息披露的专门立法，就显得为难了。这违背了"法律"的本性，同时，要求一部法律既要及时先行，又要具有针对性，很难做到，因此，仍然只有采取广义的"立法"才能将这一系列要求付诸实现。于是，辅助规则的补强就变得至关重要，正如上文，辅助规则的规范化，是科学地满足有"针对性"的"立法先行"的最"及时"的方式。与此同时，也是实现法的"系统性"的第一步。

---

① 田丹宇：《企业温室气体排放信息披露制度研究》，载《行政管理改革》2021 年第 10 期。

② ［美］约翰·奇普曼·格雷：《法律的性质与渊源》，马驰译，中国政法大学出版社 2012 年版，第 248 页。

③ ［古罗马］西塞罗：《论共和国》，王焕生译，译林出版社 2013 年版，第 105 页。

（3）民主立法

民主立法要求增加公众参与立法的机会和途径，要广泛听取各利益群体的声音，这一点在环境相关法制的完善中更为重要，正如前文在利益相关者的研究中所描述的，公众的环境知情权包括了所有与环境相关的信息，环境信息的内容当然可以扩大化地解释为包括了环境立法的知情权。环境利益具有整体性，它的利益主体是广泛的，也逐步扩大到原本看似矛盾的经济领域，经济领域相关立法也开始关注环境问题。具体来看，证券法领域最早成为环境信息披露制度发展的土壤，有力地证明了这一点。同样，用广义的"立法"概念来审视"民主立法"中的"科学性"：一方面，"利益群体"的声音包含了证券利益群体的声音，在环境信息披露问题上、在上市公司环境信息披露问题上，更进一步在能源企业环境信息披露问题上，显然更要倾听作为"老东家"的证券利益群体的声音。另一方面，从广义的"立法"来做一个大胆的说明，既然这种辅助规则需要的只是一个组织来"固定"它，那么这种"民主立法"也可以尝试完全交于"民"（例如，证券交易机构等），当然此"民"非彼"民"，是具备专业性和可对辅助规则赋予一定力量的团体，因为"那种旨在满足各个利益群体而拼凑起来的多数之意志（the will）"并无法"切实地实现大多数公民的共同意见"。[①] 这个大胆的尝试也并非完全没有依据，冯·哈耶克（Friedrich Hayek）就指出，政府和立法机构这两个在本质上有共同构成的机构，它们的特征、程序和构成完全由它们所主要关注的治理任务来决定，因此，此类机构极不适合真正的立法工作。[②]

由此可见，将"科学立法"扩大化地进行理解，将"科学立法"的要求扩大化地灵活适用，将相关法制的完善从严格意义上的"法"适度移至服务于"法"的辅助规则之上，大有裨益。法律制度将法的整体囊括其中，包括了辅助规则也包括了严格意义上之"法"，二者形成的集合体、整体就是法的总体。法律制度的完善分为两个层次：第一，完善法律制度结构，即既要立严格意义之"法"，又要立辅助规则，形成整个法律制度内合理的二者比例；第二，完善辅助规则，即完成规范化的过程。法律制度结构的完善是完善整个法律制度的前提，辅助规则的规范化是法律制度完善的具体表现和基本要求。这也是"科学立法"之"科学性"的

---

① ［美］约翰·奇普曼·格雷：《法律的性质与渊源》，马驰译，中国政法大学出版社2012年版，第189~190页。

② ［美］约翰·奇普曼·格雷：《法律的性质与渊源》，马驰译，中国政法大学出版社2012年版，第197页。

体现。

综上所述，辅助规则是整体法律制度的组成部分，其规范化过程可以被看作广义上的立法过程，因此也需要遵循立法的要求，其本身是科学立法的体现以实现立法的正义性、规律性和可行性。

（四）辅助规则与立法专门化

实现立法的有"针对性"是一个立法专门化的过程。立法专门化又称为专门化立法，它的传统表现为法典的订立，是为解决法律的分散、不成系统的问题而提出的归类化途径。随着现代社会问题和法律问题的多样化，这种专门化还表现为对具有某一"突出问题"领域的立法的完善。有"针对性"就要求以上述第二种途径，来解决具有领域特点的问题。目前，立法专门化已经成为一种趋势。从科学的角度谈，这种专门是非常有必要的，因为富有成效的科研工作必须是符合所有严苛标准的研究，也只有彻底掌握一个领域的专业知识才能达到标准。①

然而，社会科学的专门化程度往往不如自然科学，立法上尤为如此，这并不是说进行立法研究的学者们在"立法技术""立法理论"这一类专业工作或专业知识的把握程度上逊色于物理学家、生物学家，而是就立法实践而言，它不可能为"立法"而立法，而是为了解决各种社会问题而开展的活动或研究，而社会问题是极为复杂的，这就必然使得立法者尽管对于立法技术或理论烂熟于心却受限于某种知识掌握的不足，而造成立法结果无法真正解决所需要解决的问题。这种立法的"非专业"弊端，在环境领域表现得尤为突出，因为，环境法学是法学与环境科学的综合学科，环境科学又是运用多学科理论方法对环境问题进行系统研究的学科，这导致环境法学研究不仅需要吸收经济学、管理学等社会科学的学科理论，还需要涉及生物学、化学、物理学等学科的研究成果。这使得环境法学研究看起来极为复杂。

如何寻找出路？"问题导向"为我们提供了最直接的方法，正如前文所述，无论法学理论研究还是立法实践，"问题导向"都是最优的方式选择，即从问题出发来完善立法。环境信息披露是目前环境法领域亟待调整的问题，该问题突出表现在企业尤其是上市公司环境信息披露方面。而上市公司环境信息披露目前暴露的种种弊端，例如，披露质量不高、无有效数据、无行业可比性等，又指向上市公司行业化环境信息披露的

---

① ［美］约翰·奇普曼·格雷：《法律的性质与渊源》，马驰译，中国政法大学出版社2012年版，第124~128页。

问题，其中能源是代表行业。如此层层分解，问题落到了能源企业环境信息披露上。然而这可能是一个看起来很"小"的问题。正如上文所述，越是针对性强的问题则对立法的专门化要求程度就越高，而专门化到了一定的程度，偏离了传统意义上法律的本质，这种立法就必须扩大化地"立"在其他规则之上。从本书扩大化的"立法"上看，"立"在何处并不重要，重要的是"立法结果"有"针对性""科学性"。辅助规则具有很强的灵活性，是在法之中既不具有严格意义之"法"的刚性，又比完全的自然状态下的墨守更加正式的规则，从而能够克服"时滞性""固有性"等狭义立法之弊端。

如此这般，完善整个法律制度的任务就落在了辅助规则之上，辅助规则，看似解决的是整个法律制度中细小、琐碎的问题，但它对于严格意义之"法"鞭长莫及或不可详说的问题都能够以一种灵活方式予以调整。若根据辅助规则所解决的问题所处的制度环境中制度已较发达，那么辅助规则就形成补充；若尚存"真空"，那么辅助规则就是一种尝试，总之，对整个法律制度的完善起到了决定性的作用。

最后，还有一个需要说明的问题，辅助规则来自"自由行为准则、规范、惯例"并不是指形成辅助规则之前就是完全无序的状态，也并非意指只源于一个行为准则、规范或惯例。辅助规则在经过规范化的这一广义上的"立法"过程形成真正意义上的辅助规则之前，其中的某些要素也可能是"分散"在不同的严格意义之"法"之中的，毕竟，"正式规则是非正式约束的基础"。①

小　结

法可分为严格意义上的"法"和服务于"法"的辅助规则规范。辅助规则经过从完全的自由行为准则、规范、惯例到相对稳定并有一定强制力量的过程，能够对能源企业环境信息披露进行灵活规范。类比于正式约束与非正式约束关系，在整个法律制度之中寻找出辅助规则这样一种偏向于"准则、行为规范、惯例"的区域，是解决严格意义上之"法"的弊端的一种有效方式，这个区域可以称作"正式约束之中的非典型正式约束"。这种"非典型正式约束"具有三层含义：第一，"非典型正式约束"属于正式约束的范畴，其形成需要经过从完全的自由行为准则、规范、

---

① ［美］约翰·奇普曼·格雷：《法律的性质与渊源》，马驰译，中国政法大学出版社2012年版，第44页。

惯例到相对稳定的过程，即进行规范化；第二，其是整体法律制度的组成部分，其形成过程属于广义上的立法过程，需要遵循一定的立法原则及方法；第三，属性与形成方法上具有自身特点与灵活性。

第六章 制度规范化：能源企业环境信息披露制度的完善路径

小题记：规范化是静态的也是动态的；需要静态规则的制定和动态地调整现有规范。

能源企业环境信息披露对于以其为枢纽的"经济""环境"两大领域以及其本身所处的"能源"领域而言，在大领域下都只能视为一种处理个别和具体情势的行动或措施，这种行动不足以独立成法甚至不敢言作制度①。制度是指为实现立法宗旨，根据基本原则，由调整特定社会关系的一系列法律规范（法律、法规、规章及其他程序、保障措施等，这些法律规范的具体化为规则）组成的相对完整的实施规则（规则实施）系统。静态上看，是实施法律，实现法的整体功能应运用哪些规则（用什么）的系统化、集成化；动态上看，是法的具体规则如何实施、如何操作（怎么用）的法定化、规范化。其为一个社会博弈规则，或者规范地来讲，它们是一些人为设计的、建立人与人之间互动关系的约束，从而构造了人们在政治、社会或经济领域里的交换激励。② 环境信息披露或企业环境信息披露或上市公司环境信息披露，皆是可制度化的概念，对于能源企业而言，其环境信息披露虽然极为重要，但由于是多个领域的基础措施，且能源领域本身环境责任制度或公司环境治理制度尚未确立，因而，能源企业环境信息披露暂不足以上升至制度化的层面。需要强调的是，这里的"不足以上升至制度化的层面"并非说它不是制度中的一部分，恰恰相反，是制度中的重要部分，甚至是很多制度中的重要部分，正如前文所述"皆是可制度化"的概念。这也正是该措施的独特所在：集大成于一身，涉及社会可持续发展大局中的两大重要领域，并略显稳定地发挥着关键作用。之所以说略显稳定，就在于它可以作为多项制度的基础，制度的稳定决定了它作为建立人们稳定互动关系的方法具有稳定的本性，但制度并非一成不变，往往处于渐进式的变化之中，其中一些具体工具的选取反而有留存的更大的稳定与可能性，只是组合和作用方式将在制

---

① 制度是国家机关或某单位、部门所制定的，一定范围内的群体必须共同遵守、维护的规则、程序或体制的总体。

② ［美］约翰·奇普曼·格雷：《法律的性质与渊源》，马驰译，中国政法大学出版社2012年版，第3页。

度变迁中有所改变。再回到这项措施本身上来，这就决定了它的规范化模式即规范化路径也是集大成于一身的点状、块状集成发展模式，而不是传统的以专门的能源企业环境信息"法律"为核心的中心放射发展的规范化路径。能源企业环境信息披露规范化的点状、块状发展模式，就是在不同领域的相关制度、有关法律法规中进行强化，以三大领域立法（以基础性立法为核心）予以保障，从各制度中提取要素，作为内容基础。故本书强调规范化研究而不强调能源企业环境信息披露制度化。

一、微观：《能源企业环境信息披露指南》设计

法律不可能完备，总是需要找到填补法律留白地带的色彩，因此，需要找到一种合适的方式。

（一）《能源企业环境信息披露指南》设计意义

波斯纳在有关污染直接管制三种方式[①]的讨论中指出"专门控制污染的特定方法会妨碍人们努力寻求最有效的控制方式"，若由立法或行政机构来规定一种指定的污染防治措施供污染者采取而得以避免法律制裁，暂且不论其可行性（因为这要求立法或行政机构即规则制定者拥有足够的可供选择的污染防控措施方案，并最终通过严密的技术和成本收益分析而选取一种可行方式），单就实施结果就可推论这种方法会使得有关产业在差不多的成本范围内不会研发使用更好的更有效的设施，把较多的责任推给了政府。实际上，计划经济时期这种方式有一定可取之处并具有高效性，这也是我国在相当长时期内所采取的环境监管方式——以政府监管为主的"命令控制"管制型、部门分离型监管。上述"指定措施"进一步理解为各种具体手段，那么以往的 IPO 环保核查及其核查要求，以及本节讨论拟定的《能源企业环境信息披露指南》都可视为一种"专门控制污染的特定方法"。与环保核查这种特定方法的提供者与选取者一致，在其中省去了多方比对的麻烦；《能源企业环境信息披露指南》作为看似更加特定的方法，其定位将在本节进行研究。

随着市场化深入、经济结构转型、社会分工专业化的发展，伴随着环境问题愈发复杂，政府逐渐不堪重负进而监管效率低下，推动原有环境监管模式逐步向多元化（技术多元，政府、企业、公民等参与主体多

---

① 波斯纳在《法律的经济分析》中所讨论的三种可能的管制方式：由立法或行政机构规定的、污染者为避免法律制裁所必须采取的措施；建立可忍受的污染排放标准，依靠刑罚或罚金迫使排污者的污染不超标，从而将方法的选择留给厂方；对排污进行征税，以污染税（pollution tax）对企业行为进行制约。

元）、多部门混合型管理的新型模式发展成为必然。政府逐步进入多元共治的现代环境治理体系理论初始发展阶段，如本书研究背景中所述，开始将诸如"环保核查"之类的"指定措施"放开交由市场控制，环境法制也向多元化方向发展。那么是否意味着波斯纳所提出的第一种方式在现代环境治理体系中完全不可取？答案当然是否定的：一方面，"交由市场"这一具体手段正是由政府所指定的"指定措施"，若不接受这一"指定"方式，后续讨论将无从继续。当然有学者会指出这混淆了所谓"措施"概念，但在存在"监管""法律"的状态下不可能完全回避这个问题，至少在国家和法治状态中这种"指定"是潜在的、必要的。不可能完全由市场（或另一种自由状态）来选择"交由谁"，否则这将是不可能实现的一种"彻底消灭国家或其他有组织政府形式不受干扰与和睦融洽的联合"状态；[①] 另一方面，回到最小外延的"指定措施"的理解上，如果由波斯纳所讨论的后两种方法（"排污标准加严格处罚方法"及"征收环境税方法"）中的任意一种来全权管理，那么对于环境而言则代价惨重，也不利于各方"效率"的实现。尤其是能源领域，笔者已经讨论了能源领域环境危害的严重性以及上市公司的影响力，因此在能源领域不容得在与"成本收益"的协调中反复试验调整"环境标准"，也不容得能源"环境税"始终难以达到合理边际社会成本而沦为能源"货物税"。

在此情况下，一种或一系列的"指定措施"作为参考（注意是"参考"而非"强制执行"）十分必要。这种"指定措施"是对已发生的环境负外部性案例的经验总结，或是对可能与结果相关的预判因素的归纳。由立法或行政机构确定或由其他组织参考立法或行政者的既有方式（例如，污染物排放标准、环境污染刑事责任、环境税缴纳规定等）确定的"指定措施"。这种"指定措施"具有如下特点：第一，不完全强制性，污染者可能出于其他法律法规规定而参考或选择"指定措施"，但该"指定措施"本身并不具有强制性，并非"必须"采取，即"采取该指定措施"与"法律制裁"之间并非逆否命题关系，非完全意义上的波斯纳所提出的"第一种方法"，而是一种较为正式或通用的范本或指引，但需要注意的是不可避免其他立法文件中将其作为强制要求；第二，参考性／可选择性，所指定的措施之下是多项的，这避免了"惰性"存在，意味着选择者要在多项措施中进行甄选取得最适宜采用的一种或几种方式的组合以实现合

---

① 博登海默："以为彻底消灭国家或其他有组织的政府形式便可以在人们之间建立起不受干扰的和睦融洽的联合，乃是完全不可能的。"［美］约翰·奇普曼·格雷：《法律的性质与渊源》，马驰译，中国政法大学出版社 2012 年版，第 242 页。

适成本下避免法律制裁的环境效率；第三，专业弹性，与税率制定一样，为了正确确定"有效方式"而针对每一种污染物制定措施完全是不可能的（这也是笔者着眼于"要素"讨论并在第四章专门研究了如何找到这些"要素"的原因，而并不是致力于给定一个信息披露的模板乃至信息披露法律范本），但又不能脱离某一产业特性而存在，否则"指定"就毫无意义。因此，具体到能源这一领域，其专业性是相对确定的也就是说一旦具体到某一领域其弹性相对减小，对能源企业环境信息披露而言，第一层应当指向能源领域环境相关；第二层指向领域内上市公司环境信息披露；第三层指向通用型和差异型的区别。第三层尤其是其中后者依然为选择者提供了自由组合或发挥的空间。

多种方式综合运用是最佳方式，单一选取或纯粹摒弃某一方式都不科学。目前多元共治的现代环境治理体系在力求各种方式的平衡，近年来我国环境法制发展也在摆脱单一化的模式。"科学硬法 + 配套规则（强制型配套规则 + 指导型配套规则）"，正如证券法不拘泥于单一私法规制而由诸多规则共同引导、赋予多方职能职权一样，环境法制摆脱单一化模式逐步向着多元化发展，职能（责任）也应当将赋予方向由交付政府转向交付市场。在简政放权趋势下，在多元共治的现代环境治理体系理论初始发展阶段，以"环保核查"为例，看似交给市场控制更加自由，但证券监管方式和环境监管方式调整后实际上对能源企业环境信息披露提出了更为严苛的要求，市场主体不采取谨慎态度极易触雷。

由此可见，需要"指定"一册《能源企业环境信息披露指南》作为能源企业环境信息披露的执行参考。

（二）《能源企业环境信息披露指南》定位及功能设计

《能源企业环境信息披露指南》定位为：非"法"但不偏离法制范畴。主要功能在于：保障法律制度执行及完善，具有专业性、示范性、指导性、灵活性。如前文在规范化讨论中所述，将刚性与灵活性完美结合在一起的法律制度才是科学而伟大的。

首先，是"指定"参考。我国并没有经过环境信息披露的系统法制化发展阶段，市场主体未经过长期"系统训练"，无法一开始就能够恰如其分地自主把准环境信息披露的命脉，企业自身更无从准确选择披露什么、怎么披露，行业也是如此。在此阶段，有一种或一系列的"指定措施"作为参考十分必要，《能源企业环境信息披露指南》就定位于发挥"指定"参考作用。上文，笔者很谨慎地提及这种"指定措施"由"立法或行政机构确定或由其他组织参考立法或行政者的既有方式"来确定，因为确定主体的不同将决定《能源企业环境信息披露指南》在实施过程中的微妙差异：第一，由立法机构确定，其"确定"方式必然不会是将一册"指南"定位为"法律"，而是类似于环境标准，通过将准用性规范与法律规范相结合从而与相关法律规范共同构成环境法律体系的有机组成部分。① 这种"指定"有一定程度的强制性。第二，由行政机构确定，其"确定"方式可以是类似于立法机构在某一规则中予以指引，也可以直接制定指南本身。前者类似立法机构的指引则形成行政规章。后者直接制定指南则形成一般规范性文件，在过渡阶段予以引导。2010 年《上市公司环境信息披露指南（征求意见稿）》公布后始终没有出台正式版本，其一缘由在于正式版本应当采取何种形式、应该由谁修订颁行存在争议。② 环境及证券领域的事前管理逐步向去行政化方向转变，尤其是 IPO 实行注册制改革后，信息交给市场参与各方自行甄别判断，理论上要求政府将信息披露内容及规范的制定也放手于交易机构或行业协会，但是在当前市场化程度仍不充分的阶段立即"放手"并不合适。目前的环境监管方式仍处于简化"事前审批"阶段，对"事中事后监管"尤其是"事中"过程监管依然没有放松，基于环境绩效企业价值激励或事后惩罚的环境信息披露"反射"还未建立，2021 年《企业环境信息披露管理办法》由生态环境部制定印发也说明目前企业环境信息披露的有效方式依然是强制性披露。但值得注意的是，由生态环境部所制定的这份信息披露指导文件名称为"管理办法"而并非"指南"，从另一个角度说明"指南"类更有针对性和非强制性，仍有由其他组织编制的空间。第三，由其他组织确定，则是主要由证券交易机构或行业协会等确定。③ 证券交易机构专门从事证券市场交易活动并负有监督职能，且最早开始关注企业环境信息披露，对企业

① 汪劲、吕爽：《生态环境法典编纂中生态环境责任制度的构建和安排》，载《中国法律评论》2022 年第 2 期。

② 虽然在国家精简行政审批及推动市场化改革的背景下，2014 年环保部正式发文取消上市环保核查，减少 IPO 不必要的前置审核程序，将相关职能推向市场，貌似架空了 2010 年《上市公司环境信息披露指南（征求意见稿）》第 7 条"作为各级环保部门上市环保核查的重要内容"的作用，但 2010 年《上市公司环境信息披露指南（征求意见稿）》的主旨在于规范环境信息披露行为，促进环境保护工作改进，引导履行环保社会责任。指南正式版本的修订与颁行是环保相关职能市场化的必然要求，与此同时，以重污染行业上市公司为主要规范对象的主体定位也并不会做太大的调整与改变，在相对放松管制市场背景下，去行政化所影响的可能只是该指南的正式版本由谁修订（是政府还是交易机构或行业）与指导性如何强化（整体强化还是分行业强化）。

③ 目前已有香港证券交易所（港交所）、上海证券交易所（上交所）要求上市公司定期披露非财务信息，预备上市的企业在未来将面临远多于现在环境审查的非财务信息要求。

信息披露规则的研究最具专业性；行业协会①是对行业状况最为了解且保持中立的组织（证券交易也属于证券行业）。大数据战略背景下，不同行业的企业在未来都将面临有针对性的信息披露要求，因此，由证券交易机构或行业协会等确定指南是强化指南专业性与指导性并实现能源企业环境信息系统化、科学化、规范化披露的较优方式。这种"指定"则为行业规范。综上，尽管指南确定主体的不同会在实施效果上有所影响，会产生"一定程度强制性"、"类似于行政规范"以及"行业规范"的差异，但无论谁来确定、如何确定，其本身的非"法"及辅助性是明确的。

其次，非"法"但不偏离法制。现代环境法制向多元化发展，笔者不主张凡事立"法"：一方面，法制完善不在于法律规范的众寡而在执行；另一方面，事无巨细均立法则矫枉过正，是对"立法先行"的过度执行，既浪费有限立法资源也易丧失国家治理的灵活性，更不利于市场"效率"的实现。"科学硬法＋配套规则"（强制型配套规则＋指导型配套规则）应当成为科学立法前提下普遍采用的组合模式。《能源企业环境信息披露指南》的定位是"指南"而非"法""条例"，指南即指导、指引，为行为者提供指导性参考。能源企业环境信息披露是对上市公司环境信息披露行为的指导性参考，属于配套规则中指导型配套规则的范畴，是环境管理与证券管理硬法实施的辅助，服务于整个法律体系，如图 6-1 所示，兼备"下行"被指引与"上行"被发展的灵活性特征，如环境标准、行业技术标准虽然不具备法律规范的外观，但实质上有可能被赋予约束效果，②也并未偏离法制范畴。

最后，兼具"落脚点"与"出发点"定位及功能。《能源企业环境信息披露指南》作为行为具体（信息披露）、领域明确（能源、环境）、主体特定（企业）的行为指南，逻辑内涵丰富外延较小，③当法律制度"由上至下"进行完善时，其定位为"落脚点"，具有可操作性及强指导性；当法律制度"由下至上"进行完善时，则其定位为"出发点"，具有示范性及典型性。如图 6-1 所示，以信息管理领域制度完善为例，假设在"立法先行"指导下优先对当前已有立法进行整合拟制《中华人民共和国信息法》，其在"科学硬法＋配套规则"模式中以其基础性法律地位

---

① 行业协会，是指某一领域内介于政府、企业之间，商品生产与经营之间，并具有服务、咨询、沟通、监督、自律、协调等作用的非政府机构。

② 王贵松：《作为风险行政审查基准的技术标准》，载《当代法学》2022 年第 1 期。

③ "内涵"与"外延"作为对立统一的一对范畴一般具有反变关系（这种关系为形式逻辑所提出并受到普遍认可），即概念的内涵越大越丰富，则其对应的外延就越小。[德]莱奥·罗森贝克：《证明责任论》，庄敬华译，中国法制出版社 2018 年版，第 123 页。

居于绝对"硬法"位置，由于其内涵较小，可依据"信息公开类""信息安全类""信息化建设类"等丰富其外延。①"信息公开类"外延扩充配套规则制定信息公开类行政法规，例如拟制行政法规《企业信息公开条例》，②再依据信息公开内事项予以规则配套制定行政规章《企业环境信息依法披露管理办法》，进而依行业或更为具体的管理事项扩充配套规则拟制《能源企业环境信息披露指南》；反之，假设在"环境信息披露制度改革"背景下优先制定了《能源企业环境信息披露指南》，在"科学硬法 + 配套规则（强制型配套规则 + 指导型配套规则）"中将居于"指导型配套规则位置"，既然居于"配套"位置，则其作用在于倒逼整个法律规则体系的逐步完善。如图 6-1 所示，这种倒逼作用不仅体现在能源领域，其他领域相关行业此类辅助规则的先行都可以产生倒逼效应。由于"能源企业环境信息披露"如上文所述——行为具体（信息披露）、领域明确（能源、环境）、主体特定（企业）——概念内涵丰富，因此，不仅可作为信息管理制度完善的出发点，也可在能源、环境、公司法律制度完善中作为起点。

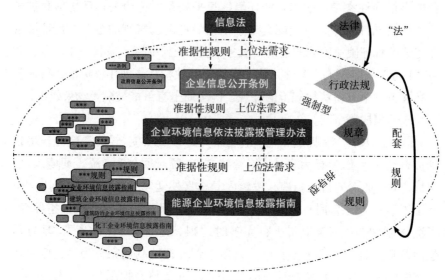

图 6-1 《能源企业环境信息披露指南》定位

---

① 截至 2022 年 7 月，我国信息管理领域（现行有效）共有法律 1 部、行政法规 87 部、部门规章 87 部，主要可分为信息公开（文件名称：信息"公开""公示""披露"）、信息安全（文件名称：信息"安全""保护""传播"）、信息化建设（文件名称：信息"服务""建设"）三大类。

② 截至 2022 年 7 月 4 日，我国已制定"信息公开类"行政法规两部：2014 年颁行的《企业信息公示暂行条例》及 2019 年颁行的《政府信息公开条例》。

（三）《能源企业环境信息披露指南》整体设计

1. PDCA 模式之借鉴——PDCI 模式

整体上，能源企业环境信息披露可依据 PDCA 模式开展。PDCA 模式，即 plan（计划）、do（执行）、check（检查）和 action（行动），这也是在国际环境管理体系及环境管理评价中所采取的重要基础运行模式，它在由 p 到 a 再到 p 的循环改进过程中，实现环境管理成效的螺旋式上升。为突出"改进"，笔者将 action 替换为 improve（改善）形成 PDCI 模式。在能源企业环境信息披露要求及关键指标设定中借鉴该模式，有利于推动能源企业环境管理体系的构建与完善，同时，将这一模式拓展到全生命周期中，有利于"预防原则"的实践，引导或倒逼能源企业主动地或被动地实施环境内外风险防控。将 PDCI 循环模式融合产业链的全过程性进行调整后，与能源企业环境信息披露进行有机结合，总体上需要披露的信息包括四大部分：

第一，策划部分包括企业环境保护理念、承诺、具体计划和目标（整体和各环节）。能源企业环境保护理念，是企业管理的核心，是实施环境管理的核心与最高指导，通常是企业战略层面的重要组成部分而不仅仅是环境管理层面的要求。承诺是企业实施环境管理能否成功的决定因素。对于能源这一环境高危行业而言，企业所作出的承诺为企业取信于"利益相关者"提供了机会占据了先机，然而这种承诺往往作出在最初阶段。这个最初可能是"早"在招股说明书中的信息披露阶段，也可能是每一个环境管理周期的早期，而在长期实践承诺的过程中，兑现程度往往逐渐降低。尤其是对于环境投入成本的承诺，根据成本—效益理论，如果没有回报或者降低效益，那么为了追求利润的最大化往往在企业发展过程中被逐步取消，因此，对承诺的披露是提高承诺兑现率的途径。具体计划和目标，是以理念为核心以承诺为导向而制定的环境管理具体方式、方法和预期效果，计划和目标是能源企业践行环境保护的依据和保障，此类信息的公开，与承诺的公开具有相似的意义。结合能源产业链的全过程，计划和目标的披露可以是纵向的也可以是横向的，对于纵横方式的差异，其关键性指标设计的区别在于，前者独立的计划和目标数量少但每一独立项的内容丰富，后者独立的计划和目标数量多但每一独立项的内容较少。

第二，实施部分即理念、承诺、具体计划和目标执行，主要是环境保护具体措施或行为，笔者又可将前者称为"控制型措施"，将后者称为"管理型措施"。因此，实施部分的信息披露就是环境保护具体措施情况的披露。控制型措施，目的是控制生态破坏与防止污染，例如，改变方法、改进工艺、使用污染防治设施等；管理型措施，目的是践行企业环境保护理念、实现环境利益相关者保护、提升企业形象等，例如，调整生产结构、参与环境公益事业等。

第三，检查部分即对实施结果进行评价，包括环境一般性承诺兑现情况、污染物总量减排情况、各环节污染物排放达标情况等环境绩效情况。在绩效—印象理论研究中，笔者明确将环境绩效分为环境财务绩效和环境质量绩效。在能源企业环境信息披露中，能源企业环境财务绩效即能源企业环境会计信息，包括环境资产、环境成本、环境负债和环境优惠等。环境资产，是指能源企业因实施环境保护措施所购置的脱硫脱硝设备、除尘降噪设备、"三废"处理设备等环境设备，购买或研发取得的环境技术，当然也可包括具有细分行业特性的弃置设施设备；环境成本，是不包括环境资产在内的，能源企业实施环境保护措施、避免环境损害或进行环境赔偿所支付的费用，对于能源企业而言，环境成本费用一般为资源保护、污染物处理设施设备运行等费用；[1] 环境负债，是能源企业由于环境问题或出于环境保护目的所承担的费用、贷款和负债；[2] 环境优惠（收入），是能源企业由于环境方面的有益表现而获得的税收减免、政府补贴或奖励。[3] 环境质量绩效则包括：环境计划目标达成情况、环境成果、资源保护情况、污染防控情况、碳核算情况等。

第四，改进部分包括两个方面，一是在实施过程中针对已发现的问

---

[1] 依据 ISAR《环境会计和报告立场公告》，环境成本，主要类型有排放污液的处理成本，废料、废气和空气污染的处理成本，固体废物的处理成本，场地恢复成本，修复成本，回收成本，环境分析、控制成本和执行环境法规成本，另外单列违法违规被判处罚款、第三方损害赔偿给付费用以及非常项记录成本。

[2] 依据 ISAR《环境会计和报告立场公告》，环境负债，主要包括环境负债计量基础，每一类重大负债项目的性质和清付时间条件说明，负债异常情况，其他与已确认环境负债计量有关的重大不确定性及可能后果范围，现值法计量基础之上对未来现金流出和报表中确认环境负债有关键作用的所有假定。

[3] 我国在《关于污水处理费有关增值税政策的通知》（财税〔2001〕97 号）、《关于核电站用地免征城镇土地使用税的通知》（财税〔2007〕124 号）、《关于企业所得税若干优惠政策的通知》（财税〔2008〕1 号）、《固定资产投资方向调节税暂行条例》（国务院令〔2011〕588 号）、《财政部、国家税务总局关于风力发电增值税政策的通知》（财税〔2015〕74 号）、《节能节水和环境保护专用设备企业所得税优惠目录》、《环境保护专用设备企业所得税优惠目录（2017 年版）》、《安全生产专用设备企业所得税优惠目录（2018 年版）》、《关于新能源汽车免征车辆购置税有关政策的公告》（财政部、税务总局、工业和信息化部〔2020〕21 号）、《资源综合利用企业所得税优惠目录（2021 年版）》（财政部、税务总局、发展改革委、生态环境部〔2021〕36 号）、《财政部、税务总局关于完善资源综合利用增值税政策的公告》（财税〔2021〕40 号）等规定中，都有鼓励企业实施保护环境的税费减免政策。

题已经作出的调整和改进，二是针对实施和检查情况对下一步的理念、承诺、具体计划、目标以及环境具体措施或行为的改进和安排，实现持续改进。要尝试改变当前环境信息披露规范中"事后"规定过多的现状。目前环境信息披露内容多为年度污染物排放情况、排污达标情况、受到处罚的情况、发生重大环境事故情况等既成事实的情况，根本无法真正实现"促进上市公司改进环境保护"实现环境风险防控。因此，要求能源企业对"已作"的改进成果和"将要"作出的改进计划进行披露，将有效推动能源企业环境保护措施的持续有效。

2. 确定"预防原则"

从法和环境法的角度而言，预防功能本就为法的重要作用之一，而在环境法领域，"预防原则"是基本原则，是指为了防止环境损害的发生而采取预测、分析和防范性措施。第一，在前文已经论证了，能源企业环境信息披露最重要的目的就在于内外环境风险防控，因此将"预防原则"列为环境信息披露原则中的基本原则是题中之义。第二，"预防原则"在环境法领域的提出基于三种考虑：一是资源破坏和环境污染的发生具有不可恢复性；二是发生环境损害后的治理费用高昂；三是环境问题具有缓发性和潜伏性。在能源行业中，原料的有限和污染物的强致害性都使得一旦发生了资源破坏和环境污染，不可恢复是必然的，同时能源污染的治理和损害赔偿成本都是极其巨大乃至无法估计的；再者例如管道泄漏、海底泄漏、气候变化、声光污染等环境问题的缓发性和潜伏性都大大超过了一般行业。由此看来，不考虑内外环境风险是不可能的。第三，依据证监会《上市公司信息披露管理办法》，上市公司"应当披露对投资者作出价值判断和投资决策有重大影响的信息，以及自愿披露与投资者作出价值判断和投资决策有关的信息，但不得利用自愿披露信息不当影响公司证券及其衍生品种交易价格"。依据生态环境部《管理办法》，"重点排污单位、实施强制性清洁生产审核的企业、符合规定情形的上市公司、发行债券企业等主体均应依法披露环境信息"。根据前文对能源企业内外环境风险、利益相关者保护等的一系列分析，从"环境"和"能源"这两个特殊要求出发，预防程度也是投资者迫切需要了解的信息，将直接影响投资者的投资决策。现代投资者已经不满足于对"事后"的"重大事件"的被动获取，而是开始主动地判断可能存在的投资风险，这种"未雨绸缪"的预防心理在能源行业市场化改革、证券市场实现"注册制"以后尤为如此，谁也不愿意为未来的风险买单。从综合角度来看，"预防"是层层实现环境保护、企业社会责任履行、满足国际市场需求、企业可持续发展的重要举措，预防方案是否合理可行、预防措施是否到位、预防效果是否良好，都需要为投资者乃至公众所知。既然已经将环境因素纳入了信息披露的考虑，就必须真正考虑纳入的初衷与意义，仅仅从对投资者决策有用的角度出发，难免过于狭隘，更何况对投资者而言，这并不矛盾反而是相得益彰的，也并未违背《上市公司信息披露管理办法》的宗旨。《公开发行证券的公司信息披露内容与格式准则第 2 号——年度报告的内容与格式》《公开发行证券的公司信息披露内容与格式准则第 3 号——半年度报告的内容与格式（2021 年修订）》均专节增加了环境与社会责任。第四，PDCI 模式中 plan（计划）、improve（改善）也体现并要求"预防原则"的确立，同时也呼应要素和法制完善要求。

3. 采取"不披露即解释"全披露方式

2021 年之前，几乎所有的企业环境信息披露规定都只是对两类上市公司作出强制环境信息披露要求，一类是重污染行业上市公司，对重污染行业的划定多采取"列举式"，例如，2010 年《上市公司环境信息披露指南（征求意见稿）》第 5 条规定"……重污染行业上市公司应当定期披露环境信息，发布年度环境报告……"，并规定了重污染行业为"包括火电、钢铁、水泥、电解铝、煤炭、冶金、化工、石化、建材、造纸、酿造、制药、发酵、纺织、制革和采矿业，具体按照原《上市公司环保核查行业分类管理名录》（环办函〔2008〕373 号）认定"。上海证券交易所《上市公司环境信息披露指引》①《企业事业单位环境信息公开办法》② 等也都采取类似方式进行规定。另一类是发生了 / 过环境重大事件的上市公司，例如，2010 年《上市公司环境信息披露指南（征求意见稿）》第 5 条规定："……发生突发环境事件或受到重大环保处罚的；应发布临时环境报告"。上海证券交易所 2008 年《上市公司环境信息披露指引》第 2 条规定："上市公司发生以下与环境保护相关的重大事件，且可能对其股票及衍生品种交易价格产生较大影响的，上市公司应当自该事件发生之

---

① 《上市公司环境信息披露指引》第 3 条第 3 款规定："对从事火力发电、钢铁、水泥、电解铝、矿产开发等对环境影响较大行业的公司，应当披露前款第（一）至（七）项所列的环境信息，并应重点说明公司在环保投资和环境技术开发方面的工作情况。"

② 《企业事业单位环境信息公开办法》第 8 条规定："具备下列条件之一的企业事业单位，应当列入重点排污单位名录：（一）被设区的市级以上人民政府环境保护主管部门确定为重点监控企业的；（二）具有试验、分析、检测等功能的化学、医药、生物省级重点以上实验室、二级以上医院、污染物集中处置单位等污染物排放行为引起社会广泛关注的或者可能对环境敏感区造成较大影响的；（三）三年内发生较大以上突发环境事件或者因环境污染问题造成重大社会影响的；（四）其他有必要列入的情形。"

日起两日内及时披露事件情况及对公司经营以及利益相关者可能产生的影响……"① 此外，《国家重点监控企业自行监测及信息公开办法（试行）》只针对国家重点监控企业进行规范。

2021年之后，《管理办法》《准则》调整了原有的以"重污染行业"作为是否强制披露的依据，并将"发生环保重大事件"调整为"有环保违法违规行为"，突发事件作为强制性临时披露要求。扩大了强制披露义务主体，明确了四类负有强制披露义务的企业：重点排污单位、实施强制清洁生产审核的企业、符合规定情形的上市公司、符合规定情形的发债企业。

而《能源企业环境信息披露指南》作为行业环境信息披露的指南，在披露对象上已经明确为能源行业，为强化分行业环境信息披露，则不宜再将能源企业（注意，本书第二章已明确所讨论的能源企业不包括环境零影响的能源服务等行业）按照上述强制披露义务主体再进行细分。首先，笔者反复论证了能源企业的环境高危性、全产业链性、环境损害的不可避免性，说明了应当将大部分的能源行业都列入环境信息披露的范畴；其次，对于依照《管理办法》被列入"环境信息依法披露企业名单"的能源企业，无须再以《能源企业环境信息披露指南》重复设置其强制义务，遵照上位法执行即可；最后，指南将按照煤炭、石油、天然气、电力、新能源等细分行业列明具体披露要求。

对于上位法所要求的四类有强制披露义务的能源企业，必然需要严格遵守披露要求进行相关信息的披露，同时应当参照行业环境信息披露要求细化、延伸部分信息；对于负有强制披露义务之外的能源企业，也应当按照行业披露要求对相关信息予以全部披露，参照上市公司"不披露即解释"的原则，对于确实没有相应披露项或涉及国家、商业秘密等而无法公开的信息，应当予以说明，即以"解释"为其信息空缺进行背书，应当向市场公开解释无法披露的原因，若企业既不能按照指引披露信息，也不解释原因，则将根据情节予以相应处理。

---

① 《上市公司环境信息披露指引》第2条规定："上市公司发生以下与环境保护相关的重大事件，且可能对其股票及衍生品种交易价格产生较大影响的，上市公司应当自该事件发生之日起两日内及时披露事件情况及对公司经营以及利益相关者可能产生的影响：（一）公司有新、改、扩建具有重大环境影响的建设项目等重大投资行为的；（二）公司因为环境违法违规被环保部门调查，或者受到重大行政处罚或刑事处罚的，或被有关人民政府或者政府部门决定限期治理或者停产、搬迁、关闭的；（三）公司由于环境问题涉及重大诉讼或者其主要资产被查封、扣押、冻结或者被抵押、质押的；（四）公司被国家环保部门列入污染严重企业名单的；（五）新公布的环境法律、法规、规章、行业政策可能对公司经营产生重大影响的；（六）可能对上市公司证券及衍生品种交易价格产生较大影响的其他有关环境保护的重大事件。"

4.扩大环境利益相关者范围

结合前文研究及上文所述，既然要求进行环境信息披露，那么信息披露的利益相关者范围就应当进行补充，应当同时考虑环境利益相关者和证券利益相关者。由于信息披露、上市公司信息披露，乃至最初的环境信息披露制度的成长与发展都在经济侧的证券土壤之中，那么，证券立法的核心——"投资者保护"——难免植根其中。上市公司环境信息披露现有规范中心仍然围绕证监会《上市公司信息披露管理办法》"对投资者所作投资决策有关键影响"这一核心以投资者保护为主，包括2010年由环保部制定公开的《上市公司环境信息披露指南（征求意见稿）》，在第4条也将"债权人、投资者"放在重要的位置。这显然难以适应对能源企业环境信息披露的定位要求，应当对其利益相关者范围进行适当扩大。

第一，在前文利益相关者研究中，环境利益相关者包含了证券利益相关者，证券利益相关者是公众的一部分。既然是为了凸显"环境"的上市公司信息披露，应当将环境利益相关者放在更突出的位置，同时，能源作为全民相关的国民经济与社会发展基础，能源企业应当承担起更为广泛的社会责任，因此，在能源行业的行业环境信息披露中应将公众放在首要位置，并适当列明兼具环境利益相关者与投资利益相关者混合身份的部分主体，如，消费者等。第二，能源企业将逐渐与绿色金融密切关联。除了上市公司本身遵循绿色证券发展之外，绿色信贷和绿色保险对能源企业环境信用提出了更高的要求，[①]这就有赖于高质量的能源企业环境信息披露，因此，应当将信贷、保险机构列入利益相关者范围。第三，注册制改革及环保核查权的下放使证券中介、法律服务、会计服务等第三方机构的环保核查任务加重，对于环境高危企业的核查责任尤为重大，这也需要能源企业高质量的环境信息披露，因此，第三方机构也需要列为重要利益相关者。第四，通过前文对能源企业环境信息披露规范化技术路线的研究，能源企业作为重大环境事故高发企业，其信息披露还应服务于司法机关，故司法机关也应当列入利益相关者之列。

综上所述，笔者拟制的《能源企业环境信息披露指南》，整体上需要植入PDCI模式，确定"预防原则"，采取"不披露即解释"全披露方式，扩大环境利益相关者范畴，最大限度地灵活发挥辅助作用。它是能源企业环境信息披露法制化下层进阶的重要表现。

---

① 高晓燕、王治国：《绿色金融与新能源产业的耦合机制分析》，载《江汉论坛》2017年第11期。

（四）《能源企业环境信息披露指南》样稿

参照前文研究与设计，综合编制了《能源企业环境信息披露指南（建议稿）》，其中针对煤炭、石油天然气、电力、新能源四大具有代表性的细分行业进一步设计了披露要求。[详见附录三：《能源企业环境信息披露指南（建议稿）》]

二、宏观：现有法律法规的调整与提升

政府从对能源资源直接配置的体制中退出后的"无为"，不是"无所作为"，面对长期以来由于企业环境违法成本低所导致的企业环境风险意识一时无法迅速转变的现象，政府、交易所的监管力度势必进一步加强。政府应当坚持保护优先，加强环境保护、保障公众健康、鼓励公众参与、推进生态文明；并在确立市场规则、优化公共服务、保障公平竞争、加强市场监管、维护交易秩序、弥补市场失灵等方面发挥适当的引导作用。法治是社会稳定的"压舱石"，是人民维护合法权益的"重武器"。[①]法制的健全尤其是法律的完善，能够充分发挥其权威性、稳定性、普遍性的优势。因此，一项监管是否能够落到实处，制度是否能发挥效用，离不开严格意义上的立"法"保障。

政府、交易所的监管力度在不断加强，但并没有形成环境信息披露的有效法制体系。科学立法的要求强调提高法律的针对性、可行性，法律的效用在于法律规范对于所指向的人具有约束力，强制力是法律作为社会和平与正义的捍卫者之实质所在。[②]上市公司披露环境信息属于国际通行做法，而我国环境信息披露缺乏强制性，大部分企业并未给予足够重视。上市公司环境信息披露依据上市公司信息披露一般理论，分为自愿性环境信息披露和强制性环境信息披露。前者是指以市场机制为主的，上市公司根据自身利益和价值取向，基于企业形象、利益相关者关系、回避诉讼风险等动机进行主动的环境信息披露；后者是指以政府调节为主的，当市场机制无法调节环境或与之相关的证券市场问题时，强制当事人披露环境信息。虽然政府干预将不可避免地带来高成本、惰化企业内部动力等问题，但对于弥补市场缺陷和协调经济环境关系是不可或缺的。强制环境信息披露具有节约成本、维护公共利益、消除"可信

---

① 王锡锌：《政府信息公开制度十年：迈向治理导向的公开》，载《中国行政管理》2018年第5期。

② ［美］约翰·奇普曼·格雷：《法律的性质与渊源》，马驰译，中国政法大学出版社2012年版，第347页。

度鸿沟"、树立投资者信心、确保交易公平等作用。美国证券交易委员会（SEC）在 20 世纪 90 年代初开始的审查迫使环境表现不佳的企业开始披露更多的信息，[①]并且 SEC 等证券监管部门环保规定的增加，使石油天然气行业环境信息披露数量和质量显著提高。[②]我国上市公司环境信息披露状况长期不佳，早期始终处于自愿性环境信息披露阶段，环境信息披露法规从 2007 年开始才逐步出现[③]，此后，上市公司的环境信息披露又主要依赖于强制性信息披露，然而这方面强制力范围十分有限。对于市场化程度不够发达或正处于市场化转型升级的发展中国家，尤其在具有垄断性质的行业中，直接或间接强制性规定的出台十分必要。正如前文所讨论的环境法律法规的"外因"作用，环境法制的健全和强化给企业造成的外部压力，也是迫使企业进行环境信息披露的重要力量，虽然从概念上，笔者将这种出于环境法制压力的信息披露称为自愿性披露，但这种披露根本上来自"压力—合规"的作用，其使得企业不得不进行合规管理。

（一）着重三大领域法律法规调整

仅仅现行《环境保护法》将"信息公开与公众参与"摆在重要位置并强调绿色金融政策，相较于企业环境信息披露这一对象而言其指向稍显宽泛，而不足以发挥法律之明文规定的效用。此处需要注意的是，不要求在《环境保护法》或《证券法》这一类基础性法律中必须出现"上市公司环境信息披露"甚至是"能源企业环境信息披露"这样"细小"的概念：一方面，一部法律调整对象的明确程度是相对的，要视一部法律的立法目的、调整范围等因素而判断；另一方面，从法律的基本性质上看，真正意义上的法律必须包含一种一般性的规则，只处理个别和具体情势的措施不能被认为是法律或立法机关创制的法令，[④]并非严格意义之"法"。但不得不指出现有上层立法的缺失是造成当前环境信息披露敷衍、涣散的重要原因。2021 年《改革方案》、《管理办法》与《准则》大大改善了此状况，但其效力层级并不高，经调整后，仍有被上位法吸收采纳的

---

① Mary E. Barth, Maureen McNichols, G. Peter Wilson, Factors Influencing Firms' Disclosures About Environmental Liabilities, *Review of Accounting Studies*, 1997, Vol.2, No.1, pp.35-64.

② Mimi L. Alciatore, Carol Callaway Dee, Environmental Disclosures in the Oil and Gas Industry, *Advances in Environmental Accounting and Management*, 2006, Vol.3, pp.49-75.

③ 2007 年国家环保总局颁布《企业环境信息披露办法（试行）》，是我国环境信息披露的第一个正式的文件，随后 2008 年上海证券交易所制定并公开了《上市公司环境信息披露指引》，这两个文件都带有强制性。

④ ［美］约翰·奇普曼·格雷：《法律的性质与渊源》，马驰译，中国政法大学出版社 2012 年版，第 434 页。

空间。

如前文所强调，科学立法是法治中国的前提，强调立法结果的科学性可以使法律准确反映经济社会发展要求，更好地协调利益关系。[①] 利益平衡是法律追求的价值之一，法是利益取得或首选的方式，也是利益限制或增进的正当的、正式的最终方式和手段，在某种程度上法律关系即指利益关系。[②] 笔者始终在强调"2+1E"的环境、能源、经济关系，能源兼具"环境高危""经济命脉"特性而居于环境经济双方利益平衡之中心，是经济、环境协调发展之枢纽。那么，从环境、经济、能源各领域立法目的与价值来看：在环境领域，立法目的是保护和改善环境，防止污染和其他公害，保障公众健康，推进生态文明建设，促进经济社会可持续发展，以环境自由、环境秩序、环境公平、环境效率为核心价值；在经济领域，通过立法对经济关系进行全方位的调整，在尊重经济、社会发展和物质发展规律的基础上，在微观层面实现个人、社会组织与政府主体之间利益的平衡，兼顾个人利益、社会利益和国家利益，在宏观层面实现政府、社会、市场的平衡，实现资源优化配置，最终实现人、社会与自然的整体和谐，以经济自由、经济秩序、经济公平和经济效率为核心价值；能源领域，是不同于前两者的专门化领域，具有更丰富的内涵，因此，在对象具体化上比前两者有更大的空间，专门领域的行业性立法也更加符合科学立法的发展趋势，既能够提高针对性、及时性、系统性，也不会在性质上触碰到"规则不具有普适性"的问题。因此，针对能源企业环境信息披露，为实现推动经济社会发展与环境保护相协调的终极目标，立法应从环境领域、经济领域及能源专门领域这三个领域开展研究，三个角度各有侧重[③]，进而向以能源企业为代表的能源企业环境信息披露这一中心进行引导。这也符合前文能源企业环境信息披露规范化点状、块状集成发展模式之要求。

（二）具体法律法规的调整与提升

在前文"技术路线起点"中已经明确将法律体系按照法的位阶做了层次的划分，严格意义之"法"即宪法、法律、行政法规、地方法规、规章

---

① 谭波、赵智：《习近平法治思想中立法理论的立场指向与思路》，载《河南财经政法大学学报》2022年第37期。

② 李丹：《环境立法的利益分析——以废旧电子电器管理立法为例》，知识产权出版社2008年版，第15页。

③ 除了内容上的侧重不同，在方式上，环境、经济领域以法律法规规章的修正、补充为主；能源领域以法律修订为主。简而言之即"小修小补"与"创设新立"。

等具有典型的权威性、稳定性和普遍性的法；服务于严格意义之"法"的即辅助规则。除宪法之外（因为宪法的设计、制定和修改具有非常特殊的要求），在这个层级当中处于最上层的为法律、行政法规，处于最下层的为辅助规则（中间层即部门规章、地方法规、规章）。虽然上层法律法规存在弊端，但不可否认的是，法律法规作为法的位阶中的高层级，在相关领域发挥着最重要的规范作用和社会作用，也具备最强的权威性、稳定性和普适性。从统领性、服从性的角度，下位阶的法必须服从上位阶的法不得与之冲突。上层法之中，尤其是各领域中的基本法，作为一个国家或地区拥有最高法律效力的法律，更是发挥着领域内的统领作用，具有全局性和不可挑战性。一般法律的调整事项属于基本法的调整事项之下，行政法规次之，部门规章、地方法规（规章）调整事项属于一般法律法规调整事项之下，而辅助规则服从于以上全部。

在环境法、能源法、经济各领域中进行相关法律法规的调整，是解决当前上市公司环境信息披露缺乏强制性的关键，是解决更专业的能源企业环境信息披露问题的终极法制保障。从宏观角度，要最终实现环境、经济、能源三者的协调，实现可持续发展必须做好上层安排，这是从法律角度进行可持续发展目标"顶层设计"①的关键；从微观角度，单就能源企业环境信息披露行为而言，该行为需要具体规则进行指导，指导规则需要使行为和结果符合相关强制性规范要求，也需要上层的法律法规依据。法律具有很强的稳定性，不宜在短时间内反复修改（修订），故而调整；法规则稍显灵活，故而调整或提升，吸收部分规范性文件或规定，使之具有强制力（具体以何种方式实现调整提升则有赖于有关机构的考虑）。

1. 环境法领域

对于能源企业环境信息披露问题，依据环境法立法目的及核心价值取向，显然，在环境法本质驱使下，要求环境法领域首先必须关心"环境"问题；其次，随着环境治理理论、环境权的发展，并在国际有关理论发展的推动下，环境信息公开也成为环境领域的关注重点；最后，由于能源本身的资源属性与环境有着天然的联系，加之能源利用造成的重大环境影响，从能源环境问题出现伊始，环境法的视线就没有离开过能源领域。这三方面是环境法领域基于"能源企业环境信息披露"问题进行

---

① "顶层设计"是指从全局出发，统揽全局，考虑各层次、各要素，运用系统的方法统筹规划，以实现目标。顶层设计是由上至下、整体关联、强调可操作性的设计，其核心理念和目标源自顶层。"上层设计"是顶层设计的重要组成部分。

法律法规调整提升的可行性前提。

从前文实证研究及规范化技术路线研究来看，在环境信息披露制度发展演进的过程中，"企业环境信息披露"的行为依据不乏，但其中存在诸多问题，或直接或间接地造成了"能源企业环境信息披露"信息不全面、强制性不足、行业特征弱等问题。突出表现在以下几个方面：

第一，法律法规普适性不足。《管理办法》虽然扩大了强制披露义务主体范围，但仍对有环境影响的部分企业无法覆盖，究其原因，《环境保护法》在一般企业环境信息披露方面的强制力已经缺失。现行《环境保护法》以专章规定了"信息公开与公众参与"，其中，第 55 条专门对"企业信息公开"进行了规定，即"重点排污单位应当如实向社会公开"。一方面，从企业信息披露的主体来看，对于除了重点排污单位之外的其他企业，《环境保护法》均无法强制其进行信息披露；另一方面，也无法要求对其他信息的披露。因此，指南也就失去了受到基本法庇荫的机会。同样在当时配套法规《企业事业单位环境信息公开办法》中，也将除了"重点排污单位"之外的其他上市公司（即便是重污染行业[①]）排除在外。事实上，从相关立法讨论可以看出，在企业强制披露对象的问题上也有进行考虑，曾经考虑过将重点排污单位之外的其他企业也纳入强制信息公开的范畴，但最终考虑到可操作性问题还是采取了仅规定"重点排污单位"的方式而其他企业则参照《环境信息公开办法（试行）》规定执行，这一项规定之后被《企业事业单位环境信息公开办法》取代，[②] 而在《管理办法》实施后《企业事业单位环境信息公开办法》同时废止，《管理办法》对于其他披露主体，只是规定了"第三十一条事业单位依法披露环境信息的，参照本办法执行"。

第二，法律法规内容本身存在不全面问题。重污染轻资源（生态）是环境保护领域长期存在的问题，这一问题源于国内外环境法发展的历史原因，我国环境法律体系长期存在资源保护与污染防治立法分离的情况。新法出台后仍然没有避免：综合法作为需要对环境保护重大问题作出规定的基础性法律，已经注意到了这种不平衡的存在并增设了生态保护红

[①] 因为在当时有效的 2010 年《上市公司环境信息披露指南（征求意见稿）》中的强制披露对象为"重污染行业"，这个范围以行业划定，企业数量要大于《环境保护法》中所规定的"重点排污单位"。

[②] 若依照《环境信息公开办法（试行）》的规定，信息强制披露主体的范围更小，办法第 20 条规定"列入本办法第十一条第一款第（十三）项名单的企业，应当向社会公开以下内容……"，而办法第 11 条第 1 款第（十三）项列出的是"污染物排放超过国家或者地方排放标准，或者污染物排放总量超过地方人民政府核定的排放总量控制指标的污染严重的企业名单"。

线、生态保护补偿、大气水土壤保护等条款，但是在其他部分依然表现出"重污染"的特点。① 从环境信息披露规定来看，这种偏倚十分显著，包括政府主体对环境信息的公开也仅强调了污染信息。这也就导致，环境信息披露由上至下的整条披露链，都基本不考虑生态破坏、资源获取问题。能源企业是高资源利用、生态破坏型企业，对于这方面的信息完全忽略，可能造成的后果是使得公众环境观和环境行为产生偏差，认为只要"不污染"就是环保，只要对污染行为进行监督就是环境风险的防控。且在强调低碳、生物多样性、应对气候变化的环保新情势下，重污染轻其他的问题更亟待解决。

第三，法律法规内容存在可操作性不强的问题。这主要表现在具体规定对原则的体现稍欠火候。环境立法研究中，无论学者还是立法者都投入了大量精力在解决可操作性的问题之上，而这一部分结果也是令人欣慰的，例如，新法中增加对于行政主体责任的规定、完善了公众参与环境共治的途径和方式，这在很大程度上解决了旧环境法领域所存在的重行政主体权力轻相对人权利、重行政相对人义务轻行政主体责任的不平衡状况。② 在强化企业环境责任方面，考虑了从加大处罚力度和信息公开两方面入手，信息公开旨在通过增强企业透明度和公开性的方式加强政府监督和群众社会监督，从而遏制企业排污行为。而问题就恰恰出现在了信息公开与公众参与上。当前已经进入了"风险"时代，人类已经进入了"风险社会"，③ 从现行《环境保护法》"保护优先""预防为主""公众参与"等原则规定，到环保规划、预警机制、"三同时"、环境影响评价、信息公开与公众参与等制度安排无不体现了高度的风险防控意识，公众参与的动力也在于对自身相关环境风险的预防与控制。前文笔者已详细论述，环境知情权是公众参与的基本保障，环境信息的公开是基础，到这一步为止，现有环境法律法规仍是值得肯定的，但再进一步，公众获得信息是否确实能够起到积极的作用而不是扩大了"不要建在我家后院"群体事件的动机？ "没有社会理性的科学理性是空洞的，没有科学理性的社会理性也是盲目的"，④ 做到理性地处理信息就需要实质性的"风险交

---

① 即使在第三章保护和改善环境部分，也存在此问题，如我国《环境保护法》第 39 条规定："国家建立、健全环境与健康监测、调查和风险评估制度；鼓励和组织开展环境质量对公众健康影响的研究，采取措施预防和控制与环境污染有关的疾病。"

② 颜运秋：《企业环境责任与政府环境责任协同机制研究》，载《首都师范大学学报（社会科学版）》2019 年第 5 期。

③ ［德］乌尔里希·贝克：《风险社会》，何博闻译，译林出版社 2004 年版，第 22~25 页。

④ ［德］乌尔里希·贝克：《风险社会》，何博闻译，译林出版社 2004 年版，第 26~31 页。

流"。所谓的风险交流，简单而言即进行风险信息的传递与反馈，实质性的风险交流就是要实现信息传递和反馈的准确。实质有效的风险交流是双向互动的，[①] 金自宁教授提出了专家作用在实现有效风险交流中的重要作用，这是不完备的实证法为行动者留下的法外合法的空间，[②] 那么法内合法的机会就在于，留给企业"自辩"的机会。企业同样需要以积极的保护者和预防者姿态呈现其有益或"努力"的表现，从而使得公众作出具有科学社会理性的判断。

对于第一方面的问题，可采用类似《环境保护法》第 10 条（监管）、第 23 条（转产、搬迁、关闭）、第 59 条（按日计罚）、第 64 条（侵权）、第 69 条（犯罪）等采用准用性规范的方式"依照"（《上市公司环境信息披露指南（征求意见稿）》或其他）执行，从而赋予指南类规则以一定的强制力；或者既然指南无法被"准用"那么则将此类指南上升至法规层面，赋予指南本身以强制效力；再者可保持指南原有辅助地位不变，而在例如《管理办法》配套规则中对指南予以准用。对于第二方面的问题，方法一，应当在各类规则中增加有关生态质量或资源利用情况的信息披露；方法二，强调能源等高资源利用型企业应当进行相关信息披露，从而从具体规定上真正解决资源保护与环境污染相互分离的问题；方法三，在强制披露的行业列举中去除"重污染"而在列举中加入"能源"等行业，或在行业领域内的相关法律法规中明确资源和生态信息（见下文能源行业领域内法律法规讨论）。对于第三方面的问题，笔者从原则出发，"保护优先"与"预防为主"原则的最佳实践表现在规划的实施，但纵观企业环境责任，却并没有对于规划的强制要求，因而可以考虑从强制企业进行规划并以信息公开方式接受监督实施，达到企业外部环境风险预防，以及公众的环境风险防控，从而促进有效的风险交流也可一定程度上降低企业因公众主观误判而导致的内部环境风险，这与前文章节所涉"合规性误解"一致。

综上，"能源企业环境信息披露"需要环境法领域的上层法律法规适当采用准用性规范或直接规定的方式，"调整"或"升级"强制性；需在各类规定中补充生态资源状况、应对气候变化表现等内容增强环境信息披露内容全面性和行业针对性；同时，注意公众环境信息的有效交流，保证社会理性在科学理性中保持清醒。

---

① National Research Council, *Improving Risk Communication*, Washington D.C.: The National Academy Press, 1989, pp.20-21.

② 金自宁：《科技不确定性与风险预防原则的制度化》，载《中外法学》2022 年第 2 期。

2. 能源法领域

面对能源发展的新形势新问题，党中央提出"四个革命、一个合作"能源安全新战略，党的十九届四中全会明确要求"推进能源革命，构建清洁低碳、安全高效的能源体系"。《能源生产和消费革命战略（2016—2030年）》、能源发展"十三五"规划及14个能源专项规划已出台，我国能源发展改革的方向目标、顶层设计亟须在法律中明确，以保障能源发展方向和基本制度的稳定性。能源法领域具有当然的能源专门性，是可以采取"直接规范"对能源一切行为作出直接规定的领域，当然也包括对"上市公司环境信息披露"行为进行直接规定。能源法，是指调整人们在能源开发、利用、管理和保护活动中的社会关系的由国家强制力予以保障的法律规范。能源法当然也有广义和狭义之分，广义包括所有能源法律规范的综合体系，狭义仅指能源基本法或基础性法律。我国目前尚无能源基本法或基础性法律，正在加紧制定《中华人民共和国能源法》。从我国能源法发展背景来看，国际国内能源供需矛盾的存在、国内外可持续发展理念的深入发展、国际及各国能源法制定等都需要我们进一步完善能源立法体系，目前我国已制定的能源单项法仅有：《循环经济促进法》（2018年修正）、《电力法》（2018年修正）、《节约能源法》（2018年修正）、《核安全法》（2017年）、《煤炭法》（2016年修正）、《石油天然气管道保护法》（2010年）、《可再生能源法》（2009年修正）、《矿产资源法》（2009年）八部，无法满足能源开发、利用、管理和保护的需求。同时伴随着能源体制改革的深入、能源市场化改革的发展、能源市场主体的多元化，都需要制定能源专门法来保障能源的有序开发、合理利用与可持续发展。

2017年以来，在原国务院法制办、司法部的指导下，国家发展改革委、国家能源局组织成立了专家组和工作专班深入研究、反复论证、多次沟通，在2015年《能源法（送审稿）》修改稿的基础上进一步修改完善，于2020年形成了《能源法（征求意见稿）》。明确了立法目的为：规范能源开发利用和监督管理、保障能源安全、优化能源结构、提高能源效率，促进能源高质量发展。主要立法方向为：一是通过战略、规划统筹指导能源开发利用活动，推动能源清洁低碳发展；二是科学推进能源开发和能源基础设施建设，提高能源供应能力；三是以保障人民生活用能需要为导向，健全能源普遍服务机制；四是全面推进科技创新驱动，提升能源标准化水平，加快能源技术进步；五是支持能源体制机制改革，全面推进能源市场化；六是建立能源储备体系，加强应急能力建设，保障能源安全；七是依法加强对能源开发利用的监督管理，健全监管体系，推进能源治理体系和治理能力现代化。

2020 年发布的《能源法（征求意见稿）》与之前各稿相比有了重大调整和突破，突出了"生态文明""绿色""清洁""低碳""节能""高效"等概念。其中第 19 条对能源行业提出了环境保护与应对气候变化的要求，要求减少"生态环境破坏"和"温室气体排放"。在第三章"能源开发与加工转换"中，强调有关单位及个人均应当遵守环境保护规定、控制和防治污染、减少温室气体排放、保护生态环境，还对生态恢复补偿机制作出了规定，其中特别引人注意的"消纳保障"制度虽然没有直接反映生态环境目的，却是对可再生资源的有力保障，对"弃风""弃光"等资源浪费问题进行了有效回应。第四章"能源供应与使用"，规定了重点用能企业的能耗公开义务、供能企业和用人单位的双向节能减排义务。《能源法（征求意见稿）》又一大亮点在于提出了细化的行业要求。第三章"能源开发与加工转换"将"化石能源""非化石能源"分设两节，对煤炭、石油、天然气、火电、可再生能源、核电的开发进行了分别规定。与本书"能源企业环境信息披露"研究相契合的是 2020 年版《能源法（征求意见稿）》中提出了大量信息公开的要求（见表 6-1）。

表 6-1　2020 年版《能源法（征求意见稿）》信息公开规定

条款		内容	是否环保相关
第二十一条	信息公开和宣传教育	国家建立健全能源领域信息公开制度，明确信息公开的范围、内容、方式和程序。重大规划和能源项目应当做好公众沟通和公众参与工作。国家组织开展能源知识的宣传和教育。	否
第五十六条	供应企业信息公开	承担电力、燃气和热力等能源供应的企业，应当在其营业场所并通过互联网等其他便于公众知晓的方式，公示其服务成本收益、服务规范、收费标准和投诉渠道等，并为用户提供公共查询服务。	否
第五十九条	重点用能企业信息强制公开	管理节能工作的部门应当会同有关部门，依法公布重点用能企业名单，要求其报告用能情况并向社会公布能源利用效率和单位产品能耗等信息。	是
第七十六条第四款	预测预警	能源企业应当及时向所在地县级以上人民政府及其能源主管部门报告能源预测预警信息。	否
第八十九条	国际合作信息服务	国务院能源主管部门会同国务院有关部门建立能源国际合作信息平台，完善能源国际合作信息服务体系，促进国际能源信息共享。	否

续表

条款		内容	是否环保相关
第九十一条	监督检查	有关单位和个人应当依照有关规定真实、完整地记载和保存与能源生产经营有关的材料，按照监管机构要求接入监管信息系统，报送监管信息，并接受、配合能源主管部门和有关部门的监督检查。 能源主管部门和有关部门进行检查时，应当按照规定程序进行，并为被检查的单位和个人保守商业秘密和其他秘密。	是
第一百零五条	信息公开与信用体系建设	能源主管部门和有关部门按照能源信息监管制度公开能源监管信息。 能源主管部门和有关部门应当建立能源行业信用体系，构建以信用为基础的新型能源监管机制。	是

《能源法（征求意见稿）》中的信息披露要求即便与生态环境保护相关但并没有直接体现（见表6-1），因此，能源法领域"能源企业环境信息披露"问题仍然是薄弱环节。主要表现在以下两个方面：第一，能源企业环境法律责任未全面落实。正如在本书第一章"能源企业社会责任与环境责任"部分中所指出的，《能源法（征求意见稿）》中有关企业环境责任的规定在具体化、可操作性尤其是罚则部分均有待加强，虽然2020年的《能源法（征求意见稿）》已经充分重视了企业责任的强化并将生态文明、绿色低碳思想贯穿始终，但与环境法领域的企业要求仍存在差距，虽然生态环境保护事宜应当主要在环境法领域处理，但针对有能源特殊性的环境信息披露，还是应当在能源法领域予以规定。第二，企业环境信息披露规定缺失。在非竞争市场中，由于能源企业不需要对利益相关者予以过多的关注，不需要依靠信息披露取得市场信任、占有市场份额、赢得竞争优势；同时，由于能源信息安全可能事关国家安全，能源基础建设和能源要塞信息的公开可能对国家安全构成威胁；由于目前体制下石油天然气电力等能源企业仍然以国有企业为主，以往我国国有大型企业的信息披露主要以企业内部上下级传递为主，因此没有形成有效的对外信息披露制度。2012年《中国的能源政策（2012）》白皮书发布后，随着能源体制改革的深入、能源市场化进程的加速和能源领域市场资源配置作用的日益显著，上述两方面问题已成为不可回避的问题；加之我国国有企业推进公司制股份制改革，加强国有企业治理体制转变工作的开展，以及越来越多的能源企业走向国际市场，这些问题进一步引起了社会的广泛关注。

回到"能源企业环境信息披露"问题上，在原本的能源专门领域中，理论上可以采取"直接规范"的方式进行信息披露的规定。但"直接规范"不宜在能源基础法当中体现得过于详尽。一方面，笔者反复强调法律不可过分细致，能源企业环境信息披露，显然对于一部基础性法律而言是一个太"个别"的措施和"具体"的行为；另一方面，我国能源体制改革发展要求尽量减少政府对微观事务的干预，简化行政审批事项、还原能源商品属性。① 从"能源企业环境信息披露"问题向上反溯，该问题应当属于"能源企业环境责任"或"能源企业信息公开"问题。因此，在能源法领域法律法规层面，可从"明确能源企业环境责任"及"强化能源企业信息公开规定"方面予以调整和提升。

（1）明确能源企业环境责任

从制度层面进行环境责任的整体完善，是宏观角度的调整和提升，不仅为能源企业环境信息披露也为其他环境行为提供了法律依据。2020年版《能源法（征求意见稿）》全面强调了能源的绿色发展，将低碳清洁高效渗透在拟设立的多项法律制度中，并特设第19条"环境保护与应对气候变化"、第34条"安全生产、环境保护和应对气候变化"明确了企业开发利用能源过程中的生态环境保护要求。（所涉2020年版《能源法（征求意见稿）》条款具体内容见附录四）新征求意见稿对能源企业环境责任有所强化，但对征求意见稿进行详细梳理，在企业环境责任的方面仍有可提升的空间。

首先，企业环境责任应当更加明确。2020年版《能源法（征求意见稿）》虽然在立法目的中删除了2007年版中"保护和改善环境"规定，但明确了"保障能源安全"，能源环境安全也是能源安全的重要组成部分，因此立法目的实际上有体现生态环境要求。且新增的第3条战略和体系规定中，将"生态文明"摆在了首要位置，并强调了"绿色""低碳""清洁"的要求，这些环保高频词在征求意见稿中随处可见，虽然"环境保护""环保"这两个词仅出现在4个条款中，但"生态""绿色""清洁""低碳"这四个典型环保高频词出现在19个条款中，已占条文总数的16.2%，足以见得2020年版本征求意见稿对生态环境保护的高度重视。然而对这19个条款进行分析，却仅第19条、第34条、第61条这3个条款涉及较为具体的企业环境责任（见表6-2）。其余多为国家引导、国家

① 国家发展改革委：《国家能源局关于完善能源绿色低碳转型体制机制和政策措施的意见》，载国家能源局网站，http://zfxxgk.nea.gov.cn/2022-01/30/c_1310464313.htm，最后访问日期：2022年1月30日。

政策扶持类的规定或原则性的规定。除此之外，在没有出现典型环保关键词的条款中——第 33 条、第 59 条、第 71 条、第 76 条、第 77 条等也可通过解读发现与企业环境责任相关。（所涉 2020 年版《能源法（征求意见稿）》条款具体内容见附录四）总体上企业环境责任应当更加明确，加强与环境法领域的关联，这种关联可通过两种方式建立：一是通过具体内容进行衔接；二是通过准用性规范进行援引。

表 6-2　2020 年版《能源法（征求意见稿）》中生态环境保护高频词所涉条款

	环境保护/环保	生态	清洁	绿色	低碳
第 3 条【战略和体系】		■			■
第 4 条【结构优化】		■		■	
第 13 条【扶持农村能源】			■		
第 19 条【环境保护与应对气候变化】	■				
第 22 条【能源战略的地位与内容】	■				
第 31 条【开发加工转换基本原则】				■	
第 32 条【优化能源结构】	■				■
第 34 条【安全生产、环境保护和应对气候变化】	■				
第 35 条【能源开发利用生态补偿】		■			
第 36 条【税费制度】					■
第 38 条【化石能源开发原则】			■		
第 39 条【煤炭开发利用】			■		
第 42 条【火电开发】			■		
第 47 条【可再生能源开发】		■			
第 48 条【企业保障义务】					■
第 61 条【节能减排义务】	■				
第 63 条【消费管理政策】			■		
第 79 条【科技重点领域】		■			
第 86 条【投资贸易合作】			■		

通过具体内容进行衔接方面，能源法可对环境法领域重要制度有所体现，表述可更加明确或增强适用性。例如，第 19 条既然已经明确了"能源企业……减少开发利用过程中对生态环境的破坏，减少污染物和温室气体排放"那么可以进一步规定实施资源生态环境、污染物、温室气体排放监测制度，落实有关控制指标。第 34 条已规定"从事能源开发、

加工转换活动的单位……应当遵守法律、行政法规有关……环境保护的规定……降低资源消耗、控制和防治污染，减少温室气体排放，保护生态环境"，"能源开发和加工转换建设项目，应当依法进行相关评价。建设项目的节能环保设施……应当与主体工程同时设计、同时施工、同时投入生产或者使用"，"从事能源开发和加工转换活动的单位和个人应当依法履行污染治理、生态保护或者土地复垦的义务"，最后一款实际上是对损害担责的规定，可以明确规定为能源开发、加工转换活动过程中所造成的损害应当依法承担责任，这样不仅仅是治理、保护、复垦义务的承担，还可涵盖损害赔偿、生态恢复、补植复绿等要求，从表述上实现与环境法制度的衔接。第33条对行政许可的规定仅适用于"从事能源开发和加工转换活动"，对于能源利用链上的储、输、配、供等环节没有相关要求，而其他环节也可能涉及污染防治、生态资源保护、综合建设规划许可等三类环境许可，并在储存、运输等环节存有较大污染及生态影响隐患。对于能源许可可考虑专设一条规定：需要许可的能源开发利用活动，能源企业应当按照相关许可要求从事能源开发利用活动，未取得许可或超出许可范围，不得开展相关活动。第59条规定了重点用能企业的能源利用效率及能耗信息的强制公开，实际上能源企业中除了重点用能企业的效率和能耗信息外，一般的能源开发利用企业对于一次能源资源的利用效率及能源强度也应当被纳入强制信息公开范畴。第61条规定了"能源供应企业和用能单位应当履行环境保护和节能减排义务。未完成节能减排目标的企业和单位应当依法实施能源审计或清洁生产审核"是对清洁生产和资源循环制度的体现，可进一步明确淘汰高污染、高能耗设施设备。第71条能源设施、场所安全保护规定了"能源企业应当加强……设施、设备和场所的安全管理"，这里的安全可理解为涵盖了"环境安全"的要求，那么在规定中明确"环境"也未尝不可，即规定为能源企业应当加强设施、设备、场所及环境的安全管理。第76条预测预警规定了"及时有效地对能源供求变化、能源价格波动以及能源安全风险"进行预测及预警报告，实际上供应安全、价格安全都属于广义的能源安全范畴，因此，同样可考虑将生态环境影响列为预测预警的一个方面。第77条能源应急规定了"建立能源应急制度，应对能源供应严重短缺、供应中断以及其他能源突发事件"，既已经采用了列举式规定，可考虑在其中明确"能源重大环境影响"，相应地在第十一章附则中对"能源突发事件"的说明中应该补充"可能造成严重生态环境危害"的情形。（所涉2020年版《能源法（征求意见稿）》条款具体内容见附录四）

通过准用性规范进行援引方面，该方式作用在于避免法律间出现大量重复、规定不明、法律冲突等情况。准用性规范的设置应当注意：第一，具有能源行业特殊要求的内容不适用；第二，需要进行强调或详细说明的内容不适用；第三，拟援引法律法规中相关规定亦不明确的内容不适用。《能源法（征求意见稿）》中通过准用性规范的方式援引其他法律的规定全文共 9 处，分别是：第 10 条专业服务、第 11 条行业协会、第 16 条监督管理、第 28 条公众参与、第 33 条开发转换管理、第 50 条核电安全、第 91 条监督检查、第 96 条应急监督检查、第 114 条法责衔接条款。其中环保相关援引为第 11 条、第 16 条、第 33 条、第 50 条、第 91 条、第 96 条，而直接规定了企业责任的仅有第 33 条、第 50 条、第 91 条，其余则为对行业协会、能源主管部门、政府有关部门、公众的行为依据的规定。（所涉 2020 年版《能源法（征求意见稿）》条款具体内容见附录四）因此，2020 年版《能源法（征求意见稿）》的问题在于：首先，仅 3 条规定直接规定企业责任数量过少不能有效发挥准用性规范的作用；其次，设置在"开发转换管理""核电安全""监督检查"三条中，显然无法统摄能源企业行为的其他部分。因此，应当在涉及环境保护方面专业技术（例如，可能涉及环保单项立法中水、大气、土壤等技术性规定）、环境管理统一程序（例如，环境责任保险、政府公布"企业诚信信息"等）、处罚规定（例如，按日计罚的具体实施、行政拘留等）等方面设置准用性规范。其实在上述 9 处准用性规范中，有关管理规定均在一定程度上涉及企业责任只是表述方式使责任表达并不明显；在处罚方面目前第 114 条的规定已较为合理，"其他法律对行政处罚的种类、幅度和决定机关另有规定的，依照其规定"。

其次，在能源法企业责任与环境立法的协调程度上要做到不冲突。以 2020 年版《能源法（征求意见稿）》为基础，应当对有关企业责任的规定进行"不冲突"审查。我国《环境保护法》最早颁布于 1989 年，早于能源领域最早的单项立法，因此在前期散碎立法阶段立法者对冲突问题都给予较为充分的考虑，《能源法（征求意见稿）》也注意到了与《环境保护法》的协调。但现行《环境保护法》的颁行和一系列配套法律法规的颁布，使能源基础性法律以及此前所颁布的一系列能源单行法律法规需要重新调整以避免冲突。例如，在企业法律责任部分，罚款数额值得讨论。现行《环境保护法》规定了"按日计罚"制度，由于该处罚制度为现行《环境保护法》重点条款，在其配套法规中对实施按日计罚的要件、程序、记罚方式已有详细规定，若没有能源行业特殊性需求，对于这一制度的衔接不必予以重申，采用准用性规范的方式对这一制度进行援引即可，一则避免冲突，二则避免重复。《环境保护法》中"按日计罚"规定为："前款规定的罚款处罚，依照有关法律法规按照防治污染设施的运行成本、违法行为造成的直接损失或者违法所得等因素确定的规定执行。"需要注意的是《环境保护法》在该规定中使用了准用性规范。按日计罚根本目的不在于罚款，而在于威慑与督促企业改正违法行为，也并非罚无上限，在环境保护领域，其具体处罚金额、幅度等都要根据水、大气等单行法来确定，[①] 因而能源法在处罚额度上可作限制。《能源法（征求意见稿）》第111条所规定的"十万元以上五十万元以下"的罚款幅度、第112条规定的"二十万元以上一百万元以下"的罚款需要根据上述进行调整，强化解决"企业不履行环境义务或环境违法行为处罚力度畸轻"问题。

最后，在能源企业环境责任内容具体化程度上要实现具有可操作性。如前文所述，可操作性是能源法领域环保问题的历史遗留问题，而可操作性也取决于具体化程度。一方面，应当对《环境保护法》指向能源法的准用性规范进行具体化；另一方面，对有能源行业特色的规定进行具体化。比照两部法律，《环境保护法》中企业环境责任相关的准用性规范为第25条"行政强制措施"及第59条"按日计罚制度"。第25条"违反法律法规规定排放污染物，造成或者可能造成严重污染的"，《能源法》可对具有能源特殊性的"污染物排放"（许可、时间、方式、种类等）进行更详细的规定。第59条"前款规定的罚款处罚，依照有关法律法规按照防治污染设施的运行成本、违法行为造成的直接损失或者违法所得等因素确定的规定执行"，因而"按照防治污染设施的运行成本、违法行为造成的直接损失或者违法所得等因素"就是能源法环境违法处罚幅度可以具体化的部分。能源行业特色可具体化的规定范围较为宽泛。这种具体化的方式可两法"一一对应"，也可在能源法中通过几条规定来对一项内容进行规范。《能源法（征求意见稿）》中已有关于具体化的示范。例如，第91条、第93条、第96条、第100条、第103条等有关"检查"和"执法配合程序义务"的规定就对《环境保护法》"现场检查制度"中检查方式、内容、企业配合义务等进行了具体的说明，同时还对企业违反信息公开义务所应承担的法律后果进行了说明，在一定程度上是对《环境保护法》所规定的企业义务的补充，当然如上所述与《环境保护法》还存在一定出入，需要调整；"开发准入项目"的规定对《环境保护法》"保护生

---

① 吕忠梅：《中国环境法典的编纂条件及基本定位》，载《当代法学》2021年第35期。

物多样性"中有关自然资源合理开发等内容进行了资源内容和保护程序的具体化。如前文所述,现行《环境保护法》带来了一些制度和规定的调整和变化。在对履行环保义务能源企业的鼓励及支持方面可结合现行《环境保护法》第 22 条等鼓励性规定进行具体化,应当对环保方面有所加强;"信息强制公开"方面应当增加有关企业环境信息公开的规定;应当对《环境保护法》"重点污染物排放总量控制"中的总量控制指标进行具体化规定(指标量化及分配方式等);在"环境监测制度"方面,除了如上述以建立"关联性"进行补充外,还应当在监测制度方面(管理制度及监测方式等)进行详细规定。

（2）强化能源企业信息公开规定

单独"立法"对能源企业环境信息披露进行规制或者对能源法领域内法律法规具体条款进行完善,是最直接并"直击要害"的方式,也是上述能源企业环境责任强化的具体实现方式。但是,单独"立法"是没有必要的,一方面,目前已有《管理办法》《准则》为能源企业环境信息披露提供法规依据;另一方面,行业环境信息披露实在是一个"太小"的问题,没必要浪费立法资源,笔者所设计的《能源企业环境信息披露指南》之所以定位于"辅助规则"就是为了在"满足实际需求"与"避免过度立法"之间寻找平衡点。因此,对《能源法》具体条款进行完善更行之有效。

2020 年版《能源法(征求意见稿)》已针对 2007 年版意见稿及 2015 年送审稿中信息公开规定不足的问题作了调整,设置了 7 个条款对信息公开予以规定,但并没有明确涉及环境信息。《环境保护法》专设"信息公开和公众参与"一章,明确了企业环境信息公开责任(第 55 条)。由于能源行业是所有行业中重点排污单位数量较多的行业之一,能源法应当参考增设相关规定,尤其需要对环境法领域企业环境信息披露规定的不足作出补充(例如,资源、生态信息),作出具有行业性的细化(例如,能源强度、优质能源消纳保障等)。这样,既弥补了《环境保护法》相关内容与操作性的缺失,也使得两法之间形成了有效的关联、协调与具体衔接,能源市场化改革背景下的市场关注不足问题也迎刃而解,毕竟,市场中最重要的介质就是"信息"。与此同时,《管理办法》只是规定了企业的最低披露要求,法律责任部分规定较为简单,而笔者设计的《能源企业环境信息披露指南》作为辅助规则只"辅助"上位法的实施无法规定责任,因而只有在《能源法》中规定不履行环境信息披露义务的能源企业承担相应的法律责任最为恰当,这也可与《管理办法》第 27 条的准用性规范进行衔接(第 27 条规定"法律法规对企业环境信息公开或者披露规定了法律责任的，依照其规定执行"）。

一方面，对有关信息披露的条款进行调整。能源企业环境信息披露单独"立法"没有必要，在《能源法》中专设环境信息披露条款也没有必要，毕竟随着环境信息依法披露制度改革的推进，以《管理办法》为核心的制度建设将越来越完善。以《能源法》为代表的能源立法有其特有的立法目的与价值追求，过于专业的、已建立相关制度的问题应该交由专业领域处理，能源法的任务只在于补充具有能源特殊性的规则，避免冲突。依据 2020 年版《能源法（征求意见稿）》第十一章附则的术语解释，能源企业涉及能源开发生产、加工转换、储存、输送、配售、供应、贸易和服务等环节，在上述链条中，会产生较大环境影响的为中上游的能源开发生产、加工转换、储存、输送环节，配售环节额外涉及可再生能源的"消纳"。但目前的 7 个信息公开条款只涉及供应、用能等下游环节。因此可设置"能源开发利用信息公开"条款，并在现有第 91 条"监督检查"、第 105 条"信息公开与信用体系建设"中补充相应规定。通过对目前征求意见稿中所涉及的生态环境要求的梳理与解读，增设"能源开发利用信息公开"条款可规定：能源企业应当依照有关规定记录、保存、披露能源开发利用过程中有关安全生产、环境保护和应对气候变化的信息……安全生产方面……环境保护和应对气候变化方面，应当如实向社会公开能源取用地生态环境变化情况、能源资源情况、共生伴生能源资源开发情况、能源加工转化率、储能环境状况、能源输配方式及环境风险、生态环境保护恢复措施及成效、能源供应与销售企业可再生能源发电量消纳情况、能源供应与销售企业可再生能源及燃料配销情况等没有信息的披露项应进行说明。第 91 条"监督检查"可增加所规定的材料范围，即第 1 款可调整为：有关单位和个人应当依照有关规定真实、完整地记载和保存与能源生产经营、能源生产安全、能源环境保护等有关的材料，按照监管机构要求接入相应监管信息系统，报送信息，并接受、配合能源主管部门和有关部门的监督检查。第 105 条"信息公开与信用体系建设"可增加对披露义务的规定，即增设一条：设区的市级以上能源主管部门应当将能源信息依法披露纳入企业信用管理，作为评价企业信用的重要指标，并将企业违反能源信息依法披露要求的行政处罚信息记入信用记录。（所涉 2020 年版《能源法（征求意见稿）》条款具体内容见附录四）

另一方面，对信息披露相关法律责任进行完善。与前述条款调整相对应，法律责任部分的第 110 条"报告披露责任"中应当补充相关法律责任。目前第 110 条的规定结合《管理办法》第 27 条的准用，其实已可以作为能源企业未履行环境信息披露义务的处罚依据，只需要与增设的"能源开发利用信息公开"条款、《能源企业环境信息披露指南》"不披露即解释"的全披露设计相衔接即可。第 110 条"报告披露责任"第四项可调整为："（四）未按照规定真实、准确、完整、及时披露相关信息，且未进行合理说明的。"（所涉 2020 年版《能源法（征求意见稿）》条款具体内容见附录四）

综上所述，"能源企业环境信息披露"需要能源法领域的上层法律法规中明确"企业环境责任"，完善"企业环境信息公开"规定。使能源企业环境信息披露这一具体行为能够直接在能源法本领域内有法可依，避免各处"找"法的困局。能源领域基础性法律的暂时缺位不失为一个好的契机，《能源法》尚未出台，为能源企业环境信息披露上位法依据的"一步到位"提供了更多的可能性。

3. 经济领域

能源是事关国家安全的重要的战略性资源，要客观承认能源的商品属性，既然是商品，就可以由市场发挥资源配置的决定性作用。因此，这里的"经济领域"包括了宏观经济和微观经济。笔者并未像前两个方向的讨论那样直接冠以"法"，是为了避免偏离主线而狭隘于"民商法"与"经济法"的纷争之中。理论上对于"经济法"与"民商法"的具体法律范围有大致的区分与归类，但是在本书研究中这样的区别是没有意义的。在前文各章节中对经济学原理还是民商法原理并没有明显地区分开来，以免隔断研究的连续性与完整性。这里"经济"项下的立法讨论，并不严格区分究竟是以市场机制相对应的民商法还是与国家干预相对应的经济法，毕竟能源正处于从国家干预走向市场化的阶段，离不开日常交易规制也无法脱离国家对市场供求的调节，因此以下对于具体法律的讨论也并不存在"属于哪个部门法"的桎梏。总体上，大"经济"的概念符合本书的研究主线：以可持续发展理论的提出和可持续发展战略的确立为例，市场机制和与之对应的民商法一般只作用于人与人之间的关系，强调个体的交易安全和利益追求，因而对于可持续发展来说，有着不可克服的内在缺陷；而经济法将环境、生态、人等与可持续发展密切相关的问题纳入经济立法之中，改善管理体制与制度，有效地使用经济手段与其他措施避免问题的产生，将国家经济发展导入可持续发展的轨道。① 另外，

---

① 张婧：《区域协调发展在经济法视阈下的重构探究》，载《经济问题》2018 年第 5 期。

回到能源企业环境信息披露的讨论上来，对"信息不对称"这一代表性问题，实践中，民商法规制与经济法规制互为补充，民商法基于平等主体假设和意思自治，多采用非信息工具与事后补救手段，经济法通常由以信息工具增多、公权干预增多，采用事前规则、扩展信息工具组合方式等手段予以调节。① 因此，在上市公司信息披露问题上，尤其是涉及环境、可持续发展等社会问题的能源企业环境信息披露问题，既涉及私益又涉及公益，既涉及环境又涉及经济问题相当复杂，若将二者区别讨论恐怕并不容易也偏离了本书的主旨与中心。

在前述两个领域的讨论中，笔者努力地说明能源、环境与信息披露之间的关系，以及它们如何服务于"能源企业环境信息披露"，那么论题中还有一个不可忽视的中心词就是"上市公司"。从"上市公司"这个角度出发，它相关领域内的法律法规，又能给这个论题贡献什么？企业的核心目标就是追求利益最大化，最主要的方式就是扩大生产提高效率、降低不必要的成本，这就涉及资本扩大和降低内部风险的问题，即"钱从哪儿来""风险向哪儿去"。企业上市以及信贷是解决第一个问题的有效途径，保险则是合理转移风险进行风险防控的最佳方式。因此，在大经济视域下，与"能源企业环境信息披露"密切相关的就是证券、信贷以及保险相关法律法规。在前两个领域法律法规的讨论中，笔者发现它们或从环境规制角度，或从行业责任的角度指向或准用信息披露规定，主要的还是从环境法或能源法领域的角度进行法律法规调整，而在证券、信贷、保险中"信息披露"原本就是一个被直接规定的内容，所以，对证券、信贷、保险相关法律法规的调整和完善重点在于如何导向能源环境问题。这三方面法律法规的问题具有共性，都在于没有明确规定"环境"信息披露。

证券法方面，虽然其被视为上市公司环境信息披露法律法规依据的主要来源，实际上对于上市公司环境信息披露的实质性规定还远不及环境或能源领域。通过前文第三章对证券相关规范性文件的盘点分析，证券方面关于环境信息披露的具体规定主要在证监会有关公开发行证券的公司信息披露内容与格式标准，以及证券交易机构出台的环境信息披露指引中，然而这些指引本身层级不高同时又严重缺乏上位法律法规依据。

---

① 邢会强：《信息不对称的法律规则——民商法与经济法的视角》，载《法制与社会发展》2013 年第 2 期。

2019 年 12 月，历经四年多、几经审议的新《证券法》正式出炉，[①]作为证券领域层级最高的专门法律规范，新法完成了从核准制到注册制的证券发行制度改革，并且在中央多次强调"要落实好以信息披露为核心的注册制"[②]的背景下，新法专章规定了信息披露制度。"一部证券法，洋洋洒洒万言，归根结底就是两个字：公开"，[③]可见信息披露制度在新《证券法》中的核心地位。新法的实施标志着我国资本市场的信息披露制度朝前迈进一大步，但我国的信息披露制度离"完美"还有很大的距离。我国在2015 年启动的《证券法》修订工作中，许多专家建议应当强制要求上市公司进行环境信息披露，并采取行业试点的方式。新《证券法》的出台本该为上市公司环境信息披露各类规定提供上位法的依据，然而囿于我国证券法律规则以保护投资人利益为目的，与环境信息披露的社会责任属性并不完全兼容，[④]因此新《证券法》中并未明确上市公司环境信息披露相关规定。近年来随着我国绿色证券迅速发展，绿色证券产品种类和市场规模不断丰富和壮大，[⑤]证券领域环境信息披露制度不完善导致上市公司"漂绿""洗绿"现象时有发生。上市公司环境信息披露，已经不再是只事关环保的问题，它已经成为发展绿色证券、推进我国绿色金融体系构建的重要环节。只有透明并详细的环境信息披露要求，才能够有效地直接促进上市公司加强与利益相关的有效沟通，以维护市场信心。[⑥]2018年，证券监督管理委员会修订《上市公司治理准则》，将"利益相关者、环境保护与社会责任"独立成章，并在第 95 条与第 90 条规定了上市公司披露环境信息的情况，致力于将环境信息纳入上市公司长期战略规划中。与能源法领域相似，《上市公司治理准则》为上市公司环境信息披露提供"入法"的良机，证监会也表示将进一步完善有关上市公司环境责任信息披露的制度建设，加强引导提高上市公司信息披露的自觉性和主动

---

① 曹凤岐：《从审核制到注册制：新〈证券法〉的核心与进步》，载《金融论坛》2020 年第 4 期。

② 陈燕：《新证券法实施背景下完善信息披露制度的再思考——由新冠疫情的信息披露说起》，载《中国注册会计师》2020 年第 5 期。

③ 郭雳：《注册制下我国上市公司信息披露制度的重构与完善》，载《商业经济与管理》2020 年第 9 期。

④ 郑依彤、李晋：《新〈证券法〉语境下的我国信息披露制度完善探讨——以重大安全事项为核心》，载《云南师范大学学报（哲学社会科学版）》2020 年第 4 期。

⑤ 中金公司课题组、王汉锋：《证券业如何服务"双碳"目标？》，载《证券市场导报》2022 年第 4 期。

⑥ 黄韬、乐清月：《我国上市公司环境信息披露规则研究——企业社会责任法律化的视角》，载《法律科学（西北政法大学学报）》2017 年第 35 期。

性。因此，证券法方面，应当调整法律使上市公司环境信息披露"入法"。在这方面，证监会在有关规范中作了调整，释放了一个非常好的信息：在证监会《公开发行证券的公司信息披露内容与格式准则第 2 号——年度报告的内容与格式）》2015 年修订的版本中，第 44 条曾规定了"同行业环保参数比较"的披露（但 2021 年修订的版本中将此删去），这是解决行业性、可比性问题的最直接的规定，《证券法》的修改可予以借鉴。虽然 2019 年修改的《证券法》并未明确上市公司环境信息披露要求，但与《公开发行证券的公司信息披露内容与格式准则》相关的多份准则均明确了上市公司关于环境信息对外披露要求。随后，2022 年发布的《管理办法》，参考了《公开发行证券的公司信息披露内容与格式准则》的披露对象，强制披露主体包括了属于"重点排污与实施强制性清洁生产审核"的上市公司，也涵盖了"因生态环境违法行为受到行政处罚与被追究刑事责任"的上市公司，而自愿披露有利于生态环境的信息不受限制。从域外经验来看，美国早在 20 世纪 30 年代颁布的《证券法》和《证券交易法》中就对企业环境信息披露作了具体规定；在《萨班斯-奥克斯利法案》中加大了对不能及时合理准确地进行包含环境信息披露在内的信息披露所承担的责任以及公司管理层个人责任。与我国相比，美国的规定实际可行性较强，一些会产生重大影响的领域都有能进行具体操作的细则，并且立法技术更加成熟，使得法律具有一定的灵活性。美国不仅将环境信息纳入《证券法》中作了具体规定，还延伸至披露企业环境合规成本与风险。[①] 因此，证券法方面，由于"公开发行证券的公司信息披露内容与格式准则"作为证券业标准，是证券法实施的重要基础与依据，是具有法律法规性质的技术规定，故而对于环保部门取消上市公司环保核查这一决定，在有关标准中应当对"符合环境保护要求的证明文件"这一要求进行调整。

债券虽然属于证券范畴，但作为绿色证券的主要产品，有关绿色债券的专门规定对于发行准入条件、绿色债券标准、适格主体的优惠政策等都进行了有别于一般证券的特别强调。但环境信息披露方面鲜有规定，[②] 目前绿色债券有关环境信息披露的事项散见于证券综合类规定及各类通知、意见、指引等政策性文件中。例如：2015 年，中国人民银行发布《银行间债券市场发行绿色金融债券有关事宜的公告》（以下简称《公告》），《公告》强制要求披露上一年度募集资金使用情况的年度报告和

---

① 唐定芬、邢鹤：《企业环境信息披露法律规制中美比较》，载《财会通讯》2020 年第 19 期。

② 张溢轩、徐以祥：《绿色债券的规范反思与制度完善》，载《西南金融》2021 年第 7 期。

专项审计报告，鼓励发行人对绿色金融债券支持绿色产业项目发展及其环境效益影响等实施持续跟踪评估。2016 年，中国人民银行等七部委发布《关于构建绿色金融体系的指导意见》，提出"逐步建立和完善上市公司和发债企业强制性环境信息披露制度。对属于环境保护部门公布的重点排污单位的上市公司，研究制定并严格执行对主要污染物达标排放情况、企业环保设施建设和运行情况以及重大环境事件的具体信息披露要求。加大对伪造环境信息的上市公司和发债企业的惩罚力度。培育第三方专业机构为上市公司和发债企业提供环境信息披露服务的能力。鼓励第三方专业机构参与采集、研究和发布企业环境信息与分析报告"。这是目前对于绿色债券环境信息披露最明确、最具体，联合发布的部委最多的规定。2017 年，证监会《关于支持绿色债券发展的指导意见》规定绿色公司债券募集说明书以及债券存续期间发行人都应当披露环境效益等环境信息。同年中国银行间市场交易商协会的《非金融企业绿色债务融资工具业务指引》对非金融企业绿色债券的环境信息披露的要求则包括注册文件中披露项目的基本情况、项目符合相关标准的说明、项目环境效益目标，并鼓励第三方认证机构进行评估以及披露评估意见。2021 年，上海证券交易所发布的《上海证券交易所公司债券发行上市审核业务指南第 1 号——公开发行公司债券募集说明书编制（参考文本）》提到了企业需临时披露绿色债券的募集资金后续使用情况。《中国绿色债券市场存续期信息披露研究报告 2022》研究显示，大多数发行人在发行时或存续期内均会披露环境信息，值得注意的是该类绿色债券报告中还披露了累积的环境影响数据。[①] 除政策引导之外，发债企业也自行创设了环境信息披露指标，例如，中央结算公司参照《绿色债券支持项目目录（2021 年版）》制定了"中债绿色债券环境效益信息披露指标体系"。此外，我国绿色融资渠道仍然以绿色信贷为主，虽然 2019 年我国绿色债券发行总量达到第一[②]，但是绿色债券发行激励不足。绿色信贷资产证券化（ABS）为绿色资产流通提供了多种选择。发行成本与监管风险高，[③] 导致 ABS 发行规模较小、市场占有率低，究其根本在于发行机构的信息披露不足，绿色信贷资产存量与绿色融资市场需求不匹配，绿色资产透明度不足加之绿色

---

① 《中国绿色债券市场存续期信息披露研究报告 2022》，https://www.01caijing.com/viewer/pdf.htm?filePath=attachment/202206/784D463E74BD418.pdf，最后访问日期：2022 年 7 月 20 日。

② 王然：《国内外绿色债券市场发展的实践与启示》，载《新金融》2021 年第 12 期。

③ 鲁政委、方琦、钱立华：《促进绿色信贷资产证券化发展的制度研究》，载《西安交通大学学报（社会科学版）》2020 年第 40 期。

信贷与证券标准不一，绿色信贷资产流转入债券市场受阻，极大限制资金流入绿色领域。虽然近些年来发债机构的环境责任信息披露意识不断提高，但环境信息披露标准还有待进一步优化，此外，绿色债券信息披露缺乏统一披露标准和刚性指标要求。[①] 总体而言，我国绿色债券环境信息披露笼统迷糊，披露标准、格式、平台尚不统一。[②] 此外我国绿色债券仍然以自愿披露为主，强制性披露要求不足。环境信息披露对于发债人融资、投资者投资、绿色债券市场监管以及环境效益都意义重大。因此，一方面，应当强化信息披露的激励，出台披露的具体方法指南，提升发债机构信息披露能力。同时，完善资金使用核查和信息披露制度。[③] 另一方面，应当逐步推进发债机构的环境信息披露工作，去环境信息披露碎片化，不断细化与完善披露内容与指标，提高环境信息披露的质量。为此，我国应当完善绿色债券信息披露制度，制定可量化的绿色债券环境效益评估指标和技术标准，细化绿色债券环境信息披露内容和形式的规定，应当尽快统一绿色债券信息披露的形式和内容，并且规定最低限度的环境信息披露内容。加快绿色债券信息披露强制性与规范化进程，积极与《改革方案》《管理办法》相衔接，[④] 促进发债企业的主体突破特定情形的限制，内容突破基础要求，绿色发债企业也应当在年报等相关报告和专门报告中依法依规披露企业环境信息，加强对于绿色发债企业的外部监管。

信贷方面，有关环境保护的限制性规定最早出现在 2000 年发布的《关于对淘汰的落后生产能力、工艺、产品和重复建设项目限制或禁止贷款的通知》中，《通知》第 2 条明确规定了对列入《淘汰落后产能、工艺和产品目录》中的项目，限制或禁止贷款工作；[⑤] 对于污染环境、浪费资源严重的项目禁止作为投资对象。2012 年，中国银监会印发了《绿色信贷指引》，该指引是从信贷方面推进节能减排和环境保护的最高级别的规范性文件，与之相配套的还包括 2013 年的《绿色信贷统计制度》和 2014 年的《绿色信贷实施情况关键评价指标》。这一系列文件中，可以找到对

---

① 中央结算公司绿色债券工作组：《引导绿债信披 助力"双碳"目标——中央结算公司打造中债—绿色债券环境效益信息披露指标体系及绿色债券数据库》，载《债券》2021 年第 11 期。

② 陈志峰：《我国绿色债券环境信息披露的完善路径分析》，载《环境保护》2019 年第 1 期。

③ 张溢轩、徐以祥：《绿色债券的规范反思与制度完善》，载《西南金融》2021 年第 7 期。

④ 洪艳蓉：《论碳达峰碳中和背景下的绿色债券发展模式》，载《法律科学（西北政法大学学报）》2022 年第 2 期。

⑤ 《淘汰落后产能、工艺和产品目录》中的项目主要包括：违反国家法律法规、生产方式落后、产品质量低劣、环境污染严重、原材料和能源消耗高的落后生产能力、工艺和产品。

信贷客户的明确环境指标要求（也是银行金融机构对客户进行环境和社会风险评估的标准，见本书第四章）。《绿色信贷指引》要求银行业金融机构充分注意客户及重要关联方行为的环境风险，为控制信贷项目的环境和社会风险作了大量限制性规定，但其中信息规定均是对内规定，[①] 没有明确提出对客户信息披露的要求，也没有公开绿色信贷的系列指标。在《2017年中英绿色金融工作组中期报告》发布后，我国开始探索金融机构环境信息披露试点工作。2021年，人民银行公布了金融行业标准《金融机构环境信息披露指南》（JR/T0227—2021），规定了"金融机构以发布环境信息报告、年度报告与社会责任报告的方式对外公布环境信息"。其中，披露对象涵盖了银行、保险、信托、资管等金融机构，该规定指引与规范金融机构开展环境信息披露工作，并提供了披露环境信息所需遵循的具体内容与要求。2021年，人民银行下发《推动绿色金融改革创新试验区金融机构环境信息披露工作方案》，旨在提升金融机构信息披露能力。而后，粤港澳大湾区、江西、湖南等地银行业陆续开展试点工作，率先引导资金流入绿色低碳领域，为实现"双碳"目标提供有力的金融支持。部分银行已经着力探索与实践量化环境信息指标，例如，湖州银行将ESG评级引入测算信贷客户违约率。同时，试验区银行正在探索实践碳减排量与碳足迹等指标。2022年，银保监会制定《银行业保险业绿色金融指引》要求银行保险机构对涉及"重大环境、社会和治理风险影响授信和投资情况"均应予以披露，建立绿色金融机构评价考核体系，该指引也将ESG风险纳入绿色银行保险机构的评价制度，绿色信贷的信息披露也提出了更高要求。这就使得一方面银行金融机构承担了过多的压力，尤其对于不同行业缺乏专业性，而依赖于与其他部门之间的信息交流；另一方面，企业无法进行及时自省，只能依靠其他法律法规要求，而银行只能依据绿色信贷风险评估反馈信息以及银行内审指标搜寻零星要求。因此，应当对《绿色信贷指引》进行调整，增加对申请信贷/授信客户企业的信息披露要求，并扩充内容使之成为主体多元化的法规性文件，并将目前已形成并可公开的"风险评估指标""风险审查清单""行业分类清单""环境信息指标"等编为标准，作为法规依据或参考。银行在风险评

---

① 《绿色信贷指引》第24条："银行业金融机构应当公开绿色信贷战略和政策，充分披露绿色信贷发展情况。对涉及重大环境与社会风险影响的授信情况，应当依据法律法规披露相关信息，接受市场和利益相关方的监督。必要时可以聘请合格、独立的第三方，对银行业金融机构履行环境和社会责任的活动进行评估或审计。"第25条："各级银行业监管机构应当加强与相关主管部门的协调配合，建立健全信息共享机制，完善信息服务，向银行业金融机构提示相关环境和社会风险。"

估方面的专业性使其拥有较为完备的评估体系和标准，对这一部分（可公开）标准应当予以共享以避免重复开发评估指标而造成的社会重复劳动与资源浪费。

保险方面，建立环境高危领域环境污染强制责任保险制度一直是我国环境治理基础制度改革的一个重要方向，而且事故频发的能源行业对绿色保险有着更高的需求。在 2015 年 12 月公布的"全国环责险投保企业名单"中，煤炭、石化、电力均在其列。[①] 目前我国绿色保险尚处在摸索阶段，存在大量立法空白，因此，目前首要的任务即健全相关法律法规。自 2007 年启动绿色保险计划以来近十年时间仍未形成完善制度体系，其中重要原因之一就在于"逆向选择"作用下保险机构承保风险高，即便采取联保形式承保机构也承担着巨大的风险。在以往其他学者的立法建议中，甚少提及此问题（多数是从利于定损、保费定率、赔偿等方面来建议加强责任认定、侵权环保规定等）。2018 年银保监会发布的《保险公司信息披露管理办法》中也未对绿色保险、环境信息披露进行明确规定，在保险领域环境信息披露依然无章可循，投保人与承保人之间存在巨大的信息差。很显然，投保人与承保人之间信息不对称现象突出，环境风险评估数据不全再加之承保人经验不足，必然导致承保机构自身风险大幅提高。对于信息不对称问题，有学者提出"从外部建设方面加强部门合作"[②]，这不失为一个好的方法，如前述《绿色信贷指引》第 25 条的规定，相关部门间的协调与配合，建立健全官方信息共享机制完善信息服务，这一要求也应当在绿色保险综合法中固定下来；另外，对投保企业也应当进行环境信息披露强制要求，并以"免责条款"或"除外责任"保证投保企业环境信息披露的可靠性，当然，由于其中风险评估的复杂性、系统性、专业性，对于信息披露也可单独进行规定并采用分行业环境信息标准作为辅助。对于上述建议之二，在《保险法》当中有规定告知义

---

① 《投保环境污染责任险的企业名单》，http://www.zhb.gov.cn，最后访问日期：2022 年 7 月 30 日。

② 余晓钟、白龙：《"一带一路"背景下国际能源通道合作机制创新研究》，载《东北亚论坛》2020 年第 29 期。

务,① 但在各大保险公司与能源相关（例如，是由保险、井喷控制险、油气管道险、海上石油开发险等）保险条款中都没有关于具体告知义务的规定，因此，能源投保企业的告知义务及项目应当予以明确。2022 年 6 月，银保监会印发《银行业保险业绿色金融指引》，首次提出了银行保险机构重点关注 ESG 风险，最终要实现碳中和，而这被业内视为中国绿色金融发展的重要里程碑。② 与之前的《绿色信贷指引》相比，《银行业保险业绿色金融指引》的机构范围由银行业扩大至银行保险业，业务范围由绿色信贷扩大至绿色金融。③ 建设 ESG 信息披露制度成为《银行业保险业绿色金融指引》的核心，在信息披露规定中，融入 ESG 理念，提升绿色保险信息披露水平。目前我国 ESG 绿色保险行动仍处于起步阶段，在实践中保险业环境信息披露缺少和 ESG 结合的全面报告及辅助工具。为进一步强化 ESG 信息披露与我国保险信息的结合，披露应从承保环节着手，引入"E-6S"模型，④ 丰富我国绿色保险信息披露的内容，从而提高信息披露质量。此外，保险业还需充分借鉴国外保险机构在 ESG 领域的

① 《保险法》第 16 条："订立保险合同，保险人就保险标的或者被保险人的有关情况提出询问的，投保人应当如实告知。投保人故意或者因重大过失未履行前款规定的如实告知义务，足以影响保险人决定是否同意承保或者提高保险费率的，保险人有权解除合同。前款规定的合同解除权，自保险人知道有解除事由之日起，超过三十日不行使而消灭。自合同成立之日起超过二年的，保险人不得解除合同；发生保险事故的，保险人应当承担赔偿或者给付保险金的责任。投保人故意不履行如实告知义务的，保险人对于合同解除前发生的保险事故，不承担赔偿或者给付保险金的责任，并不退还保险费。投保人因重大过失未履行如实告知义务，对保险事故的发生有严重影响的，保险人对于合同解除前发生的保险事故，不承担赔偿或者给付保险金的责任，但应当退还保险费。保险人在合同订立时已经知道投保人未如实告知的情况的，保险人不得解除合同；发生保险事故的，保险人应当承担赔偿或者给付保险金的责任。保险事故是指保险合同约定的保险责任范围内的事故。"

② 《政策之风来了，绿色金融如何驭"风"而行？》，https://data.stcn.com/djsj/202206/t20220629_4697330.html，最后访问日期：2022 年 7 月 5 日。

③ 5 月 26 日，中国银行保险监督管理委员会资金运用监管部制度处处长杜林在 PRI 碳中和与可持续投资论坛上，分享了关于国内 ESG 信息披露的思考。杜林还表示，保险业在 ESG 信息披露方面仍有不足，还需加强数字化建设和信息披露，全面强化相关工作。"保险业需充分借鉴国外保险机构在 ESG 领域的成功经验，从理念、机制、流程、绩效考核等方面逐步完善相应的机制和做法，加强业内外的交流。一是搭建信息披露的平台，二是探索建立监管部门、行业协会和市场机构协同配合、共同研究的机制，来共同推进绿色金融的数字化建设。"资料来源：新浪财经：《保险机构将 ESG 纳入风险管理体系　险资投向"双碳"产业资金已超万亿》，https://baijiahao.baidu.com/s?id=1734973643177985146&wfr=spider&for=pc，最后访问日期：2022 年 12 月 10 日。

④ "E-6S"是全球第一个也是目前唯一的保险与再保险专业 ESG 模型及分析工具。E-6S 保险与再保险承保模型具体包含保险与再保险公司、险种、国家/地区、行业、企业、调整 6 个 ESG 分析感知子模型和多个模块。为保险业务的 ESG 风险作出精准画像，方便保险与再保险公司进行 ESG 承保，以及 ESG 运营管理、ESG 投资风险测算，制定相应的 ESG 战略规划与管理措施。张福伟：《ESG 绿色保险行动——从承保开始》，载《保险理论与实践》2021 年第 11 期。

成功经验，搭建信息披露的平台，探索建立监管部门、行业协会和市场机构协同配合、共同研究的机制。①

碳金融方面，碳金融市场还处于初步发展阶段，围绕碳金融产品的创新是实现碳减排的重要路径。碳金融将通过信息披露和融资导向推进和指引经济结构向低碳和零碳转型。②碳金融伴随着碳排放权交易市场的建立而诞生。在"双碳"背景下，2021年7月16日，全国碳排放权交易市场开市，一举成为全球最大的碳市场，从而催生了我国碳金融的迅速发展。2022年出台的《碳金融产品》（JR/T0244—2022）标准，将碳金融产品分类为："碳市场融资工具、碳市场交易工具与碳市场支持工具。"碳配额与碳信用等金融资产以市场交易的方式实现资金融通，衍生了碳债券、碳保险、碳借贷、碳基金等碳金融产品，将金融资源引入绿色产业有利于碳定价与碳排放交易市场的发展。我国碳信息披露还处于初步探索阶段，存在诸多困境，碳减排项目技术复杂、专业性强，③以银行业为例，不仅要核算自身的碳信息，还需核算客户的碳排放情况，加大了金融机构碳核算难度。目前，环境部门将碳信息披露纳入环境信息披露范畴，但金融机构碳核算更多依赖于企业自愿披露的碳信息，碳信息披露内容与标准不一，质量尚未可知。④碳金融内含防范气候变化风险的意旨，与气候变化息息相关，对于碳金融的环境信息披露应侧重于碳信息披露。当前我国碳信息披露发展处于试点阶段，信息披露制度不完善，难以为碳金融融资提供保障。⑤目前，该领域尚未确立碳核算技术标准，碳金融领域信息披露质量与空间均有待提升。《中国上市公司环境责任信息披露评价报告（2020年度）》显示，800余家企业不同程度地披露了碳信息，⑥披露内容与质量存在较大差异。有关碳金融信息披露的规定主要存在于中国人民银行2021年发布的《金融机构碳核算技术指南（试行）》（以下简称《指南》）、《环境权益融资工具》（以下简称《工具》）以及《银行业金融机构环境信息披露操作手册（试行）》（以下简称《手册》）中，

---

① 《银保监会：保险机构需将ESG纳入风险管理体系》，https://finance.huanqiu.com/article/48KtoyBOJSc，最后访问日期：2022年6月25日。

② 朱民、郑重阳、潘泓宇：《构建世界领先的零碳金融地区模式——中国的实践创新》，载《金融论坛》2022年第27期。

③ 李明肖：《银行业保险业碳金融实践》，载《中国金融》2021年第22期。

④ 沈洪涛：《"双碳"目标下我国碳信息披露问题研究》，载《会计之友》2022年第9期。

⑤ 张叶东：《"双碳"目标背景下碳金融制度建设：现状、问题与建议》，载《南方金融》2021年第11期。

⑥ 《中国上市公司环境责任信息披露评价报告（2020年度）》，https://baijiahao.baidu.com/s?id=1719550530735237478&wfr=spider&for=pc%E3%80%82，最后访问日期：2022年12月19日。

《指南》要求金融机构报告年度内与环境相关的目标愿景、战略规划、政策、行动及主要成效，如自身经营活动所产生的碳排放控制目标及完成情况、资源消耗、污染物及防治、气候变化的缓解和适应等，并可以选择性地披露机构经营活动的碳足迹以及全职雇员的人均碳足迹。《工具》中环境权益从环境容量的角度来看主要包括碳排放权和排污权，有利于完善全国统一的碳排放权等环境权益市场。《手册》进一步要求金融机构应对经营活动和投融资活动的环境影响及碳排放进行核算并及时进行披露。此外，生态环境保护部《管理办法》，要求符合条件的企业和上市公司披露包括碳排放量、碳排放设施等方面的信息。2022 年 5 月 17 部委联合印发《国家适应气候变化战略 2035》，其中在防范气候相关金融风险中规定健全碳排放信息披露框架，鼓励金融机构披露高碳资产等碳信息。从现有规定来看，首先，有关碳金融碳信息披露的相关规定级别不高，没有专门的碳信息披露规范。其次，碳信息披露主体尚不明确，依据前述规定上市公司和金融机构都是碳金融环境信息披露的主体，但是非上市企业和非营利组织，甚至地方政府、国家等是不是碳金融碳信息披露主体缺少相关规定。[1] 最后，披露方式不明确，自愿披露还是强制披露也有待探讨。为此国家应借鉴国外经验，将碳信息披露纳入《证券法》《环境保护法》等高位阶法律法规，构建完整的碳信息披露法律体系和统一的碳信息披露标准。同时，基于我国碳信息披露水平较低的现状，应当建立有区分的碳信息披露体系，对于上市公司、金融机构以及重点排污企业应当强制披露，鼓励其他企业、非营利性组织披露碳金融碳信息，此外政府有关部门应当承担监管评价的功能，对相关机构碳金融信息披露进行监督，以严格的外部监管倒逼碳金融碳信息披露。因此，应不断完善碳市场信息披露制度与加大碳金融产品创新力度，企业碳信息披露与金融机构的碳信息披露共同发力，为投资者与其他利益相关者打破碳金融产品信息壁垒。同时，需要强制企业披露碳信息，并逐步推动金融机构碳信息披露，依托于环境领域信息披露发展碳信息披露制度，助力构建碳金融[2]领域的信息披露体系。

（三）能源环境信息安全与国家安全

能源安全是国家安全的重要组成部分，强调能源环境信息披露问题的同时不能忽视能源环境信息安全问题，这里包括三个方面，一是能源

---

[1] 沈洪涛：《"双碳"目标下我国碳信息披露问题研究》，载《会计之友》2022 年第 9 期。

[2] 吴朝霞、张思：《绿色金融支持低碳经济发展路径研究》，载《区域经济评论》2022 年第 2 期。

企业应注意防范各类能源及环境信息系统威胁，尤其是与国家信息系统联网的信息系统安全；二是合理维护商业秘密；三是注意所披露的信息不得危及国家安全。具体而言：

第一，各类能源及环境信息系统安全主要是受到网络安全的威胁。随着大数据时代的到来，信息的重要性日益凸显，信息安全也随着环境信息化的发展相伴而生。能源环境信息的威胁在于能源信息系统以及环境信息系统两条主线，其中以新兴的环境信息系统问题较为突出。2014年环保部会同公安部等部门对全国环境信息安全开展了调查，发现环境信息安全存在诸多隐患。由于信息收集系统种类多、分布分散并缺乏统一专业的设备及信息监管，导致实地及网络漏洞都较多，存在极高的风险。这种环境信息风险可能在能源行业又会产生新的隐患，例如，涉及国家尚未开放的地理坐标及自然保护区相关信息，或可能反推出我国具有国防及军备意义的能源储备情况等，这就不仅仅是事关能源企业商业秘密安全，更可能关乎国家安全。我国目前在维护信息安全、预防信息犯罪方面出台了一系列的法律法规，构成了我国信息安全法律体系，这些规范是能源企业在实际工作中保障信息安全的重要参考，因此，防范网络侵害并及时排除信息安全隐患，至关重要。能源企业在信息披露渠道（特别是网络渠道）、信息收集平台（主要指环境数据统计、污染源监测系统等国家级重要环境信息系统）的维护上必须承担责任。

第二，维护商业秘密重点在"合理"。合理地维护商业秘密既要求能源企业不该公开的不公开（例如国家秘密、商业秘密、个人隐私信息不得公开）；也要求能源企业不得拒绝的不拒绝（即不得以商业秘密为由拒绝公开环境信息）。《环境保护法》与《能源法（征求意见稿）》都对监督检查行为作了限制规定，实施现场检查的部门、机构及其工作人员应当为被检查者保守商业秘密。《国家重点监控企业污染源监督性监测及信息公开办法（试行）》第7条规定，环境监测机构工作人员应当为被监测单位保守商业秘密和技术秘密。《企业事业单位环境信息公开办法》第6条规定："企业事业单位环境信息涉及国家秘密、商业秘密或者个人隐私的，依法可以不公开；法律、法规另有规定的，从其规定。"《企业信息公示暂行条例》第3条规定："企业信息公示应当真实、及时。公示的企业信息涉及国家秘密、国家安全或者社会公共利益的，应当报请主管的保密行政管理部门或者国家安全机关批准。县级以上地方人民政府有关部门公示的企业信息涉及企业商业秘密或者个人隐私的，应当报请上级主管部门批准。"《环境保护公众参与办法》第8条也规定了涉及国家秘密、商业秘密或个人隐私的事项可不举行公开听证。这些规定都充分说明国家保障企业对商业秘密和商业技术的保密行为。但是也应当注意，上交所《上市公司环境信息披露指引》第4条第4项规定："上市公司不得以商业秘密为由，拒绝公开前款所列的环境信息。"这说明，上市公司不得滥用"商业秘密"。实际上，对于能源企业而言，只要不涉及国家秘密，环境信息（包括资源和污染信息）一般不会涉及商业秘密，依据《反不正当竞争法》、《合同法》、《知识产权法》和国家工商总局发布的《关于禁止侵犯商业秘密行为的若干规定》，环境信息不属于技术及经营信息的范畴。

第三，不得危及国家安全是对能源企业环境信息披露的最基本要求。2015年《国家安全法》第17条将保守国家秘密列为公民和组织的基本义务。依据2010年新修订的《保守国家秘密法》，国家秘密，是指涉及国家安全和利益的，泄露之后可能损害国家在政治、经济、国防、外交等领域安全和利益的事项，具体包括国家事务重大决策、国防建设和武装力量活动、外交和外事活动及对外承担保密义务、国民经济和社会发展、科学技术、维护国家安全活动和追查刑事犯罪、经国家保密管理部门确定等七个方面的秘密事项。为维护国家安全、严格保守国家秘密，国家对国家秘密及其密级的具体范围进行了规定，这些规定同样也能够有效防止政府、企事业单位以"国家秘密"为由不履行信息公开义务。目前，能源领域公开可查的规定仅有1990年能源部和国家保密局印发的《电力工业国家秘密及其密级具体范围的规定》，且该规定现已失效。[①] 环境保护领域现行有效的规定是1996年国家环保总局和国家保密局联合发布的《环境保护工作中国家秘密及其密级具体范围的规定》，该规定指出，环境保护工作中的国家秘密包括："（一）有重大影响的环境污染事故和环境污染引起的公害病调查报告及其有关数据资料；（二）军用电磁辐射污染环境情况；（三）国家及省、自治区、直辖市的环境质量报告书（详本）；（四）全国大中城市全面、系统的水、气、声、固体废物污染及重要海域和界河的水质监测数据；（五）国家及省级国际环境保护技术合作、技术引进项目的谈判方案、对策及出席国际重要环境保护工作会议

---

① 1990年《电力工业国家秘密及其密级具体范围的规定》将以下四项列为国家秘密："（一）涉及国防建设和军工生产的发、供、用电规划、计划、统计资料；（二）全国电力工业的规划、计划、统计、布局、财务、调度、通信、信息管理中的秘密事项，有重大影响的事故情况；（三）电力工业对外经济、科技合作交流中的秘密事项，易引起外事纠纷的未定国界地区和国界、出入国界河流的电力资料；（四）电力工业科技发展规划，科技攻关的秘密措施，具有国际水平的科技成果中的关键技术。"

的活动预案；（六）未对外开放的自然保护区的原始资料；全国自然保护区中有关国家重点保护野生动植物的全面、系统的监测调查资料。"可以看出，随着国家环境民主的发展、管理体制的变化以及开放程度的提高，1996 年规定的国家秘密范围显然已经与当前形势存在矛盾，例如现行《环境保护法》第 13 条明确规定，国务院环境保护主管部门应当编制国家环境保护规划并报国务院批准并公布实施。近年来环境保护五年规划也均全文公开。同时，《环境保护法》第 54 条也规定了国家环保部门统一发布国家环境质量、重点污染源监测信息以及其他重大环境信息。可见诸多方面的环境信息已经放开，相关法律法规亟待调整。

综上所述，能源设施设备及信息是国家关键基础设施和重要信息，能源行业信息安全是总体国家安全战略的重要组成部分。这需要各方面的共同努力，然而环境保护领域、能源领域、经济领域相关法律法规显然在加强信息透明度的同时，对此尚无太多注意。所以，在法律法规的强化上，首先，应当在相关法律法规中强调能源企业，特别是市场化、开放性特征明显的能源企业，要充分注意保障信息安全尤其是涉及国家秘密的信息安全，可设专岗专人负责信息安全维护；其次，在相关法律法规中明确不得以"国家秘密""商业秘密"为借口逃避信息披露义务，对此，可以对"能源商业秘密"以专项条款或单独说明的形式予以明确；最后，有关部门应当更新能源及环保工作中的国家秘密和密级范围，并出台专门法律法规，可在能源法领域内制定环境保护专项规定，或在环境法领域内制定能源行业专项规定。美国在信息安全保障方面的做法值得借鉴，对能源信息安全给予了政策倾斜并针对能源领域内各行业制定了有针对性的信息安全标准或指南，例如《石油工业安全指南》《天然气管道行业控制系统安全指南》《核设施网络安全指南》等都对能源信息安全做了专门规定。[1] 能源和环境保护都具有专业性、技术性、综合性、复杂性，对于能源信息、环境保护信息以及能源环境信息的安全级别及范围应当进行专门的研究予以确定。

小　结

能源企业环境信息披露如何实现全面法制化进阶，可从静态规则的设计与现有立法规范的动态调整两方面进行。一方面，进行能源企业环

---

① 刘华军、石印、郭立祥等：《新时代的中国能源革命：历程、成就与展望》，载《管理世界》2022 年第 38 期。

境信息披露辅助规则的设计，设计《能源企业环境信息披露指南》为示例。它的定位为：非"法"但不偏离法制范畴；主要功能在于：保障相关法律制度的执行及完善。作为行为具体、领域明确、主体特定的行为指南，若法律制度完善采取"由上至下"的方式，则其定位为"落脚点"；若法律制度完善采取"由下至上"的方式，则其定位为"出发点"。作为辅助规则，《能源企业环境信息披露指南》整体设计将全文的主要观点融入其中，第一，流程借鉴 PDCA 模式，形成 PDCI 模式；第二，确定"预防原则"，既强调环境保护又与投资者保护相得益彰。第三，采取"不披露即解释"全披露模式，对于能源行业中少数轻污染企业或在某些信息项上无可披露的企业，主要采取"解释"的方式来规定其披露义务。第四，扩大利益相关者的范围，包括环境利益相关者、有关金融机构、第三方服务机构以及司法机关。另外，进行环境法、能源法和经济三个领域内现有法律法规的调整与改善。环境法领域：第一，需要环境法领域的上层法律法规适当采用准用性规范或直接规定的方式赋予一定的强制力，"调整"或"升级"强制性；第二，需在各类规定中补充生态资源类、应对气候变化类等信息要求，增强环境信息披露内容全面性和行业针对性；第三，注意公众环境信息的有效交流，保证社会理性在科学理性中保持清醒。能源法领域：需要抓住能源领域基础性立法空缺的契机，在能源法领域的上层法律法规中明确"企业环境责任制度"强调"企业信息公开"。经济领域：证券法方面，应当抓住注册制实施时机，调整规定使企业环境信息披露更加规范，此外，在有关标准中应当对"符合环境保护要求的证明文件"这一要求进行调整。信贷方面，应当对指引进行调整，增加对申请信贷、授信客户企业的信息披露要求，并扩充内容使之成为主体多元化的法规性文件，将目前已形成并可公开的标准，作为法规依据或参考。保险方面，对于信息不对称问题，应当"从外部建设方面加强部门合作"建立健全官方信息共享机制完善信息服务；应当明确能源投保企业的告知义务及项目。除了上述环境法、能源法和经济三大领域，还应特别注意信息安全与国家安全。

参考文献

一、中文著作

1. 毕茜、彭珏:《中国企业环境责任信息披露制度研究》,科学出版社 2014年版。

2. 陈斌彬:《我国证券市场法律监管的多维透析——后金融危机时代的思考与重构》,合肥工业大学出版社 2012 年版,第 25 页。

3. 陈共炎:《证券投资者保护系列课题研究报告》,中国财政经济出版社 2008年版。

4. 陈洪涛:《企业环境信息披露的影响机制研究》,中国财经出版社 2021 年版。

5. 陈华:《基于社会责任报告的上市公司环境信息披露质量研究》,经济科学出版社 2013 年版。

6. 陈心中:《能源基础知识》,能源出版社 1984 年版。

7. 崔民选、王军生:《中国能源发展报告(2014)》,社会科学文献出版社 2014年版。

8. 单文华:《中国对外能源投资的国际法保护——基于实证和区域的制度研究》,清华大学出版社 2014 年版。

9. 方堃:《中国实施企业环境信息公开法律制度研究》,法律出版社 2018 年版。

10. 冯军、孙学军:《破坏环境资源保护罪立案追诉标准与司法认定实务》,中国人民公安大学出版社 2010 年版。

11. 冯玉军:《美国法学最高印证率经典论文选》,法律出版社 2007 年版。

12. 龚群:《当代西方道义论与功利主义研究》,中国人民大学出版社 2002 年版。

13. 郭位:《核电 雾霾 你——从福岛核事故细说能源、环保与工业安全》,北京大学出版社 2014 年版。

14. 郭媛媛:《公开与透明:国有大企业信息披露制度研究》,经济管理出版社 2012 年版。

15. 国网北京市电力公司、国网电力科学研究院(武汉)能效测评有限公司:《综合能源服务基础知识 120 问》,中国电力出版社 2019 年版。

16. 韩文科、杨玉峰等:《中国能源展望》,中国经济出版社 2012 年版。

17. 胡德胜:《美国能源法律与政策》,郑州大学出版社 2010 年版。

18. 胡静波：《我国上市公司信息披露制度及其有效性研究》，科学出版社2012年版。

19. 胡静、付学良：《环境信息公开立法的理论与实践》，中国法制出版社2011年版。

20. 胡静：《环境法的正当性与制度选择》，知识产权出版社2008年版。

21. 胡中华：《环境保护普遍义务论》，法律出版社2014年版。

22. 黄晓勇：《世界能源发展报告（2015）》，社会科学文献出版社2015年版。

23. 黄振中、赵秋雁、谭柏平等：《国际能源法律制度研究》，法律出版社2012年版。

24. 蒋兰香：《污染型环境犯罪因果关系证明研究》，中国政法大学出版社2014年版。

25. 蒋顺才、刘雪辉、刘迎新：《上市公司信息披露》，清华大学出版社2004年版。

26. 金自宁、薛亮：《环境与能源法学》，科学出版社2014年版。

27. 李丹：《环境立法的利益分析——以废旧电子电器管理立法为例》，知识产权出版社2008年版。

28. 李明福：《能源中国》，上海教育出版社2020年版。

29. 李润东、可欣：《能源与环境概论》，化学工业出版社2013年版。

30. 李希慧、董文辉、李冠煜：《环境犯罪研究》，知识产权出版社2013年版。

31. 李永生、殷格非：《国家能源集团（可持续驱动型社会责任管理）》，企业管理出版社2021年版。

32. 林伯强、黄光晓：《能源金融》，清华大学出版社2014年版。

33. 刘强：《世界能源安全的中国方案》，五洲传播出版社2020年版。

34. 龙裕伟：《世界能源史》，广西教育出版社2021年版。

35. 吕振勇：《能源法导论》，中国电力出版社2014年版。

36. 吕忠梅：《环境法案例辨析》，高等教育出版社2006年版。

37. 南方电网能源发展研究院有限责任公司：《全球典型能源企业实践案例分析报告（2020年）》，中国电力出版社2020年版。

38. 曲格平：《能源环境可持续发展研究》，中国环境科学出版社2003年版。

39. 沈洪涛：《企业环境信息披露：理论与证据》，科学出版社2011年版。

40. 石少华、李朝晖：《能源企业法律实务：典型案例精析与法律风险防范》，法律出版社2021年版。

41. 隋平、张楠：《公司上市业务操作指引》，法律出版社2012年版。

42. 谭立：《证券信息披露法理论研究》，中国检察出版社2009年版。

43. 唐绍均：《"环境优先"原则的法律确立与制度回应研究》，法律出版社 2015 年版。

44. 万霞：《国际环境法案例评析》，中国政法大学出版社 2011 年版。

45. 汪沂：《IPO 法律制度研究》，中国政法大学出版社 2012 年版。

46. 汪周咏：《思考与建议：建筑·能源·环保·金融》，陕西科学技术出版社 2013 年版。

47. 王文革、莫神星：《能源法》，法律出版社 2014 年版。

48. 吴谦立：《公平披露：公平与否》，中国政法大学出版社 2005 年版。

49. 武剑锋：《企业环境信息披露的动机及其经济后果研究》，经济管理出版社 2019 年版。

50. 肖乾刚、肖国兴：《能源法》，法律出版社 1996 年版。

51. 谢鹏程：《公民的基本权利》，中国社会科学出版社 1999 年版。

52. 信春鹰：《中华人民共和国环境保护法释义》，法律出版社 2014 年版。

53. 杨华：《上市公司监管和价值创造》，中国人民大学出版社 2004 年版。

54. 杨振发：《国际能源法发展趋势研究——兼论对中国能源安全的影响》，知识产权出版社 2014 年版。

55. 姚禄仕：《上市公司可持续发展问题研究》，中国经济出版社 2014 年版。

56. 姚圣：《空间距离同业模仿与环境信息披露机会主义行为研究》，中国经济出版社 2020 年版。

57. 叶大均：《能源概论》，清华大学出版社 1999 年版。

58. 于文轩：《面向低碳经济的能源法制研究》，中国社会科学出版社 2018 年版。

59. 于文轩：《石油天然气法研究——以应对气候变化为背景》，中国政法大学出版社 2014 年版。

60. 余劲松：《法治环境、股市参与和公司治理问题研究》，经济科学出版社 2013 年版。

61. 余劲松：《公司治理模式的演进与我国证券市场法律体系的总体特征》，经济科学出版社 2013 年版。

62. 曾维华、宋永会、姚新等：《多尺度突发环境污染事故风险区划》，科学出版社 2013 年版。

63. 翟玉胜、周文娟：《中国能源企业海外投资研究》，武汉大学出版社 2016 年版。

64. 张国峰：《IPO 走向资本市场：企业上市尽职调查与疑难问题剖析》，法律出版社 2013 年版。

65. 张剑虹：《中国能源法律体系研究》，知识产权出版社 2012 年版。

66. 张瑞：《能源—环境—经济中的"倒逼"理论与实证——环境规制、能源生产力与中国经济增长》，西南交通大学出版社 2015 年版。

67. 张世翔：《城市能源安全事故的应急响应与处置机制研究》，中国电力出版社 2014 年版。

68. 张世翔：《能源储运管理》，中国电力出版社 2014 年版。

69. 张仕荣：《中国能源安全问题研究》，人民出版社 2017 年版。

70. 张勇：《能源基本法研究》，法律出版社 2010 年版。

71. 张正怡：《能源类国际投资争端法律问题研究》，法律出版社 2014 年版。

72. 张忠民：《能源契约论》，中国社会科学出版社 2013 年版。

73. 赵俊：《环境资源法实务》，中国法制出版社 2012 年版。

74. 赵爽：《能源变革与法律制度创新研究》，厦门大学出版社 2012 年版。

75. 赵万一：《证券市场投资者利益保护法律制度研究》，法律出版社 2013 年版。

76. 赵威、孟翔：《证券信息披露标准比较研究：以"重大性"为主要视角》，中国政法大学出版社 2013 年版。

77. 中国法学会能源法研究会：《中国能源法研究报告（2012）》，立信会计出版社 2013 年版。

78. 中国人民保险集团：《保险法律合规工作手册》（第三卷），法律出版社 2015 年版。

79. 中国社会科学院数量经济与技术经济研究所"能源转型与能源安全研究"课题组：《中国能源转型：走向碳中和》，社会科学文献出版社 2021 年版。

80. 钟宏武、张旺、张蕙等：《中国上市公司非财务信息披露报告》，社会科学文献出版社 2011 年版。

81. 周德群：《能源软科学研究进展》，科学出版社 2010 年版。

82. 周珂、高桂林、楚道文：《环境法》，中国人民大学出版社 2013 年版。

83. 朱谦：《环境法基本原理——以环境污染防治法律为中心》，知识产权出版社 2009 年版。

二、外文译著

1.［德］乌尔里希·贝克：《风险社会》，何博闻译，译林出版社 2004 年版。

2.［古罗马］西塞罗：《论共和国》，王焕生译，译林出版社 2013 年版。

3.［古希腊］亚里士多德：《政治学》，吴寿彭译，商务印书馆 1988 年版。

4.［美］埃莉诺·奥斯特罗姆：《公共事物的治理之道》，余逊达、陈旭东译，上海三联书店 2000 年版。

5.［美］R. 爱德华·弗里曼：《战略管理：利益相关者方法》，王彦华、梁豪译，上海译文出版社 2006 年版。

6.［美］奥利弗·E. 威廉姆斯、西德尼·G. 温特：《企业的性质：起源、演变和发展》，姚海鑫、邢源源译，商务印书馆 2007 年版。

7.［美］波斯纳：《法理学问题》，苏力译，中国政法大学出版社 2001 年版。

8.［美］波斯纳：《法律的经济分析》（上、下），蒋兆康译，中国大百科全书出版社 1997 年版。

9.［美］E. 博登海默：《法理学：法律哲学与法律方法》，邓正来译，中国政法大学出版社 2017 年版。

10.［美］大卫·D. 弗里曼：《经济学语境下的法律规则》，杨欣欣译，法律出版社 2004 年版。

11.［美］丹尼尔·波特金、戴安娜·佩雷茨：《大国能源的未来》，草沐译，电力工业出版社 2012 年版。

12.［美］道格拉斯·C. 诺思：《制度、制度变迁与经济绩效》，杭行译，格致出版社 2014 年版。

13.［美］哈罗德·J. 伯尔曼：《法律与革命——西方法律传统的形成》，贺卫方、高鸿钧、张志铭等译，中国大百科全书出版社 1993 年版。

14.［美］科恩：《论民主》，聂崇信、朱秀贤译，商务印书馆 2004 年版。

15.［美］科特·耶格：《能源市场交易与投资》，魏立佳译，中国电力出版社 2014 年版。

16.［美］理查德·罗兹：《能源传：一部人类生存危机史》，刘海翔、甘露译，人民日报出版社 2020 年版。

17.［美］罗纳德·哈里·科斯：《企业、市场与法律》，盛洪、陈郁译校，上海三联书店 1990 年版。

18.［美］斯科特·L. 蒙哥马利：《全球能源大趋势》，宋阳、姜文波译，机械工业出版社 2012 年版。

19.［美］约翰·奇普曼·格雷：《法律的性质与渊源》，马驰译，中国政法大学出版社 2012 年版。

20.［美］约瑟夫·P. 托梅因，理查德·D. 卡达希：《美国能源法》，万少廷译，法律出版社 2008 年版。

21.［日］滨川圭弘、西川祎一、辻毅一郎：《能源环境学》，郭成言译，科学出版社 2003 年版。

22.［日］金原达夫、金子慎治：《环境经营分析》，葛建华译，中国政法大学出版社 2011 年版。

23.［日］佐藤孝弘：《论社会责任对公司治理模式的影响》，光明日报出版社

2010 年版。

24.［瑞典］博·黑恩贝克：《石油与安全》，余大畏译，商务印书馆 1976 年版。

25.［英］安东尼·奥格斯：《规制——法律形式与经济学理论》，骆梅英译，苏苗罕校，中国人民大学出版社 2009 年版。

26.［英］冯·哈耶克：《民主向何处去？——哈耶克政治学、法学论文集》，邓正来译，首都经济贸易大学出版社 2014 年版。

27.［英］托马斯·霍布斯：《利维坦》，黎思复译，商务印书馆 1985 年版。

三、中文期刊

1. 白中红、潘远征：《中国加入〈能源宪章条约〉的利弊论》，载《生态经济》2010 年第 10 期。

2. 毕茜、顾立盟、张济建：《传统文化、环境制度与企业环境信息披露》，载《会计研究》2015 年第 3 期。

3. 步晓宁、赵丽华：《自愿性环境规制与企业污染排放——基于政府节能采购政策的实证检验》，载《财经研究》2022 年第 4 期。

4. 蔡守秋：《论法学研究范式的革新：以环境资源法学为视角》，载《法商研究》2003 年第 3 期。

5. 曹凤岐：《从审核制到注册制：新〈证券法〉的核心与进步》，载《金融论坛》2020 年第 4 期。

6. 常树春、邵丹丹：《我国新能源上市公司融资结构与企业绩效相关性研究》，载《财务与金融》2017 年第 1 期。

7. 陈丹临：《开放经济环境下长三角地区能源—环境—经济系统协调度评价》，载《现代经济探讨》2020 年第 12 期。

8. 陈启清：《正确理解和适应新常态》，载《中国国情国力》2010 年第 10 期。

9. 陈倩：《论我国能源法的立法目的——兼评 2020 年〈能源法（征求意见稿）〉第一条》，载《中国环境管理》2022 年第 1 期。

10. 陈秀端：《高强度能源开发区经济增长与环境污染、资源消耗的耦合关系研究》，载《生态经济》2017 年第 7 期。

11. 陈燕：《新证券法实施背景下完善信息披露制度的再思考——由新冠疫情的信息披露说起》，载《中国注册会计师》2020 年第 5 期。

12. 陈瑶、王建明：《材料行业上市公司环境信息披露分析》，载《环境保护》2005 年第 5 期。

13. 陈宇、张小海：《基于信息披露的企业环保动因厘析》，载《中国环境管理干部学院学报》2019 年第 5 期。

14. 陈毓圭：《环境会计和报告的第一份国际指南：联合国国际会计和报告标准政府间专家工作组第 15 次会议记述》，载《会计研究》1998 年第 5 期。

15. 陈志峰：《我国绿色债券环境信息披露的完善路径分析》，载《环境保护》2019 年第 1 期。

16. 程琥：《公众参与社会管理机制研究》，载《行政法学研究》2012 年第 1 期。

17. 褚松燕：《环境治理中的公众参与：特点、机理与引导》，载《行政管理改革》2022 年第 6 期。

18. 邓玉勇、杜铭华、雷仲敏：《基于能源—经济—环境（3E）系统的模型方法研究》，载《甘肃社会科学》2006 年第 3 期。

19. 刁宇、王宁峰、刘朝阳等：《输油管道泄漏地下水污染风险预警评价方法》，载《油气储运》2021 年第 3 期。

20. 段婧婧：《完善中国能源价格市场化改革问题研究》，载《价格月刊》2022 年第 1 期。

21. 樊鑫、刘璐：《生物修复技术在石油污染治理中的应用研究进展》，载《现代化工》2021 年第 12 期。

22. 方行明、何春丽、张蓓：《世界能源演进路径与中国能源结构的转型》，载《政治经济学评论》2019 年第 2 期。

23. 丰雷、江丽、郑文博：《认知、非正式约束与制度变迁：基于演化博弈视角》，载《经济社会体制比较》2019 年第 2 期。

24. 冯升波：《中国能源体制改革：回顾与展望》，载《中国经济报告》2021 年第 3 期。

25. 高凯歌、李勇、朱先俊：《高含硫气井井控安全评价及井喷应急能力提升对策》，载《化工进展》2020 年第 S2 期。

26. 高利红、程芳：《我国能源安全环境保障法律体系：理念与制度》，载《公民与法》2011 年第 2 期。

27. 高晓燕、王治国：《绿色金融与新能源产业的耦合机制分析》，载《江汉论坛》2017 年第 11 期。

28. 耿建新、房巧玲：《环境信息披露和环境审计的国际比较》，载《环境保护》2003 年第 3 期。

29. 龚旭、姬强、林伯强：《能源金融研究回顾与前沿方向探索》，载《系统工程理论与实践》2021 年第 12 期。

30. 关华、赵黎明：《低碳经济下能源—经济—环境系统分析与调控》，载《河北经贸大学学报》2013 年第 5 期。

31. 郭雳：《注册制下我国上市公司信息披露制度的重构与完善》，载《商业经济与管理》2020 年第 9 期。

32. 郭沛源:《企业社会责任:拯救环境还是拯救商业》,载《世界环境》2005 年第 4 期。

33. 郭庆然:《政府环境规制与企业环境责任的契合性研究》,载《企业经济》2010 年第 4 期。

34. 郭武、范兴嘉:《〈环境保护法〉修订案之环境司法功能抽绎》载《南京工业大学学报(社会科学版)》2014 年第 4 期。

35. 郭武:《论环境行政与环境司法联动的中国模式》,载《法学评论》2017 年第 2 期。

36. 郭旭升、刘金连、杨江峰等:《中国石化地球物理勘探实践与展望》,载《石油物探》2022 年第 1 期。

37. 郭彦君、陈宇:《能源企业的环境安全与国际合作研究》,载《西南民族大学学报(人文社科版)》2017 年第 5 期。

38. 郭永欣、王振平、李东明:《煤气储存和输送企业场地污染特征案例分析》,载《中国化工贸易》2014 年第 20 期。

39. 韩利琳:《低碳时代的企业环境责任立法问题研究》,载《西北大学学报(哲学社会科学版)》2010 年第 7 期。

40. 何丹:《赤道原则的演进、影响及中国因应》,载《理论月刊》2020 年第 3 期。

41. 何雪垒:《我国能源环境安全制约因素及相关建议》,载《环境保护》2018 年第 9 期。

42. 洪卫:《绿色金融理论与实践研究》,载《金融监管研究》2021 年第 3 期。

43. 洪艳蓉:《论碳达峰碳中和背景下的绿色债券发展模式》,载《法律科学(西北政法大学学报)》2022 年第 2 期。

44. 胡鞍钢、魏星:《世界经济贸易投资科技能源五大格局变化(1990—2030)》,载《新疆师范大学学报(哲学社会科学版)》2018 年第 3 期。

45. 胡德胜:《论能源法的概念和调整范围》,载《河北法学》2018 年第 6 期。

46. 胡珺、阮小双、马栋:《环境规制、成本转嫁与企业环境治理》,载《海南大学学报(人文社会科学版)》2021 年第 4 期。

47. 黄凯南:《制度理性建构论与制度自发演进论的比较及其融合》,载《文史哲》2021 年第 5 期。

48. 黄韬、乐清月:《我国上市公司环境信息披露规则研究——企业社会责任法律化的视角》,载《法律科学(西北政法大学学报)》2017 年第 2 期。

49. 黄锡生、张真源:《论中国环境预警制度的法治化——以行政权力的规制为核心》,载《中国人口·资源与环境》2020 年第 2 期。

50. 黄艳：《基于低碳经济的中国环境会计信息披露探究——评〈企业环境会计信息披露研究〉》，载《中国科技论文》2022 年第 6 期。

51. 黄英娜、郭振仁、张天柱：《应用 CGE 模型量化分析中国实施能源环境税政策的可行性》，载《城市环境与城市生态》2005 年第 2 期。

52. 黄永鹏、庞云丽：《人类命运共同体思想的外部反应分析》，载《社会科学》2018 年第 11 期。

53. 姜昌亮：《石油天然气管网资产完整性管理思考与对策》，载《油气储运》2021 年第 5 期。

54. 金乐琴、刘玲伶：《中国可再生能源发展与经济、环境协调性评价——基于新 3E 系统评价模型的研究》，载《经济视角》2015 年第 9 期。

55. 金启明：《欧盟能源政策综述》，载《全球科技经济瞭望》2004 年第 8 期。

56. 金自宁：《科技不确定性与风险预防原则的制度化》，载《中外法学》2022 年第 2 期。

57. 金自宁：《跨越专业门槛的风险交流与公众参与透视深圳西部通道环评事件》，载《中外法学》2014 年第 1 期。

58. 荆春宁、高力、马佳鹏等：《"碳达峰、碳中和"背景下能源发展趋势与核能定位研判》，载《核科学与工程》2022 年第 1 期。

59. 康京涛：《生态环境修复责任执行的监管权配置及运行保障——以修复生态环境为中心》，载《学术探索》2022 年第 6 期。

60. 雷仲敏、李宁：《城市能源—经济—环境（3E）协调度评价比较研究——以山东省 17 个城市为例》，载《青岛科技大学学报（社会科学版）》2016 年第 4 期。

61. 李峰立：《中国能源企业上市公司分析——煤炭、石油石化行业》，载《中国能源》2001 年第 9 期。

62. 李厚廷：《机会主义的制度诠释》，载《社会科学研究》2004 年第 1 期。

63. 李静、柯坚：《价值与功能之间：碳达峰碳中和目标下我国能源法的转型重构》，载《江苏大学学报（社会科学版）》2022 年第 3 期。

64. 李明肖：《银行业保险业碳金融实践》，载《中国金融》2021 年第 22 期。

65. 李强、黄国良：《动态环境下创新战略与资本结构关系分析——来自能源企业的证据》，载《科技管理研究》2005 年第 9 期。

66. 李强、黄国良：《动态环境下创新战略与资本结构关系分析——来自能源上市公司的证据》，载《科技管理研究》2005 年第 9 期。

67. 李秋峰、党耀国：《区域 3E 系统协调发展预警体系及其应用》，载《现代经济探讨》2012 年第 9 期。

68. 李曙光：《新股发行注册制改革的若干重大问题探讨》，载《政法论坛》2015

年第 3 期。

69. 李维安、秦岚：《日本公司绿色信息披露治理——环境报告制度的经验与借鉴》，载《经济社会体制比较》2021 年第 3 期。

70. 李文贵、邵毅平：《监管信息公开与上市公司违规》，载《经济管理》2022 年第 2 期。

71. 李雯轩、李晓华：《全球数字化转型的历程、趋势及中国的推进路径》，载《经济学家》2022 年第 5 期。

72. 李晓亮、杨春、葛察忠：《上市公司重大环境行政处罚信息披露合规性评估》，载《环境保护》2020 年第 24 期。

73. 李晓露：《转轨背景下"证券"概念的扩大与监管模式的立法修正》，载《安徽广播电视大学学报》2018 年第 2 期。

74. 李昕蕾、姚仕帆、苏建军：《推进"一带一路"可持续能源安全建构的战略选择——基于中国—中亚能源互联网建设中的公共产品供给侧分析》，载《青海社会科学》2018 年第 4 期。

75. 李兴锋：《公众共用物开发利用法律规制的困境与破解》，载《法商研究》2022 年第 1 期。

76. 李云燕、孙桂花：《我国绿色金融发展问题分析与政策建议》，载《环境保护》2018 年第 8 期。

77. 李赟：《能源价格市场化的新改革：透明价格机制》，载《价格月刊》2016 年第 2 期。

78. 梁琦、赵燕：《依托"一带一路"深化国际能源合作》，载《国际工程与劳务》2015 年第 8 期。

79. 林伯强：《能源企业"走出去"新瓶颈》，载《董事会》2013 年第 2 期。

80. 刘邦凡、栗俊杰、王玲玉：《我国潮汐能发电的研究与发展》，载《水电与新能源》2018 年第 11 期。

81. 刘长翠、耿建新、尚会君：《企业环境信息披露的国际比较——国际环境信息披露机制与各国环境信息披露机制简介》，载《环境保护》2007 年第 8 期。

82. 刘东姝：《新能源上市公司融资结构特征和融资行为比较》，载《企业经济》2017 年第 6 期。

83. 刘华军、石印、郭立祥等：《新时代的中国能源革命：历程、成就与展望》，载《管理世界》2022 年第 7 期。

84. 刘建秋、尹广英、吴静桦：《企业社会责任报告语调与分析师预测：信号还是迎合？》，载《审计与经济研究》2022 年第 3 期。

85. 刘莉亚、周舒鹏、闵敏等：《环境行政处罚与债券市场反应》，载《财经研究》2022 年第 4 期。

86. 刘霞：《我国商业银行应主动履行赤道原则》，载《南方金融》2015 年第 7 期。

87. 刘元玲：《中国能源发展"走出去"战略探析》，载《国际关系学院学报》2010 年第 1 期。

88. 刘志雄、陈红惠：《黄河流域能源—经济—环境协同发展的实证研究》，载《煤炭经济研究》2020 年第 8 期。

89. 鲁政委、方琦、钱立华：《促进绿色信贷资产证券化发展的制度研究》，载《西安交通大学学报（社会科学版）》2020 年第 3 期。

90. 吕江：《能源治理现代化："新"法律形式主义视角》，载《中国地质大学学报（社会科学版）》2020 年第 4 期。

91. 吕忠梅：《环境司法，应实现专门化审理》，载《环境经济》2015 年第 3 期。

92. 吕忠梅：《习近平新时代中国特色社会主义生态法治思想研究》，载《江汉论坛》2018 年第 1 期。

93. 吕忠梅：《中国环境法典的编纂条件及基本定位》，载《社会科学文摘》2021 年第 12 期。

94. 吕忠梅：《中国环境立法法典化模式选择及其展开》，载《东方法学》2021 年第 6 期。

95. 罗丽、代海军：《我国〈煤炭法〉修改研究》，载《清华法学》2017 年第 3 期。

96. 马建光、姜巍：《大数据的概念、特征及其应用》，载《国防科技》2013 年第 2 期。

97. 马讯：《我国按日计罚制度的功能重塑与法治进阶——以环境行政为中心》，载《宁夏社会科学》2020 年第 4 期。

98. 秦芳菊：《我国绿色保险体系的建构》，载《税务与经济》2020 年第 3 期。

99. 邱立新、李筱翔：《大数据思维对构建能源—经济—环境（3E）大数据平台的启示》，载《科技管理研究》2018 年第 16 期。

100. 曲冬梅：《环境信息披露中的矛盾与选择》，载《法学》2005 年第 6 期。

101. 饶维、孙灵如、胡颖华：《国内外陆域天然气废弃井环境管理探析》，载《环境影响评价》2021 年第 5 期。

102. 任磊：《国外石油天然气开采行业清洁生产技术发展动态》，载《油气田环境保护》2003 年第 4 期。

103. 任月君、郝泽露：《社会压力与环境信息披露研究》，载《财经问题研究》2015 年第 5 期。

104. 赛那：《上市公司环境会计信息披露问题研究——以沪深两市上市能源公司为例》，载《财会通讯》2011 年第 4 期。

105. 沈洪涛、李余晓璐：《我国重污染行业上市公司环境信息披露现状分析》，载《证券市场导报》2010 年第 6 期。

106. 沈洪涛：《"双碳"目标下我国碳信息披露问题研究》，载《会计之友》2022 年第 9 期。

107. 施丹：《能源上市公司股权结构与经营业绩关系的实证研究》，载《内蒙古煤炭经济》2007 年第 2 期。

108. 史丹、冯永晟：《深化能源领域关键环节与市场化改革研究》，载《中国能源》2021 年第 4 期

109. 司小飞、王军、殷结峰：《火电厂煤场环境污染防治》，载《环境工程》2018 年第 1 期。

110. 宋华琳：《论技术标准的法律性质》，载《行政法学研究》2008 年第 3 期。

111. 宋马林、崔连标、周远翔：《中国自然资源管理体制与制度：现状、问题及展望》，载《自然资源学报》2022 年第 1 期。

112. 孙宏亮、王东、吴悦颖等：《长江上游水能资源开发对生态环境的影响分析》，载《环境保护》2017 年第 15 期。

113. 孙洪星、童有德、邹仁和：《煤矿区水资源的保护及污染防治》，载《中国煤炭》2000 年第 3 期。

114. 孙亚军、陈歌、徐智敏：《我国煤矿区水环境现状及矿井水处理利用研究进展》，载《煤炭学报》2020 年第 1 期。

115. 孙佑海：《提高环境立法质量研究》，载《环境保护》2004 年第 8 期。

116. 谭波、赵智：《习近平法治思想中立法理论的立场指向与思路》，载《河南财经政法大学学报》2022 年第 3 期。

117. 唐定芬、邢鹤：《企业环境信息披露法律规制中美比较》，载《财会通讯》2020 年第 19 期。

118. 田丹宇：《企业温室气体排放信息披露制度研究》，载《行政管理改革》2021 年第 10 期。

119. 田轩：《注册制法律法规和监管体系构建》，载《中国金融》2022 年第 10 期。

120. 田雪、葛察忠、林爱军等：《我国市场主导绿色证券制度建设与路径探析》，载《环境保护》2018 年第 22 期。

121. 汪国庆：《搭建中国"绿色保险"制度新平台的设想》，载《经济与管理》2009 年第 1 期。

122. 汪劲、吕爽：《生态环境法典编纂中生态环境责任制度的构建和安排》，载《中国法律评论》2022 年第 2 期。

123. 王灿发、陈世寅：《中国环境法法典化的证成与构想》，载《中国人民大学

学报》2019 年第 2 期。

124. 王大广：《公众参与基层社会治理的实践问题、机理分析与创新展望》，载《教学与研究》2022 年第 4 期。

125. 王凤华：《能源新星：资本市场展风姿——上海能源上市公司分析》，载《中国能源》2001 年第 11 期。

126. 王贵松：《作为风险行政审查基准的技术标准》，载《当代法学》2022 年第 1 期。

127. 王建明：《环境信息披露、行业差异和外部制度压力相关性研究——来自我国沪市上市公司环境信息披露的经验证据》，载《会计研究》2008 年第 6 期。

128. 王建明、李书华：《论企业环境成本管理的实施》，载《科学学与科学技术管理》2004 年第 3 期。

129. 王垒、丁黎黎：《企业环境信息披露：影响机制、时机策略与经济后果》，载《齐鲁学刊》2022 年第 2 期。

130. 王莉艳、王里奥、黄川：《天然气钻井作业的环境风险分析》，载《矿业安全与环保》2005 年第 4 期。

131. 王起国：《绿色证券法治研究》，载《西南政法大学学报》2013 年第 3 期。

132. 王全兴：《民商法与经济法关系论纲》，载《法商研究》2000 年第 5 期。

133. 王然：《国内外绿色债券市场发展的实践与启示》，载《新金融》2021 年第 12 期。

134. 王诗雨、汪官镇、陈志斌：《企业社会责任披露与投资者响应——基于多层次资本市场的研究》，载《南开管理评论》2019 年第 1 期。

135. 王双：《中国与绿色"一带一路"清洁能源国际合作：角色定位与路径优化》，载《国际关系研究》2021 年第 2 期。

136. 王伟：《保护优先原则：一个亟待厘清的概念》，载《法学杂志》2015 年第 36 期。

137. 王文举、陈真玲：《改革开放 40 年能源产业发展的阶段性特征及其战略选择》，载《改革》2018 年第 9 期。

138. 王锡锌：《以信息公开作为治理改革的最佳支点》，载《中国法律评论》2015 年第 2 期。

139. 王锡锌：《政府信息公开制度十年：迈向治理导向的公开》，载《中国行政管理》2018 年第 5 期。

140. 王郁：《"一带一路"背景下能源资源合作机遇与挑战》，载《人民论坛》2015 年第 7 期。

141. 温素彬、周鎏鎏：《企业碳信息披露对财务绩效的影响机理——媒体治理的

"倒 U 型"调节作用》，载《管理评论》2017 年第 11 期。

142. 吴朝霞、张思：《绿色金融支持低碳经济发展路径研究》，载《区域经济评论》2022 年第 2 期。

143. 吴德军：《责任指数、公司性质与环境信息披露》，载《中南财经政法大学学报》2011 年第 5 期。

144. 吴磊、许剑：《论能源安全的公共产品属性与能源安全共同体构建》，载《国际安全研究》2020 年第 5 期。

145. 吴勋、徐新歌：《企业碳信息披露质量评价研究——来自资源型上市公司的经验证据》，载《科技管理研究》2015 年第 13 期。

146. 吴雁飞：《中国能源产业市场化改革（1978—2012）：基于国际视角的分析》，载《中国与世界》2015 年第 4 期。

147. 吴杨：《完善公司环境信息披露机制的合规路径》，载《中南民族大学学报（人文社会科学版）》2022 年第 6 期。

148. 吴一博：《论环境标准的概念及法律性质——对主流观点的评述与突破》，载《法学论丛》2010 年第 12 期。

149. 吴真、梁甜甜：《企业环境信息披露的多元治理机制》，载《吉林大学社会科学学报》2019 年第 1 期。

150. 伍光明：《科创板上市对企业创新能力的提升探究》，载《会计之友》2020 年第 19 期。

151. 武勇杰、赵公民：《能源革命突破口的系统构成、内在机理与优先序评价研究》，载《经济问题》2022 年第 1 期。

152. 向俊杰、陈岩：《思想、制度与实践：环境保护绩效考核走向科学化》，载《哈尔滨市委党校学报》2021 年第 4 期。

153. 肖国兴：《能源体制革命抉择能源法律革命》，载《法学》2019 年第 12 期。

154. 肖华、张国清、李建发：《制度压力、高管特征与公司环境信息披露》，载《经济管理》2016 年第 38 期。

155. 肖兴志：《我国能源价格规制实践变迁与市场化改革建议》，载《价格理论与实践》2014 年第 1 期。

156. 谢丹：《环境风险视域下企业自我规制研究》，载《企业经济》2021 年第 12 期。

157. 谢虹：《风电场水土流失防治法律制度的失灵与矫正》，载《中国环境管理》2020 年第 6 期。

158. 谢菁、赵泽皓、关伟：《我国保证保险发展现状、困境与优化建议研究》，载《金融理论与实践》2022 年第 6 期。

159. 邢会强：《信息不对称的法律规制——民商法与经济法的视角》，载《法制与社会发展》2013年第2期。

160. 熊华文、苏铭：《推动能源治理体系和方式现代化》，载《宏观经济管理》2018年第8期。

161. 熊家财：《我国上市公司环境会计信息披露现状与影响因素——来自重污染行业上市公司的经验证据》，载《南方金融》2015年第12期。

162. 徐新宇、王文：《从ISO 14001到EMAS》，载《标准科学》2014年第7期。

163. 许正良、李哲非、郭雯君：《企业社会责任担当动态平衡问题研究》，载《吉林大学社会科学学报》2017年第4期。

164. 闫慧忠：《能源概论与氢能战略》，载《稀土信息》2022年第6期。

165. 颜运秋：《企业环境责任与政府环境责任协同机制研究》，载《首都师范大学学报（社会科学版）》2019年第5期。

166. 杨俊峰、李博洋、霍婧等：《"十四五"中国光伏行业绿色低碳发展关键问题分析》，载《有色金属（冶炼部分）》2021年第12期。

167. 杨为程：《基于绿色证券的环境信息披露：海外经验与启示——从上市公司环境事故说起》，载《新疆大学学报》2014年第2期。

168. 杨惟钦：《责任保险在生态环境损害赔偿实现中的运用与完善》，载《学术探索》2021年第4期。

169. 杨艳芳、程翔：《环境规制工具对企业绿色创新的影响研究》，载《中国软科学》2021年第1期。

170. 杨寅：《法学的目的——方法与规范》，载《法学院评论》2002年第4期。

171. 杨寅：《法学的目的——方法与规范》，载《法学院评论》2002年第4期。

172. 杨志清：《河南省能源、经济与环境（3E）系统绿色发展评价与分析》，载《河南农业大学学报》2021年第1期。

173. 姚圣、张志鹏：《重污染行业环境信息强制性披露规范研究》，载《中国矿业大学学报（社会科学版）》2021年第3期。

174. 姚圣、周敏：《政策变动背景下企业环境信息披露的权衡：政府补助与违规风险规避》，载《财贸研究》2017年第7期。

175. 由晓琴：《重污染上市公司环境负债表的构建路径》，载《会计之友》2018年第11期。

176. 余晓钟、白龙：《"一带一路"背景下国际能源通道合作机制创新研究》，载《东北亚论坛》2020年第6期。

177. 占华：《绿色信贷如何影响企业环境信息披露——基于重污染行业上市企业的实证检验》，载《南开经济研究》2021年第3期。

178. 张福伟：《ESG绿色保险行动——从承保开始》，载《保险理论与实践》

2021 年第 11 期。

179. 张华新、刘海莺：《基于安全的能源市场化改革研究》，载《当代经济管理》2007 年第 6 期。

180. 张婧：《区域协调发展在经济法视阈下的重构探究》，载《经济问题》2018年第 5 期。

181. 张平淡、张夏羿：《我国绿色信贷政策体系的构建与发展》，载《环境保护》2017 年第 19 期。

182. 张万洪、王晓彤：《工商业与人权视角下的企业环境责任——以碳达峰、碳中和为背景》，载《人权研究》2021 年第 3 期。

183. 张维平：《21 世纪的环境管理——论 ISO14000 环境管理系列标准》，载《环境科学进展》1998 年第 2 期。

184. 张文显、姚建宗：《略论法学研究中的价值分析方法》，载《法学评论》1991 年第 5 期。

185. 张彦明、陆冠延、付会霞等：《环境信息披露质量、市场化程度与企业价值——基于能源行业上市公司经验数据》，载《资源开发与市场》2021 年第 4 期。

186. 张叶东：《"双碳"目标背景下碳金融制度建设：现状、问题与建议》，载《南方金融》2021 年第 11 期。

187. 张溢轩、徐以祥：《绿色债券的规范反思与制度完善》，载《西南金融》2021 年第 7 期。

188. 张雨潇、杨瑞龙：《利益相关者理论视角下国有资本入股民营企业的效果评估》，载《政治经济学评论》2022 年第 3 期。

189. 张忠民：《能源监管生态目标的维度及其法律表达——以电力监管为中心》，载《法商研究》2018 年第 6 期。

190. 张忠民：《我国能源诉讼专门化问题之探究》，载《环球法学评论》2014 年第 6 期。

191. 赵涛、李晅煜：《能源—经济—环境（3E）系统协调度评价模型研究》，载《南京理工大学学报》2008 年第 2 期。

192. 赵新华、王兆君：《国内外企业社会责任报告编制规范及应用探析》，载《国际视野》2019 年第 10 期。

193. 赵行姝：《功能、战略与制度：一种分析美国在全球能源治理中作用的三维框架》，载《中国社会科学院研究生院学报》2020 年第 2 期。

194. 郑新业：《全面推进能源价格市场化》，载《价格理论与实践》2017 年第 12 期。

195. 郑依彤、李晋：《新〈证券法〉语境下的我国信息披露制度完善探讨——以重大安全事项为核心》，载《云南师范大学学报（哲学社会科学版）》2020 年第 4 期。

196. 中国法学会能源法研究会：《中国能源法研究报告（2012）》，立信会计出版社 2013 年版。

197. 中金公司课题组、王汉锋：《证券业如何服务"双碳"目标？》，载《证券市场导报》2022 年第 4 期。

198. 中央结算公司绿色债券工作组：《引导绿债信披 助力"双碳"目标——中央结算公司打造中债—绿色债券环境效益信息披露指标体系及绿色债券数据库》，载《债券》2021 年第 11 期。

199. 周季礼、宋文颖：《美国确保能源行业信息安全的主要举措探析》，载《信息安全与通信保密》2015 年第 4 期。

200. 周京、李方一：《环境规制对企业绩效与价值的影响——基于重污染上市企业经验数据》，载《中国环境管理干部学院学报》2018 年第 1 期。

201. 周五七：《企业环境信息披露制度演进与展望》，载《中国科技论坛》2020 年第 2 期。

202. 周艳芬、耿玉杰、吕红转：《风电场对环境的影响及控制》，载《湖北农业科学》2011 年第 13 期。

203. 周友苏、杨照鑫：《注册制改革背景下我国股票发行信息披露制度的反思与重构》，载《经济体制改革》2015 年第 1 期。

204. 朱民、郑重阳、潘泓宇：《构建世界领先的零碳金融地区模式——中国的实践创新》，载《金融论坛》2022 年第 4 期。

205. 朱鹏飞、包青：《能源使用、环境保护与经济发展的关系——基于排污权的区域协调研究》，载《华东经济管理》2018 年第 7 期。

206. 朱淑芳：《能源企业融资结构的特征分析》，载《北方经济》2009 年第 12 期。

207. 邹丽霞、张书莞、刘千慧等：《"一带一路"沿线国家能源贸易指数体系构建及合作建议》，载《中国煤炭地质》2018 年第 30 期。

四、英文文献

1. Ad J. Seebregts, Gary A. Goldstein, Koen Smekens, Energy/Environmental Modeling with the MARKAL Family of Models, *Operations Research Proceedings*, 2001, Vol.31.

2. Carol A. Adams, Wan-Ying Hill & Clare B. Roberts,Corporate Social Reporting Practices in Western Europe: Legitimating Corporate Behavior, *The British Accounting Review*, 1998, Vol. 30, No.1.

3. Mimi L. Alciatore, Carol Callaway Dee, Environmental Disclosures in the Oil and Gas Industry, *Advances in Environmental Accounting and Management*, 2006, Vol.3,

4. Sulaiman A. Al-Tuwaijri, Theodore E. Christensen, K.E. Hughes Ⅱ, The Relationship Among Environmental Disclosure, Environmental Performance, and Economic Performance: A Simultaneous Equations Approach, *Accounting, Organizations and Society*, 2004, Vol.29, No.5/6.

5. Amy J. Wildermuth, The Next Step: The Integration of Energy Law and Environmental Law, *Utah Environmental Law Review*, 2011, Vol.31, No.2.

6. André Dorsman, John L.Simpson, Wim Westerman, *Energy Economics and Financial Markets*, Heidelberg: Springer, 2013.

7. Mary E. Barth, Maureen McNichols, G. Peter Wilson, Factors Influencing Firms' Disclosures About Environmental Liabilities, *Review of Accounting Studies*, 1997, Vol.2.

8. Ahmed Belkaoui, The Impact of the Disclosure of the Environmental Effects of Organizational Behavior on the Market, *Financial Management*, 1976, Vol.5, No.4.

9. Belvadi R. Venkataram, Review Work: *Energy and World Politics* by Mason Willrich, *Social Sciences*, 1976, Vol.51, No.3.

10. Kathryn Bewley, Yue Li, Disclosure of Environmental Information by Canadian Manufacturing Companies: A Voluntary Disclosure Perspective, *Advances in Environmental Accounting and Management*, 2000, Vol.1.

11. Robert M. Bushman, Abbie J. Smith, Transparency: Financial Accounting Information and Governance, *Economic Policy Review*, 2003, No.4.

12. J.-M. Burniaux, G. Nicoletti, J. O. Martins, "GREEN": A Global Model for Quantifying the Costs of Policies to Curb CO_2 Emissions, *OECD Economic Studies*, 1992, Vol.19, No.19.

13. Gunther Capelle-Blancard, Marie-Aude Laguna, How Does the Stock Market Respond to Chemical Disasters, *Journal of Environmental, Economics and Management*, 2010, Vol.59, No.2.

14. Christian Danisch, The Relationship of CSR Performance and Voluntary CSR Disclosure Extent in the German DAX Indices, *Sustainability*, 2021, Vol.13, No.9.

15. Peter M. Clarkson, Xiaohua Fang & Yue Li et al., The Relevance of Environmental Disclosures: Are such Disclosures Incrementally Informative?, *Journal of Accounting & Public Policy*, 2013, Vol.32, No.5.

16. Daeil Nam, Jonathan Arthurs, Marsha Nielsen, et al., *Information Disclosure and IPO Valuation: What Kinds of Information Matter and Is more Information Always Better?* Social Science Electronic Publishing, 2009.

17. M. Ali Fekrat, Carla Inclan & David Petroni, Corporate Environmental

Disclosures: Competitive Disclosure Hypothesis Using 1991 Annual Report Data, *The International Journal of Accounting*, 1996, Vol.31, No.2.

18. Garrett Hardin, The Tragedy of the Commons, *Science*, 1986, Vol.37, No.6603.

19. K. Gibson & G.O'Donovan, Corporate Governance and Environmental Reporting: An Australian Study, *Corporate Governance*, 2007,Vol.15,No.5.

20. Gielen Dolf, Changhong Chen, The CO_2 Emission Reduction Benefits of Chinese Energy Policies and Environmental Policies: A Case Study for Shanghai, Period 1995-2020, *Ecological Economics*, 2001, Vol.39, No.2.

21. Hans W. Gottinger, Greenhouse Gas Economics and Computable General Equilibrium, *Journal of Policy Modeling*, 1998, Vol.20, No.5.

23. R. Gray, J. Bebbington, D. Walters & M. Houldin, Accounting for the Environment: The Greening of Accountancy, *Chemical & Engineering News*, 1993,Vol.82, No.4-5.

24. James T. Hamilton, Pollution as News: Media and Stock Market Reactions to the Toxics Release Inventory Data, *Journal of Environmental Economics and Management*, 1995, Vol.28, No.1.

25. Hua Wang, David Bernell, Environmental Disclosure in China: An Examination of the Green Securities Policy, *The Journal of Environment and Development*, 2013, Vol.12, No.4.

26. Robert. S. Kaplan, David P. Norton, *The Balanced Scorecard: Translating Strategy into Action*, Harvard Business School Press, 2006.

28. Eric Larson, Zongxin Wu, Pat DeLaquil, et al., Future Implications of China's Energy-Technology Choices, *Energy Policy*, 2003, Vol.31, No.12.

29. Mark Leary, Robin Kowalski, Impression Management: A Literature Review and Two-Component Model, *Psychological Bulletin*, 1990, Vol.107, No.1.

30. Cristi K. Lindblom, The Implication of Organization Legitimacy for Corporate Social Performance and Disclosure, *Critical Perspective on Accounting*, 1994, Vol.8, No.1.

31. Stefan Schaltegger, Martin Bennett, Roger Burritt, *Sustainability Accounting and Reporting*, Dordrecht: Springer, 2006.

32. Sam McKinstry, Designing the Annual Reports of Bruton PLC from 1930-1994, *Accounting, Organizations and Society*, 1996, Vol.21, No.1.

33. Lois A. Mohr, Deborah J. Webb, The Effects of Corporate Social Responsibility and Price on Consumer Responses, *Journal of Consumer Affairs*, 2005, Vol.39, No.1.

34. Alan Murray, Donald Sinclair & David Power, Do Financial Markets Care about

Social and Environmental Disclosure? Further Evidence and Exploration from the UK, *Accounting Auditing & Accountability*, 2006, Vol.19, No.2.

35. National Research Council, *Improving Risk Communication*, The National Academy Press, 1989.

36. Nick D. Hanley, Peter G. McGregor, J. Kim Swales, et al., The Impact of a Stimulus to Energy Efficiency on the Economy and the Environment: A Regional Computable General Equilibrium Analysis, *Renewable Energy*, 2006, Vol.31, No.2.

37. Dennis M. Patten, William Crampton, Legitimacy and the Internet: An Examination of Corporate Web Page Environmental Disclosures, *Advances in Environmental Accounting and Management*, 2003, Vol.2.

38. Dennis M. Patten, Exposure, Legitimacy, and Social Disclosure, *Journal of Accounting and Public Policy*, 1991, Vol.10, No.4.

39. Dennis M. Patten, Intra-industry Environmental Disclosures in Response to the Alaskan Oil Spill : A Note on Legitimacy Theory, *Accounting, Organizations and Social*, 1992, Vol.17, No.5.

41. Marlene Plumlee, Darrell Brown, Rachel M. Hayes et al., Voluntary Environmental Disclosure Quality and Firm Value: Further Evidence, *Journal of Accounting and Public Policy*, 2015, Vol.34, No.4.

42. Quairel-Lanoizelee Françoise, Are Competition and Corporate Social Responsibility Compatible? The Myth of Sustainable Competitive Advantage, *Society and Business Review*, 2011, Vol.11, No.2.

43. Report of the Committee of the Ontario Securities Commission on the Problems of Disclosure Raised for Investors by Private Placement, Toronto:Ontario Securities Commission, 1970.

44. Joanne Rockness, An Assessment of the Relationship Between US Corporate Environmental Performance and Disclosure, *Journal of Business Finance and Accounting*, 1985, Vol.12, No.3.

46. Sam H. Schurr, *Energy Economic Growth and the Environment*, Baltimore and London: Johns Hopkins University Press, 1972.

47.Stefan Hirschberg, Thomas Heck & Urs Gantner et al., Environmental Impact and External Cost Assessment, in Eliasson B., Lee Y. (eds), Integrated Assessment of Sustainable Energy Systems in China The China Energy Technology Program, *Alliance for Global Sustainability Bookseries*, Vol.4,2003.

48. Viktor Mayer-Schönberger, Kenneth Cukier, *Big Data: A Revolution That*

Will Transform How We Live, Work, and Think, NewYork: Houghton Mifflin Harcourt Publishing Company, 2013.

49. Joanne Wiseman, An Evaluation of Environmental Disclosures Made in Corporate Annual Reports, *Accounting, Organizations and Society*, 1982, Vol.7, No.1.

附 录

附录一：2016—2022 年中央督察能源相关典型案件情况

案件名称	案件概述	污染物	环境致害因素／违法行为
中石油宁夏石化公司污染环境问题	2016年11月，中央督察通报：公司将含有硫酸钙、硫酸铵、氨氮等成分的脱硫石膏擅自倾倒在文昌街与南环高速交会处的灰渣场，且未按环保要求进行排污申报，属非法倾倒固体废物；偷排污水；未批先建临时消化池存放废水。	含硫酸钙、硫酸铵、氨氮等成分的固体废物	违反环评规定，非法倾倒固体废物；偷排污水；未批先建临时消化池存放废水。
新义煤矿违法排污	2018年6月，中央督察"回头看"通报：该企业治污能力不足、设施老旧，未安装任何计量及水质监测设备，粗放治污；废水长期超标直排；将生活污水接入工业废水处理设施工艺末段外排；排放口设置旁路，污水排河道，煤泥堆岸边；占用河道建设沉淀池，定期排放底泥污染水质。	废水、煤泥	未安装计量及水质监测设备；直排废水；占用河道。
宜春丰城市华宏工业燃料油有限公司	2018年6月，中央督察"回头看"通报：该企业以拆除设备之名行生产运行之实，煤焦油干馏塔破损严重，没有任何污染治理设施，厂区烟雾弥漫，刺激性气味严重。厂区空地倾倒大量煤焦油等危险废物，并覆土掩埋；厂内有数个坑塘，废煤焦油桶随意堆放，污染十分严重。	煤焦油	无任何污染治理设施；违法倾倒、堆放煤焦油。
宁夏宇光能源屡罚不改	2018年6月，中央督察通报：该企业未按环评批复要求建设治污设施；污染治理设施未建成即擅自投入生产，地面收尘站正在建设，出焦过程中烟气未经处理直接排放，企业生化处理站正在调试中，部分生产废水直接用于熄焦，经取样监测COD浓度达6000 mg/L、氨氮浓度达4773 mg/L。	烟气，含COD、氨氮的废水	违反环评要求；未建环保设施先投产；烟气直排。
霍林河露天煤矿生态破坏	2018年6月，中央督察通报：企业主体责任不落实，资金投入严重不足，草原生态破坏严重，矿区仍有2074亩应治理而未治理的排土场；部分使用中的排土场堆放不规范、碾压不及时，环境风险隐患突出。	草原生态破坏	破坏草原生态。
阳光焦化有限公司在线监测设施运行不正常	2018年6月，中央督察通报：阳光焦化有限公司在线监测设施运行不正常，二氧化硫实时和历史数据均值显示为0。		在线监测设施运行不正常。

续表

案件名称	案件概述	污染物	环境致害因素 / 违法行为
陕西韩城市焦化企业敷衍治理污染问题突出	2018 年 11 月，中央督察通报： 龙门煤化工公司焦炉烟气旁路排放，焦炉烟气未经处理直接通过旁路排放； 合力煤焦公司堆场混乱，污染严重。环保设施建设不到位，没有采用仓储、罐储、封闭或半封闭等方式建设工业堆场，十几万吨精煤露天堆放，堆场大部分区域堆料超高堆放，抑尘网形同虚设，喷淋、覆盖和围挡等防风抑尘措施不完善，扬尘污染严重。焦炉炉头烟气无组织排放严重，筛焦车间也未建设除尘设施，厂区地面煤末、焦砟随处可见。此外，该企业还谎称 2018 年已完成干熄焦改造等治理内容，并以改造方案应对督察组，经核实，企业根本没有完成干熄焦改造任务； 中汇煤化公司挥发性有机物存在"表面治理"问题，该企业治理设施"空转"，假治理，真排污。企业不能提供活性炭更换记录和废活性炭的处置记录。处理装置操作人员没有给碱洗液添加氢氧化钠，活性炭从 2017 年 12 月设施建成之后就再未更换过。	烟气、扬尘	焦炉烟气旁路直排； 物料防尘设施不达标； 无组织排放； 环境治理设施未正常使用。
湖南省益阳市石煤矿山环境污染问题十分突出	2019 年 5 月，中央督察通报： 以益阳市宏安矿业有限公司、桃江东方矿业有限公司为代表的多家石煤开采企业长期无序开采，管理失当，超标排放含重金属废水。宏安矿业有限公司周围黄土、地表水镉浓度超标。桃江东方矿业有限公司废水处理站出口下游小溪总镉浓度超标。2018 年 11 月 17 日，检查发现该公司正在偷排矿山废水，偷排废水 pH 值为 2.92，总镉、总锌、总砷浓度分别达到 1.92 mg/L、17.5 mg/L、0.6 mg/L，超过煤炭工业排放标准 18.2 倍、7.75 倍、0.2 倍；总镍浓度 5.8 mg/L。	镉、锌、砷	违法偷排矿山废水。
天津市东丽区供热企业临时编造台账应付督察	2020 年 9 月，中央督察通报：天津市东丽区多家供热企业对煤炭数据"做假账"，少报实际煤炭消耗量。	大气污染 （PM 2.5）	数据造假。
霍东煤炭矿区规划不合理，违规开采水源	2020 年 9 月，中央督察通报：矿区总体规划未体现泉域保护要求，矿区内多家能源企业无证开采、违规超采岩溶水。煤矿岩溶地下水的过度开采，一定程度上加剧了霍泉泉域岩溶水水质和水位均呈下降这一趋势。	破坏水资源	矿区规划不合理； 过度开采水源。

续表

案件名称	案件概述	污染物	环境致害因素/违法行为
山西省晋中市盲目上马焦化项目	2021年4月，中央督察通报：该市焦化项目未批先建、违规取水、违法排污问题严重。以山西省平遥煤化集团为例，该企业134×10⁴ t/年焦化项目在未完成水资源论证和节能评估，部分项目未获得环评批复情况下，违法开工建设；在产的60×10⁴ t/年焦化项目部分高浓度生产废水未经处理直接进入熄焦池，化学需氧量、悬浮物浓度分别超标5.9倍、4.7倍。	含化学需氧量、悬浮物的废水	未通过环评批复，违法开工建设；废水直排。
河南省汝州天瑞焦化以"零排放"之名肆意排污	2021年4月，中央督察通报：该企业外排污水COD、氨氮、氰化物浓度分别超过直接排放标准0.5倍、3.5倍、1.4倍。焦化废水处理站运行极不正常，大量污染物从液态向气态转移，通过熄焦塔外排污染大气环境。废水处理站出水主要用于熄焦，对熄焦池取样监测发现，熄焦水COD、氨氮、挥发酚、氰化物浓度超过间接排放标准2.0倍、14.2倍、22.7倍、13.2倍。大量污水混入雨水系统间接外排，雨水收集池内COD、氨氮、氰化物浓度分别超过间接排放标准1.7倍、11.7倍、6.6倍，雨水总排井内COD、氨氮、石油类、氰化物浓度分别超标1.9倍、4.8倍、5.1倍、2.2倍。	含COD、氨氮、氰化物、挥发酚的废水	污水处理设施未正常使用。
河南省安阳市压减焦化产能不力	2021年4月，中央督察通报：该市部分淘汰焦炉未按时关停。		
云南省文山州违建小水电敷衍整改，破坏生态	2021年4月，中央督察通报：位于文山国家级自然保护区内的二河沟一级电站至今仍在违法生产，严重破坏保护区生态环境，威胁保护对象生境安全。	生态破坏	未办理环评手续，违法生产。
湖南省湘西州垃圾焚烧发电项目建设严重滞后	2021年4月，中央督察通报：部分垃圾焚烧发电站现场气味刺鼻，浓烟滚滚，垃圾随意堆存，焚烧废渣随意挖山掩埋，环境污染与生态破坏严重，与周边优美山区环境极不相称。泸溪县洗溪镇李岩村垃圾焚烧站虽建有简易治污设施，但长期没有运行，设施已破烂不堪。	异味污染、浓烟、固体垃圾	设施长期不运行；随意处置固体废物。
山西太谷恒达煤气化公司长期违法排污	2021年4月，中央督察通报：该企业长期通过旁路排放烟气，日外排烟气量平均高达20多万立方米；在线数据造假，烟气实际二氧化硫和氮氧化物排放浓度分别为143 mg/m³和86 mg/m³，其中二氧化硫浓度超过《炼焦化学工业污染物排放标准》3.8倍。	烟气（二氧化硫和氮氧化物）	旁路排放烟气；在线监测数据造假。

续表

案件名称	案件概述	污染物	环境致害因素/违法行为
山西焦煤集团斜沟煤矿敷衍整改,煤炭开发破坏生态问题突出	2021年4月,中央督察组现场督察通报:大量煤矸石被倾倒在黄土沟壑中,排矸场周围山体和矸石堆裸露,黄土扑面,扬尘污染严重。有关检测结果表明,煤矸石淋溶产生的氟化物浓度最高超过地下水Ⅲ类标准80%,斜沟煤矿从来没有开展过排矸场周围地下水水质监测,给当地地表水和地下水带来污染隐患。除此之外,斜沟煤矿还在矿区多处沟壑违法倾倒了大量建筑垃圾、工业废渣、生活垃圾。	扬尘、氟化物、固体废物	物料防尘设施不达标;违法倾倒固体废物。
安徽省淮北市焦化企业大气污染防治形势严峻	2021年5月,中央督察通报:鸿源煤化有限公司焦炉炉体密封不严,部分焦炉煤气外溢,出焦和推煤过程中排放大量黄烟,无组织排放问题十分严重;湿熄焦废水未经处理直接循环使用,循环水中挥发酚含量达145 mg/L,超过《炼焦化学工业污染物排放标准》间接排放标准482倍,熄焦废气中大量挥发酚直排外部环境。临涣焦化股份有限公司存在环保设施未建成,二氧化硫排放超标等问题。	含过量挥发酚的废水、大气污染(黄烟、煤气、二氧化硫)	无组织排放;未建环保设施;生产设施未正常运行。
湖北省通山县九宫山国家级自然保护区小水电清理整改工作滞后	2021年9月,中央督察通报:位于咸宁市通山县的九宫山国家级自然保护区核心区和缓冲区内小水电清理整改工作滞后,生态流量不能稳定下泄,影响保护区生态环境。		影响生态
陕西榆林兰炭行业违规建设多发,环境问题突出	2021年12月,中央督察通报:该市兰炭集聚区废水集中处理设施没有建成,纳入升级改造方案的82家兰炭企业中,超过80%没有建成废水处理设施,大量酚氨废水被违规处置。由于处理能力严重不足,园区内11家兰炭企业将多达数万吨未经处理的酚氨废水临时贮存于厂内,部分酚氨废水甚至被违规用于熄焦,造成污染物大量逸散,环境风险突出。此外,部分企业存在挥发性有机物收集治理设施不完善,无组织排放以及炭化炉烟气逸散严重等问题。	酚氨废水、烟气	未建污染处理设施或设施不完善;无组织排放。

续表

案件名称	案件概述	污染物	环境致害因素 / 违法行为
贵州六盘水市盲目布局焦化项目，"两高"企业违法问题突出	2021年12月，中央督察通报：部分"两高"企业污染防治设施建设管理不到位，噪声、粉尘、异味污染问题突出，严重影响周边群众生产生活环境，群众反应十分强烈。盘州市宏盛煤焦化有限公司部分煤炭物料、粉焦露天堆放，噪声、粉尘、异味扰民问题突出。六盘水市旗盛煤焦化有限责任公司粉尘、异味污染问题也令周边群众苦不堪言、意见极大。2021年9月，前期暗查发现，该公司炭化室无组织排放严重，厂区烟雾弥漫、气味刺鼻。此外部分"两高"企业能耗统计数据严重失真。	噪声、粉尘、异味污染	污染防治设施建设管理不到位；对物料未采取防尘措施；无组织排放。
新疆"乌昌石"区域大气污染防治推进不力，重污染天气多发	2022年4月，中央督察通报：昌吉州泰华、永鑫、优派等焦化企业焦炉烟气二氧化硫，熄焦废水挥发酚、氰化物严重超标；部分工业炉窑环保治理设施简陋、超标排放；一些企业烟气长期超标排放，在应急响应期间依然如故。五家渠市新业能源将约300×10⁴ m³/d含硫化氢和挥发性有机物的工业废气，混入燃煤锅炉烟囱偷排；五家渠市鸿基焦化始终未执行焦化行业特别排放限值要求，长期超标排放，现场检查时烟气二氧化硫浓度最高超标3.6倍；昌吉州天龙矿业焙烧、煅烧等烟气中颗粒物最高超标3倍，沥青烟最高超标5倍。	二氧化硫、挥发酚、氰化物、硫化氢、挥发性有机物、颗粒物、沥青烟	治污设施简陋；偷排废气。
新疆一些地方落后产能淘汰不力，违规产能管控不严不实	2022年4月，中央督察通报：伊吾县新疆宣东能源有限公司1000×10⁴ t/年兰炭项目在未取得节能审查和环评批复情况下，于2020年11月擅自开工建设；新疆天正中广石化有限公司违规建设100万吨淘汰类常减压石油炼化装置。		未取得环评批复擅自开工建设；违规建设淘汰装置。

附录二：2016—2022 年中央环保督察组三次大气生态环境督察情况

表 1　环境保护部通报 2016 年 1—2 月份冬季大气污染防治督察情况（能源相关）

案件名称	案件概述	污染物	环境致害因素/违法行为
北京：明珠供热公司	该企业建有 2 台 6 t/h 燃煤锅炉，烟气脱硫设施不正常运行，未及时加碱，碱液循环池 pH 值约为 6（要求 pH 值应为 9）；煤场苫盖不全。	二氧化硫	脱硫设施不正常运行，未及时加碱。
北京：月亮湾晓镇供热站	该企业建有 2 台 10 t/h 和 1 台 8 t/h 燃煤锅炉，检查时 1 台 10 t/h 锅炉在运行。锅炉房内烟尘呛鼻，烟气脱硫设施未及时投加脱硫药剂，循环水池 pH 值仅为 4。煤堆、渣堆苫盖不全。	烟尘、二氧化硫	烟气脱硫设施未及时投加脱硫药剂。
内蒙古赤峰：内蒙古赤峰九联煤化工有限公司	焦炉二氧化硫超标排放，为逃避处罚，擅自修改污染源自动监控设施二氧化硫量程参数，并将篡改后的"达标"数据上传环保局。	二氧化硫	擅自修改污染源自动监控设施。
新疆乌鲁木齐：华泰重化工热电厂	该企业建有 2 台 135 mw 机组，2 号机组脱硫系统在 2015 年 12 月 7 日至 12 日、20 日至 23 日长时间超标排放二氧化硫。	二氧化硫	

表 2　生态环境部公开 2020、2021 年生活垃圾焚烧发电厂环境违法行为处理处罚情况（能源相关）

案件名称	案件概述	污染物	环境致害因素/违法行为
河北省：定州市瑞泉固废处理有限公司	2020 年 1 月 4 日，2 号炉炉温不达标；1 月 7 日 1、2 号炉炉温不达标。		生产设施运行异常。
山东省：招远盛运环保电力有限公司	2020 年 1 月 14 日炉温不达标。		生产设施运行异常。
浙江省：台州旺能再生资源利用有限公司	2020 年 1 月 6 日 12 时，烟尘折算浓度显示超标，企业将相应时段虚假标记为"CEMS 维护"。	烟尘	虚假标记。
天津市：天津市晨兴力克环保科技发展有限公司	2020 年 2 月 28 日，一氧化碳排放日均值超标 0.06 倍。	一氧化碳	

续表

案件名称	案件概述	污染物	环境致害因素/违法行为
吉林省：松原鑫祥新能源有限公司	2020年第一季度，1、2号焚烧炉标记"CEMS维护"的时间超过30小时。		
山东省：诸城宝源新能源发电有限公司	2020年第一季度，焚烧炉标记"CEMS维护"的时间超过30小时。		
湖北省：监利旺能环保能源有限公司	2020年第一季度，1号焚烧炉标记"CEMS维护"的时间超过30小时。		
贵州省：铜仁海创环境工程有限公司（垃圾焚烧）	2020年第一季度，1号焚烧炉标记"CEMS维护"的时间超过30小时。		
山西省：晋中市灵石县鑫和垃圾焚烧发电有限公司	该焚烧厂一氧化碳排放日均值超标0.015倍。	一氧化碳	
浙江省：舟山旺能环保能源有限公司	该焚烧厂在炉温低于850℃"烘炉"期间投加垃圾。舟山市生态环境局认定上述行为属于"通过逃避监管的方式排放大气污染物"。	大气污染	逃避监管。
山东省：泰安市宁阳盛运环保电力有限公司	该焚烧厂二氧化硫排放日均值超标0.006倍。	二氧化硫	
山西省：介休市国泰绿色能源有限公司	该焚烧厂一氧化碳排放日均值超标0.02倍。	一氧化碳	
山东省：诸城宝源新能源发电有限公司	该焚烧厂在炉温低于850℃"烘炉"期间投加垃圾。潍坊市生态环境局认定上述行为属于"通过逃避监管的方式排放大气污染物"。	大气污染	逃避监管。
山东省：高密利朗明德环保科技有限公司	该焚烧厂在炉温低于850℃"烘炉"期间投加垃圾。潍坊市生态环境局认定上述行为属于"通过逃避监管的方式排放大气污染物"。	大气污染	逃避监管。

续表

案件名称	案件概述	污染物	环境致害因素 / 违法行为
广东省：东莞市挚能资源再生发电有限公司	该焚烧厂 2020 年第三季度"CEMS 维护"超过 30 小时。东莞市生态环境局认定上述行为属于"未保证自动监测设备正常运行"。		自动监测设备运行不正常。
山西省：灵石县鑫和垃圾焚烧发电有限公司	该焚烧厂 2020 年第四季度"CEMS 维护"超过 30 小时。晋中市生态环境局灵石分局认定上述行为属于"未保证自动监测设备正常运行"。		自动监测设备运行不正常。
江西省：江西瑞金爱思环保电力有限公司	该焚烧厂自动监测设备烟气流速数据与手工监测数据相比误差为 -47.7%，远超《固定污染源烟气（SO_2、NOx、颗粒物）排放连续监测技术规范》（HJ 75—2017）相对误差 ±10% 的要求，比对监测结果不合格。赣州市生态环境局认定上述行为属于"未保证自动监测设备正常运行"。	烟气	自动监测设备运行不正常。
陕西省：榆林绿能新能源有限公司	该焚烧厂炉温 5 分钟均值不达标 15 次。榆林市生态环境局横山分局认定上述行为属于"未按照国家有关规定采取有利于减少持久性有机污染物排放的技术方法和工艺"。		未按照国家有关规定采取有利于减少持久性有机污染物排放的技术方法和工艺。
宁夏回族自治区：宁夏银川中科环保电力有限公司	该焚烧厂标记"停炉"时间与实际不符。银川市生态环境局认定上述行为属于"通过逃避监管的方式排放大气污染物"。	大气污染	逃避监管。
山西省晋中市灵石县鑫和垃圾焚烧发电有限公司	该焚烧厂一氧化碳排放日均值超标 0.015 倍。	一氧化碳	该焚烧厂一氧化碳排放日均值超标 0.015 倍。

表 3　生态环境部公开 2021 年 7 月份重点区域空气质量改善
监督帮扶典型涉气环境问题（能源相关）

案件名称	案件概述	污染物	环境致害因素 / 违法行为
吕梁市山西俊安楼东能源科技有限公司治污设施未建成，废气直排	该企业 1 号焦炉已于 2021 年 3 月投产，2 号焦炉检查时正在烘炉，但项目配套的脱硫脱硝设施尚未建成，废气未经处理直排，污染外环境。现场监测氮氧化物浓度 538.74 mg/m³，超过《炼焦化学工业污染物排放标准》中氮氧化物排放限值（150 mg/m³）2.6 倍。检查还发现，该公司应当关停的老项目（一期 2×35 孔，40 万吨焦炉）至今仍在生产，并存在不正常运行治污设施、超标排污、粉尘无组织排放等突出环境问题。	氮氧化物、粉尘	脱硫脱硝设施尚未建成；老项目应关未关；治污设施不正常运行；无组织排放。
运城市山西永祥煤焦集团有限公司伪造化验记录掩盖严重超标事实	2021 年 7 月 21 日下午检查时发现，该公司熄焦废水处理站已提前编造了未来 3 天（7 月 22 至 24 日）的熄焦水处理化验单。现场对该公司熄焦水进行取样监测，结果显示 COD 超标 65.9 倍、氨氮超标 221 倍、挥发酚超标 109 倍，但企业编造的 7 月 21 日化验结果却显示所有指标均达标，与实际严重不符。	COD、氨氮、挥发酚	监测数据造假。
临汾市古县晋豫焦化有限责任公司无证排污、不正常运行治污设施	该企业排污许可证已于 2020 年 12 月 7 日到期，但至 2021 年 7 月 16 日检查时，该公司仍在生产，其间无证排污。现场检查发现，该公司卧式反应槽尾气未按要求进入收集处理系统，通过已废弃的洗净塔排放口直接排放；硫铵烘干废气配套的旋风除尘和雾膜水浴除尘设施不正常运行；煤炭露天堆存，扬尘治理措施不到位，污染环境。	扬尘	无排污许可证排污；治污设施未正常运行；物料防尘设施不达标。
平顶山市东鑫焦化有限责任公司未落实建设项目"三同时"制度	现场检查发现，该公司未按环评批复要求建设干熄焦及配套的脱硫设施，长期无组织排放大气污染物，采用能源损耗高的湿熄焦工艺生产，污染严重。		无组织排放；生产设施、脱硫设施未按环评要求建设。
忻州市鑫宇煤炭气化有限公司无组织排放严重	现场检查发现，该企业焦炉炉顶多处管道破损或密闭不严，大量荒煤气无组织逸散，污染大气环境。检查还发现，该公司厂区内正在新建一条炼焦生产线，未取得环评手续；煤堆堆场未进行覆盖，扬尘治理措施不到位；焦油装卸未建设 VOCs（挥发性有机物）废气收集装置。	荒煤气、扬尘	生产设备破损老化；物料防尘设施不达标。

续表

案件名称	案件概述	污染物	环境致害因素 / 违法行为
唐山市荣义炼焦制气有限公司通过旁路排放大气污染物	2021 年 7 月，经检查，该公司在焦炉烟气进入脱硫、脱硝设施前的烟道上，设有旁路闸板阀，现场闸板处于提起（开启）状态，部分烟气未经脱硫脱硝处理，直接经旁路烟囱排放，污染大气环境。	烟气	脱硫、脱硝设施不正常运行。
安阳市河南利源新能科技有限公司无证排污、超标排污、不正常运行治污设施	查阅该公司焦炉配套的脱硫设施运行记录发现，1 号焦炉配套的脱硫塔至 2021 年 11 月 18 日才开始运行，在此之前焦炉烟气均未经处理直接排放。工作组现场对 1 号焦炉烟气排放口进行了人工监测，结果显示二氧化硫折算浓度为 263.8 mg/m^3，超过河南省《炼焦化学工业污染物排放标准》中 30 mg/m^3 的要求 7.8 倍，污染大气环境。	二氧化硫	无排污许可证排污；超标排污；脱硫设施未投用。

附录三：能源企业环境信息披露指南（建议稿）

目 录

一、适用范围

本指南提供了能源企业在环境信息披露过程中遵循的原则、披露的形式、内容要素以及各要素的原则要求。

本指南适用于在中华人民共和国境内依法设立的以煤炭、石油、天然气、电力、新能源等能源的开发生产、加工转换、储存、输送、配售、供应、贸易和服务等为主营业务的能源企业。

二、规范性引用文件

《社会责任指南》（GB/T36000—2015）

《社会责任报告编写指南》（GB/T36001—2015）

《社会责任绩效分类指引》（GB/T36002—2015）

《环境信息术语》（HJ/T 416—2007）

《环境信息分类与代码》（HJ/T 417—2007）

《环境信息系统集成技术规范》（HJ/T 418—2007）

《环境信息化标准指南》（HJ 511—2009）

《企业环境报告书编制导则》（HJ 617—2011）

《环境信息数据字典规范》（HJ 723—2014）

《环境信息元数据规范》（HJ 720—2017）

《企业突发环境事件风险分级方法》（HJ 941—2018）

《生态环境信息基本数据集编制规范》（HJ 966—2018）等

三、披露原则

（一）真实性

能源企业所披露的信息必须真实可靠与客观事实相符，不得有虚假成分。

（二）准确性

能源企业所披露的信息必须确定、明晰、可被理解，强调在真实性的基础上信息接收者与信息传达者对信息理解必须保持一致，不能误导利益相关方作出判断和决定。

（三）完整性

能源企业应当披露所有可能影响决策的信息，审慎而周密选择披露的信息，包括有利信息、风险信息、财务信息、非财务信息。

（四）时效性

能源企业所披露的信息应定期报告，以便利益相关方及时了解信息，从而作出明智决策。

（五）可靠性

能源企业披露的信息应能真实准确地反映现象或状况，具有真实、中立、可理解的反馈价值，进而具备可依据信息而作出判断、预测的预测价值，且应当有可供参考验证决策正确性的验证价值。

（六）公平平衡性

环境信息披露活动参与各方地位平等，能源企业所披露的信息应当为利益相关方所用，实现利益相关方所需。

（七）规范性

能源企业披露的信息应当遵循法律、行政法规、部门规章、地方法规、行政规章等强制性规则，及导则、标准、指南等指导性规则（规范）。

四、披露的形式、时间、频次

（一）披露的形式

能源企业环境信息披露包括定期披露和临时披露。生产具有"高污染、高环境风险"产品的行业应当定期披露环境信息，发布年度环境报告；发生突发环境事件或收到相关法律文书，应发布临时环境报告。

能源企业依法披露年度环境信息，依法发布年度环境报告和临时环境信息报告，并上传至企业环境信息依法披露系统。

（二）披露的时间

企业应当于每年3月15日前披露上一年度1月1日至12月31日的环境信息。

（三）披露的频次

能源企业每年至少对外披露一次本企业的环境信息。

五、披露内容

（一）一般披露内容

1.企业背景

能源企业应当披露以下企业背景，包括但不限于以下信息：

（1）企业基本信息，包括单位名称、组织机构代码、法定代表人、地址、联系方式，以及生产经营方向、主营业务和管理服务的主要内容、产品及规模等基本信息；

（2）能源环境特点，包括具体行业以及自身的能源环境特点等相关信息；

（3）环境合规义务，包括新公布的可能对企业经营产生重大影响的环境保护法律、法规、规章、行业政策等合规信息；

（4）属于国有企业、民营企业、外资企业、集体企业、上市企业、发债企业等企业性质，以及属于重点排污单位、实施强制性清洁生产审核的企业等情况。

2.企业环境管理信息

能源企业应当披露环境保护总体规划、提高环境绩效的具体计划、控制环境关键绩效指标的具体规划、相关投融资的生态环保信息、应急预案及其他环境管理计划。

能源企业应当披露环保信用评价的等级，如受到记分处理，应当披露记分处理情况、整改措施、整改后的相关情况。

能源企业应当披露所确定的利益相关方，评估企业环保总体计划、规划、运营对利益相关方带来的影响，利益相关方参与的情况。

能源企业应当披露以下企业的环保理念、方针、政策及组织，包括但不限于以下信息：

（1）环境理念，包括环保文化、经营理念、价值观等；

（2）环保制度、环保组织结构和环保目标，包括能源企业环保方针、政策、制度建设，环保机构设置，环保承诺，环保目标等信息；

（3）能源环境管理体系建设信息，包括确定与环境管理体系相关的相关方、确定环境管理体系的范围等信息。

能源企业应当披露为推进环境保护开展的环境教育、植树造林、生物多样性保护等各类环境公益项目等其他信息。

3.污染物产生、治理、排放信息

能源企业应该披露污染物产生、治理与排放信息，包括污染防治设施，污染物排放，有毒有害物质排放，工业固体废物和危险废物产生、贮存、流向、利用、处置，自行监测等方面的信息。

4.温室气体排放信息

能源企业应该披露政府文件或强制性立法目标和指标、温室气体排放的范围、减少温室气体排放时间表及指标实现表。

能源企业应当披露碳排放量、排放设施、采取减少碳排放措施、减少碳排放技术研究和投资等信息。

5.环境绩效

能源企业应当披露环境财务绩效信息，包括但不限于以下信息：

（1）会计政策，包括与环境财务绩效相关的特定会计政策；

（2）环境资产，包括环境保护设施设备，环保技术、专利，资源权利，绿色保险，弃置费等资产信息；

（3）环境收入，包括税收减免、政府奖励、专项资金、优惠等收入信息；

（4）环境成本，包括生态修复、三废处理、各类回收及处理、环境违法成本等环境成本信息，因过去环境污染和损害造成的损失或伤害而向第三方作出的赔偿；

（5）环境负债，包括环境目的银行借贷、环境目的非银行借贷等环境负债信息；

（6）绿色金融，绿色信贷、绿色保险。

能源企业应当披露环境质量绩效信息，包括但不限于以下信息：

（1）能源材料或原料，包括能源种类、可再生性及数量；

（2）生物多样性、周边环境，包括面积、土地及动植物影响、土地恢复及生态补偿措施、效果及下一阶段计划；

（3）"三废一噪"、主件环保控制、并网设施建设，包括排污口数量及位置，各类污染气体及废水排放方式、浓度及超标数据，各类固体废弃物属性及防污减排设备设施种类、数量及运行情况，各类减排数据及下一年计划，影响生态环境的设施设备环保信息，并网发电或其他行业特殊设施设备环保信息等信息；

（4）运输，包括产品运输总量、方式及运输设备维护，废物运输总量、方式及运输设备维护；

（5）其他清洁生产，包括原料毒副性质控制量、工艺，设施设备改进或淘汰落后产能，产品或包装回收及无害化处理种类、数量，以及清洁生产下一阶段计划；

（6）生产消耗，包括生产电力、燃料等动力能耗，生产水耗高耗能设施设备特别说明；

（7）监测，包括监测设施设备种类、数量及对应监测项目、监测记录方式、披露期内运行情况；

（8）行业特殊风险，包括行业特殊风险描述、专门处理措施、效果及下一阶段计划；

（9）绿色办公，包括办公能耗及水耗量、办公固废量及交通种类、绿色办公效果及下阶段计划；

（10）环境事件，包括环境事件数量、级别及处理。

能源企业应当披露环境绩效参考信息，包括但不限于以下信息：

①比对参考，包括同行业比较、历史数据比；

②表现参考，包括参考标准清单；

③本行业特殊标准，包括但不限于国际、区域、地区、地方相关标准；其他行业标准。

6.环境保护合规

能源企业应当对遵守生态环境法律法规情况进行披露，说明合法合规要求范围内的法律法规所要求的合法文件、合法资格、违法情况。

合法文件、合法资格包括环评审批文件、生态环境行政许可、勘探审批、建设项目环评报告等方面文件或证件。

违法情况包括经济处罚及经济处罚的原因、种类、金额。

7.临时环境依法披露情况

能源企业应当就环境信息临时披露情况，披露年度临时报告发布数量和主要情况等信息。

临时披露的情形参照《企业环境信息依法披露管理办法》。

8.强制性清洁生产审核信息

实施强制性清洁生产审核的能源企业应该披露强制性清洁生产审核的原因，及强制性清洁生产审核的实施情况、评估与验收结果。

（二）煤炭行业披露内容

1.企业基本情况

能源企业应当披露各煤炭矿区资源情况，包括各主要矿区和主要煤炭品种的资源量、可采储量、证实储量等，同时披露相关储量的计算标准。

能源企业应该披露主要煤矿矿井的名称、开采工艺、地质条件、目前生产状况等。

能源企业应当披露重大煤矿建设项目进展，包括报告期内重大煤矿建设项目的建设规模，截至报告期末的投资额、完成进度。同时，披露项目截至报告期末所处的阶段，如完成初步设计、获取地质报告批复、煤炭采矿许可证、开工建设批复、竣工验收批复等。

2.温室气体排放

能源企业应当披露温室气体排放指标，包括二氧化碳、甲烷(如有)、氧化亚氮(如有)、臭氧(如有)等排放量。

能源企业应当披露温室气体排放量及排放强度，包括但不限于如下信息：

(1)直接温室气体排放量及排放强度，包括发电和供热、钢铁生产和水泥制造、直接煤炭开采、地下矿井等活动产生的直接温室气体排放量及排放强度；

(2)能源间接温室气体排放量及排放强度，包括利用其他能源提供电力开采煤炭等产生的温室气体排放量及排放强度；

(3)煤炭行业上游和下游的其他间接温室气体排放量及排放强度，包括运输、关闭煤炭开采等产生的温室气体排放量及排放强度。

3.减缓并适应气候变化

能源企业应当披露适应气候变化、为适应气候变化过渡的信息，包括但不限于以下信息：

(1)潜在二氧化碳排放量；

(2)碳内部定价、碳定价假设；

(3)气候变化给能源企业带来的影响，包括现有的探明储量和概算储量，现有资产潜在注销和提前关闭情况，当前煤炭产量和未来五年内煤炭预计产量；

(4)能源企业的内部投资比例，包括勘探、收购、开发新煤炭储量的投资比例，扩建现有煤矿的投资比例，可再生能源的投资比例，减少碳排放技术和缓解气候变化研究方案的投资比例，解决能源企业气候变化风险的研究的投资比例；

(5)捕获、储存二氧化碳净质量(公吨)，包括点源捕获的碳、直接从大气中捕获的碳；

(6)计划的、正在进行的或已经完成的煤炭资产剥离，每次撤资需描述组织考虑其对负责任的商业行为的政策承诺情况、确保解决关闭的负面影响及收购资产的实体遵循现有的关闭和恢复计划情况；

(7)温室气体排放目标和指标设定情况，包括具体说明制定目标和指标的科学依据及列出与目标和指标一致的政策或法律，目标和指标中温室气体排放、活动和业务范围，目标和指标的基线及实现目标和指标的时间表。

4.关闭和修复运营场所信息

能源企业应当披露重大停产、整改、恢复生产情况。能源企业按照相关监管机构要求进行停产整顿、整改，或者因经营环境发生变化需对部分矿井停止生产，影响重大的，应及时披露停产对企业年度产量、营业收入、净利润等的影响。同时，应根据整改验收进展，及时披露恢复生产情况。

能源企业应当披露煤矿运营场所关闭后潜在的环境影响，包括土壤污染、水污染、地形变化及生物多样性和野生动物受到干扰的情况。

能源企业应当披露煤矿运营场所关闭后采取的修复措施和资金投入情况。修复措施包括稳定露天或地下工作；拆除或改造基础设施；修复废石堆和尾矿设施；管理废弃矿山排水、废石和尾矿浸出产生的废物、地表水和地下水质量问题；关闭后的环境和社会经济监测。

5. 空气污染物排放信息

能源企业应当披露从事煤炭活动时向空气排放硫氧化物、氮氧化物、颗粒物、挥发性有机化合物、一氧化碳和重金属的情况。

能源企业应当披露为防止或减少空气污染物而采取的措施。

能源企业应当披露为改善煤炭质量以减少使用煤炭排放的空气污染物而采取的措施。

6. 生物多样性信息

能源企业应当披露从事煤炭活动对周边生物多样性潜在的影响，包括空气、土壤和水的污染；森林砍伐土壤侵蚀；水道的沉积；动物死亡率；栖息地破坏和转换；入侵物种和病原体的引入等影响。

能源企业应当披露作业地点实现生物多样性净损失或净收益的措施和承诺，以及这些承诺是否适用于现有和未来的作业以及生物多样性价值高地区以外的作业。

能源企业应当披露拥有、租赁、管理或邻近的保护区和具有高生物多样性价值的区域。

能源企业应当披露作业活动、产品和服务对生物多样性的重大影响，为减少对生物多样性影响而采取的措施，措施包括预防措施和补救措施。

能源企业应当披露国家保护名录中受作业影响地区的物种。

7. 废弃物信息

能源企业应当披露废弃物和重大废弃物给生态环境带来的潜在的影响以及对废弃物的管理和处置情况。

能源企业应当披露废弃物成分情况，包括岩石废料、残油等废弃物。

8. 水资源和污水信息

能源企业应当披露取水、用水、排水的情况，以及管理取水、用水、排水的情况。

能源企业应当披露取水、用水、排水给生态环境带来的潜在影响，包括水流变化、水质变化、水生环境变化等。

能源企业应当披露为减少或避免水污染而采取的措施。

9.重大环境事件披露与关键设施管理

能源企业应当披露报告期内重大环境事件及事件的数量，并描述其影响及拟采取的措施。

能源企业应当列出该企业的尾矿设施，并报告其名称、位置和所有权状态，并对于每个尾矿设施，应报告如下信息：

（1）描述尾矿设施；

（2）设施是否处于活动、非活动或关闭状态；

（3）后果分类；

（4）最近风险评估的日期和主要结果；

（5）最近和下一次独立技术审查的日期。

能源企业应当披露管理尾矿设施情况，包括管理关闭期间或关闭后的尾矿设施产生的影响；防止尾矿设施发生灾难性故障。

10.遵守环境保护政策与法律情况

能源企业应当披露煤炭行业的相关政策和法律，以及进行煤炭活动所遵循的政策和法律情况，并描述能源企业在重大问题上的立场。

（三）石油天然气行业披露内容

1.企业基本情况

能源企业应该披露勘探开采的主要业务情况，包括储量数量、储量价值、勘探开发钻井、开采生产量、销售量、勘探开采资本支出、安全环保等经营情况。

能源企业应当披露截至报告期末石油、天然气的以下储量数量信息：

（1）整体情况，包括按地理区域、产品类型披露的总证实储量、证实已开发储量、证实未开发储量的数量；

（2）变动情况，包括按照扩边与新发现、采收率提高、以前估计修正、油气资产购入及处置、采出等储量变化因素，披露的报告期内储量数量变动情况。

能源企业在披露油气储量信息时，应当同时披露计算油气储量所遵循的评估准则，并披露在储量评估过程中采用的内部控制措施，编制储量评估的主要负责技术人员的资质等。

能源企业应当披露勘探开发钻井情况，包括按照勘探井、开发井分别披露的总体和各地域完钻总井数、净井数、生产井数和干井数。净井数、生产井数和干井数为企业权益所占份额的井数。

能源企业应当披露重大的储量变化情况。企业在石油、天然气等方面有重大勘探发现，或在非常规油气领域取得重大进展以及开采工艺和技术的提升导致储量发生重大变化的，应当及时披露储量的变动情况、拟增加的资本支出以及对企业经营业绩的影响等。

2. 温室气体排放信息

能源企业应当披露温室气体排放指标，包括二氧化碳、甲烷（如有）、臭氧（如有）、乙烷（如有）、一氧化二氮（如有）、氢氟碳化合物（如有）、全氟碳（如有）、六氟化硫（如有）、三氟化氮（如有）等排放量；

能源企业应当披露温室气体排放量及排放强度，包括但不限于如下信息：

（1）直接温室气体排放量及排放强度，包括生产过程中燃烧排放、装载和储存过程中排放的以及管道和设备泄漏的短暂排放等活动产生的温室气体的排放量及排放强度；

（2）能源间接温室气体排放量及排放强度，包括利用其他能源提供电力开采石油、天然气产生的温室气体排放量，其他能源提供电力炼油产生的温室气体排放量，深海钻探或油砂开采产生的温室气体排放量等；

（3）石油、天然气行业上游和下游的其他间接温室气体排放量及排放强度，包括产品最终使用产生的温室气体排放量及排放强度，建筑、电力和发热、制造和运输相关的燃烧过程产生的温室气体排放量及排放强度等。

能源企业应当披露管理石油、天然气燃烧和排气所采取的措施以及所采取措施的有效性。

3. 减缓并适应气候变化

能源企业应当披露适应气候变化、为适应气候变化过渡的信息，包括但不限于以下信息：

（1）企业内部碳定价和油气定价的假设；

（2）气候变化给能源企业带来的影响，包括可能发生的冲销和提前关闭现有资产、本报告期内的石油和天然气产量以及未来五年的预计产量；

（3）能源企业内部投资比例，包括新储量的勘探和开发的投资比例、可再生能源的投资比例、减少碳排放技术和缓解气候变化研究方案的投资比例以及其他可以解决气候变化相关风险的研究和发展举措的投资比例；

（4）温室气体排放目标和指标设定情况，包括具体说明制定目标和指标的科学依据及列出与目标和指标一致的政策或法律；目标和指标中温室气体排放、活动和业务范围；目标和指标的基线及实现目标和指标的时间表；

（5）为防止或减轻向低碳经济过渡对工人和当地社区的影响而作出的承诺、采取的措施；

（6）企业内部负责管理气候变化相关影响的部门级别和职能；

（7）董事会管理、监督由气候变化导致的风险和机会方面的情况；

（8）管理气候变化相关影响的责任与绩效评估或激励机制的关系，包括最高治理机构成员和高级管理人员的薪酬政策；

（9）评估企业减缓或者避免气候变化相关的情景。

4. 空气污染物排放信息

能源企业应当披露从事石油、天然气活动时向空气排放硫氧化物、氮氧化物、颗粒物、挥发性有机化合物、一氧化碳和重金属的情况。

能源企业应当披露为减少或防止空气污染物而采取的措施。

5. 生物多样性信息

能源企业应当披露从事石油、天然气活动对周边生物多样性潜在的影响，包括空气、土壤和水的污染；土壤侵蚀；水道的沉积；动物死亡率；栖息地毁坏和转换；入侵物种和病原体的引入等。

能源企业应当披露作业地点实现生物多样性净损失或净收益的措施和承诺，以及这些承诺是否适用于现有和未来的作业以及生物多样性价值高地区以外的作业。

能源企业应当披露拥有、租赁、管理或邻近的保护区和具有高生物多样性价值的区域。

能源企业应当披露作业活动、产品和服务对生物多样性的重大影响，以及采取相应的措施，措施包括预防措施和补救措施。

能源企业应当披露国家保护名录中受作业影响地区的物种。

6. 废弃物信息

能源企业应当披露废弃物和重大废弃物给生态环境带来的潜在的影响以及对废弃物的管理和处置情况。

能源企业应当披露废弃物成分情况，包括钻井泥浆、岩屑规模、污泥等废弃物。

7. 水资源和污水信息

能源企业应当披露取水、用水、排水的情况，以及管理取水、用水、排水的情况。

能源企业应当披露取水、用水、排水给生态环境带来的潜在影响，包括水流变化、水质变化、水生环境变化等。

能源企业应当披露产出水和工艺废水的排放量，及产出水和工艺废水中排放的碳氢化合物的浓度。

能源企业应当披露为减少或避免水污染而采取的措施。

8. 关闭和修复信息

能源企业应当披露关闭和修复的规划，关闭和修复活动包括设备、电网的清除和最终处置、废物的管理、将土地恢复到相当于开发前状态的条件或经济价值等。

能源企业应当披露留在原地的报废结构，并说明留在原地的理由。

能源企业应当披露为关闭和修复提供的财务准备金，包括运营场所的关闭后监测和善后服务。

能源企业应当分别披露关闭和修复计划、已关闭、正在关闭的运营地点。

9. 重大环保事件披露信息

能源企业出现重大环保事故的，应当及时披露以下信息：

（1）重大环保事故的基本情况；

（2）因发生重大环保事故被相关部门调查、采取监管措施、处罚、责令整改、停产等情况；

（3）重大环保事故对企业生产经营造成的影响，企业需承担的赔偿、补偿责任，以及企业已采取或拟采取的应对措施。

能源企业应当披露重大泄漏事件，并披露泄漏的原因和回收的泄漏量。

能源企业从事油砂开采业务应当列出该企业的尾矿设施，并对于每个尾矿设施披露以下信息：

（1）尾矿设施是否处于活动、非活动或关闭状态；

（2）最近一次风险评估的日期和主要调查结果；

（3）披露所采取的措施，包括管理关闭期间和关闭后尾矿设施的影响，防止尾矿设施的灾难性故障。

10. 遵守环境保护政策和法律的情况

能源企业应当披露石油、天然气行业的相关政策和法律，以及开发石油、天然气活动所遵循的政策和法律情况，并描述能源企业在重大问题上的立场。

（四）电力行业披露内容

1.企业基本情况

能源企业应当结合行业特点和自身经营模式，披露可能对企业未来发展战略和经营目标的实现产生不利影响的风险因素，包括电力行业相关的政策风险、环保风险、电价风险、市场风险、技术风险等，以及企业已经或计划采取的措施及效果。

能源企业报告期内经营模式或市场环境发生重大变化的，应当对新增风险因素及其产生的原因、对企业的影响、拟采取的应对措施等进行分析。

能源企业应当披露主要经营模式，并按电源种类披露营业收入、营业成本构成及同比变化，并说明经营模式运行情况。企业有售电业务的，还应当披露外购电量及其收入和成本情况。

能源企业应当披露装机容量情况。能源企业应当按地区和电源种类，披露境内外控股企业总装机容量、新投产机组的装机容量、核准和在建项目的计划装机容量。

能源企业开发与电站电费收入等相关的金融衍生产品的，应当及时披露产品类型、主要条款和基础资产情况，包括电站项目状态（已建、未建）、所在地、装机容量、发电量、上网电量、结算电量和电费补贴政策等，并充分揭示相关风险。

2.温室气体排放信息

能源企业应当披露温室气体排放指标，包括二氧化碳、甲烷（如有）、臭氧（如有）、乙烷（如有）、一氧化二氮（如有）等排放量。

能源企业应当披露温室气体排放量及排放强度，包括但不限于如下信息：

（1）直接温室气体排放量及排放强度；

（2）能源间接温室气体排放量及排放强度，包括利用可再生能源生产电力、利用煤炭生产电力、利用天然气生产电力等间接排放量；

（3）电力行业上游和下游的其他间接温室气体排放量及排放强度，包括产品最终使用产生的温室气体排放量及排放强度，发热、制造和相关的燃烧过程产生的温室气体排放量及排放强度等。

3.减缓并适应气候变化

能源企业应当披露适应气候变化、为适应气候变化过渡的信息，包括但不限于以下信息：

（1）温室气体排放目标和指标设定情况，包括具体说明制定目标和指标的科学依据及列出与目标和指标一致的政策或法律，目标和指标中温室气体排放、活动和业务范围，目标和指标的基线及实现目标和指标的时间表；

（2）企业内部负责管理气候变化相关影响的部门级别和职能；

（3）董事会管理、监督由气候变化导致的风险和机会方面的情况；

（4）管理气候变化相关影响的责任与绩效评估或激励机制的关系，包括最高治理机构成员和高级管理人员的薪酬政策。

4.空气污染物排放信息

能源企业应当披露从事电力活动时向空气排放硫氧化物、氮氧化物、颗粒物、挥发性有机化合物、一氧化碳和重金属的情况。

能源企业应当披露为减少或防止空气污染物而采取的措施。

5.生物多样性信息

能源企业应当披露从事电力活动对周边生物多样性潜在的影响，包括空气、土壤和水的污染、噪声污染、土壤侵蚀、水道的沉积、动物死亡率、栖息地毁坏和转换、入侵物种和病原体的引入等。

能源企业应当披露作业地点实现生物多样性净损失或净收益的措施和承诺，以及这些承诺是否适用于现有和未来的作业以及生物多样性价值高地区以外的作业。

能源企业应当披露拥有、租赁、管理或邻近的保护区和具有高生物多样性价值的区域。

能源企业应当披露作业活动、产品和服务对生物多样性的重大影响，以及采取相应的措施，措施包括预防措施和补救措施。

6.废弃物信息

能源企业应当披露废弃物和重大废弃物给生态环境带来的潜在的影响以及对废弃物的管理和处置情况。

7.水资源和污水信息

能源企业应当披露取水、用水、排水的情况，以及管理取水、用水、排水的情况。

能源企业应当披露取水、用水、排水给生态环境带来的潜在影响，包括水流变化、水质变化、水生环境变化等。

能源企业应当披露为减少或避免水污染而采取的措施。

8.关闭和修复信息

能源企业应当披露关闭和修复的规划，关闭和修复活动包括有害物质和化学品的清除和最终处置、废物的管理、将土地恢复到相当于开发前状态的条件或经济价值等。

能源企业应当披露留在原地的报废结构，并说明留在原地的理由。

能源企业应当披露为关闭和修复提供的财务准备金，包括运营场所的关闭后监测和善后服务。

能源企业应当分别披露计划关闭和修复、已关闭、正在关闭的运营地点。

9. 重大环保事件披露信息

能源企业发生重大环保事故，或被相关部门要求进行环保整改，影响重大的，应当披露事故的原因，涉事企业预计全年发电量、已发电量，停产整改期限及其对企业经营的影响。

10. 遵守环境保护政策和法律的情况

能源企业应当披露电力行业的相关政策和法律，以及开展电力活动所遵循的政策和法律情况，并说明能源企业在重大问题上的立场及政策和法律对企业当期和未来发展的具体影响。

（五）新能源行业披露内容

1. 企业基本情况

能源企业应当披露反映行业发展状况及企业行业地位的信息，包括：

（1）能源企业从事新能源产品制造和销售业务的，应当披露报告期内所生产新能源产品的行业整体技术进步情况、公司新能源产品效率提升和单位生产成本下降等研发成果及技术工艺改良情况，以及公司产品在行业内的竞争优势和劣势；

（2）能源企业从事电站建设和开发业务的，应当披露报告期内全行业电站的累计装机容量和新增装机容量、企业建设或开发的电站的累计装机容量和新增装机容量，以及公司在全行业的市场地位、竞争优势和劣势；

（3）能源企业从事电站运营业务的，应当分别披露报告期内全行业和企业运营的电站的装机容量、并网发电情况，以及企业在全行业的市场地位、竞争优势和劣势。

能源企业应当结合行业特点和自身经营模式，披露可能对企业未来发展战略和经营目标的实现产生不利影响的风险因素，包括与新能源业务相关的补贴、装机量、电价等政策风险，国际贸易保护风险，技术迭代更新风险等，以及公司已经或计划采取的措施及效果。

报告期内能源企业经营模式或市场环境发生重大变化的，应当对新增风险因素及其产生的原因、对公司的影响、拟采取的应对措施等进行分析。

能源企业从事新能源设备制造业务的，应当披露报告期内对外销售设备的具体种类，以及产品的技术情况。

能源企业应当披露新能源产品的关键技术指标，并详细披露指标含义、指标变化情况及反映的技术水平变化情况，并重点讨论与分析指标变化的原因及对公司当期和未来经营业绩的影响。

2. 温室气体排放信息

能源企业应当披露温室气体排放指标，包括二氧化碳、甲烷（如有）、臭氧（如有）、乙烷（如有）、一氧化二氮（如有）、氢氟碳化合物（如有）、全氟碳（如有）、六氟化硫（如有）、三氟化氮（如有）等排放量。

能源企业应当披露温室气体排放量及排放强度，包括但不限于如下信息：

（1）直接温室气体排放量及排放强度；

（2）能源间接温室气体排放量及排放强度，包括利用其他能源开采新能源、利用其他能源提供电力等；

（3）新能源行业上游和下游的其他间接温室气体排放量及排放强度，包括产品最终使用产生的温室气体排放量及排放强度，电力和发热、制造和运输相关的过程产生的温室气体排放量及排放强度等。

3. 减缓并适应气候变化

能源企业应当披露适应气候变化、为适应气候变化过渡的信息，包括但不限于以下信息：

（1）温室气体排放目标和指标设定情况，包括具体说明制定目标和指标的科学依据及列出与目标和指标一致的政策或法律，目标和指标中温室气体排放、活动和业务范围，目标和指标的基线及实现目标和指标的时间表；

（2）现有控制温室气体排放的技术优势和劣势，新能源电站累计装机容量、新增装机容量、并网发电情况，温室气体减排效能；

（3）企业内部负责管理气候变化相关影响的部门级别和职能；

（4）董事会管理、监督由气候变化导致的风险和机会方面的情况；

（5）管理气候变化相关影响的责任与绩效评估或激励机制的关系，包括最高治理机构成员和高级管理人员的薪酬政策。

4. 空气污染物排放信息

能源企业应当披露从事新能源活动时向空气排放硫氧化物、氮氧化物、颗粒物、挥发性有机化合物、一氧化碳和重金属的情况。

能源企业应当披露为减少或防止空气污染物而采取的措施。

5.生物多样性信息

能源企业应当披露从事新能源活动对周边生物多样性潜在的影响，包括空气、土壤和水的污染；噪声污染；土壤侵蚀；水道的沉积；动物死亡率；栖息地毁坏和转换；入侵物种和病原体的引入等。

能源企业应当披露作业地点实现生物多样性净损失或净收益的措施和承诺，以及这些承诺是否适用于现有和未来的作业以及生物多样性价值高地区以外的作业。

能源企业应当披露拥有、租赁、管理或邻近的保护区和具有高生物多样性价值的区域。

能源企业应当披露作业活动、产品和服务对生物多样性的重大影响，以及采取相应的措施，措施包括预防措施和补救措施。

能源企业应当披露国家保护名录中受作业影响地区的物种。

6.废弃物信息

能源企业应当披露废弃物成分情况，以及披露废弃物和重大废弃物给生态环境带来的潜在的影响以及对废弃物的管理和处置情况。

7.水资源和污水信息

能源企业应当披露取水、用水、排水的情况，以及管理取水、用水、排水的情况。

能源企业应当披露取水、用水、排水给生态环境带来的潜在影响，包括水流变化、水质变化、水生环境变化等。

能源企业应当披露为减少或避免水污染而采取的措施。

8.关闭和修复信息

能源企业发生关停电站事项的，应当及时披露关停原因。

能源企业应当披露关闭和修复的规划，关闭和修复活动包括设备、电网的清除和最终处置、废物的管理、将土地恢复到相当于开发前状态的条件或经济价值等。

能源企业应当披露留在原地的报废结构，并说明留在原地的理由。

能源企业应当披露为关闭和修复提供的财务准备金，包括运营场所关闭后监测和善后服务。

能源企业应当分别披露计划关闭和修复、已关闭、正在关闭的运营地点。

9.重大环保事件披露信息

能源企业发生重大环保事故，或被相关部门要求进行环保整改，影响重大的，应当及时披露事故的原因、涉事生产线预计全年产量、涉事电站预计全年的发电量和已发电量、停产整改期限及对公司生产经营的影响。

10.遵守环境保护政策和法律的情况

能源企业应当披露新能源行业的相关政策和法律及其变化，以及开发新能源活动所遵循的政策和法律情况，并描述能源企业在重大问题上的立场及政策和法律对企业当期和未来发展的具体影响。

附录四：2020 年《中华人民共和国能源法（征求意见稿）》生态环境保护、信息公开相关条款及调整建议

序号	条款及具体内容		调整建议	备注
1.	第3条〔战略和体系〕	能源开发利用应当与生态文明相适应，贯彻创新、协调、绿色、开放、共享发展理念，遵循推动消费革命、供给革命、技术革命、体制革命和全方位加强国际合作的发展方向，实施节约优先、立足国内、绿色低碳和创新驱动的能源发展战略，构建清洁低碳、安全高效的能源体系。		高频词
2.	第4条〔结构优化〕	国家调整和优化能源产业结构和消费结构，优先发展可再生能源，安全高效发展核电，提高非化石能源比重，推动化石能源的清洁高效利用和低碳化发展。		高频词
3.	第11条〔行业协会〕	有关行业协会依照法律、行政法规和章程，为相关单位和个人提供能源技术、信息和培训等服务，并发挥行业自律作用。	"并发挥行业自律作用"调整为"制定行业规范、发挥行业自律作用"	准用性规范
4.	第13条〔扶持农村能源〕	国家按照统筹城乡、因地制宜、多能互补、综合利用和提升服务的原则，制定政策扶持农村能源发展，增加农村清洁优质能源供应，提高能源服务水平。 国家支持农村能源资源开发，因地制宜推广利用可再生能源，改善农民炊事、取暖等用能条件，提高农村生产和生活用能效率，提高清洁能源在农村能源消费中的比重。		高频词
5.	第16条〔监督管理〕	国务院能源主管部门依照本法和国务院规定的职责对全国能源开发利用活动实施监督管理。 县级以上地方人民政府能源主管部门依照本法和本级人民政府规定的职责，对本行政区域内能源开发利用活动实施监督管理。 国务院有关部门依照本法和其他有关法律、行政法规以及国务院规定的职责，在各自职责范围内对有关行业、领域的能源开发利用活动实施监督管理；县级以上地方人民政府有关部门依照本法和其他有关法律、行政法规以及本级人民政府规定的职责，在各自职责范围内对有关行业、领域的能源开发利用活动实施监督管理。		准用性规范

续表

序号	条款及具体内容		调整建议	备注
6.	第18条〔节约能源〕	国家采取法律、经济、行政和宣传教育等手段，保障能源资源节约和高效开发利用，推进重点领域和关键环节节能，合理控制能源消费总量。 国家鼓励单位和个人开发利用可再生能源。国务院能源主管部门和国务院有关部门应当协同支持能源资源综合开发。相关单位和个人应当支持开发共生、伴生能源矿产资源。 能源用户应当树立节能意识，节约使用能源。以财政性资金支付用能费用的用户应当成为节能示范用户；其他用户应当加强节能降耗。		
7.	第19条〔环境保护与应对气候变化〕	国家加强能源行业减缓和适应气候变化能力建设。 国家加强对能源行业污染物和温室气体排放的监督。能源企业应当加强污染的源头管控和治理及环境风险防控，减少能源开发利用过程中对生态环境的破坏，减少污染物和温室气体排放；能源用户应当减少能源使用过程中的污染物排放和温室气体排放。	"能源企业应当加强污染的源头管控和治理及环境风险防控，减少能源开发利用过程中对生态环境的破坏，减少污染物和温室气体排放。"调整为"能源企业应当实施生态环境风险源头防控，加强资源状况、生物环境、污染源、温室气体排放等监测，减少能源开发利用过程中对生态环境的破坏，减少污染物和温室气体排放，落实各项控制指标。"	高频词环境责任明确
8.	第21条〔信息公开和宣传教育〕	国家建立健全能源领域信息公开制度，明确信息公开的范围、内容、方式和程序。 重大规划和能源项目应当做好公众沟通和公众参与工作。 国家组织开展能源知识的宣传和教育。		信息公开
9.	第22条〔能源战略的地位与内容〕	国家能源战略是指导能源可持续发展、保障能源安全的总体方略，是制定能源规划、政策和措施的基本依据。 国家能源战略根据基本国情、国防安全、经济和社会发展需要、环境保护需要以及国内外能源发展趋势等制定。涉及重大项目布局安排的能源战略在制定过程中应当进行环境影响论证，采用适当形式听取有关单位、专家和公众的意见。 国家能源战略应当规定国家能源发展的战略思想、战略目标、战略布局和战略重点等内容。		高频词

续表

序号	条款及具体内容		调整建议	备注
10.	第31条〔基本原则〕	能源开发与加工转换应当遵循合理布局、优化结构、节约高效和清洁低碳的原则。国家鼓励单位和个人依法投资能源开发和加工转换项目，保护投资者的合法权益。		高频词
11.	第32条〔优化能源结构〕	国家鼓励高效清洁开发利用能源资源，支持优先开发可再生能源，合理开发化石能源资源，因地制宜发展分布式能源，推动非化石能源替代化石能源、低碳能源替代高碳能源，支持开发应用替代石油、天然气的新型燃料和工业原料。		高频词
12.	第33条〔开发转换管理〕	国家加强对能源开发和加工转换活动的监督管理，能源主管部门会同有关部门规范能源开发和加工转换秩序，保护能源资源。法律、行政法规或者国务院规定从事能源开发和加工转换活动需要取得行政许可的，依照其规定。	新增一款："需要许可的能源开发利用活动，能源企业应当按照相关许可要求从事能源开发利用活动，未取得许可或超出许可范围不得开展相关活动。"	准用性规范
13.	第34条〔安全生产、环境保护和应对气候变化〕	从事能源开发、加工转换活动的单位和个人应当遵守法律、行政法规有关安全生产、职业健康、环境保护的规定，加强安全生产管理，降低资源消耗，控制和防治污染，减少温室气体排放，保护生态环境。能源开发和加工转换建设项目，应当依法进行相关评价。建设项目的节能环保设施、职业健康防护设施、安全设施应当与主体工程同时设计、同时施工、同时投入生产或者使用。从事能源开发和加工转换活动的单位和个人应当依法履行污染治理、生态保护或者土地复垦的义务。	"从事能源开发和加工转换活动的单位和个人应当依法履行污染治理、生态保护或者土地复垦的义务。"调整为"从事能源开发和加工转换活动的单位和个人应当依法履行生态保护、污染防治的义务，能源开发、加工转换活动过程中所造成的损害应当依法承担损害赔偿、生态补偿、污染治理、生态恢复等法律责任。"	高频词环境责任明确
14.	第35条〔能源开发利用生态补偿〕	各级人民政府应当制定能源开发和加工转换重大建设项目的污染治理、生态恢复和土地复垦等规划和措施，完善相关生态保护补偿机制。		高频词
15.	第36条〔税费制度〕	国家建立和完善能源相关税费制度，促进能源资源节约，引导能源资源的合理开发，引导发展非化石能源等清洁低碳能源。		高频词
16.	第38条〔化石能源开发原则〕	煤炭、石油和天然气的开发和加工转换应当遵循安全、绿色、集约和高效的原则，提高资源回采率和清洁高效开发利用水平。		高频词

续表

序号	条款及具体内容		调整建议	备注
17.	第39条〔煤炭开发利用〕	煤炭开发利用坚持统一规划、整体勘察、有序开发、清洁高效利用。国家优化煤炭开发布局和生产结构,推进煤炭安全绿色开采,鼓励发展矿区循环经济,促进煤炭清洁高效利用,适当发展煤制燃料和化工原料。 国家对特殊、稀缺煤种实行保护性开采,鼓励煤层气的优先开采和煤矿瓦斯的抽采利用。		高频词
18.	第42条〔火电开发〕	能源主管部门应当采取措施,发展清洁、安全、高效火力发电以及相关技术,提高能效,降低污染物排放,优化火力发电结构,因地制宜发展热电联产、热电冷联产和热电煤气多联供等。		高频词
19.	第45条〔可再生能源消纳保障制度〕	国家建立可再生能源电力消纳保障制度,规定各省、自治区、直辖市社会用电量中消纳可再生能源发电量的最低比重指标。供电、售电企业以及参与市场化交易的电力用户应当完成所在区域最低比重指标。未完成消纳可再生能源发电量最低比重的市场主体,可以通过市场化交易方式向超额完成的市场主体购买额度履行义务。国务院有关部门根据交易情况相应调整可再生能源发电补贴政策。		
20.	第47条〔可再生能源开发〕	国家实施流域梯级开发水能资源,在生态优先前提下积极有序推进大型水电基地建设,适度开发中小型水电站,坚持集中式和分布式并举、本地消纳和外送相结合的原则发展风电和太阳能发电,因地制宜高效开发利用生物质能。国家鼓励推广地热能和太阳能热利用,积极推进海洋能开发。国家鼓励城镇和农村就地开发利用可再生能源,建设多能互补的分布式清洁供能体系。		高频词
21.	第48条〔企业保障义务〕	国家实行可再生能源发电优先上网和依照规划的发电保障性收购制度。电网企业应当加强电网建设,扩大可再生能源配置范围,发展智能电网和储能技术,建立节能低碳电力调度运行制度。 石油销售企业应当将符合国家标准的生物液体燃料纳入其燃料销售体系。热力、燃气管网等城镇能源基础设施应当接收符合入网技术标准的可再生能源热力或者燃气。		高频词

续表

序号	条款及具体内容		调整建议	备注
22.	第 50 条〔核电安全〕	国务院有关部门、相关企业和事业单位应当依照有关法律、行政法规，加强核电安全和应急管理，加强核安全监督，加强核事故应急准备与响应体系和核电厂安全文化建设，确保核电安全高效发展。核设施营运单位对核安全负全面责任。		准用性规范
23.	第 56 条〔供应企业信息公开〕	承担电力、燃气和热力等能源供应的企业，应当在其营业场所并通过互联网等其他便于公众知晓的方式，公示其服务成本收益、服务规范、收费标准和投诉渠道等，并为用户提供公共查询服务。		信息公开
24.			新增一条： 能源开发利用信息公开"能源企业应当依照有关规定记录、保存、披露能源开发利用过程中有关安全生产、环境保护和应对气候变化的信息。环境保护和应对气候变化方面，应当如实向社会公开能源取用地生态环境变化情况、能源资源情况、共生伴生能源资源开发情况、能源加工转化率、储能环境状况、能源输配方式及环境风险、生态环境保护恢复措施及成效、能源供应与销售企业可再生能源发电量消纳情况、能源供应与销售企业可再生能源及燃料配销情况等。没有信息的披露项应进行说明。"	
25.	第 59 条〔重点用能企业信息强制公开〕	管理节能工作的部门应当会同有关部门，依法公布重点用能企业名单，要求其报告用能情况并向社会公布能源利用效率和单位产品能耗等信息。	新增一款："能源企业应当依照有关规定公布一次能源资源的利用效率、能源强度等信息。"	信息公开解读相关

续表

序号	条款及具体内容		调整建议	备注
26.	第61条〔节能减排义务〕	能源供应企业和用能单位应当履行环境保护和节能减排义务。未完成节能减排目标的企业和单位应当依法实施能源审计或清洁生产审核。	本条调整为："能源供应企业和用能单位应当履行清洁生产义务，淘汰落后产能、进行优化升级，实施节能减排。未完成产能调整、节能减排目标的企业和单位应当依法实施强制能源审计或强制清洁生产审核。"	高频词环境责任明确
27.	第63条〔消费管理政策〕	国家支持建立绿色能源消费市场，鼓励单位和个人购买可再生能源等清洁低碳能源。		高频词
28.	第71条〔能源设施、场所安全保护〕	能源企业应当加强对生产、转换、输送、储存和供应能源产品的设施、设备和场所的安全管理。能源生产、供应设施和场所应当有符合安全要求的隔离区或者保护区。任何单位和个人不得从事危及相关设施、设备和场所安全的活动。地方各级人民政府应当依法保护本行政区域内石油、天然气、热力、电力输送管网等能源基础设施的安全。	"能源企业应当加强对生产、转换、输送、储存和供应能源产品的设施、设备和场所的安全管理。"调整为"能源企业应当加强对生产、转换、输送、储存和供应能源产品的设施、设备、场所和生态环境的安全管理。"	解读相关
29.	第76条〔预测预警〕	国务院能源主管部门应当密切跟踪国际、国内能源市场，建立健全预测预警机制，提高应急能力。县级以上人民政府应当加强能源预测预警，及时有效地对能源供求变化、能源价格波动以及能源安全风险状况等进行预测预警。能源预测预警的重点是石油、天然气、电力和煤炭等重要能源产品的供需和安全。能源企业应当及时向所在地县级以上人民政府及其能源主管部门报告能源预测预警信息。	"对能源供求变化、能源价格波动以及能源安全风险状况等进行预测预警。"调整为"对能源供求变化、能源价格波动、能源环境风险及能源安全风险状况等进行预测预警。"	信息公开解读相关
30.	第77条〔能源应急〕	国家加强能源行业应急能力建设，健全完善能源应急协调联动机制，建立能源应急制度，应对能源供应严重短缺、供应中断以及其他能源突发事件，维护基本能源供应和消费秩序，保障经济平稳运行。各级人民政府应当采取有效措施，加强能源应急相关设施和管理体系的建设，提高应急能力，有效应对能源突发事件。从事能源开发生产、加工转换和供应的企业以及重点用能单位应当加强应急储备，健全应急体系，完善应急预案，强化应急响应，加强应急能力建设。	"建立能源应急制度，应对能源供应严重短缺、供应中断以及其他能源突发事件"调整为"建立能源应急制度，应对能源供应严重短缺、供应中断、能源重大环境影响以及其他能源突发事件"	解读相关

续表

序号	条款及具体内容		调整建议	备注
31.	第79条〔科技重点领域〕	国家支持能源资源勘探开发、能源加工转换、能源传输配送、能源清洁和综合利用、节能减排以及能源安全生产等技术的创新研究和开发应用。符合条件的能源开发利用的科学技术研究和产业化发展应当纳入国家科技和产业发展相关规划。		高频词
32.	第86条〔投资贸易合作〕	国家加强能源领域的双边与多边投资贸易合作，防范和应对国际能源市场风险，促进能源双向投资以及产品、技术和服务贸易，调动各类市场主体积极性，构建多元化供给体系。 国家鼓励进口清洁、优质能源，引进先进能源技术，加强化石能源和高耗能产品的进出口监督管理。		高频词
33.	第89条〔国际合作信息服务〕	国务院能源主管部门会同国务院有关部门建立能源国际合作信息平台，完善能源国际合作信息服务体系，促进国际能源信息共享。		信息公开
34.	第91条〔监督检查〕	有关单位和个人应当依照有关规定真实、完整地记载和保存与能源生产经营有关的材料，按照监管机构要求接入监管信息系统，报送监管信息，并接受、配合能源主管部门和有关部门的监督检查。 能源主管部门和有关部门进行检查时，应当按照规定程序进行，并为被检查的单位和个人保守商业秘密和其他秘密。	"有关单位和个人应当依照有关规定真实、完整地记载和保存与能源生产经营有关的材料，按照监管机构要求接入监管信息系统，报送监管信息，并接受、配合能源主管部门和有关部门的监督检查。"调整为"有关单位和个人应当依照有关规定真实、完整地记载和保存与能源生产经营、能源生产安全、能源环境保护等有关的材料，按照监管机构要求接入相应监管信息系统，报送信息，并接受、配合能源主管部门和有关部门的监督检查。"	信息公开准用性规范
35.	第96条〔应急监督检查〕	能源主管部门和有关部门依照本法和有关法律、行政法规的规定，对能源企业和重点用能单位的能源应急预案、应急体系建设和应急处置措施等实施监督检查，依法参与能源突发事件的处置工作。		准用性规范

续表

序号	条款及具体内容	调整建议	备注
36.	第105条〔信息公开与信用体系建设〕 能源主管部门和有关部门按照能源信息监管制度公开能源监管信息。能源主管部门和有关部门应当建立能源行业信用体系，构建以信用为基础的新型能源监管机制。	增设一款"设区的市级以上能源主管部门应当将能源信息依法披露纳入企业信用管理，作为评价企业信用的重要指标，并将企业违反能源信息依法披露要求的行政处罚信息记入信用记录。	信息公开
37.	第110条〔报告披露责任〕 能源企业和相关单位违反本法规定，有下列情形之一的，由能源主管部门责令改正，逾期不改正的，处以十万元以上二十万元以下的罚款：（一）未按照规定提供报表、报告等文件、资料的；（二）提供虚假的或者隐瞒重要事实的报表、报告等文件、资料的；（三）未按照监管要求报送相关信息的；（四）未按照规定及时、真实、准确和完整披露相关信息的。	"（四）未按照规定及时、真实、准确和完整披露相关信息的。"调整为"（四）未按照规定真实、准确、完整、及时披露相关信息，且未进行合理说明的。"	信息公开
38.	第112条〔横向协作责任〕 能源企业违反本法规定，有下列情形之一的，由能源主管部门责令改正，处以二十万元以上一百万元以下的罚款；情节严重的，可以责令停业整顿或者吊销其生产、经营许可证；构成犯罪的，依法追究刑事责任：（一）从事能源开发生产活动，未依法开发共生、伴生能源矿产资源的；（二）能源供应企业未依法履行其他能源供应保障义务、相关公告查询义务的；（三）未执行能源应急预案、应急指令，不承担相关应急任务的。		信息公开
39.	第113条〔强制信息公开〕 重点用能企业不如实向管理节能工作的部门报告或者不向社会公布用能情况的，由管理节能工作的部门责令改正，处以十万元以上五十万元以下的罚款。		信息公开
40.	第114条〔法责衔接条款〕 本法规定的处罚，由能源主管部门和有关部门按照职责分工决定。其他法律对行政处罚的种类、幅度和决定机关另有规定的，依照其规定。		